시대에듀

국가공인자격

패 션 샵 매 니 저 동 시 대 비

SHOP Master

샵 마스터

1·3급

이 책을 펴내며...

급속도로 확대되고 있는 대규모 유통시장을 맞아 패션을 비롯한 모든 상품의 판매 접점에서 샵마스터 (패션샵매니저)는 중요한 위치를 차지하고 있다.

샵마스터(패션샵매니저)란 고객에게 패션정보, 상품정보를 제공하고 패션에 대한 어드바이스를 해 줄 수 있는 패션 어드바이저나 스타일리스트 역할을 담당하는 패션 전문가를 의미하며 매장 지배인이라고도 한다. 따라서 샵마스터(패션샵매니저)는 패션전문교육을 받은 사람으로서 코디네이트 능력, 패션 스페셜리스트로서의 설득력, 패션 바잉 능력, 매장을 활기 있는 공간으로 만들어가는 디스플레이 능력, 계수 관리 등 패션판매에 대한 자질과 소양을 겸비하여야 한다. 아울러 판매사원을 총괄하고 지도해 갈 수 있는 리더십과 고객관리 능력은 물론 패션에 대한 전문지식을 갖추고 고객이 원하는 것을 상품화시켜 판매율을 높일 수 있는 마케팅 능력을 갖추어야 한다.

이와 같이 고객의 Coordinator, Stylist라고 할 수 있는 샵마스터(패션샵매니저)는 이제 단순한 판매 사원이 아닌 전문 Fashion Specialist로서 리포지셔닝(Repositioning)되고 있다. 즉, 요즘의 샵마스터(패션샵매니저) 는 단지 매출을 올리는 것만이 전부가 아니라 고객의 Needs를 파악하여 개성과 라이프스타일에 맞는 패션 스타일을 제안할 수 있어야 하고, 패션에 대한 기본적인 지식은 물론 보다 특성화된 패션 실무능력, 유통 실무능력, 나아가 매장을 적절히 시각화할 수 있는 Visual Merchandising 능력까지 필요로 하고 있다.

이 책은 제1과목 패션 감각탐구 I(패션 디자인), 제2과목 패션 마케팅(마케팅), 제3과목 판매 센스(패션 코디네이션), 제4과목 의류매장 판매노하우(유통관리 및 매장관리), 부록으로 패션 정보 분석 및 패션 트렌드 분석, VM(비주얼머천다이징), 패션 감각탐구 II로 구성되어 있다. 이는 샵마스터(패션샵매니저)에게 필요한 기본적인 패션지식과 실무노하우를 습득함과 동시에 국가공인 샵마스터 1급과 3급 자격검정시험에도 동시 대비할 수 있는 전략 지침서로서의 역할을 할 것이다. 또한 과목별 유형문제를 수록하여 스스로 학습에 대한 피드백을 받고, 실제 시험에도 준비할 수 있게 구성하였다.

이 책을 출간할 수 있었던 것은 창의적인 마인드와 전문 지식으로 유통 산업을 이끌어나가겠다는 샵마스터 (패션샵매니저) 여러분의 정성과 열의가 있었기 때문이라고 생각하며, 미래의 샵마스터(패션샵매니저)가 되기 위해 노력하는 여러분들에게 도움이 되기를 바란다.

편저자 씀

추천의 글

샵마스터(패션샵매니저), 그 끊임없는 도전의 세계로...

급격하게 변화하는 사회 환경 속에서 다양한 직업이 새롭게 생겨나기도 하고 사장되기도 한다. 유통시장 역시 이러한 시대의 조류에 의해 많은 변화를 맞이하고 있다. 특히, 할인점을 필두로 인터넷 쇼핑몰, 홈쇼핑 등의 새로운 유통업태의 등장으로 인적 판매의 중요성보다는 소비자들에게 제공하는 상품의 가격경쟁력이 하나의 커다란 장점으로 인식되고 있는 상황이다.

그러나 간과해서는 안 될 부분은 분명 소비자들은 단순히 상품 자체만을 원하는 것이 아니라는 점이다. 아무리 새로운 유통업태의 등장으로 빠른 정보력과 시스템을 앞세워 소비자를 공략하더라도 사람과 사람의 커뮤니케이션 과정을 통해 이루어지는 인적 판매의 아성을 무너뜨리지 못할 것이라는 견해는 분명 설득력이 있는 것이다.

백화점보다 더 다양한 상품을 저렴하게 제공하는 많은 유통업태가 등장하고 있지만, 백화점을 찾는 고객은 계속 존재하고 있으며, 이들은 집에서 손쉽게 인터넷이나 전화로 상품을 주문하고 받을 수 있음에도 불구하고 백화점에 직접 와서 조금 더 비싼 가격으로 상품을 구매해 간다. 왜 그들은 백화점에 오는가?

그것은 바로 백화점에서만이 느낄 수 있는 '쇼핑의 즐거움' 때문이다. 고객들이 원하는 쇼핑의 즐거움은 하드웨어적인 시설이나 환경적인 측면도 있겠지만, 가장 중요한 것은 매장을 방문할 때 반갑게 맞이해 주는 판매사원들이 있기 때문이다. 고객은 판매사원들에게서 자신의 존재를 인정받고, 상품에 대한 새로운 지식과 정보를 얻으며, 보다 현명한 판단을 할 수 있는 도움을 받길 원한다. 이러한 역할을 하는 중심에 있는 것이 바로 '샵마스터(패션샵매니저)'인 것이다. 따라서 샵마스터(패션샵매니저)는 단순히 상품을 파는 판매사원에 국한되지 않으며 고객들에게 상품이 아닌 '가치'를 전달하는 역할을 해야 한다.

똑같은 상품을 사더라도 할인점에서 생각 없이 집어든 상품과, 직원의 다양한 설명과 함께 전달된 상품은 분명 고객에게 있어 다른 가치를 제공한다. 이것이 바로 샵마스터(패션샵매니저)가 존재하는 이유이며, 그들의 역할이 얼마나 중요한지를 알 수 있는 것이다. 샵마스터(패션샵매니저)는 단순한 상품판매자가 아니다. 변화를 수용하고, 고객의 심리를 파악하며, 이를 통해 똑같은 상품도 자신만의 가치를 부여하여 전달할 수 있는 능력을 겸비해야 하는 전문가이어야 한다. 항상 끊임없는 변화와 도전을 즐기는 당신이라면, 도전해 볼만한 가치가 있지 않을까?

현대백화점 정승원 차장

시험안내

▶▶ 시행처

(사)한국직업연구진흥원(http://www.kivd.or.kr)

▶▶ 응시자격

구 분	과 목	응시자격
1급	1차 객관식	Shopmaster 3급을 취득한 자 / 실무경력이 3년(경력증명서) 이상인 자
	2차 주관식	해당종목 1급 객관식 합격자로서 연이어 실기 3회 이내의 응시자
3급 국가공인	1차 객관식	학력, 경력 제한 없음
	2차 주관식	해당종목 3급 객관식 합격자로서 연이어 실기 3회 이내의 응시자

▶▶ 검정과목

등 급	과 목	검정과목	출제 문항수	비 고
1급, 3급	1차 객관식	패션 감각탐구 I(3급), II(1급)	20문항	객관식
		패션 마케팅	20문항	
		판매 센스	10문항	
		의류매장 판매노하우	10문항	
	2차 주관식	4개 과목 통합	10문항	주관식(단답형/기술형) 문항당 분할점수

▶▶ 합격기준

구 분	합격기준	비 고
1차 객관식	60점 이상 (절대평가)	1차, 2차 각각 60점 이상 시 합격
2차 주관식		2차 주관식 시험 불합격 시 다음 회차에 2차 시험만 응시가능 (연속 3회 한함)

▶▶ 출제기준

과목명	주요항목
패션 감각탐구 I(3급), II(1급)	· 8개의 기본 미의식 · 상반되는 미의식 4가지 · 기본 미의식에서 파생되는 감각과 룩
패션 마케팅	· 패션생활의 이해 · 패션스타일링 · 상품기획의 이해 · 상품기획
판매 센스	· Shopmaster의 개념 · 고객 성격별 행동 및 구매특성 · 체형별 코디 · 계절별 컬러코디 · 세계적 명품소개 및 특징 · 세계 4대 컬렉션
판매매장 노하우	· FA사원의 역할과 중요성 · FA사원의 고객서비스 마인드의 중요성 · 의류고객 구매심리 7단계 · 단계별 매장 행동지침 10단계 · 판매기법 및 클레임 처리기법 · 고정고객 관리기법 및 직원 동기부여 방안

▶▶ 시험접수

- **접수방법** : 온라인 접수
- **접수절차** : 홈페이지(www.kivd.or.kr) 접속 → 회원가입 → 로그인 → 사진 스캔 및 등록 → 검정수수료 납부(온라인 입금) → 접수 확인 및 수험표 출력
- **접수처** : (사)한국직업연구진흥원 검정관리부
- **홈페이지** : www.kivd.or.kr

샵마스터 소개

01 샵마스터(패션샵매니저)란?

샵마스터(패션샵매니저)는 패션 매장에서 단순히 패션 상품을 판매하는 판매 사원이 아니라 고객의 체형, 스타일, 기호 등을 고려하여 고객에게 종합적인 패션 정보를 어드바이스 및 스타일링하여 패션 상품의 가치를 올바르게 전달해 주는 패션 유통의 전문가이다.

또한, 패션 매장의 운영에 필요한 패션 전문 지식, 판매사원을 지도·관리하는 리더십, 디스플레이 능력, 경영관리 능력, 고객관리 능력, 마케팅 능력을 종합적으로 갖추어야 하는 패션 매장의 총괄지배인이다.

02 샵마스터(패션샵매니저)의 조건

샵마스터(패션샵매니저)가 되는 기간은 짧게는 몇 개월에서 길게는 10년에 이르기까지 능력에 따른 편차가 심하다.

샵마스터(패션샵매니저)는 고객 관리, 패션 어드바이저 등으로서의 능력을 갖추어야 할 뿐만 아니라 상품량 조절, 매장 내 2~3명 직원 관리 등을 무리 없이 해나가야 하는 사람으로 그야말로 종합예술가이다. 남에게 지기 싫어하는 승부욕과 건강, 긍정적인 성격과 치밀하고 전략적인 사고를 가진 이들이 샵마스터(패션샵매니저)로 성공할 수 있다.

03 샵마스터(패션샵매니저)의 등장 배경

IMF 이후 고객을 직접 대하는 매장운영자의 판매의욕을 최대한 올리고, 전문적인 지식을 바탕으로 고객이 원하는 상품이 무엇인지 판단해 상품생산에 영향을 주는 매장단위의 역할이 부가되고 있다.

또한, 최근 들어 소비자들의 기호가 고급화, 전문화 됨에 따라 보다 발전된 전문인력이 필요하게 되었다.

따라서 이제는 능력 있는 샵마스터(패션샵매니저)의 보유 및 운영이 패션 브랜드 및 업체의 성패에 일정 이상의 영향을 미친다고 볼 수 있다.

04 샵마스터(패션샵매니저)의 주요업무와 요구능력

- **카운슬러** : 고객의 마음을 사로잡는 화술과 품격
- **카피라이터** : 핵심을 제시하고 소비자의 욕구를 정확하게 파악하는 언어
- **코디네이터** : 고객의 모든 조건과 환경을 고려한 최상의 코디를 제시할 수 있는 능력
- **디스플레이** : 고객의 주 대상에 맞춰 매장 구성의 컨셉을 제시하고 디자인할 수 있는 능력

샵마스터 소개

05 샵마스터(패션샵매니저)의 이해

- 패션 신(新) 직업군으로 개인사업자 등록 후 직접 직원을 고용하며, 판매와 재고 등 매장 운영을 총 책임지는 소사장이다.
- 해당 매장 연 매출액의 7~15% 등으로 패션 관련 브랜드 업체와 계약·운영하는 전문 직종이다.
- 일부 명품매장의 경우에는 상당액의 연봉제로 운영이 되기도 한다.

06 샵마스터(패션샵매니저)의 활동 영역

- 직군 신규진출 시 패션 업체 직영점의 직원, 유통점(백화점, 아웃렛, 할인점 등) 샵마스터(패션샵매니저)의 직원으로 근무
- 복종(캐주얼, 남성복, 여성복, 스포츠, 아동 등) 및 개인능력에 따라 5~10년의 경력소요 후 샵마스터(패션샵매니저)로 근무
- 주로 유통점(백화점, 아웃렛, 할인점 등)에서 성과에 따른 수수료(7~15%)를 기준으로 하는 위탁경영주로 활동

07 샵마스터(패션샵매니저)의 장래성 및 비전

- 연령과 상관없이(40~50대까지) 결혼해서도 근무 가능 및 고수익 가능
- 패션/유통분야 일반 직군에 비하여 본인 노력 여하에 따라 고소득 유지 가능
- 여성으로서 장래성이 있는 전문직이며, 경력이 쌓이면 충분한 대우 보장
- 패션 산업이 존재하는 한 전망 밝음
- 경기를 별로 타지 않는 직업이며, 서비스 산업의 발달로 장래성과 비전이 좋음
- 자신의 노력 여하에 따라 성과가 다름
- 경험을 쌓은 후 적은 자본으로 자기 사업 가능
- 전문직으로 자리 잡아가고 있는 단계
- 선진국의 관련 직군 등장 및 전문화 경향
  (퍼스널 쇼퍼, 스타일리스트, 퍼스널 이미지컨설턴트 등)
- 의류, 의상을 공부하는 학생들이 도전을 많이 하는 추세
- 나이가 들어도 그 나이에 맞는 브랜드의 매장에서 업무 가능
- 성과 및 능력에 따라 평생 직업으로 영위 가능
  (시즌별 계약제도, 패션 유통산업 고도화로 백화점 다수 출점)
- 노력한 만큼의 대우를 받을 수 있는 가능성 무한대의 직업

| Contents |

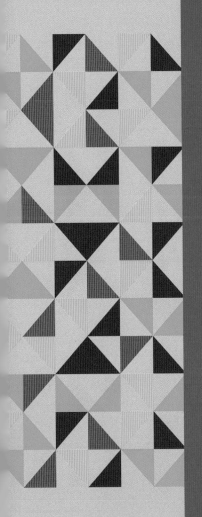

제1과목

패션 감각탐구 I
(패션 디자인)

I wish you the best of luck!

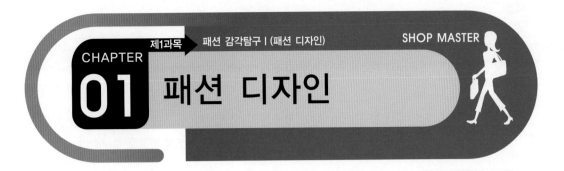

패션 디자인

패션 디자인의 개념

오늘날 여러 분야의 조형 활동이 활발히 진행됨에 따라 디자인이란 용어가 보편화되어 있다. 여기에서 디자인(Design)이란 인간의 여러 욕구를 충족시키고자 많은 요인이 복합적으로 작용하여 새로운 질서를 갖춘 세계를 창조하는 작업을 말한다.

디자인의 어원은 원래 라틴어로 표시한다. 기호로 나타낸다는 뜻을 갖는 Designare(데지그나레)에서 나온 말이며 조형 과정에서 조형물의 제작을 위한 설계 또는 계획 과정을 의미한다.

따라서 패션 디자인은 조형 활동의 하나로서 한정된 인체 위에 착용되는 의복을 설계하는 작업이다. 다시 말해서 패션 디자인은 인간의 본능인 아름답게 보이고자 하는 미적 표현의 욕구와 신체보호의 기능적인 욕구 모두를 충족시키기 위하여 디자인 요소를 디자인 원리에 입각하여 예술적 표현으로 인체에 조화시키는 것이다. 즉, 의상 그 자체의 아름다움과 그 의복을 착용함으로써 인간을 보다 아름답게 보일 수 있도록 조화시키는 것, 그리고 그가 속해 있는 사회의 구성원으로서 공유할 수 있는 의복을 만드는 것이다.

패션 디자인은 다른 조형 디자인과 달리 의복의 특성과 착용자의 특성을 함께 고려하여 서로 조화를 이루어야 하는 특징을 갖는다. 즉, 아름다움과 조화를 이룬 복식으로 인체를 더욱 아름답게 보이기 위한 것이다. 따라서 패션 디자인은 추구하는 기능에 적합하도록, 사용자의 심리적 요인에 맞도록, 사회 환경 요인에 따라 의복의 예술성이 표현되도록 피복 재료의 성질에 맞추어서 조화를 이루어야 하는 매우 종합적인 설계 과정이다.

패션 디자인의 목표

패션 디자인은 디자인에서 추구하고자 하는 목표를 전제로 이 목표를 달성하고자 요소와 원리를 적용시킨다. 패션 디자인은 선(형태), 재질, 색채 등의 디자인 요소에 디자인 원리를 적용시켜 디자인 요소의 조화(Harmony), 착용자의 이미지와 용도를 포함시킨 적합성(Appropriateness)의 증대, 그리고 착용된 시기(Time)의 미(美) 창조를 목표로 추구한다.

요 소		원 리		목 표
선(형태) 색 채 재 질	+	비 례 균 형 통 일	리 듬 강 조 조 화	디자인 요소의 조화 적합성의 증대 시대적 미의 추구

[패션 디자인의 목표]

1. 디자인 요소의 조화

모든 조형 디자인의 목표는 조화이며 사람들은 조화를 이룬 상태를 아름답다고 표현한다. 따라서 조형 예술의 한 장르인 패션 디자인의 목표도 디자인 요소의 조화이다.

여기서 조화를 이룬 상태란 '변화 있는 통일(Unity with Variation)'을 의미하며, 패션 디자인에서도 디자인 요소들을 변화 있는 통일로 표현하여 조화를 이루게 한다.

그래서 패션 디자이너는 자신의 아이디어를 표현하기 위해 디자인 요소인 형태, 색채, 재질을 일관성 있게 사용하여 통일감을 추구한다. 예를 들면, 의복의 형태에 사용하는 모든 선들을 직선이나 곡선으로 통일해서 사용하는 것과 색채나 재질에 있어서도 한 가지 색채 또는 한 가지 재질을 의복 전체에 일관성 있게 사용하는 것을 말한다.

그러나 디자인 요소의 지나친 통일은 오히려 단조롭고 획일적이며 아무런 눈길을 끌지 못하게 하는 반면, 지나치게 많은 변화를 주면 혼란함을 주며 일관성 있는 주제를 이루지 못하게 된다. 따라서 어느 디자인 요소를 통일하고 변화시킬 것인가, 얼마만큼의 변화를 어느 위치에 어떤 방법으로 줄 것인가에 대한 계획이 필요하며 그러한 계획은 조화를 이끄는 가장 중요한 요인이 된다.

2. 적합성의 증대

의복(衣服)의 적합성은 용도와 착용자의 두 가지 측면에서 볼 수 있다.

모든 디자인은 기능적 목적(Utilitarian Purpose)과 장식적 목적(Aesthetic Purpose) 모두

를 만족시킬 수 있도록 절충되어야 한다. 이 두 가지 목적 중 어느 한 가지를 무시한다면 디자인으로서의 가치가 떨어지게 된다.

그리고 패션 디자인이 다른 디자인과 비교되는 중요한 특징은 의복이 사람에게 착용됨으로써 그 의미를 갖게 되고, 착용자와의 조화를 이룸으로써 가치가 결정된다는 것이다. 아무리 아름다운 디자인이라도 착용자의 역할, 그 옷이 착용되는 때와 장소에 적합하지 않으면 아름다운 것으로 평가될 수 없다.

3. 시대적 미의 표현

각 시대마다 변하는 미의 기준은 그 시대에 창출되는 모든 조형 예술에 공통적으로 나타난다. 패션 디자인에서도 디자인 요소를 디자인 원리에 맞추어 유행하고 있는 미를 표현한다. 유행하는 미의 변화는 사회가 변하고, 생활양식이 바뀌고, 사람들의 생각과 느낌이 바뀜에 따라 일어난다. 따라서 유행 스타일뿐만 아니라 가장 아름답다는 기준도 계속 변화하게 된다.

패션 디자인의 조건

굿 디자인이란 제품의 질을 정의할 때 쓰는 말로서, 작동이 간편하고 모양도 아름다운 제품을 가리킨다. 특정한 디자인 상황을 이루는 아름다움과 시대적 요구, 기능과 같은 여러 요소라든지 더 나아가 오늘날의 기술적 지식을 조화시켜 기능이 원활한 제품으로 만드는 것까지를 말한다.

1. 합목적성(기능성, 실용성)

사물이 일정한 목적에 적합한 방식으로 존재하는 성질을 말한다. 디자인에 있어서 합목적성을 말할 때는 디자인을 요구하는 사회적 여건과 디자인 · 인간 · 환경의 관계에 대한 종합적 이해를 뜻한다. 여기서 말하는 목적이란 실용적으로 쓰여야 하는 목적을 가리키므로 실용성 또는 기능성이라고도 할 수 있다. 이때, 기능은 인간이 사회생활을 영위하는 데 필요한 도구를 사용할 때 파생되는 심리적 · 사회적 결과까지도 포함한다.

디자인은 기능성을 1차 목적으로 하는데 예를 들면, 의자는 앉기 위한 도구이지만 의사의 크고 작음에 따라 각각 다른 용도를 가지고 있으며 의자도 부분에 따라 여러 가지 역할이 있다.

따라서 목적이 합리적으로 설정되고 세부적인 부분까지 명확할 때 이것은 합목적성의 전제 조건이 된다. 이는 디자인의 목적 자체가 합리적으로 설정되어야 하고 요구되는 본질적 쓰임새를 갖추어야 한다는 것이다. 즉, 건축물은 인간이 편안하고 안락하게 생활할 수 있어야 하는 목적에 합치되어야 하고, 의자는 인체공학적으로 인간에게 가장 적절해야 하며, 찻잔은 차를 담고, 또 그것을 마시기 위한 필요성과 시각적인 측면의 아름다움도 주어야 한다는 목적에 합치되어야 하고, 포스터는 커뮤니케이션의 목적을 충분히 수행할 수 있어야 한다는 본래의 목적에 합치되어야 한다는 것이다. 따라서 디자인이 만들어지는 수단이나 방법이 디자인의 목적에 부합되는 것이 디자인에 있어서의 합목적성이라고 할 수 있다.

2. 심미성

심미성은 합목적성과 대립되는 관점으로 해석되는데 인간의 생활을 보다 풍요롭게 하는 조건의 하나이다. 예를 들면, 종이컵과 투명한 크리스털 유리컵이 놓여 있다면 주스를 마시려는 사람들은 투명한 유리컵을 선택할 것이다. 주스를 마시는 용도로 두 종류의 컵 모두 불편함은 없지만 분명 종이컵보다 유리컵이 더 아름다우며 주스의 색깔을 투명하게 보여줌으로써 그 아름다움을 배가(倍加)시킬 것이기 때문이다.

이렇듯 디자인에 있어서 고려해야 할 미의식은 기능이 우선해야 하지만 형태, 색채, 재질이 유기적으로 연결되어 특유의 아름다움까지 창조하는 것이다.

예술이 자율적인 감상만을 목표로 하는 자유스러운 형식이라면, 디자인은 기능과 그것에 따른 적절한 기술과 연관되는 조형미를 추구하는 형식이다. 또한 아름다움에 대한 가치 기준은 지극히 주관적이기 때문에 동시대에 살고 있는 사람들이라고 하더라도 개개인의 성향이나 연령, 성별 등에 따라 달라지며 시대나 국가, 민족에 따라 공동의 미의식이 달라진다. 하지만 디자인이 추구해야 할 아름다움은 어떤 특정 디자인 제품에 대해 대다수의 소비 대중이 공감하는 최대 공약수적인 미의식을 포함시킨 것이라야 할 것이다.

아름답게 하기 위하여 표면에 회화적인 장식을 하는 피상적인 것이 아니라 기능과 유기적으로 연결된 형태, 색채, 재질의 아름다움을 창조하는 것으로 인간의 참다운 욕구를 충족시켜주는 일이다. 따라서 디자인의 심미성을 성립시키는 미의식은 시대성, 국제성, 민족성, 사회성, 개성 등이 복합되어진 대중의 공감을 얻는 아름다움이어야 하며, 객관적 조형미와 메이커의 특성, 디자이너 자신의 미적 감각 및 전문적인 지식이 결합된 결과이어야 한다.

3. 경제성

최소의 재료와 노력에 의해 최대의 효과를 얻고자하는 것은 인간의 모든 활동에 통용되는 원칙이다. 따라서 디자이너는 재료의 선택, 형태와 구조의 성형, 그리고 제작 기술과 공정의 선택에 이르기까지 가장 합리적이고 효율적이며 경제적인 제작효과를 얻을 수 있게 디자인 하여야 한다. 한정된 경비로 최상의 디자인을 창출한다는 것은 적은 돈으로 좋은 물건을 만들 수 있다는 것이다. 이는 최소의 자재와 노력과 경비로 최대의 효과를 얻어야 한다는 경제적 원칙이 디자인에도 적용되어야 한다는 것이다.

디자이너는 허용된 경비 내에서 가장 우수한 디자인과 효과를 창출해 내며, 가장 저렴한 가격으로 소비자에게 공급할 수 있어야 한다는 점을 항상 염두에 두어야 한다. 이를 위해 디자이너는 재료와 생산방식에 대한 전문적인 지식을 갖추어 자원과 노력의 손실 없이 경제적인 목표를 달성할 수 있어야 한다.

4. 독창성

디자인에 있어서의 독창성은 실용적인 목적을 명확히 설정하고 접근해 가는 창조기술로서, 어떤 사물을 새롭게 처음 만들어 내는 것이다. 디자인은 언제나 디자이너의 창의적인 디자인 감각에 의하여 새롭게 탄생하는 창조성을 생명으로 새로운 가치를 추구하는 것이어야 한다. 이것은 디자인하는 태도, 자세, 아이디어가 독창적이어야 한다는 디자인의 핵심적 요소이다. 이와 같은 독창성을 발휘하기 위해 디자이너는 각 분야에 폭넓은 지식을 가지고 있어야 하며, 함축적인 이미지나 아이디어를 창출해야 하고, 기존의 고정관념을 깨뜨릴 수 있어야 한다. 창의적인 능력은 단순히 개인적인 성향만으로 생기는 것은 아니며 디자이너 자신의 끊임없는 노력을 계속해야 창조성이 개발된다.

창조적인 사고는 평소의 훈련과정에 의해 이루어지는데 정치, 경제, 인문, 과학 등 폭넓은 지식을 쌓아 두어야 한다. 한편 창조성을 기르기 위한 직접적인 방법으로는 자신이 해결해야 할 문제에 관해 가능한 한 많은 정보를 수집하고 자료를 분석 및 구분, 활용해야 한다.

패션 디자인의 요소

1. 형태(선과 실루엣)

(1) 선의 개념 및 특성

① 디자인 아이디어를 표현하기 위해 활용하는 요소는 선, 색채, 재질이다.

② 유행에 가장 민감하게 변화하며 소비자의 구매 의사 결정에 주요 요인으로 작용한다.

③ 선(線)은 형(形)의 개념을 포함하며, 복식에서의 선은 형의 일부 또는 형을 이루는 수단으로 존재한다.

④ 복식에서 선은 의복의 외곽선을 형성하고 형태를 구성하며, 형태의 내부에서 공간을 분할하는 기능을 한다.

(2) 선의 종류와 느낌

의복에서 표현되는 선의 특성(곡률의 정도, 굵기, 연속성, 방향 등)에 따라 의복이 주는 느낌이 다양하게 결정된다.

① 직선(Straight Line)

　㉠ 딱딱하고 강한 느낌을 주며, 단순·명확하고 남성적 느낌을 준다.

　㉡ 자연에는 직선이 거의 없으므로 직선은 인위적이고 현대적인 느낌도 준다.

　㉢ 의복에서는 솔기선, 다트선, 주름, 줄무늬, 핀턱 등을 통하여 표현된다.

　　• 수직선(Vertical Line)
　　　– 길이가 긴 느낌, 고상·위엄·권위·장중한 느낌
　　　– 신뢰감을 요하는 디자인에 사용
　　　– 앞단선, 길이로 절개된 솔기선, 수직 주름, 긴 단추선 등

　　• 수평선(Horizontal Line)
　　　– 점잖으며 폭이 넓은 느낌, 평화·정숙·안정·영구의 느낌
　　　– 평상복, 스포츠웨어 등 친근감을 주는 복장에 사용
　　　– 요크선, 벨트, 밑단선 등

　　• 사선(Diagonal Line)
　　　– 가볍고 움직임이 있고 약간 길어 보이는 느낌
　　　– ∨자 모양 : 불안정한 느낌, 운동감

　　　– ∧자 모양 : 중후한 안정감

　　　– ∨ 네크라인, 텐트라인, 사선의 솔기선 등

　• 지그재그선(Zigzag Line)

　　– 예민하고 날카로운 느낌

　　– 불안정감이 있는 반면 이지적이고 경쾌한 느낌

　　– Collar, 구성선, 트리밍 등

[직선을 강조한 디자인]

② 곡선(Curved Line)

　㉠ 유연하고 우아한 느낌을 준다.

　㉡ 고상 · 자유 · 섬세한 여성적 느낌을 준다.

　　• 원(Circle)

　　　– 명랑, 온화, 유순하고 귀여운 느낌

　　　– 라운드 네크라인, 단추, 둥근 포켓 등

　　• 타원(Oval)

　　　– 여성적 온유함, 따뜻하고 부드러운 느낌

　　　– 보트 네크라인, 부드러운 요크선 등

　　• 파상선(Wave)

　　　– 부드럽고 율동적, 자유롭고 섬세하며 유연한 느낌

　　　– 플레어스커트의 밑단, 프릴, 플라운스, 러플 등

　　• 스캘럽(Scallop)

　　　– 명랑, 귀여움, 섬세한 느낌

　　　– 루프 단추, 스캘럽 네크라인, 트리밍 등

　　• 나선(Spiral)

　　　– 복잡, 불명료, 장려한 느낌

– 곡선 중에서도 매우 우아한 느낌
– 네크라인, 절개선, 장식 트리밍 등

[곡선을 강조한 디자인]

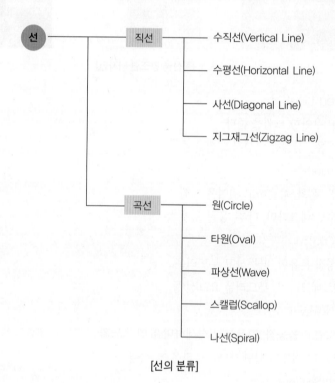

선 ── 직선 ── 수직선(Vertical Line)
　　　　　　　 수평선(Horizontal Line)
　　　　　　　 사선(Diagonal Line)
　　　　　　　 지그재그선(Zigzag Line)

　　　 곡선 ── 원(Circle)
　　　　　　　 타원(Oval)
　　　　　　　 파상선(Wave)
　　　　　　　 스캘럽(Scallop)
　　　　　　　 나선(Spiral)

[선의 분류]

⑶ 선에 의한 착시현상

① 세로선에 의한 착시현상

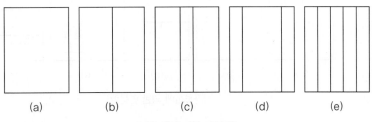

[세로선에 의한 면분할]

㉠ 세로선에 의하여 분할된 면(b)은 분할되지 않은 면(a)에 비하여 길이는 길어 보이게 하고 폭은 좁아 보이게 한다(앞여밈, 주름, 솔기, 장식 상침, 파이핑 등 선의 강조 효과).

㉡ 세로선의 수가 하나일 때 효과가 가장 크다(b>c).

㉢ 세로선의 간격이 좁을수록 수직 효과가 크다(c>d).

㉣ 세로선의 수가 늘어나면 오히려 시선이 수평으로 분산되어 폭이 넓어 보인다(e).

㉤ 세로선의 길이가 길수록 수직 효과가 크다.

[세로선에 의한 착시현상]

② 가로선에 의한 착시현상

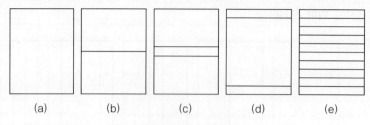

[가로선에 의한 면분할]

㉠ 가로선에 의하여 분할된 면(b)은 분할되지 않은 면(a)에 비하여 폭이 넓어 보이고 길이는 짧아 보이게 한다(허리 벨트, 상의 밑단선, 가로 요크선, 수평턱).

㉡ 가로선의 수가 하나일 때 효과가 가장 크다(b>c).

㉢ 가로선의 간격이 좁을수록 수평 효과가 크다(c>d).

㉣ 가로선의 수가 늘어나면 시선이 수직으로 분산되어 길이가 길어 보인다(e).

㉤ 가로선의 길이가 길수록 수평 효과가 크다.

㉥ 색상대비, 명도대비 등에 의한 선의 강도가 강해질수록 폭을 넓어 보이게 하며 길이를 짧아 보이게 한다.

• 상의와 하의의 색상대비가 강한 콤비 스타일은 상의의 밑단선의 가로 효과에 의해 길이가 짧아 보인다.

• 굵고 색상대비가 강한 벨트는 얇은 동일색상 배색의 벨트보다 가로 효과가 강하다.

[가로선에 의한 착시현상]

③ 사선에 의한 착시현상

　㉠ 사선의 방향

　　• 몸의 중심에서 바깥쪽으로 가는 사선은 사선이 모이는 곳의 폭을 좁아 보이게 하고, 사선의 간격이 넓어지는 곳의 폭은 넓어 보이게 한다.

　　• 어깨 패드, 플레어스커트, 웨딩드레스의 넓은 밑단 등은 허리를 상대적으로 가늘게 보이는 효과가 있다.

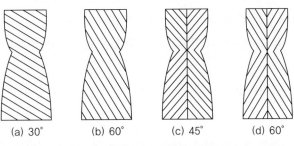

(a) 30°　　　(b) 60°　　　(c) 45°　　　(d) 60°

[사선의 경사 각도에 따른 효과의 차이]

　㉡ 사선의 경사 각도

　　• 사선의 경사 각도가 작아 가로선에 가까운 사선(a)은 가로 효과를 보다 강하게 나타낸다.

　　• 사선의 경사 각도가 커서 세로선에 가까운 사선(b)은 세로 효과를 강하게 나타낸다.

[사선에 의한 착시현상]

(4) 실루엣(Silhouette)

복식에서의 선은 독립적으로 존재하기보다는 형의 일부로 또는 형을 이루는 수단으로 존재한다. 선은 실루엣이라는 의복의 외곽선을 형성하고, 포켓, 소매 등 디테일의 형태를 구성하는 데 사용되며, 또한 형태의 내부에서 공간을 분할하는 다트와 솔기의 기능을 한다.

① 실루엣의 개념

　㉠ 형, 모양, 의상의 아웃라인(Out-line)의 뜻을 가지고 있다.

　㉡ 복장의 외형선, 즉 복장의 전체적인 윤곽선을 말한다.

　㉢ 유행의 역사는 실루엣의 역사라고 할 수 있을 만큼 패션 경향을 결정하는 중요한 요소
　　이다.

　㉣ 실루엣은 길(Bodice), 소매, 스커트 또는 슬랙스의 형태에 의하여 형성된다.

② 실루엣의 종류

실루엣은 인체를 토대로 상하, 좌우, 전후의 균형 관계에 의해 다양하게 변화되어 왔다. 이러한 3차원의 균형의 변화에 기인하여 실루엣은 크게 스트레이트 실루엣, 아우어글라스 실루엣, 벌크 실루엣으로 나눌 수 있다.

Sheath　　Tubular　　H-line　　Trapeze　　Empire　　Shift

(a) 스트레이트 실루엣(Straight Silhouette)

Fitted　　Princess　　Dome　　Mermaid　　Bustle　　Minaret

(b) 아우어글라스 실루엣(Hourglass Silhouette)

Cocoon　　O-line　　Barrel　　Y-line　　T-line　　Boxy

(c) 벌크 실루엣(Bulk Silhouette)

[실루엣의 종류]

ⓒ 스트레이트 실루엣(Straight Silhouette) : 몸의 어느 부분을 특별히 강조하지 않고 상하가 거의 비슷한 폭을 유지하는 직선적인 실루엣

- 시스 실루엣(Sheath Silhouette) : 칼집과 같이 몸에 적당히 밀착되며, 날씬하고 길게 보이도록 의도된 실루엣
- 튜블러 실루엣(Tubular Silhouette) : 튜브의 형태처럼 어깨에서 밑단까지 같은 폭의 직선적인 실루엣
- H-라인 실루엣(H-line) : 어깨 폭이 좁고 가슴이 밋밋하며 허리와 힙도 강조되지 않은 홀쭉하고 긴 실루엣, 허리 부분에 가로의 절개선 혹은 벨트의 장식이 있어 H의 가로선을 상징
- 트라페즈 실루엣(Trapeze Silhouette) : 사다리꼴 형태로 어깨폭이 좁고 밑단이 넓게 퍼지는 실루엣
- 엠파이어 실루엣(Empire Silhouette) : 짧은 퍼프 슬리브와 하이 웨이스트가 특징인 가늘고 날씬한 실루엣
- 시프트 실루엣(Shift Silhouette) : 마직의 속옷인 슈미즈의 명칭, 속옷처럼 편안하고 부드럽게 흘러내리는 직선형의 실루엣

Sheath

Tubular

H-line

Trapeze

Empire

Shift

[스트레이트 실루엣]

ⓛ 아우어글라스 실루엣(Hourglass Silhouette) : 모래시계의 윤곽선을 본뜬 실루엣으로, 어깨를 넓게 과장하고 힙을 풍성하게 부풀려 상하를 넓게 하는 반면, 허리를 가늘게 조여 허리선을 강조한 실루엣

- 피티드 실루엣(Fitted Silhouette) : 인체의 윤곽선이 그대로 드러나도록 몸에 꼭 맞아 가슴, 허리, 힙의 부드러운 곡선을 표현한 실루엣
- 프린세스 실루엣(Princess Silhouette) : 상반신은 허리까지 몸에 맞게 피트시키고 스커트 밑자락은 넓게 퍼지는 실루엣, 어깨나 진동부터 밑단까지 수직의 절개선인 프린세스 라인이 들어가 있어 프린세스 실루엣이라 불림
- 돔 실루엣(Dome Silhouette) : 돔과 같이 반구형으로 부풀려진 스커트 실루엣
- 머메이드 실루엣(Mermaid Silhouette) : 허리에서 무릎까지 몸에 꼭 맞고 무릎 밑 자락은 인어 꼬리처럼 넓게 퍼지는 형태
- 버슬 실루엣(Bustle Silhouette) : 상체는 몸에 꼭 맞도록 허리를 가늘게 조이며, 힙 부분을 허리받이인 버슬로 둥글게 과장시켜 스커트의 밑자락까지 곡선미를 강조한 실루엣
- 미나렛 실루엣(Minaret Silhouette) : 몸체와 스커트 부분은 타이트하게 하고, 허리 밑자락을 전등갓처럼 둥글게 부풀려 과장되게 얹어낸 실루엣

Fitted   Princess   Dome   Mermaid   Minaret

[아우어글라스 실루엣]

ⓒ 벌크 실루엣(Bulk Silhouette) : 몸의 중심 부분을 넓게 부풀린 실루엣으로 부피감과 함께 몸을 여유 있게 감싸주는 넉넉한 실루엣

- 코쿤 실루엣(Cocoon Silhouette) : 누에고치의 모양과 같이 어깨와 밑단은 좁고 허리 부분이 부풀려진 긴 타원형의 실루엣
- O-라인(O-line) : 알파벳 O의 형태를 나타낸 실루엣으로 어깨, 가슴, 허리, 소매 등에 둥근 곡선을 만들어 부풀린 형태
- 배럴 실루엣(Barrel Silhouette) : 몸통 부분이 불룩한 통 모양으로 풍성한 코트 등에서 볼 수 있는 부피감 있는 실루엣
- T-라인(T-line) : 어깨 부분이 수평으로 퍼진 형태를 이루고, 몸통은 가늘고 날씬하게 표현된, 알파벳 T의 모양과 같은 실루엣
- Y-라인(Y-line) : 어깨에서 가슴에 이르는 부분은 풍성하게 부피감을 살리고, 허리에서 하반신은 가늘고 좁은 실루엣
- 박시 실루엣(Boxy Silhouette) : 상자와 같은 사각의 모양으로 주로 부피감 있는 코트나 헐렁한 재킷에서 볼 수 있는 실루엣

Cocoon O-line Barrel

T-line Y-line Boxy

[벌크 실루엣]

(5) 디테일(Detail)

의복을 만드는 봉제 과정에서 본래의 직물을 사용하여 장식을 목적으로 만들어진 세부 장식이다. 즉, 옷의 전체적인 실루엣에 대조적인 의미로서 그 실루엣 속에 장식되어 있는 여러 부분 장식이다. 디테일은 광범위하게 구조적 디테일(Neckline, Collar, Sleeve, Cuffs, Pocket)등과 장식적 디테일(Frill, Gather, Drape, Shirring, Tuck 등)로 구분한다.

① 구조적 디테일

ㄱ 칼라(Collar)

• 칼라는 얼굴과 가까운 위치에 있어 칼라의 모양이 얼굴에 미치는 영향이 크므로 의상 디자인의 중요한 부분을 차지한다.

• 착용자의 체형, 취향과 용도에 따라 디자인을 고려해야 한다.

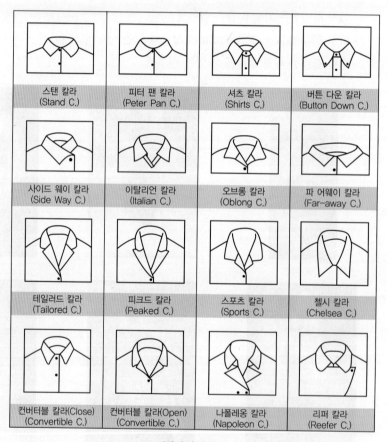

[칼라의 종류]

ⓛ 네크라인(Neckline) : 칼라와 마찬가지로 얼굴의 가장 가까운 부분으로 몸과 얼굴의
중계 역할을 하는 곳이므로 얼굴 모양에 유의한 디자인이 되어야 한다.

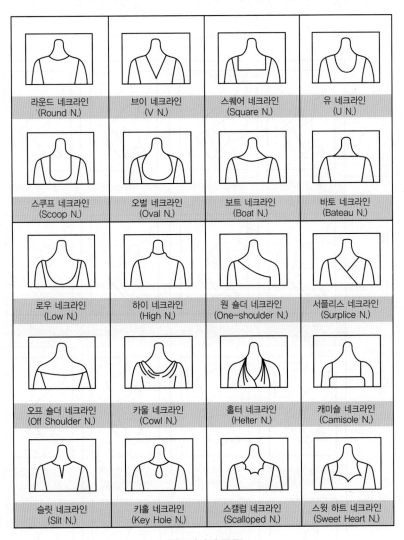

[네크라인의 종류]

ⓒ 슬리브(Sleeve) : 소매는 의상 전체에 주조적 혹은 보조적 역할을 하며 디자인 전반의
통일에 중요한 관계를 갖게 한다. 소매의 모양이 길(Bodice)의 주조적 느낌에 잘 조화
되거나, 다른 부분과 대립을 이루거나 또는 소매만이 독립적으로 포인트를 갖기도 하
며, 소매의 특징은 상의의 디자인에 영향을 미친다.

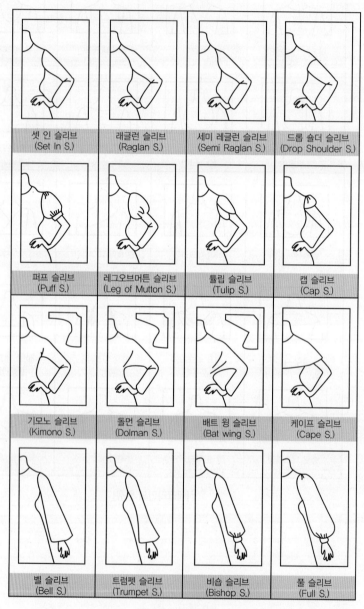

[소매의 종류]

ⓔ 포켓(Pocket) : 포켓은 기능적인 역할과 장식적인 목적을 동시에 충족하도록 디자인 해야 한다. 특히 의복에 사용된 절개선과의 관계를 고려하여 구성되어야 한다.

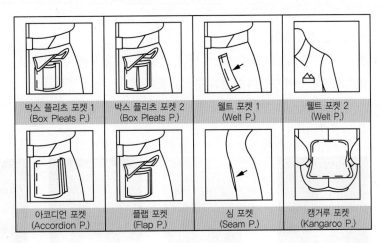

박스 플리츠 포켓 1 (Box Pleats P.)	박스 플리츠 포켓 2 (Box Pleats P.)	웰트 포켓 1 (Welt P.)	웰트 포켓 2 (Welt P.)
아코디언 포켓 (Accordion P.)	플랩 포켓 (Flap P.)	심 포켓 (Seam P.)	캥거루 포켓 (Kangaroo P.)

[포켓의 종류]

② 장식적 디테일

　ⓐ 셔링(Shirring)
　　• 의복의 일부에 잔주름을 한 줄 또는 여러 줄을 잡아 장식한다.
　　• 얇은 옷감에 많이 쓰인다.

　ⓑ 플리츠(Pleats) & 플리팅(Pleating) : 디자인과 옷감에 따라 주름의 나비와 수를 조절한 후에 열에 의해 주름의 형태를 영구적으로 고정한 주름을 말한다.

　ⓒ 턱(Tuck) : 옷감 두께에 따라 주름의 나비와 수를 조절한 후에 겉에서 박음질 혹은 상침하여 고정한 주름 장식을 말한다.

　ⓓ 핀턱(Pin Tuck)
　　• 가는 주름을 잡아 겉으로 박아 장식한다.
　　• 블라우스, 원피스, 어린이 의복에 자주 사용한다.

| 셔 링 | 플리츠 & 플리팅 | 플리츠 & 플리팅 | 턱 |

[디테일의 종류 I]

ⓜ 프릴(Frill) : 네크라인, 소매단, 스커트 밑단 등에 개더(Gather)나 플리츠(Pleats)로 주름잡은 폭이 좁은 단을 덧붙이는 것을 말한다.

ⓑ 러플(Ruffle) : 프릴과 비슷한 형태로 그 폭이 넓거나 혹은 다양한 폭으로 여러 층으로 표현되는 것을 말한다.

ⓢ 플라운스(Flounce) : 블라우스의 앞단, 커프스, 칼라 등에 주로 쓰이는 장식으로 바이어스로 재단하여 덧붙여 물결과 같은 러플이 생기는 것을 말한다.

ⓞ 드레이프(Drape) : 부드럽고 자연스러우며 일정한 형식을 취하지 않는 부정형의 주름을 말한다.

| 프 릴 | 러 플 | 플라운스 | 드레이프 |

[디테일의 종류 Ⅱ]

ⓩ 스모킹(Smocking) : 옷감에 규칙적인 주름을 잡은 다음 스티치로 이를 고정시켜 주름으로 여러 가지 무늬를 만들어 장식한다.

ⓒ 루프(Loop) : 실 고리, 원단 고리

ⓚ 프린징(Fringing)

- 상의 밑단, 소매 솔기, 요크선, 바짓단 등에 옷감의 올을 풀어 매듭을 지어 장식한다.
- 미리 만들어진 술을 붙여 장식하기도 한다.

ⓣ 파이핑(Piping) : 칼라, 포켓, 소매의 가장자리, 요크선 등의 솔기에 색채나 재질이 다른 옷감으로 바이어스 테잎을 잘라 끼워 박는 것을 말한다.

ⓟ 슬릿(Slit)

- 좁고 긴 트임이 있다.
- 소매 부리, 재킷이나 스커트의 도련 트임을 말한다.

ⓗ 드로 스트링(Draw-string) : 바지허리, 점퍼의 허리 등에 끈을 달아 묶을 수 있도록 된 타입의 총칭을 말한다.

| 프린징 | 파이핑 | 슬 릿 | 드로 스트링 |

[디테일의 종류 Ⅲ]

이 외에도 퀼팅(Quilting), 패딩(Padding), 패치워크(Patch Work), 컷 아웃(Cut-out), 컷 오프(Cut-off), 아플리케(Applique), 터킹(Tucking), 러쉬(Ruche) 등이 있으며, 다양한 디자인 이미지를 부각시키는 장식으로 사용된다.

| 퀼 팅 | 패치 워크 | 컷 아웃 | 아플리케 |

[디테일의 종류 Ⅳ]

(6) 트리밍

의복의 미적 목적을 위하여 완성되어 있는 장식을 달거나 별도의 재료로 만들어 부착하는 것을 말한다. 트리밍은 장식의 목적에 따라 사용하기 때문에 시대 감각에 맞도록 선택하며, 의복의 재료나 디자인이 단순한 경우에 포인트를 주어 효과를 얻을 수 있다.

① 브레이드(Braid)

여러 가지 색채와 재질의 실이나 옷감으로 짜여진 밴드의 형태로 네크라인, 앞단, 소매단, 포켓 둘레 등에 장식한다.

② 스팽글(Spangle), 시퀸(Sequin), 비즈(Beads)

반짝이는 금속 조각이나 작은 구슬을 도안에 따라 옷에 꿰매어 붙인 장식이다.

③ 단추(Button)

기능적인 목적을 넘어서 옷감의 종류와 전체적인 디자인에 조화되도록 다양한 재질, 형태, 크기, 색채의 단추를 이용하여 장식한다.

④ 털장식(Fur Trimming)

천연 또는 인조 모피를 네크라인, 커프스 등에 장식한다.

⑤ 벨트(Belt), 버클(Buckle)

가죽, 에나멜 가죽, 금속 체인 등 다양한 소재와 색채를 이용한 크고 작은 벨트도 중요한 장식으로 많이 사용된다.

⑥ 엠블럼(Emblem)

전통과 집단을 나타내는 심벌마크를 자수로 만든 것으로 블레이저 재킷, 유니폼의 가슴에 장식한다.

⑦ 기 타

이 외에도 벨크로(Velcro), 지퍼(Zipper), 레이스 업(Lace-up) 등 다양한 형태의 트리밍 장식이 유행에 맞게 활용된다.

| 브레이드 | 브레이드 | 시 퀸 | 단 추 |
| 털장식 | 벨트 & 버클 | 지 퍼 | 레이스 업 |

[트리밍의 종류]

2. 색 채

(1) 색채의 개념

① 우리들이 색을 볼 수 있는 것은 빛(광선)이 있기 때문이다. 빛은 전자기파의 한 종류로서 파장으로 나타나는데, 우리 눈에 보이는 빛은 약 360~760nm 파장의 범위이고, 가시광선이라고 한다.

② 색은 광원으로부터 나오는 빛이 물체에 비추어 반사·투과·흡수될 때, 눈의 망막과 시신경을 자극하여 뇌의 시각 중추에 전달함으로써 생기는 감각이다.

③ 색채의 개념은 물리적 측면, 생리적 측면, 심리적 측면에서 모두 이해되어야 한다.

　㉠ 물리학적 과정 : 광원으로부터의 빛이 물체에 부딪혀 반사된 빛을 인간의 눈이 수광하게 된다.

　㉡ 생리학적 과정 : 물체의 표면에서 반사된 광선이 눈으로 들어와 시신경을 통해 뇌의 시각 중추에 이르러 색을 지각하게 된다.

　㉢ 심리학적 과정 : 지각된 색이 개인의 주관적 감정에 의해 심리적인 연상이나 상징으로 받아들여진다.

④ 물체색

　㉠ 광원에서 나온 빛이 물체에 닿으면 물체는 그 표면의 특성에 따라 특정한 파장을 흡수하거나 반사하게 되는데 이때 반사되는 빛의 파장이 물체의 색으로 지각된다.

　㉡ 물체가 빛의 파장을 모두 반사할 경우엔 흰색, 모두 흡수할 경우엔 검정색으로 보인다.

　㉢ 광원이 달라지면 물체의 색도 달라진다.

(2) 색채의 체계

① 색의 분류

색(물체색)은 크게 무채색과 유채색으로 나누어진다.

　㉠ 무채색(Achromatic Color)

　　• 흰색과 여러 층의 회색 및 검정색에 속하는 색감이 없는 계열의 색을 통틀어 무채색이라고 한다.

　　• 무채색의 구별은 밝고 어두운 정도의 차이를 나타내는 것으로, 명도는 있지만 색상과 채도의 속성이 없다.

ⓒ 유채색(Chromatic Color)
- 순수한 무채색을 제외한 색감을 갖고 있는 모든 색을 말한다.
- 색상, 명도, 채도의 속성을 갖고 있다.

② 색의 3속성

색을 지각하는 데 있어 대표적인 속성인 색상, 명도, 채도를 색의 3속성이라 한다.

㉠ 색 상
- 빨강, 노랑, 파랑, 보라 등 색의 차이를 의미하며, 하나의 색이 다른 색과 구별되는 성질로 유채색에만 있다.
- 색상의 변화를 계통적으로 표시하기 위하여 색의 성질이 비슷하다고 느껴지는 순서 대로 둥글게 배열한 것을 색상환이라 한다.
- 색상환에서 가까운 거리에 있는 색상차가 작은 색을 유사색, 색상환에서 멀리 떨어 져 있어 색상차가 큰 색을 반대색, 서로 마주보고 있어 색상차가 가장 큰 색을 보색 이라 한다.

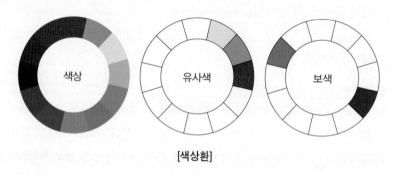

[색상환]

㉡ 명 도
- 색의 밝고 어두운 정도를 구별하여 색의 밝기를 나타내는 성질로 무채색과 유채색 에 모두 있다.
- 가장 밝은 색을 흰색(고명도), 가장 어두운 색을 검정색(저명도)으로 한다.
- 밝기의 정도에 따라 고명도, 중명도, 저명도로 구분한다.

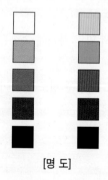

[명 도]

ⓒ 채 도

- 색의 맑고 탁한 정도(순도, 색기운)를 의미하며 유채색에만 있다.
- 채도가 가장 높은 색, 즉 색기운이 가장 강한 색을 순색이라 한다.
- 순색에 가까울수록 채도가 높고 다른 색상을 가하면 채도가 낮아진다.

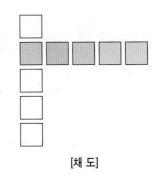

[채 도]

③ 표색계

표색계는 일정한 질서를 바탕으로 하여 모든 색을 숫자나 기호로써 정량적으로 표현하는 색채체계이다.

㉠ 먼셀 표색계(Munsell System)

- 먼셀 색상환
  - 빨강(Red : R), 노랑(Yellow : Y), 녹색(Green : G), 파랑(Blue : B), 보라(Purple : P)의 5색상을 1차색(기본 색상)으로 한다.
  - 기본 색상의 사이에 5가지 간색을 넣어 10개의 색상을 만들고, 다시 10개의 색상을 10등분하여 만든 100가지의 색상에 숫자와 기호를 붙여 색상을 표시한다.
  - 하나의 색은 1~10까지 10단계로 나타내며, 가장 순수한 기본 원색은 5번으로 표시한다.

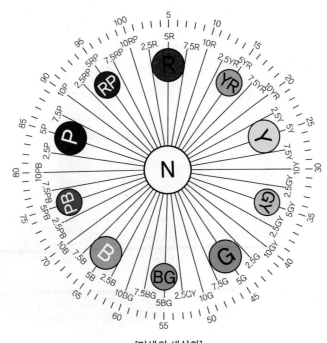

[먼셀의 색상환]

• 먼셀 표색계 원리
 – 모든 물체색을 색상, 명도, 채도의 3차원 색입체로 나타낼 수 있도록 체계화시켰다.
 – 명도는 완전한 검정색이 0, 완전한 흰색이 10이 되는 무채색 축을 균등하게 나누어 11단계로 나타낸다. 그러나 완전한 검정색(0)과 완전한 흰색(10)은 현실적으로 존재하지 않기 때문에 표시하지 않는다.
 – 채도는 무채색 축을 0으로 하여 순도가 증가할수록 숫자가 커져 최대 14단계로 나타낸다. 색상별로 채도의 단계는 차이가 있다.

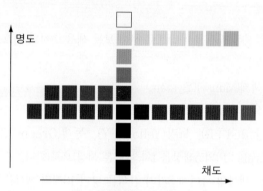

[먼셀의 명도와 채도]

• 먼셀 색입체
 – 색의 3속성인 색상, 명도, 채도를 체계적으로 입체화하여 배열하였다.
 – 색상과 명도에 따라 채도단계에 차이가 있으므로 불규칙한 타원형의 형태를 갖는다.
 – 명도단계를 중심의 세로축에, 채도단계는 가로축에 방사선형으로 배치하고, 색상은 세로축(명도축)을 중심으로 원을 이루어 배열하고 있다.

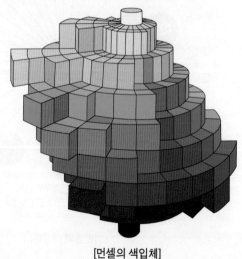

[먼셀의 색입체]

- 먼셀 색표기
  - 유채색은 색상(H), 명도(V), 채도(C)의 순으로 표기
    - 예 5R 4/14 : 색상은 5R, 명도는 4, 채도가 14인 색이다.
  - 무채색은 N(Neutral)과 명도단계를 붙여 NV방식으로, 즉 N1, N2…와 같이 표기
- ㉡ 오스트발트 표색계(Ostwald System)
  - 감각적 특성을 기초로 만들어진 먼셀 표색계에 비해 과학적인 체계를 갖추기 위해 혼합되는 색량의 비율로 색을 나타내고 있다.
  - 오스트발트 색상환
    - 노랑(Yellow), 남색(Ultramarine Blue), 빨강(Red), 청록(Sea Green)의 4원색과 그 사이에 간색을 만들어 8가지 색상을 기본 색상으로 만들고, 이 8색상을 3단계로 나누어 24단계의 색상환을 이룬다.
    - 노랑을 1번으로 시작하여 황록색의 24번까지 일련번호를 갖는 체계이다.

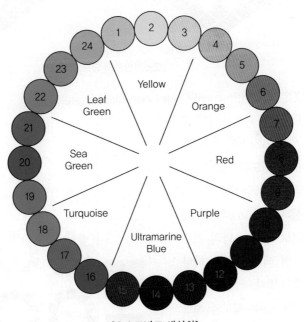

[오스트발트 색상환]

• 오스트발트 표색계 원리
  – 이상적인 완전한 검정색, 흰색, 순색을 기본적인 3요소로 하여 이 3요소의 혼합량
    이 100이 되도록 표시한다.
  – 검정색(B) + 흰색(W) + 순색(C) = 100(%)
  예 2R pa : 흰색 함량 – 3.5%(p), 검정 함량 – 11%(a), 순색 함량 – 85.5%[100–(3.5+11)]인
    순색에 가까운 기본 빨간색
    ∴ 2R pa → 순색에 가까운 빨간색

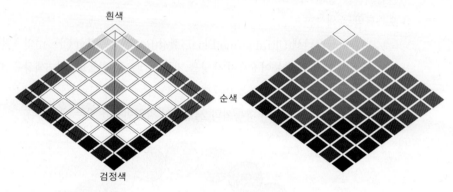

흰색

순색

검정색

[오스트발트의 명도와 채도]

ⓒ PCCS 색체계(Practical Color Coordinate System)

• PCCS의 색표시 방법 중
  가장 특징적인 것은 명
  도와 채도를 톤으로 정
  리하는 개념이다. 즉, 색
  상과 톤(Tone)의 두 계
  열로 색채 조화의 기본
  적인 색채 계열을 나타
  내고 있다.

• 톤(Tone)은 명도와 채도
  의 복합 개념으로, 색상의
  같은 계열에도 명암, 강
  약, 농담, 얕다, 깊다 등과
  같은 상태의 차이가 있어
  이러한 색의 상태 차이를
  톤(Tone)이라 한다.

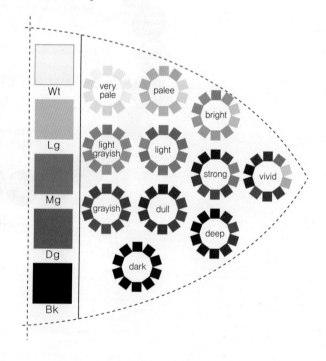

- 톤은 각 색상별로 12종류의 톤으로 나누어지며, 각 색상으로부터 톤을 같은 색끼리 정리해 놓은 것이다. 이 톤(Tone)의 색공간을 설정하고 있는 것이 PCCS의 특징이다.

[톤별 의미와 이미지]

톤 이름	기 호	의 미	이미지
White	W	흰 색	밝은, 깨끗한, 담백한, 가벼운, 청결한, 차가운, 신선한, 소박한
Light Gray	ltGy	밝은 회색	담백한, 점잖은, 조용한, 약한
Gray	Gy	회 색	수수한, 어른스런, 소극적인, 탁한, 스모키한, 외로운, 평범한
Dark Gray	dkGy	어두운 회색	수수한, 우중충한, 무거운, 딱딱한
Black	Bk	검정색	강한, 어두운, 무거운, 딱딱한, 고급스러운, 세련된, 엄숙한
Pale	P	흐린 색	부드러운, 로맨틱한, 얇은, 친밀한, 여성적인, 옅은, 가벼운, 귀여운, 파스텔풍의
Light Grayish	Ltg	밝은 회색을 띄는 색	간소한, 약한, 수동적인, 소극적인, 담백한, 온순한, 밝은 잿빛의, 침착한, 조용한
Grayish	G	회색을 띄는 색	정적인, 탁한, 고풍스런, 쓸쓸한, 수동적인, 멋진, 잿빛의, 점잖은
Dark Grayish	Dkg	어두운 회색을 띄는 색	안정적인, 실용적인, 보수적인, 침착한, 음울한, 칙칙한, 드넓은, 어두운 잿빛의, 무거운, 딱딱한, 남성적인
Light	Lt	엷은 색	클래식한, 침착한, 평범한, 온순한, 평온한, 어린애 같은, 즐거운, 신선한, 얇은
Dull	D	둔탁한 색	내추럴한, 스포티한, 둔한, 차분한, 무딘, 적막한, 칙칙한, 무난한, 중간색적인
Dark	Dk	어두운 색	중후한, 늙은, 안전한, 강한, 딱딱한, 남성적인, 무거운, 어두운, 어른스러운, 튼튼한, 원숙한
Bright	B	밝은 색	온화한, 산뜻한, 싱싱한, 젊은, 건강한, 순수한, 감미로운, 밝은, 명랑한, 화려한
Strong	S	강한 색	강한, 동적인, 정열적인
Deep	Dp	진한 색	맛이 깊은, 전통적인, 원숙한, 충실한, 상념적인, 지루한, 짙은, 충실한
Vivid	V	선명한 색	자극적인, 강한, 활동적인, 파격적인, 생생한, 자유로운, 적극적인, 맑은, 신선한, 화려한

(3) 색채의 특성

① 색의 운동감

색의 운동감은 색에 의한 면적의 착시현상 때문에 일어나는 것으로 진출, 후퇴, 팽창, 수축의 현상으로 나타난다.

㉠ 진출색과 후퇴색

같은 크기의 여러 가지 색채를 배치해 놓았을 때, 앞으로 튀어나와 보이는 색을 진출색, 뒤로 들어가 보이는 색을 후퇴색이라 한다.

- 진출색 : 고명도, 고채도, 난색계의 색상
- 후퇴색 : 저명도, 저채도, 한색계의 색상

㉡ 팽창색과 수축색

같은 크기의 여러 가지 색채를 배치해 놓았을 때, 크게 보이는 색을 팽창색, 작게 보이는 색을 수축색이라 한다.

- 팽창색 : 고명도, 고채도, 난색계의 색상
- 수축색 : 저명도, 저채도, 한색계의 색상

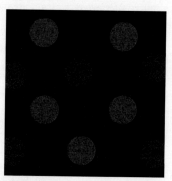

빨강의 물방울은 약간 진출해 보이고, 파란색의 물방울은 후퇴해 보인다.

난색계=팽창색=진출색

한색계=수축색=후퇴색

[색의 운동감]

② 색의 감정

㉠ 온도감

- 색에 따라 따뜻하게 느껴지거나 차갑게 느껴지는 온도감이 있다.
- 온도감은 색상의 영향을 가장 많이 받으나, 명도와 채도에 의해 다르게 느껴지기도 한다. 무채색은 중성적인 온도감을 나타낸다.
  - 난색(따뜻한 색) : 빨강, 주황, 노랑 등
  - 한색(차가운 색) : 파랑, 남색, 청록 등
  - 중성색 : 녹색, 자주, 무채색 등

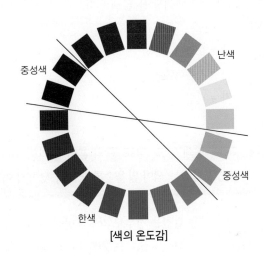

[색의 온도감]

㉡ 중량감

- 색채에 따라 무겁게 느껴지거나 가볍게 느껴지는 중량감이 있다.
- 중량감은 명도의 영향을 가장 많이 받는다. 명도가 높고 밝은 색은 가볍고 경쾌한 느낌을 주고, 명도가 낮은 어두운 색은 무겁고 가라앉은 느낌을 준다.
- 무거운 색채를 하의에, 가벼운 색채를 상의에 사용하면 전체적으로 안정된 느낌을 준다.

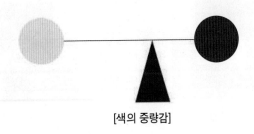

[색의 중량감]

(4) 색채의 혼합

색광이나 색료를 혼합하는 방법으로 색을 혼합하면 여러 가지 색을 만들 수 있다.

① 가법혼합

    ㉠ 색광(빛)을 혼합함으로써 새로운 색채를 만들어내는 것을 말한다. 혼합하는 색광이 많을수록 명도가 점점 높아져서 가법혼합이라고 한다.

    ㉡ 무대의 조명, 칼라 TV와 같이 빛을 혼합할 때 볼 수 있다.

    ㉢ 가법혼합의 3원색(빛의 3원색)은 빨강(Red), 녹색(Green), 청자(Blue)이며, 이 3원색을 모두 합치면 흰색(백색광)을 얻게 된다.

    ㉣ 빛의 혼합

        • 빨강 + 녹색 = 노랑(Yellow)

        • 빨강 + 청자 = 자주(Magenta)

        • 녹색 + 청자 = 파랑(Cyan)

② 감법혼합

    ㉠ 색료(물감, 도료, 인쇄 잉크, 염료 등)의 혼합에 의해 새로운 색채를 만들어내는 것을 말한다. 물감은 혼합하는 색이 많을수록 명도가 낮아져 어두워지므로 감법혼합이라고 한다.

    ㉡ 색유리와 색셀로판을 겹쳤을 경우도 감법혼합이 나타난다.

    ㉢ 색료의 3원색은 자주(Magenta), 노랑(Yellow), 파랑(Cyan)이며, 이 3원색을 모두 같이 혼합하면 검정색이 된다.

    ㉣ 색료의 혼합

        • 자주 + 노랑 = 빨강(Red)

        • 자주 + 파랑 = 청자(Blue)

        • 노랑 + 파랑 = 녹색(Green)

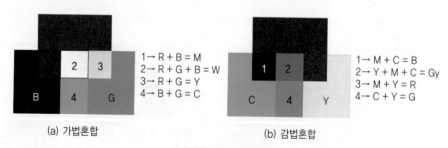

(a) 가법혼합

1→ R + B = M
2→ R + G + B = W
3→ R + G = Y
4→ B + G = C

(b) 감법혼합

1→ M + C = B
2→ Y + M + C = Gy
3→ M + Y = R
4→ C + Y = G

[가법혼합과 감법혼합]

③ 중간혼합(회전혼합, 병치혼합)

　㉠ 두 개 이상의 색을 미세한 점이나 선으로 엇갈려 놓고 떨어진 거리에서 보면 색이 혼
　　합되어 보이는 것을 말한다. 색의 직접적인 혼합이 아닌 외부의 조건 등에 의해 혼색
　　이 된 것처럼 보이는 시각적인 현상이다.

　㉡ 혼합된 색의 명도는 색의 수에 상관없이 혼합 전 색들의 평균 명도가 된다.

　㉢ 점묘법, 모자이크, 직물의 무늬, 인쇄에 의한 혼합에서 나타난다.

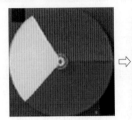  

[회전혼합]　　　　　　　　　　　　　[병치혼합]

(5) 색채의 대비

인접하고 있는 주위의 색의 영향이나 먼저 본 색의 영향을 받아 색상, 명도, 채도 등이 다르
게 보이는 현상을 색채대비라 한다.

① 계시대비

하나의 색을 한동안 계속해서 보고 자극을 받은 후 다른 색을 보면, 앞에서 본 색의 잔상
에 영향을 받아 색이 다르게 보인다. 이것은 먼저 본 색의 보색이 잔상으로 나타나는 것
이다.

 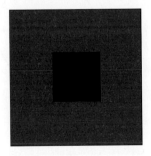

[계시대비]

② 동시대비

두 개의 색을 동시에 놓고 보았을 때 그 주위의 색의 영향으로 본래의 색이 다르게 보이는 현상이다.

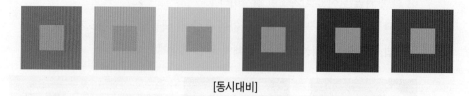

[동시대비]

㉠ 색상대비

- 색상이 다른 두 색이 서로 대조가 되어 두 색 간의 색상차가 크게 보이는 현상을 말한다.
- 보색끼리 인접해 있을 때 색채대비가 더 강하게 보이고 보색이 아닐 때에도 보색기운을 갖고 있는 것으로 보인다.

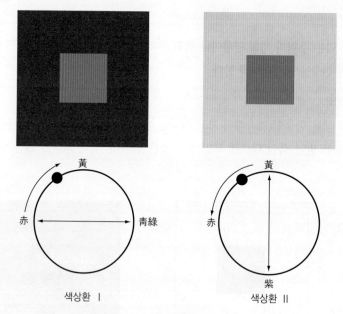

[색상대비]

색상환 Ⅰ : 주위에 빨강이 있는 경우, 빨강의 보색 영향을 받아서 약간은 청록에 가까운 색채로 보인다.
색상환 Ⅱ : 주위에 노랑이 있는 경우, 노랑의 보색 영향을 받아서 약간은 보라에 가까운 색채로 보인다.

ⓛ 명도대비
- 명도가 다른 두 색이 서로 대조가 되어 두 색 간의 명도차가 크게 보이는 현상이다.
- 배경색의 명도가 높으면 본래의 명도보다 낮게 보이고, 배경색의 명도가 낮으면 본래보다 높은 명도로 보인다.

 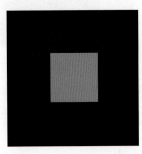

같은 명도의 회색주변에 밝은 회색이 있는 것과, 검정이 있는 것에는 중앙의 회색 명도가 무척 차이나게 보인다.

 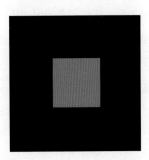

유채색에 관해서도 배경이 되는 색이 어두운 경우는 밝게 보이고, 밝은 경우에는 어둡게 보인다.

[명도대비]

ⓒ 채도대비
- 채도가 다른 두 색이 서로 대조가 되어 두 색 간의 채도차가 크게 보이는 현상이다.
- 인접색의 채도가 높으면 본래의 채도보다 낮게 보이고, 인접색의 채도가 낮으면 본래보다 높은 채도로 보인다.

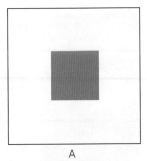 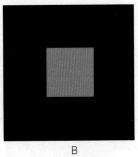

A
배경색=저채도

B
배경색=고채도

A의 경우가 채도가 높게 보인다.

A
배경색=저채도

B
배경색=고채도

유채색도 위와 동일, A의 경우가 채도가 높게 보인다.

[채도대비]

⑹ 색채의 조화

① 색상조화

㉠ 유사조화 : 서로 공통점이 있는 유사한 색상끼리 이루는 조화로서, 유사한 색상들은 서로 공통점을 갖고 있기 때문에 쉽게 조화되고 배색의 효과가 크며 전체적으로 부드 럽고 온화한 느낌을 준다.

• 동일색상조화

– 같은 색상으로 명도나 채도를 달리하여 조화를 이루는 방법이다.

– 같은 색상의 색조로 명도, 채도를 달리한 톤의 일부나 전부로 배색하는 것이다.

– 생활 속에서 흔히 볼 수 있는 배색이다.

– 시선의 유도, 무난하면서 세련된 느낌, 안정적이고 부드러운 느낌이다.

다른 색상이 포함되어져 있지 않기 때문에 전체 에 통일감을 얻을 수 있고, 명도차가 크기 때문에 채도차이를 조금만 부여하면 좋은 배색이 된다.

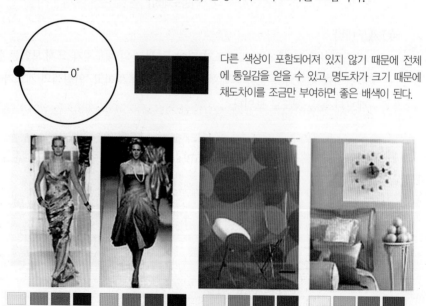

[동일색상조화]

- 인접색상조화(유사색상조화)
  - 색상환에서 서로 근접해 있거나 양쪽에 나란히 있는 색상끼리 배색을 이룬 조화 방법으로 동계색 조화와 유사하다.
  - 색상의 차이가 거의 없어 통일된 느낌을 주지만 명도차 · 채도차를 크게 하면 더욱 조화된 배색이 가능하며, 시즌감의 강조에도 효과적이다.
  - 인접색상들의 색조와 명암을 사용한 배색으로 정적이면서 무난한 배색방법이다.
  - 명도와 채도가 같은 유사색의 경우 아름다운 조화를 연출한다.

색상이 같은 계열로, 비슷한 색상의 배색이기 때문에 통일감을 얻을 수 있다. 너무 단순한 경우에는 톤으로 큰 변화를 주면 좋은 배색이 된다.

[유사색상조화]

ⓛ 대비조화 : 반대되는 느낌을 주거나 보색관계에 있는 색상들을 대비시켜 얻어지는 조화를 말한다. 유사조화에 비하여 어려운 배색방법이지만 강렬하며 현대적 감각을 가진다.
  - 보색조화
    - 색상환에서 서로 마주보는 가장 대조적인 색상끼리의 배색을 이용한 조화로 강렬하고 화려한 느낌을 준다.
    - 보색대비현상에 의해 상대색을 더욱 선명하게 보이게 한다.
  - 분보색조화
    - 직접적인 보색을 피하고, 대신 보색의 양 옆에 있는 색상을 이용하여 3색상으로 조화를 꾀한다.
    - 지나치게 강렬한 느낌을 피하고 미묘한 대비조화를 이룬다.

확실하고 명쾌한 배색으로 톤의 변화를 부여하면 보다 좋은 배색이 된다.

색상의 차이가 큰 것에서부터 채도가 높은 유사한 색상의 조합은 강렬하게 되기 쉽기 때문에 톤의 차를 부여하여 조화를 이루도록 한다.

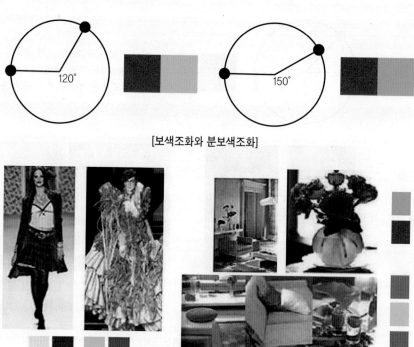

[보색조화와 분보색조화]

[보색조화]

- 중보색조화 : 서로 인접해 있는 두 색상을 각각의 보색과 함께 사용한 조화이다.
- 삼각조화
  - 색상환에서 각각 120°씩 떨어져 정삼각형을 이루는 색상끼리의 조화를 말한다.
  - 3색상 간의 공통점이 없어 색상대비가 강하고 강렬하다.

색상환의 안쪽에 접해 있는 정삼각형의 각 정점에 있는 3등분 색상에 의한 3색 배색

[삼각조화]

② 명도의 조화

　ㄱ 명도차가 적은 배색

　　• 고명도–고명도 : 밝고 경쾌한 느낌 **예** 노랑–연두

　　• 중명도–중명도 : 변화가 적고 단조로운 느낌

　　• 저명도–저명도 : 무겁고 어두운 느낌 **예** 검정–보라

밝기가 비슷한 배색(명도차 1~2)

　ㄴ 명도차가 중간인 배색

　　• 고명도–중명도 : 경쾌하고 비교적 밝은 느낌

　　• 중명도–저명도 : 다소 어두우나 안정된 느낌

중간 명도차의 배색(명도차 2.5~3.5)

　ㄷ 명도차가 큰 배색

　　• 고명도–저명도 : 명확하고 눈에 잘 띄며 명쾌한 느낌

　　• 무채색과 유채색의 배색(노랑–검정) or 유채색 간의 배색(노랑–보라)

명도차가 큰 배색(명도차 4 이상)

③ 채도의 조화

　ㄱ 채도차가 적은 배색

　　• 고채도–고채도 : 자극적이고 강하며 화려하고 싱싱한 느낌 **예** 빨강 순색–노랑 순색

　　• 중채도–중채도 : 안정감 있는 느낌

　　• 저채도–저채도 : 점잖고 약한 느낌/검소하고 차분한 느낌 **예** 보라 탁색–파랑 탁색

색상의 강도가 비슷한 배색
(채도차 2~3)

　ㄴ 채도차가 중간인 배색

　　• 고채도–중채도, 중채도–저채도 : 점잖고 안정된 느낌

중간 채도차의 배색(채도차 4~6)

ⓒ 채도차가 큰 배색

　　　• 고채도-저채도 : 독특하고 개성 있는 느낌

　　　예 빨강 순색-빨강 탁색 / 파랑 순색-노랑 탁색

채도차가 큰 배색(채도차 7~9)

④ 무채색의 조화

　　ⓐ 무채색은 흰색, 회색, 검정색과 같이 색기운이 전혀 없는 색채끼리의 조화방법을 말한다.

　　ⓑ 무채색끼리의 조화는 충분한 명도대비를 주는 것이 좋다.

　　ⓒ 무채색끼리의 조화는 강하고 단조로운 느낌을 주기 때문에 유채색으로 악센트를 줄
　　　때에는 채도가 높은 강렬한 색채가 효과적이다.

(7) 배색의 기법

① **톤온톤(Tone-on-tone) 배색**

　　ⓐ 톤을 겹친다는 의미이며, 동색계의 농담배색이라고 불린다.

　　ⓑ 동일색상에서 두 가지 색상의 톤의 명도차를 비교적 크게 둔 배색이다.

　　ⓒ 전체적으로 안정적이며 편안한 느낌, 눈의 피로도 감소한다.

　　ⓓ 색상은 동일색상이나 유사색상의 범위 내에서 선택한다. **예** 밝은 베이지+어두운 갈색

[톤온톤 배색]

② 톤인톤(Tone-in-tone) 배색

　　㉠ 톤은 같지만 색상이 다른 배색이다.

　　㉡ 근사한 톤의 조합에 의한 배색이다.

　　㉢ 톤과 명도의 느낌은 거의 일정하게 하면서 색상을 다르게 하는 배색방법이다.

　　㉣ 부드럽고 온화한 효과를 연출한다.

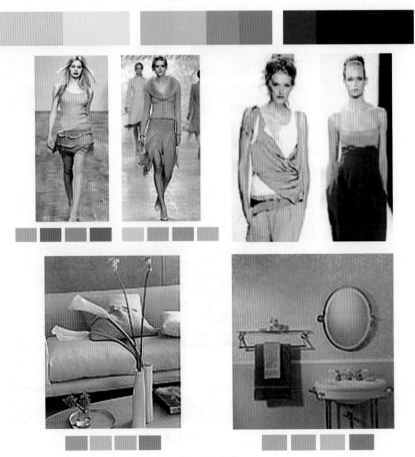

[톤인톤 배색]

③ 토널(Tonal) 배색

중명도, 중채도, 저채도 영역의 비교적 색기운이 약한 중간색계인 덜 톤(Dull Tone)을 사용한 배색기법이다.

④ 까마이외(Camaieu) 배색

㉠ 거의 같은 색을 사용하여 한 가지 색으로 보일 정도로 미묘한 색의 차이가 있는 색상끼리의 배색이다.

㉡ 톤과 색상차가 거의 없도록 하는 배색이다.

㉢ 18C 유럽에서 그려진 단색조의 그림기법에서 유래된 것이다.

⑤ 그라데이션(Gradation) 배색

㉠ 색상, 명도, 채도의 단계적 변화를 순서에 의하여 배색하는 방법이다.

㉡ 리듬감, 약동감, 통일감을 주는 배색이다.

㉢ 서서히 변하는 것, 단계적 변화란 의미이다.

㉣ 그라데이션 효과 : 색채의 계조 있는 배열에 따라 시각적인 유목성을 주는 것이다.

㉤ 3색 이상의 다색 배색에서 그라데이션 효과를 나타낸 배색이다.

㉥ 색상이나 톤이 단계적으로 변화하는 배색이다.

⑥ 트리코롤(Tricolore) 배색

㉠ 3색 배색을 말한다.

㉡ 융통성이 있고 분명한 표현이 특징이다.

㉢ 이태리(녹 · 백 · 청)나 프랑스(청 · 백 · 적) 국기에서 볼 수 있는 배색이다.

[트리코롤 배색]

⑦ 악센트(Accent) 배색

  ㉠ 강조하고 싶은 부분에 시각적 초점을 집중시키는 배색이다.

  ㉡ 단조로운 배색에 대조색을 소량 덧붙임으로써 전체 상태를 돋보이도록 하는 배색기법 이다.

  ㉢ 악센트 컬러로 대조적인 색상이나 톤, 의외성이 있는 색을 사용함으로써 강조점을 부 여한다.

  ㉣ 악센트 컬러는 배색 전체의 효과를 짜임새 있게 하는 것으로 색상, 명도, 채도, 톤의 각각을 대조적으로 조합함으로써 가능하다.

  ㉤ 전체가 평범하고 대조한 배색에 대하여 큰 변화를 준다든가, 부분을 한층 강하게 하여 시선을 집중시킬 수 있는 효과가 있다.

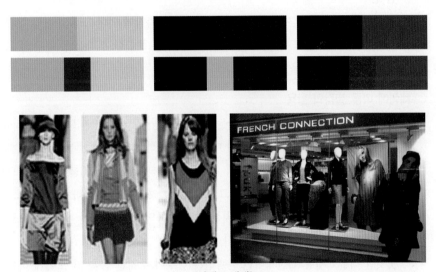

[악센트 배색]

3. 재질(Materials)과 문양(Pattern)

(1) 재질(Materials)의 개념

디자인에서 표현하고자 하는 선과 색채는 옷감을 통하여 구체화되고 가시화된다. 동일한 선 이나 색채의 디자인도 옷감의 재질에 따라 여러 가지 측면에서 차이가 나므로 디자인을 할 때에는 적합한 직물의 선정에 유의해야 한다.

① 적합성의 문제로 기후, 용도, 착용자의 연령과 개성 등에 적합한 피복 재료의 선택이 이 루어져야 한다.

② 질감의 문제로 직물의 두께와 촉감, 표면감 등 질감의 효과가 디자인과 조화되어야 한다.

③ 무늬에 관한 문제로 무늬의 형태와 크기가 디자인과 착용자에게 조화되도록 한다.

(2) 질감(Texture)의 효과

① 질감의 의미

㉠ 질감은 여러 감각이 혼합되어 종합적으로 지각되나, 질감을 느끼는 데 중요한 요소로 촉각과 시각을 들 수 있다.

㉡ 촉각에 의한 질감은 옷감을 만질 때 느껴지는 표면의 특성(거친, 매끄러운, 촉촉한, 까칠까칠한 등의 느낌)과 태의 특성(유연한, 뻣뻣한, 가벼운, 무거운 등의 느낌)을 포함한다.

㉢ 질감을 판단할 때 만져보지 않아도 시각만으로 촉각에 의한 느낌의 상당 부분을 알게 된다. 매끄러운 광택, 벨벳의 기모에서 느껴지는 푹신한 부피감 등 옷감의 표면 성질이나 효과에서 시각을 통한 질감을 느낄 수 있다.

② 체형에 따른 질감의 활용

㉠ 광택이 풍부한 직물 : 빛을 반사하는 직물은 체형을 조금 더 커 보이게 하고 풍부하게 해주는 역할을 하므로 키가 작거나 마른 체형에 적합하다.

㉡ 거칠고 두꺼운 직물 : 거친 표면과 두께에 비례하여 몸의 크기를 증가시키므로 어떤 체형이든지 더 크게 보이게 한다. 그러므로 마른 체형에 적합하다.

㉢ 얇고 비쳐 보이는 직물 : 얇고 비치는 옷감은 몸의 윤곽선을 잘 나타내주므로 마르거나 뚱뚱한 체형은 피하는 것이 좋다.

㉣ 뻣뻣한 직물 : 체형의 전체적인 윤곽선은 감추어 주지만 몸을 커 보이게 하는 역할을 한다. 그러므로 체형이 크고 뚱뚱한 사람은 피하는 것이 좋다.

㉤ 부드러운 직물 : 일반적으로 누구에게나 어울린다.

㉥ 신축성이 있는 직물 : 체형을 드러내는 실루엣으로 디자인이 되면 마른 체형의 빈약함과 뚱뚱한 체형의 윤곽선을 강조하게 되므로 유의해야 한다. 균형 잡힌 체형에 적합하다.

③ 재질의 결정 요인

재질의 특성은 옷감의 원료가 되는 섬유에서부터 최종 가공 단계, 의복 구성의 방법에 이르기까지 생산의 모든 단계의 영향을 받는다.

㉠ 섬유의 성질 : 섬유 자체가 갖는 고유한 성질은 옷감의 질감을 결정하는 중요한 요인이 된다.

- 면섬유 : 부드러운 촉감과 광택이 없는 외관
- 마섬유 : 뻣뻣한 태와 거친 촉감
- 모섬유 : 풍부한 부피감
- 견섬유 : 아름다운 광택과 유연성

ⓛ 실의 구조 : 실의 굵기, 실의 꼬임 등 실을 만드는 과정에 따라 실의 구조가 달라지고, 이는 옷감의 질감에 영향을 미친다.

ⓒ 옷감의 조직 : 다양한 직물과 편물의 직조방법에 따라 옷감의 두께, 밀도, 신축성, 표면 효과 등에 영향을 주어 다양한 질감을 제공하는 원인이 된다.

ⓔ 가공 : 옷감에 가해지는 여러 가지 기모, 광택, 주름 등의 가공은 옷감의 특성뿐 아니라 외형과 질감에 영향을 미친다.

ⓜ 의복 구성 : 의복을 제작하는 과정에서 바이어스 재단, 심지의 사용 방법, 솔기와 구성선의 운용에 따라 옷감의 유연성을 증가시키거나 옷감의 두께를 증가시키는 등 옷감의 재질의 변화를 가져온다.

(3) 피복 재료에 따른 디자인

① 면직물 & 마직물

ⓐ 흡수성이 좋아 여름철 옷감으로 주로 사용하며, 청결한 느낌의 디자인이 강조되어야 한다. 따라서 강렬한 색채를 대조시킨 방법으로 산뜻한 디자인을 얻을 수 있다.

ⓑ 내구성이 강하고 흡습성이 좋아 실용적인 작업복이나 캐주얼 의복에 적당하다.

ⓒ 직물 자체의 광택 등 시각적 요소가 약하여 대담한 색채의 흥미로운 무늬가 디자인의 중심이 되도록 한다.

② 견직물

ⓐ 화려한 광택과 유연성이 있는 성질을 살려 드레시한 파티복이나 우아한 정장 디자인에 주로 사용된다.

ⓑ 부드럽고 얇은 직조를 이용하여 여성적인 디자인, 부드럽고 율동적인 이브닝웨어 디자인에 어울린다.

③ 모직물

ⓐ 탄성이 좋고 봉제가 용이하여 실용적인 평상복으로 적당하다.

ⓑ 벌키성과 보온성이 좋아 겨울철 의복에 많이 사용된다.

ⓒ 은은한 광택과 부드러운 촉감을 이용하여 고급스러운 정장 디자인에 어울린다.

④ 합성섬유

㉠ 질기고 가벼우며 세탁이 용이하므로 실용적인 평상복이나 운동복의 디자인이 적당하다.

㉡ 다양한 디자인의 활용이 가능하며, 특히 영구적인 주름을 얻을 수 있어 여러 가지 형태의 주름을 이용한 디자인이 용이하다.

⑤ 가 죽

㉠ 고급스러운 가죽 자체의 광택과 촉감을 최대한 이용하여 불필요한 디테일의 사용을 절제하는 것이 좋다.

㉡ 가죽의 크기에 제한을 받으므로 구성선 자체가 디자인선이 되도록 하고, 실루엣을 해치지 않도록 유의한다.

㉢ 모직물, 편물 등 이질적인 소재를 부분적으로 함께 사용하여 심미성을 더하고 기능성도 향상시킬 수 있다.

⑥ 모 피

㉠ 모피 고유의 색상, 질감과 형태를 그대로 사용하여 고급스럽고 자연스러운 아름다움을 표현하도록 한다.

㉡ 모피 자체의 우아함을 살리며, 유행을 따르기보다 고전적이며 장엄하게 표현하는 것이 좋다.

| 면직물 | 마직물 | 견직물 |
| 모직물 | 가 죽 | 모 피 |

[피복 재료에 따른 디자인]

(4) 모티브(Motive)와 패턴(Pattern)

옷감의 무늬는 개념상 모티브(Motive)와 무늬(Pattern)로 나뉜다. 옷감에서 나타나는 무늬는 직조방법의 변화에 의해 직조과정에서 만들어지기도 하고, 옷감이 직조된 후 염색과 날염의 방법으로 만들 수 있다.

① 모티브

모티브는 무늬를 이루는 기본 단위의 형태를 의미하고, 패턴은 모티브가 모여서 이루는 무늬의 전반적인 형태를 말한다.

② 패 턴

모티브를 배열하여 패턴을 구성할 때 모티브 자체의 방향성 또는 모티브의 배열방식에 따라 여러 가지 유형의 무늬가 구성된다.

　㉠ 전방향 패턴(All-over Pattern)
　　• 어느 각도에서 보아도 같은 시각적 효과를 주는 무늬의 배열방법이다.
　　• 모티브 형태가 어느 방향에서 보아도 같게 보이거나, 모티브의 형태에 방향성이 있어도 무작위로 배열되어 있는 패턴을 말한다.
　㉡ 4방향 패턴(Four-way Pattern)
　　• 경사의 상하, 위사의 좌우에서 보았을 때 모두 같아 보이는 무늬를 말한다.
　　• 정사각형의 체크 무늬와 같이 90°를 옮기면 같은 무늬가 된다.
　㉢ 2방향 패턴(Two-way Pattern)
　　• 경사의 상하가 위사의 좌우와 달라 180°를 옮겨야 같아 보이는 무늬를 말한다.
　　• 모티브의 배열이 상하 또는 좌우의 두 방향에서만 같게 이루어져 있다.
　㉣ 한 방향 패턴(One-way Pattern)
　　• 한 방향에서 볼 때만 같게 보이는 무늬이다.
　　• 모티브의 중심에서 좌우가 다른 불균형 줄무늬, 형태가 한 방향으로 방향성을 갖는 무늬 등을 말한다.
　㉤ 식서 방향 패턴(Boarder Pattern)
　　• 옷감의 식서 방향을 따라 모티브가 배열된 무늬이다.
　　• 의복의 밑단, 앞 중심에 배치하여 구조적 선을 강조하거나 여러 번 반복 배열하여 연속적 리듬의 효과를 표현한다.
　㉥ 공간 패턴(Spaced Pattern)
　　• 모티브가 넓은 공간 속에 하나씩 배열되어 반복되는 단위가 매우 큰 무늬이다.
　　• 한 의복에 모티브가 하나씩 들어간 방식으로 모티브의 형태와 위치가 디자인의 중심이 된다.

(5) 무늬와 디자인의 조화

의복디자인은 무늬가 가지고 있는 선의 특성을 존중하여 통일감을 갖도록 이루어져야 한다. 특히 무늬의 선택에서 유의할 점은 착용자의 연령, 개성에 따라 무늬와 색을 고려하며, 착용자의 체형에 적합한 무늬와 색이 조화를 이루어야 한다.

① 기하학적 무늬

기하학적 모티브는 직선, 원, 사각형, 삼각형 등과 같은 기하학적 형태를 이용하여 사물을 묘사하거나 추상적으로 표현한 것이다. 경쾌하고 현대적인 감각을 주며 일상복, 테일러복, 남성복에 많이 사용된다.

ㄱ 작은 줄무늬나 체크 무늬

- 솔기에서 줄을 맞추지 않아도 되므로 디자인하기도 쉽고 입기에도 편하다.
- 남녀의 테일러드 수트, 클래식한 스타일에 사용된다.

ㄴ 대담한 체크 무늬와 플레이드 무늬

- 무늬가 커서 무늬를 맞추어야 하는 기술이 요구된다.
- 대담한 빅 코트, 케이프, 하프 코트 등에 적당하다.

ㄷ 단조로운 조직상의 줄무늬 : 능직물과 직조상의 기하학적 무늬는 외양이 고급스럽고 단색 무지의 옷감과 비슷한 성격을 가지므로 모든 디자인에 적합하며 클래식한 스타일에 어울린다.

ㄹ 거칠거나 큰 무늬 : 무늬의 성격이 강하므로 디자인 선을 단순하게 혹은 의복의 일부에 제한적으로 사용하는 것이 안정감을 준다.

[기하학적 무늬]

② 전통무늬

자연의 여러 가지 주제를 기하학적인 배치로서 도안화시킨 무늬이다. 또한 민족이나 국가의 전통적 감정을 표현해주는 민속적인 무늬이다. 기하학적 무늬보다 융통성이 있고, 자연무늬보다는 계통적으로 정리되어 있다.

㉠ 기하학적 전통무늬 : 여러 색의 줄무늬 효과로 정렬되어 장식한 고전적인 형태로 남성 셔츠, 평상복에 많이 사용된다.

㉡ 전통적인 자카드 무늬 : 자카드 공정에 의한 전통무늬는 프린트에 의한 무늬보다 깊이의 효과와 섬세한 느낌을 주어 정장에 많이 사용된다.

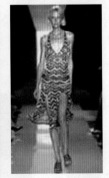

[전통무늬]

③ 자연무늬

자연계에 있는 모든 생물을 소재로 만든 무늬이다. 동물무늬에서 물고기, 나뭇잎무늬 등 다양한 무늬가 있고, 꽃무늬가 가장 많이 사용되고 있다.

㉠ 규칙적인 작은 꽃무늬 : 가장 대중적인 무늬로 투피스, 드레스, 평상복 등 무난하게 적용된다.

㉡ 대조적인 바탕에 큰 무늬 : 대담하고 리드미컬하여 강한 자극을 주므로 하이패션에 어울린다.

㉢ 페이즐리 무늬

• 사실적인 꽃무늬보다 더 고상하고 세련된 무늬이다.

• 정장이나 예복에서부터 캐주얼웨어에 이르기까지 사용 범위가 넓다.

㉣ 자유로운 꽃무늬

• 전체적으로 규칙적인 규제가 없으므로 부드럽고 시원하게 보인다.

• 젊고 발랄한 주니어 혹은 아동복에 잘 어울리며 여성적인 드레스에 적합하다.

• 꽃무늬 자체가 호소력을 가지고 있으므로 디자인은 단순하게, 절개에 의한 꽃무늬의 절단 현상이 없도록 유의해야 한다.

㉤ 불확실한 꽃무늬

• 전체적으로 흐르는 듯한 부드러운 느낌을 가중한 무늬이다.

• 조용하고 침착한 느낌을 주므로 중년 여성의 정장이나 예복에 주로 사용한다.

㉥ 동물무늬 : 호랑이무늬, 얼룩말무늬 등 동물무늬는 야성적이며 자극적인 분위기를 강조하여 대담한 디자인이 어울린다.

[자연무늬]

④ 점무늬

점무늬는 모든 장식적인 무늬 중에서도 가장 눈에 띄며 유쾌해 보인다.

㉠ 순수한 점무늬

- 점무늬와 바탕의 비율이 1 : 5에서 1 : 2 정도로 배열된 가장 대중적인 점무늬이다.
- 귀여운 느낌을 전달하여 유쾌한 평상복이나 아동복에 많이 사용한다.

㉡ 큰 점무늬 : 시원하고 대담한 느낌을 주므로 코트나 드레스에 대담하게 디자인하는 것이 좋다.

㉢ 작은 점무늬

- 보일과 같은 얇은 직물에 프린트된 부드럽고 드레시한 느낌의 무늬이다.
- 점과 바탕의 비율이 1 : 10 내지 1 : 20 정도로 배열된 점의 느낌이 조용하고 고상하여 우아한 드레스에 적합하다.

[점무늬]

⑤ 추상무늬

완전한 추상무늬는 어떤 사실적인 형태를 갖지 않는다. 자유로운 형태와 선, 색, 질감으로 표현되기 때문에 다른 무늬에 비해 디자인의 제한을 받지 않는다.

㉠ 크고 대담한 추상무늬 : 스케일이 크고 시원한 느낌을 주므로 리조트웨어, 비치웨어 등 대담한 디자인의 드레스에 적합하다.

[추상무늬]

ⓛ 작은 추상무늬 : 스케일이 작고 부드러운 추상무늬는 침착하고 조용한 느낌을 주므로 타운웨어에 어울린다.

ⓒ 반추상무늬

- 기하학적인 무늬를 추상화시킨 무늬로 신선한 느낌을 준다.
- 어느 의상이나 제한 없이 광범위하게 사용한다.

(6) 무늬와 체형

① 모티브가 작고 배열이 좁은 무늬

모티브의 성격이 약하므로 모든 체형에 무난하며, 특히 뚱뚱한 체형에 효과적이다.

② 모티브가 작고 배열이 넓은 무늬

모티브가 작지만 눈에 띄는 패턴이므로 작은 체형이나 보통 체형에 어울린다.

③ 모티브가 크고 배열이 넓은 무늬

대담하고 강하게 보이는 무늬로 체형을 뚜렷이 드러나게 하므로 작은 체형은 더욱 작아 보이게 하고 큰 체형은 더욱 커 보이게 한다. 체형을 강조할 수 있는 이상적인 체형에 적합하다.

④ 격자무늬

작은 격자무늬는 작은 체형이나 중간 체형에 어울리며, 중간 크기의 격자무늬는 모든 체형에 무난하다. 격자무늬는 크기에 따라 다양하게 사용할 수 있다.

⑤ 둥근 형태의 모티브

둥근 모티브는 폭이 넓어 보이게 하므로 마른 체형에 효과적이다.

⑥ 세로로 배열된 모티브

세로로 배열된 무늬는 키를 커 보이게 하고, 반대로 가로로 배열된 무늬는 폭이 넓어 보이게 한다. 무늬와 배경의 색채대비가 강할 때 이런 착시현상은 특히 강조된다.

⑦ 강한 색채대비가 있는 무늬

색채대비가 강한 무늬는 체형이 커 보이게 한다.

[체형별 디자인]

체 형	무 늬
키가 큰 체형	• 자신의 체형과 규모가 맞는 큼직한 디테일의 디자인과 액세서리가 어울린다. 귀여운 장식은 피한다. • 허리선은 제 위치에 하고, 풍성한 블루종 스타일이 잘 어울린다. • 상의와 하의를 대비되는 색채를 사용하거나 가로선을 강조한다. • 스커트, 재킷, 볼레로 등을 착용할 때는 길이가 짧지 않게 유의한다. • 수트, 튜닉, 칠부 코트 등이 잘 어울린다.
키가 작은 체형	• 너무 많은 디테일은 피하고 간단한 디자인을 선택한다. 포켓, 단추, 액세서리 등은 체형에 맞도록 작은 규모의 것을 선택한다. • 디자인 포인트를 네크라인에 두어 흥미점을 얼굴 근처에 유지한다. • 부드럽고 얇은 옷감으로 여성적인 분위기를 살리고, 작은 규모의 무늬를 이용한다. • 커다란 헤어스타일은 피하고, 작고 귀여운 모자가 어울린다. • 높은 허리선, 짧은 볼레로, 긴 코트 등과 같이 키를 커 보이게 하는 착시효과를 이용한 디자인을 택한다.
뚱뚱한 체형	• 유연성이 있고 불투명한 평직의 옷감, 모티브가 크지 않고 촘촘한 배열의 무늬가 적합하다. • 표면이 거칠어 외곽선을 나타내지 않는 옷감이 좋고, 광택 있는 옷감은 피한다. • 몸에 꼭 맞는 스타일은 외곽선을 드러내고, 너무 풍성한 스타일은 체형을 더욱 커 보이게 하므로 피하고, 적절한 여유분이 이러한 체형에 필수적이다. • 비대칭 균형의 디자인, 사선을 이용한 앞여밈이 체형을 보완해준다. • 겹여밈 스타일을 피하고, 벨트는 제감(除減)으로 폭을 좁게 한다.

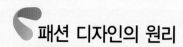

패션 디자인의 원리

1. 비 례

(1) 비례의 개념

① 비례의 원리 속에는 비율(Proportion), 비(Ratio), 규모(Scale)의 개념이 모두 포함된다.
　㉠ 비율(Proportion)은 전체에 대한 부분의 크기를 의미한다.
　㉡ 비(Ratio)는 한 부분에 대한 다른 부분의 크기를 의미한다.
　㉢ 규모(Scale)는 크기 그 자체를 의미한다.
② 디자인에서 비례의 원리는 부분과 부분, 부분과 전체의 길이나 크기가 조화를 이루도록 구성하는 것을 말한다.

(2) 비례의 기본 원리

① 황금분할
　㉠ 하나의 선을 대 · 소의 선으로 쪼개는 경우 작은 부분의 길이와 큰 부분의 길이의 비가 큰 부분의 길이와 전체 길이의 비와 같다는 원리이며, 미적 효과가 가장 큰 것으로 알려져 있다.
　㉡ 황금비는 수치로 나타내면 1 : 1.618이라는 미묘함을 지녀 적당한 대립뿐만 아니라 통일과 어울림의 조건을 만족시키는 비례이다.

② 비례의 적용
　복식 디자인에서는 인체의 비례에 충실하고 유행의 영향을 고려하여 비례의 원리를 적용시키도록 유의해야 한다. 지나치게 정확한 비례의 숫자에 속박되지 않고 기본이 되는 비례의 개념을 이용하여 이상적인 인체로 보이도록 하는 것이 바람직하다.
　㉠ 면의 분할 : 비례는 선 자체보다는 선으로 구성된 면이나, 면으로 구성된 형에 주로 적용된다.
　　• 의복의 면적을 길이로 분할할 때, 긴 부분과 짧은 부분의 비가 8 : 5 또는 5 : 3이 되도록 하면 황금분할을 이루게 된다.
　　• 면을 2등분, 3등분, 4등분 위치로 분할하는 것은 미적으로 좋지 못하다.
　　• 의복 전체를 여러 개의 면으로 분할할 때, 분할 후 전체 면 중에서 넓은 면을 주(主)된 면으로 뚜렷이 부각시켜 부(副)된 면과 차이를 주는 것이 효과적이다.

ⓛ 크기의 비례
- 전체와 디테일의 크기
  - 칼라, 포켓, 커프스, 단추 등의 디테일의 규모는 의복의 전체 실루엣의 크기에 어울리도록 결정해야 조화를 이룰 수 있다.
  - 체형이 큰 사람은 칼라를 크게 하고, 포켓이나 커프스 등 다른 디테일을 추가함으로써 여백을 분할해주는 것이 좋다. 체형이 작은 사람은 디테일의 규모를 작게 하고 면의 분할도 되도록 피한다.
- 디테일 간의 크기
  - 한 의복에서 사용된 각 디테일의 크기는 서로 유사하면서, 한편으로는 획일성을 피하여 적당한 변화가 있어야 한다.
  - 넓은 셔츠 칼라와 넓은 넥타이, 큰 재킷 포켓과 작은 가슴 포켓의 디자인처럼 통일과 변화를 함께 갖춘 부분끼리의 조화를 이루도록 한다.

2. 균 형

(1) 균형의 개념

① 중심을 축으로 양쪽에 균등하게 무게와 힘이 분배된 상태를 말한다.
② 복식에서 균형이란 전·후, 좌·우, 상·하로부터 동등한 평형 감각을 유지시키기 위해 형태와 색을 조합함으로써 안정감을 갖는 것을 말한다.
③ 복식에서 디자인 요소의 놓는 방법과 위치의 조절에 따라 보는 사람의 시선을 끄는 힘이 달라지게 되는데 이 힘을 시각적 무게라 한다.
④ 시각적 무게는 선, 색채, 재질, 중심으로부터의 거리에 의해 결정된다.

(2) 균형의 종류

① 대칭균형
  ㉠ 디자인 요소가 중심선 좌우에 같은 힘과 양으로 중심에서 같은 거리에 있게 함으로써 좌우가 균형을 이루는 것이다.
  ㉡ 인간의 체형이 대칭이므로 복장도 대칭균형을 이룰 때 안정감이 있고 평범하며 활동하기 편하다. 평상복, 운동복, 사무복에 사용한다.
  ㉢ 정적인 장중감, 규칙적이고 의례적인 느낌을 주므로 제복에 사용되면 어울린다.

② 비대칭균형

　　㉠ 다른 크기나 다른 영향력을 가진 요소들이 중심축에서 좌우로 다른 위치에 놓여 있지만 시각적 무게는 유사하여 균형을 이루는 상태를 말한다.

　　㉡ 변화가 많아서 개성이 강한 의복, 운동감을 주는 스포티한 의복에 적합하다.

　　㉢ 성숙감, 세련미, 부드러운 율동감을 주며 이브닝웨어로 사용된다.

　　㉣ 시선을 끄는 데 많이 사용된다.

③ 변화 있는 대칭균형

　　㉠ 대칭균형이 주는 안정감을 유지하면서 약간의 변화를 시도함으로써 부드러움과 활동감을 표현한 것이다.

　　㉡ 대칭균형을 이루는 디자인에 액세서리 활용, 스카프나 벨트를 옆으로 묶는 방법 등 부분적 변화를 이용하여 대칭균형을 벗어날 수 있다.

| 비 례 | 대칭균형 | 대칭균형 | 비대칭균형 |

[비례와 균형의 원리에 의한 디자인]

3. 리 듬

(1) 리듬의 개념

① 리듬은 디자인 요소를 규칙적으로 반복시키거나 점진적으로 변화시킴으로써 시각적 율동감을 느끼게 하는 것이다.

② 디자인에 움직임을 느끼게 하여 변화와 흥미를 주며, 시선을 유도하거나 고정하는 힘이 된다.

③ 복식의 리듬

ㄱ 옷감에 무늬가 규칙적으로 배열되거나, 조직의 외관상 특징이 반복되는 경우이다.

ㄴ 선, 색채, 재질을 의도적으로 반복시킴으로써 형성된다.

ㄷ 의복뿐 아니라 신발, 핸드백, 헤어스타일, 액세서리 등을 디자인할 때에도 의복에서 보이는 디자인 요소를 반복함으로써 리듬을 얻는다.

(2) 리듬의 종류

① 단순반복리듬

ㄱ 한 종류의 선, 형, 색채 또는 재질이 규칙적으로 동일하게 반복될 때 형성된다.

ㄴ 주름 · 줄무늬 등의 선의 반복, 주머니 · 레이스 · 단추 등의 형의 반복, 그 외 색상의 반복, 재질과 문양의 반복이 있다.

ㄷ 변화가 없어 단조롭고, 같은 강도가 반복되어 산만해 보이므로 의복의 일부에 집중적으로 사용하는 것이 좋다.

② 교차반복리듬

ㄱ 두 가지 종류의 단위가 번갈아 교차되며 반복되는 리듬이다.

ㄴ 선의 종류나 두께, 형의 크기, 상이한 재질 등을 변화시킴으로써 얻을 수 있다.

ㄷ 단조로움을 피할 수 있다.

③ 점진적 리듬

ㄱ 반복의 단위가 점차 강해지거나 약해지는 경우, 단위 사이의 거리가 점차 멀어지거나 가까워지는 경우의 리듬을 말한다.

ㄴ 크기, 길이, 면적의 비가 질서 있게 변화를 만들어낼 때 점진적 리듬을 얻는다. 또한 색상, 명도, 채도의 단계적 변화에 의해서 얻기도 한다.

ㄷ 운동감과 흥미를 유발하며 시선을 움직이는 힘이 강하다.

④ 방사상리듬

ㄱ 중심으로부터 사방으로 퍼지는 시선 운동을 주는 리듬이다.

ㄴ 주로 선에 의해 형성되고, 시선을 집중시키기도 하며, 반대로 확대시켜 퍼지는 효과를 주기도 한다.

⑤ 되울림리듬

하나의 단위가 약한 강도로 반복되는 것을 말한다. 불규칙 반복리듬으로 규칙적 반복에 비해 미적 가치가 높다.

⑥ 연속리듬

㉠ 같은 단위가 한 방향으로만 반복되어 나가는 것을 말한다.

㉡ 한복에서 치마단, 옷고름, 깃 또는 도련 등을 따라 수를 놓았을 때 연속리듬을 얻을 수 있다.

| 단순반복리듬 | 점진적 리듬 | 방사상리듬 | 연속리듬 |

[리듬의 원리에 의한 디자인]

4. 강 조

(1) 강조의 개념

① 흥미의 중심을 이루고 있는 강력한 요소가 그 옷에 사용된 다른 여러 가지 요소를 지배하고 주된 특징을 나타내는 것이며, 다른 요소들은 모두 이 강조점을 지지·보완할 수 있어야 한다.

② 디자인의 강조점은 디자인 요소의 활용을 통하여 얻을 수 있다. 즉, 선·형·색채·재질을 특이하게 사용하거나, 이들을 반복 또는 대비시켜 강조점을 이룰 수 있다.

㉠ 강조의 위치

• 의복의 강조점이 착용자를 돋보이게 하도록 강조의 위치는 네크라인 근처에 두는 것이 바람직하다.

• 강조점의 위치는 신체 중심보다 위에 있는 것이 좋고, 아래에 있는 경우에는 시선을 얼굴 근처로 끌어올릴 수 있는 연결선이 필요하다.

• 강조점을 이용한 시선의 유도를 통해 체형의 장점을 강조하거나 단점이 드러나지 않게 한다.

• 강조점은 중요한 디자인상의 특징이기 때문에 기능상 불편한 위치, 변화가 많은 위치, 잘 보이지 않는 위치 등은 부적합하다.

    ⓛ 강조의 정도 : 착용자의 개성과 의복의 용도, 직물의 조건 등을 고려하여 결정해야 한다.

(2) 강조의 방법

① 선과 형

    ㉠ 다양한 선의 종류와 두께를 활용하며, 선의 방향성을 이용한 강조를 말한다.

    ⓛ 독특한 형태의 디테일이나 장식을 사용하여 강조할 수 있다.

    ⓒ 의복의 부분 간의 면적대비를 통해서도 강조를 나타낸다.

② 색 채

    ㉠ 색채의 반복을 통한 리듬감이 강렬할 때 색채가 강조될 수 있다.

    ⓛ 색채대비(색상대비, 명도대비, 채도대비)에 의한 강조방법이다.

③ 재 질

    ㉠ 특이한 질감을 가진 재질의 이용 그 자체가 강조될 수 있다.

    ⓛ 재질감이 다른 옷감이나 혹은 트리밍 장식을 대비시켜 강조를 얻을 수 있다.

[강조의 원리에 의한 디자인]

5. 조 화

(1) 조화의 개념

둘 이상의 요소 또는 부분의 상호관계, 부분과 전체적 관계에 있어서 이들 각 요소가 종합적으로 미적 통일감을 이루는 것을 말한다.

(2) 조화의 방법

① 유사조화

㉠ 둘 이상의 요소가 서로 같거나 아주 비슷할 때 그 공통된 성격에서 나타난다.

㉡ 복식에서 유사조화는 전체적인 실루엣과 내부의 디테일이나 트리밍이 서로 비슷한 성질을 가지고 결합된 것을 의미한다.

② 대비조화

㉠ 둘 이상의 요소가 서로 다른 성격일 때 일어나는 현상을 말한다.

㉡ 서로가 상대편의 반대 성질에 의해 각각의 고유한 특성을 더욱 명확하게 강조하기 때문에 강한 자극이 전체적 효과로 나타난다.

㉢ 대비는 유사조화보다 강렬하여 조용한 아름다움보다 극적인 즐거움이 있다.

㉣ 의상에 있어서 대비의 조화는 실루엣과 디테일의 대비조화, 질감의 대비조화, 색채의 대비조화 등이 있다.

6. 통 일

(1) 통일의 개념

통일은 디자인 요소들을 일관성 있게 사용하여 조화를 이룰 수 있도록 질서를 유지하는 것을 말한다.

(2) 통일의 방법

① 유기적 통일

㉠ 유사성을 구해서 통일하는 방법의 조화법(동조법)이다.

㉡ 각 요소 간에 유기적인 관련을 가지고 질서를 세웠을 때 유기적 통일이라 한다.

㉢ 간결하고 안정된 느낌을 주지만 단조롭거나 평범할 수 있다.

② 변화적 통일

㉠ 이질의 요소를 대립시켜 한 요소를 집중·부각시키고, 이를 중심으로 종속하는 다른 요소를 연관시켜 통일된 질서를 이루는 것이다.

㉡ 세련된 느낌을 주지만 산만해질 수 있으므로 유의해야 한다.

| 유사조화 | 대비조화 | 유기적 통일 | 변화적 통일 |

[조화와 통일의 원리에 의한 디자인]

 ## 패션 아이템

의복을 용도에 맞게 선택할 때에는 각 품목(Item)의 디자인과 디테일이 의복을 입는 목적에 적합해야 한다. 이를 위해서는 패션 아이템의 형태에 따른 기능성이나 디테일의 장식적인 목적 등을 바르게 이해하는 것이 중요하다.

1. 원피스 드레스(One-piece Dress)

몸판과 스커트가 하나로 연결된 옷으로 형태는 허리에 절개선이 있는 것과 없는 것으로 구분된다. 허리에 절개선이 있는 것은 허리선의 위치에 따라 로우(Low) 웨이스트형, 하이(High) 웨이스트형, 내추럴(Natural) 웨이스트형으로 구분한다.

(1) 슈미즈 드레스(Chemise Dress)

① 슈미즈 형태의 속옷이 겉옷화된 형태
② 허리를 조이지 않고 자연스럽게 떨어지는 직선형의 원피스

(2) 엠파이어 드레스(Empire Dress)

① 가슴 밑까지 허리선이 높게 올라온 하이 웨이스트 형태
② 짧은 퍼프(Puff) 소매에 날씬한 스커트의 실루엣이 특징

(3) 시스 드레스(Sheath Dress)

    ① 날씬하게 꼭 맞는 드레스

    ② 몸판과 스커트가 한 장으로 연결, 허리선에 바느질선이 없고 다트

(4) 셔츠 웨이스트 드레스(Shirts Waist Dress)

    ① **상의 부분** : 셔츠 스타일의 칼라(Collar)와 앞여밈 – 스포티한 느낌

    ② **스커트** : 직선적 실루엣, 벨트를 매어 착용

(5) 스트랩리스 드레스(Strapless Dress)

    ① 어깨 부위를 노출시킨 드레스

    ② 어깨끈이 없이 주로 정장용으로 착용, 긴 장갑으로 조화

(6) 프린세스 드레스(Princess Dress)

    ① 고전적인 스타일

    ② 어깨선 혹은 진동둘레선에서 드레스의 밑단까지 프린세스 라인이 들어간 드레스

2. 블라우스(Blouse)

블라우스는 여성복과 아동복의 상의로 스커트나 팬츠와 함께 착용하거나 수트(Suit) 안에 입어서 정장용으로 착용하기도 한다. 착용방법에 따라 언더(Under) 블라우스와 오버(Over) 블라우스로 분류된다.

(1) 블루종 블라우스(Blouson Blouse)

    ① 허리나 엉덩이 길이에서 블라우스가 풍성하게 보이도록 한 스타일

    ② 블라우스 밑단에 끈이나 고무줄을 넣어 잡아당겨 풍성한 볼륨

(2) 보 블라우스(Bow Blouse)

목둘레에 연결된 긴 끈으로 앞쪽에서 리본처럼 묶어 입는 블라우스

(3) 새시 블라우스(Sash Blouse)

단추 없이 앞여밈을 사선으로 깊게 파서 겹친 다음, 블라우스에 달린 끈으로 허리를 둘러서 묶는 형태

(4) 페전트 블라우스(Peasant Blouse)

① 목둘레와 소매 끝에 끈이나 고무줄을 넣고 잡아당겨 많은 잔주름을 잡은 형태
② 주름을 잡은 부분에 자수나 다른 장식

(5) 셔츠 웨이스트 블라우스(Shirts Waist Blouse)

① 남성의 테일러(Tailor) 셔츠에서 모방한 블라우스
② 셔츠 칼라에 앞여밈단과 커프스가 있는 클래식한 스타일

(6) 미디 블라우스(Middy Blouse)

① 세일러 칼라에 일직선으로 내려오는 박스 형태의 블라우스
② 세일러(Sailor) 블라우스

(7) 홀터 블라우스(Halter Blouse)

① 주로 여름철의 썬(Sun) 드레스 또는 이브닝웨어로 착용되는 블라우스
② 소매가 없고 등 부분이 노출된 스타일
③ 목 부분에서 단추 또는 끈으로 여미는 스타일

3. 셔츠(Shirts)

셔츠는 중세 이래 상반신에 착용하는 옷으로 칼라와 커프스가 있고 일반적으로 앞이 트인 상의이다.

(1) 드레스 셔츠(Dress Shirts)

① 정장 수트(Suit)나 턱시도 속에 받쳐 입는 셔츠
② 주로 칼라에 밴드가 달렸고 넥타이와 조화시켜 입음

(2) 스포츠 셔츠(Sports Shirts)

　① 단색의 화려한 색상 또는 프린트 무늬, 격자무늬로 만든 셔츠

　② 넥타이를 맨 정장 차림이 아닌 활동적인 차림

(3) 아이비리그 셔츠(Ivy League Shirts)

　① 칼라의 끝단과 뒤 칼라 중심에 작은 단추를 달아 끼우고, 뒤 요크 중심에 박스 주름을 넣은 셔츠

　② 일반적으로 단색의 옥스포드(Oxford)와 깅검(Gingham), 그리고 마드라스(Madras) 직물 사용

　③ 버튼 다운(Button Down) 셔츠

(4) 카우보이 셔츠(Cowboy Shirts)

　① 미국의 카우보이들이 입었던 셔츠

　② 셔츠의 앞뒤에 요크 처리하여 장식수를 놓거나 파이핑 또는 술(Fringe) 장식으로 가장자리 처리

(5) 티셔츠(T-shirts)

　① 둥근 목둘레와 짧은 소매 혹은 긴 소매 밑단에 메리야스 직물 이용

　② 주로 셔츠의 앞면에 로고, 그림 등을 넣는 풀오버 형태의 셔츠

(6) 폴로셔츠(Polo Shirts)

　① 줄무늬 또는 단색의 니트 직물로 만든 풀오버 형태의 셔츠

　② 셔츠 칼라의 앞트임에 3개의 단추로 장식

　③ 운동복 셔츠로 애용

(7) 하와이언 셔츠(Hawaiian Shirts)

　① 화려한 꽃무늬의 면직물로 만든 박스 형태의 오버 셔츠

　② 앞여밈, 컨버터블(Convertible) 칼라, 짧고 넉넉한 소매

4. 재킷(Jacket)

재킷은 상의의 총칭으로 원래 남성 전용복이었으나 19세기 후반부터 여성의 사회진출과 더불어 여성에게도 입혀지기 시작했다. 재킷은 블라우스, 셔츠 위에 입는 겉옷으로 애용되고 있다.

(1) 디너 재킷(Dinner Jacket)

① 엉덩이 길이, 숄칼라 또는 테일러칼라에는 주로 벨벳 또는 공단을 사용한다.
② 턱시도(Tuxedo) 재킷을 말한다.

(2) 벨보이 재킷(Bell Boy Jacket)

① 허리까지 오는 짧은 길이에 몸에 꼭 맞는 재킷을 말한다.
② 스탠드 칼라, 금속 단추, 에폴렛(Epaulette)이나 브레이드(Braid) 등의 장식을 한다.

(3) 노퍽 재킷(Norfolk Jacket)

① 스포츠 재킷의 일종이다.
② 앞뒤에 세로로 두 줄의 박스 주름을 넣고 그 주름 사이로 허리선에 벨트를 넣어 디자인한 것이 특징이다.

(4) 블레이저 재킷(Blazer Jacket)

① 몸에 적당히 맞는 싱글 여밈, 노치(Notch) 칼라의 스포티(Sporty)한 재킷을 말한다.
② 금속 단추로 장식하고 가슴의 포켓에는 자수를 놓는 것이 특징이다.

(5) 사파리 재킷(Safari Jacket)

① 아프리카의 밀림 지역에서 사냥 및 탐험을 할 때 입는 카키(Khaki)색 면직물로 만든 재킷이다.
② 싱글 여밈, 4개의 패치포켓을 앞가슴과 허리선 밑부분에 달고 제천으로 벨트를 착용하는 것이 특징이다.

(6) 샤넬 재킷(Chanel Jacket)

  ① 1950년대 샤넬에 의해 소개된 카디건(Cardigan) 재킷의 일종이다.

  ② 노칼라, 재킷의 가장자리를 브레이드(Braid)로 장식한 클래식한 스타일이다.

(7) 페플럼 재킷(Peplum Jacket)

허리에 절개선이 있고, 허리선 아랫부분을 플레어(Flare)지게 하거나 주름을 잡아서 단이 넓어지게 만든 재킷을 말한다.

5. 스커트(Skirt)

블라우스, 셔츠, 재킷과 조화시켜 입는 하반신을 감싸는 의복으로 허리둘레선의 위치, 플리츠(Pleats), 개더(Gather)의 형태에 따라 변화되며 재단 방법에 따라 실루엣이 다양하다.

(1) 타이트 스커트(Tight Skirt)

  ① 옆선이 엉덩이둘레에서 스커트 단까지 직선으로 내려오고 허리둘레에는 앞뒤로 2~4개의 다트로 처리된 스커트의 기본형을 말한다.

  ② 뒤쪽에는 걷기에 불편하지 않도록 뒤트임이 있다.

(2) A-라인 스커트(A-line Skirt)

  ① 힙에서 밑단까지 약간 퍼진 형태이다.

  ② 타이트 스커트보다 약간 여유가 있다.

(3) 미디 스커트(Midi Skirt)

무릎에서 20~30cm 내려와 종아리 중간에 오는 길이의 긴 스커트이다.

(4) 미니 스커트(Mini Skirt)

스커트의 길이가 무릎에서 10~20cm 올라간 짧은 스커트이다.

(5) 힙 허거 스커트(Hip Hugger Skirt)

① 실제 허리선보다 아래 혹은 엉덩이에 걸쳐 입는 스커트이다.

② 미니 스커트의 유행과 함께 생겨난 스타일이다.

③ 넓은 벨트와 조화시켜 스포티한 멋을 낸다.

(6) 요크 스커트(Yoke Skirt)

① 허리선과 엉덩이둘레선 사이에 수평의 절개선이 있다.

② 주로 절개선 밑으로 셔링(Shirring), 개더(Gather), 플리츠(Pleats) 등의 주름 장식을 한다.

(7) 랩 어라운드 스커트(Wrap Around Skirt)

① 한 폭으로 된 옷감을 휘감아 앞쪽에서 겹치도록 착용하는 형태의 스커트이다.

② 여밈은 단추나 벨트를 이용한다.

(8) 플리츠 스커트(Pleats Skirt)

① 천을 접어 다양한 형태의 주름을 잡고 열처리하여 영구적인 주름을 얻는 스커트이다.

② 움직이거나 보행할 때 율동감을 주며 주름의 처리방법에 따라 여러 가지 명칭을 붙인다.

　　ㄱ 나이프 플리츠(Knife Pleats) : 주름의 방향을 한 쪽 방향으로 접은 것이다.

　　ㄴ 박스 플리츠(Box Pleats) : 주름이 서로 반대 방향으로 접힌 것이다.

　　ㄷ 인버티드 플리츠(Inverted Pleats) : 주름이 서로 마주보도록 잡는 방법이다.

　　ㄹ 아코디언 플리츠(Accordion Pleats) : 아코디언 모양의 가는 주름으로 주름의 폭을 위
아래 똑같이 잡아 만든 입체적인 기계주름이다.

(9) 플레어 스커트(Flare Skirt)

허리선에서 힙선까지는 잘 맞고 단으로 갈수록 넓게 퍼져서 우아한 드레이프가 생기는 스커
트이다.

(10) 개더 스커트(Gather Skirt)

허리선에서 잔주름을 잡아 전체적으로 볼륨이 있어 보이는 스커트이다.

(11) 서큘러 스커트(Circular Skirt)

① 플레어 스커트의 한 종류로 밑단을 펼쳤을 때 완전히 원이 되는 스커트이다.
② 허리선에서 단까지 우아한 드레이프(Drape)가 생겨 파티복, 무대의상에 많이 사용된다.

(12) 고어드 스커트(Gored Skirt)

① 옷감을 사다리꼴로 재단하여 여러 폭을 이어 만든 형태의 스커트이다.
② 허리 부분은 잘 맞고 단으로 갈수록 넓어진다.

(13) 티어드 스커트(Tiered Skirt)

① 2단, 3단 또는 그 이상의 여러 층을 겹쳐서 이루어진 스커트이다.
② 보통 가로의 절개선에 개더나 플라운스를 이용해 여러 층으로 나타낸다.

(14) 러플 스커트(Ruffle Skirt)

스커트 밑단에 물결 같은 주름이 생기도록 러플을 2단, 3단으로 만들어 덧단을 댄 스커트이다.

(15) 점퍼 스커트(Jumper Skirt)

① 목둘레와 진동둘레가 깊게 파이고 소매가 없는 원피스 형태이다.
② 블라우스, 셔츠, 스웨터 위에 착용한다.
③ 발랄하고 귀여운 스타일로 아동복, 주니어복에서 애용되고 있다.

6. 팬츠(Pants)

팬츠는 바지 종류의 총칭으로 그 시대의 유행에 따라 트라우저(Trousers), 슬랙스(Slacks), 판탈롱(Pantaloons)으로 불린다.

(1) 배기 팬츠(Baggy Pants)

허리 부분에 주름을 잡아 허리 주위와 엉덩이둘레는 품이 넉넉하고 발목으로 갈수록 좁아지는 형태이다.

(2) 벨 보텀 팬츠(Bell Bottom Pants)

바지통이 무릎까지는 좁고 무릎 아래에서 바지 단까지 종 모양으로 넓어진 형태의 바지이다.

(3) 버뮤다 팬츠(Bermuda Pants)

① 무릎 위 길이로 앞 허리선에 좌 · 우 각 1개씩의 주름이 잡히고, 엉덩이둘레 밑으로 바지 단까지 일직선의 실루엣이 형성된다.
② **사파리 쇼츠(Safari Shorts)** : 바지 단에 커프스(Cuffs)가 달린 경우이다.

(4) 진 팬츠(Jean Pants)

① 데님으로 만들어진 미국의 작업복이 기원이다.
② 솔기 및 주머니에 장식 상침이 있다.
③ 능직으로 짠 튼튼한 면직물의 바지이다.

(5) 쇼트 팬츠(Short Pants)

① 바지 밑위 선에서 밑단까지의 길이가 짧은(2.5~5cm) 스포츠용의 꼭 끼는 바지이다.
② 핫(Hot) 팬츠의 일종이다.

(6) 조드퍼즈 팬츠(Jodhpurs Pants)

① 승마용 바지의 일종이다.
② 허리선에서 무릎까지는 넉넉하다가 무릎 밑에서 좁아져 발목까지 꼭 끼는 형태이다.

(7) 니커즈 팬츠(Knickers Pants)

① 무릎 아래까지 내려오는 풍성한 느낌의 바지이다.
② 바지 밑단에 밴드를 사용한다.
③ 주로 스포츠용, 여행용으로 이용된다.
④ 니커보커즈(Knickerbockers)의 일종이다.

(8) 힙 허거 팬츠(Hip Hugger Pants)

① 원래의 허리선보다 내려온 위치에서 허리 벨트를 매거나 엉덩이에 걸쳐 입는 긴 바지이다.
② 폭이 넓은 스포티한 벨트와 조화된다.

(9) 카고 팬츠(Cargo Pants)

① 화물선의 승무원들이 작업할 때 입는 팬츠이다.

② 커다란 플랩(Flap)이 달린 패치(Patch) 포켓이 양쪽 옆선과 엉덩이 부분에 달려 있는 것이 특징이다.

7. 장신구(Accessory)

액세서리란 복장을 보다 아름답고 단정히 하기 위해 사용되는 부속품이다. 사용방법에 따라 의복의 이미지뿐만 아니라 그것을 착용하는 사람의 개성과 이미지도 달라지게 한다. 따라서 전체적으로 의복의 이미지와 통일감을 주거나 한 곳에 포인트를 주어 개성 있게 연출하는 것이 바람직하다.

(1) 가방(Bag)

패션에서 백은 단순히 기능성과 장식성을 추구하는 것보다 전체적인 의복과의 코디네이션(Coordination)을 위한 액세서리로 목적과 장소에 맞게 사용되어야 한다.

(a) 캐비어 백(Caviar Bag)	(b) 칵테일 백(Cocktail Bag)	(c) 베니티 케이스(Vanity Case)
(d) 새철 백(Satchel Bag)	(e) 파우치 백(Pouch Bag)	(f) 엔벨로프 백(Envelope Bag)
(g) 샤넬 백(Chanel Bag)	(h) 숄더 백(Shoulder Bag)	(i) 배럴 백(Barrel Bag)

[가방(Bag)의 종류]

(2) 구두(Shoes)

구두는 발을 감싸는 신발의 총칭으로 오늘날에는 보온성, 내구성, 쾌적성 등의 기능성 이외에도 패션성이 더욱 요구되고 있다. 패션의 다양화에 따라 구두에도 다양한 변화가 있으며 의복의 액세서리 성향이 강해지고 있다.

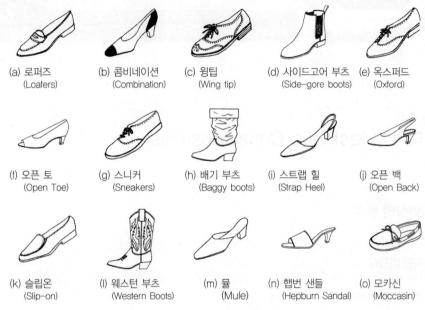

(a) 로퍼즈 (Loafers)
(b) 콤비네이션 (Combination)
(c) 윙팁 (Wing tip)
(d) 사이드고어 부츠 (Side-gore boots)
(e) 옥스퍼드 (Oxford)

(f) 오픈 토 (Open Toe)
(g) 스니커 (Sneakers)
(h) 배기 부츠 (Baggy boots)
(i) 스트랩 힐 (Strap Heel)
(j) 오픈 백 (Open Back)

(k) 슬립온 (Slip-on)
(l) 웨스턴 부츠 (Western Boots)
(m) 뮬 (Mule)
(n) 햅번 샌들 (Hepburn Sandal)
(o) 모카신 (Moccasin)

[구두(Shoes)의 종류]

(3) 모자(Hat)

모자는 머리에 쓰는 것의 총칭이다. 더위, 추위 등 자연으로부터 머리를 보호해주는 실용적 목적에서 시작하여 시대의 흐름에 따라 장식성이 강해졌고 현대에는 토털 코디네이션 (Total Coordination)이 강조되어 패션에서 모자의 비중이 더욱 커지고 있다.

(a) 머시룸해트 (Mushroom hat)
(b) 베레 (Beret)
(c) 베이스볼 캡 (Baseball Cap)
(d) 브르통 (Breton)
(e) 카플린 (Capeline)
(f) 파나마 (Panama)

(g) 클로슈 (Cloche)
(h) 프로파일 해트 (Profile hat)
(i) 토크 (Toque)
(j) 카스케트 (Casquette)
(k) 터번 (Turban)
(l) 티롤리안 해트 (Tylolean Hat)

[모자(Hat)의 종류]

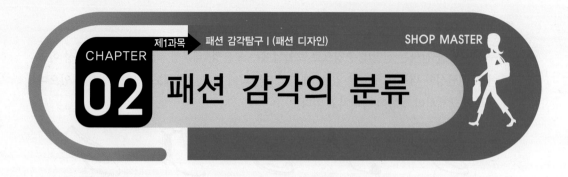
패션 감각의 분류

미의식(Aesthetic Consciousness)

1. 미의식의 분류

(1) 정적인 미의식

① 페미닌(Feminine) 미의식이다.
② 아름다움에 대한 가치기준을 여성적인 이미지에서 찾으려는 것이 특징이다.
③ 여성의 사회진출이 활발하지 않았던 시대의 대부분 여성의 미의식이다.
④ 8가지 기본 미의식 중 로맨틱 미의식, 엘레강스 미의식, 소피스티케이티드 미의식이 해당된다.

(2) 동적인 미의식

① 액티브(Active) 미의식이다.
② 여성의 사회진출이 본격화되고 라이프스타일이 바뀌면서 스포츠 캐주얼이나 컨트리, 매니쉬 타입을 좋아하는 여성이 이 그룹에 속하는 미의식을 갖고 있다.
③ 8가지 기본 미의식 중 매니쉬 미의식, 액티브 미의식, 컨트리 미의식이 해당된다.

(3) 과거지향 미의식

① 레트로스펙티브(Retrospective), 레트로 · 복고풍이라 부른다.
② 꿈과 낭만과 같은 환상의 세계를 마음속에 그리는 여성의 미의식이다.
③ 8가지 미의식 중 컨트리 미의식, 엑조틱 미의식, 로맨틱 미의식이 해당된다.

(4) 미래지향 미의식

① 모던 미의식, 도시적인 합리주의가 탄생시킨 미의식이다.

② 도회적인 세련미와 지성미, 개성이 강한 자립여성으로서 자기 스스로 미래를 열어간다는 당당한 자세를 보이는 것이 특징이다.

③ 패션에 나타나는 미의식은 현재와 미래지향의 미의식이며, 과거 여성의 이미지를 부정하는 미의식이다.

④ 8가지 기본 미의식 중 소피스티케이티드 미의식, 모던 미의식, 매니쉬 미의식이 해당된다.

2. 감각, 룩, 스타일의 의미

(1) 감각

① 실체로서 볼 수 없는 이미지이다.
② 특별히 정해진 형태가 없는 이미지이다.

(2) 룩과 스타일

① 룩과 스타일은 일정한 형상을 갖고 실체로서 존재하는 것이다.

② 이미지를 상품화한 것이다.

③ 유행 추이에 따라 형상의 실체가 바뀔 수 있지만 원형이 완전히 무시되는 경우는 없다.

④ 룩(Look)
- 모양, 용모의 의미이다.
- 감각이라는 이미지의 실체가 구체적인 형태로 형상화되어 나타나 있는 것이다.
- 패션에서의 룩이란 의상이 지닌 전체적인 인상의 특징을 포착하는 경우에 사용한다.
- 이미지 또는 필링의 특징을 포착한 개념적인 용어이다.

⑤ 스타일(Style)
디자인상의 형식이나 특징을 가리키는 경우를 말한다.

3. 8가지 기본 미의식

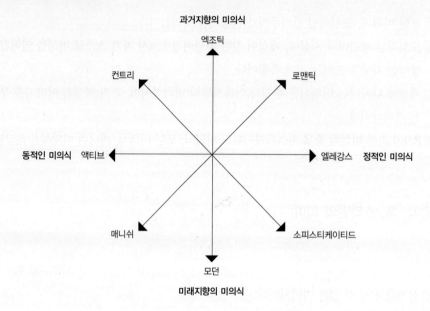

(1) 엑조틱 미의식

① 과거지향적 미의식이다.
② 이국풍의 낯설고 색다른 취미를 추구하는 미의식이다.

(2) 모던 미의식

① 미래지향적 미의식이다.
② 현대적인 인공미를 추구하는 샤프한 도시적 미의식이다.

(3) 로맨틱 미의식

① 과거지향적이고, 정적인 미의식이다.
② 꿈과 낭만을 쫓는 소녀 취향의 여성적 미의식이다.

(4) 매니쉬 미의식

① 미래지향적이고, 동적인 미의식이다.
② 활동성과 건강미를 추구하는 남성 취향의 미의식이다.

(5) 엘레강스 미의식

① 정적인 미의식이다.

② 우아한 여성미를 추구하는 성숙한 미의식이다.

(6) 액티브 미의식

① 동적인 미의식이다.

② 남성취향의 터프한 이미지의 미의식이다.

(7) 소피스티케이티드 미의식

① 미래지향적이고, 정적인 미의식이다.

② 지적 세련미를 추구하는 도시적 감각의 미의식이다.

(8) 컨트리 미의식

① 과거지향적이고, 동적인 미의식이다.

② 자유분방한 야성미를 추구하는 서민 취향의 미의식이다.

미의식에 따른 감각

1. 엑조틱(Exotic) 미의식 계열에 속하는 감각

(1) 엑조틱(Exotic) 감각

외국의, 이국풍의 낯설고 색다른 취미를 추구하는 패션 감각이다.

(2) 포클로어(Folklore) 감각

민속학이란 뜻의 포클로어는 전원적인 취향의 일반적인 민속을 뜻한다.

① 집시 룩(Gypsy Look)

    ㉠ 집시풍을 주제로 한 패션, 보헤미안풍이다.

    ㉡ 개더나 플레어 등을 풍성하게 잡은 스커트, 페전트풍의 넉넉한 블라우스, 볼레로나 숄, 스카프, 커다란 귀고리 등이 특징이다.

② 라틴 룩(Latin Look)

    ㉠ 라틴아메리카 지역의 민속의상에서 힌트를 얻은 것으로 스페인이 중심이다.

    ㉡ 냉철하고 날카로우며 정열적인 분위기, 마타도어 재킷, 플라멩코 댄서의 드레스, 화려하고 정열적인 색상이 특징이다.

③ 가우쵸 룩(Gaucho Look)

    ㉠ 가우쵸는 남미 초원지대에 사는 스페인 사람과 인디안의 혼혈아인 카우보이라는 뜻이다.

    ㉡ 헐렁한 블라우스, 넓은 소매, 7부 길이의 니커보커즈, 긴 부츠, 챙이 넓은 모자, 폰쵸풍의 프린지가 붙은 상의가 특징이다.

    ㉢ 소박한 자연을 동경하는 패션으로 1970년대 유행했던 포크풍의 일종이다.

④ 노르딕 룩(Nordic Look)

    ㉠ 방한패션이 테마이다.

    ㉡ 쉐트랜드 스웨터, 오일 스웨터, 카우칭 스웨터, 모피 같은 상의·모자·장갑이 특징이다.

    ㉢ 그린랜드나 에스키모의 복식이 아이디어의 원천이다.

(3) 에스닉(Ethnic) 감각

에스닉은 인류학적이란 의미를 가지며 민속의상 그 자체와 염색, 직물, 자수 등에서 힌트를 얻어 소박한 느낌을 강조한 디자인으로 비기독교 문화권의 민속을 뜻한다.

① 아라비안 룩(Arabian Look)

    ㉠ 대표적 아이템은 할렘 팬츠로 힙 부분이 풍성하고 부리가 좁으며 드레시한 것이 특징이다.

    ㉡ 서양 팬츠의 하드한 멋과 정반대여서, 판타직한 패션에 더할 나위 없이 좋은 효과를 가져다준다.

② 오리엔탈 룩(Oriental Look)

    ㉠ 특징은 기모노나 중국식 의상으로 대표되는 직선적인 옷으로 목둘레나 소매가 독특한 형태를 취하고 있다.

    ㉡ 진주, 산호, 끈을 이용한 액세서리, 동양식 빗·비녀가 오리엔탈풍 액세서리이다.

    ㉢ 퀼팅 : 누비옷(방한복)에 사용된 봉제 테크닉이다.

③ 인디안 룩(Indian Look)

네루식 재킷(두터운 목면과 재킷, 스탠드 칼라와 패치 포켓, 일렬의 흰색단추)이 있으며 대표적인 아이템인 사리는 튜닉드레스와 흡사한 것으로 많은 디자이너들에 의해 응용되고 있다.

④ 차이니즈 룩(Chinese Look)

㉠ 오리엔탈풍의 대표로 동양풍의 꽃무늬, 인물, 풍경 등에서 볼 수 있는 중국취미(시노와즈리 : Chinoiserie)를 말한다.

㉡ 색상(선명한 빨강, 청색, 노랑), 무늬(꽃을 형상화한 모티브나 용을 새겨놓은 자수), 소재(광택 많은 실크), 로프 모양의 단추 등이 특징이다.

⑤ 아메리칸 인디안 룩(American Indian Look)

㉠ 미국이나 캐나다 인디언의 민족의상에서 힌트를 얻은 패션으로 1976년 시즌에 다카다 겐조가 그의 컬렉션 테마로 클로즈업시켰다.

㉡ 독특한 순색에 의한 배색, 헤어스타일, 헤어밴드, 깃털장식, 모카신 슈즈, 프린지 장식 등 프리미티브를 테마로 한 것이 특징이다.

⑥ 아프리칸 룩(African Look)

㉠ 아프리카 전 지역의 민족의상이나 무늬, 컬러, 액세서리를 모티브로 프리미티브(원시적)한 것이 특징이며 직선적이고 봉제부분을 최소화하였다.

㉡ 핸드터치의 질박함과 같은 수공예적 느낌, 동물의 뼈·상아와 같은 자연소재 액세서리, 해골과 같은 모티브의 사용 등을 특징으로 한다.

(4) 레트로 감각

복고풍의 패션 감각을 말한다.

① 바로크 룩(Baroque Look)

㉠ 꿈이 있는 유희적인 패션으로 장식적이고, 호화스러운 로맨틱 판타지이다.

㉡ 커다란 퍼프(Puff) 슬리브, 레그오브머튼(Leg of Mutton) 슬리브, X-라인 실루엣, 커다란 꽃무늬나 페이즐리 무늬, 장식적인 요소가 강한 색(퍼플핑크, 퍼플골드, 붉은보라, 금적색 등)이 특징이다.

② 로코코(Rococo) 룩

㉠ 로코코 시대의 화려함, 바로크가 웅장하고 강렬한데 비해 우아하고 섬세하며 여성적이고 중국적 요소가 강하다.

㉡ 인위적인 아름다움, 비실용적인 패션, 향락적 색채가 짙은 화려함을 추구하였다.

③ 빅토리안 룩(Victorian Look)

　㉠ 지극히 여성적이며 장식성이 강하고 로맨틱한 룩이다.

　㉡ 러플이나 프릴이 달린 블라우스, 케이프가 메인 아이템이다.

④ 1920년대 룩(1920's Look)

　㉠ 가늘고 긴 실린더 실루엣과 통소라인이 특징이다.

　㉡ 정적인 여성에서 동적인 여성으로 탈바꿈한 패션이다.

　㉢ 어깨패드와 졸라맨 테이스트의 테일러드 수트, 핀턱이나 컷워크가 들어간 블라우스, 타이트 스커트가 1920년대풍의 상징이다.

　㉣ 펌프스, 클러치백, 진주가 대표적인 액세서리이다.

⑤ 1940년대 룩(1940's Look)

　제2차 세계 대전으로 물자 절약에 의한 옷감을 제한하게 되어 슬림형의 짧은 타이트 스커트 등장, 매니쉬한 재킷에 여성다움을 플러스하였다.

⑥ 1950년대 룩(1950's Hollywood Look)

　㉠ 레트로풍(복고풍)이라고 불리우며, 옛스러운 멋이 좋았던 여성스러운 시대를 지칭한다.

　㉡ 헐리우드 스타들(오드리 햅번, 마릴린 먼로, 그레이스 켈리, 브리짓 바르도 등)이 입었던 섹시하고 대담한 스타일(깊게 파진 목, 대담한 슬릿, 큰 무늬 프린트, 커다란 모자 등)이 유행하였다.

⑦ 1960년대 룩(1960's Look)

　㉠ 비틀즈의 등장(모즈룩)으로 젊음이 폭발한 시대로 인공미를 예찬하였다.

　㉡ 팝(Pop) 이미지도 등장하였고, 캐주얼이 통용되기 시작했으며 패션 혁명기라고도 한다.

　㉢ 미니 스커트, 스페이스 룩, 레이어드 룩, 시드루 룩 등이 유행한 시대이다.

　㉣ 나일론, 폴리에스테르 등 합성섬유의 생산이 활발하여 인기를 끈 시대이다.

⑧ 1970년대 룩(1970's Look)

　㉠ 판탈롱에 의한 제2의 혁명기로서 민속풍의 관심으로 에스닉 룩과 포클로어 룩, 레이어드 룩이 유행하였다.

　㉡ 사이키데릭 아트의 영향을 받은 자극적이고 현란한 색채의 범람, 비닐소재에 형광색이 섞인 원색의 패션도 이 시기의 특징이다.

　㉢ 히피의 출연으로 현실 도피적 스타일이 유행하기도 하였고, 1980년대에 유행한 펑크 룩의 태동을 가져온 시대이다.

(5) 앤틱(Antique) 감각

① 고전에 대한 향수와 동경을 모토로 한 패션 감각이다.

② 히피 룩(Hippie Look)

   ㉠ 자연회귀 사상에서 비롯된 패션 스타일이다.

   ㉡ 부리가 넓은 판탈롱, 체인벨트, 긴 턱수염과 길게 기른 머리, 아메리칸 인디언풍의 헤어밴드 등 남루한 옷차림이 특징적이다.

2. 모던(Modern) 미의식 계열에 속하는 감각

(1) 모던(Modern) 감각

① 현대적인 인공미를 추구하는 샤프한 도시 패션 감각이다.

② 차가운 느낌을 주는 도시적인 쿨한 인상, 무채색을 베이스 컬러로 하여 청색계 또는 그레이쉬 톤의 유채색 계열이 특징이다.

(2) 포스트 모던(Post-modern) 감각

① 모던 감각 특유의 삭막함과 차가운 느낌에서 탈피하기 위해 유희적 요소가 플러스된 모던한 이미지의 패션 감각이다.

② 포스트 모던이 상징하는 사상은 '정신적 풍요로움'과 '시각적 즐거움'으로 색상까지 대담하게 유희 감각을 넣는 특성이 있다.

(3) 하이테크(Hi-tech) 감각

미래지향의 모던 이미지를 추구하는 패션 감각이다.

① 스페이스 룩(Space Look) : 우주공간에서 입을 수 있을 것 같은 스타일, 우주복에서 힌트

② 메탈릭 룩(Metallic Look) : 미래를 테마로 Cool한 금속광택의 소재로 만든 옷

③ 글리터 룩(Glitter Look) : 좀 더 부드러운 느낌의 광택의 소재로 만든 옷(라메가 들어있는 옷감)

④ 퓨처리스트 룩(Futurist Look) : 미래의 우주공간에서 입을 수 있는 스타일로 공상과학소설이나 영화에 나오는 첨단적이고 환상적인 주인공의 의상

(4) 팝(Pop) 감각

① 단순 명쾌함을 추구하는 대중취향의 패션 감각이다.

② 타이포그래픽 룩(Typographic Look)

디자인 포인트를 문자에 맞추어 시각화된 언어를 말하는 것으로 문자가 디자인에 활용된 패션이다.

(5) 큐트(Cute) 감각

유머러스한 표현으로 시각적 즐거움을 추구하는 패션 감각이다.

(6) 키치(Kitsch) 감각

고상과 우아함에 반기를 든 저속과 파괴지향의 패션 감각이다.

① 그룬지 룩(Grungy Look)

낡을 대로 낡아 쓰레기통에 가기 직전의 헌옷을 의미한다.

② 테디 보이 룩(Teddy Boy Look)

시대상을 풍자하여 만든 옷, 형식과 양식을 타파하는 젊은이 취향의 모험적이고 유머러스한 감각을 의미한다.

(7) 펑크(Punk) 감각

전통과 룰을 거부하는 과격과 파괴지향의 패션 감각이다.

① 태투 룩(Tattoo Look)

젊은이들의 기성가치에 대한 반항을 패션화하여 문신을 몸에 새기거나 옷에 그런 무늬를 넣어 입는 스타일이다.

② 페일 룩(Pale Look)

병적인 연약함도 아름다움이다라는 패션으로 생기 없는 연약함을 강조한다.

(8) 정크(Junk) 감각

① 고물 예찬을 모토로 한 패션 감각이다.

② 래그스 룩(Rags Look)

누더기를 걸치거나 멀쩡한 옷에 구멍을 내어 깁거나 찢어진 상태의 패션이다.

(9) 익센트릭(Eccentric) 감각

의외성을 추구하는 패션 감각이다.

3. 로맨틱(Romantic) 미의식 계열에 속하는 감각

(1) 로맨틱(Romantic) 감각

꿈과 낭만을 쫓는 소녀 취향의 패션 감각이다.

(2) 데콜라티브(Decorative) 감각

장식취향의 패션 감각이다.

(3) 씨어터(Theater) 감각

연극적인 요소가 강한 로맨틱 이미지의 패션 감각이다.

① 히로인 룩(Heroine Look)
서양의 중세를 모티브로 해서 현재에 통용될 수 있도록 어렌지한 스타일, 빅토리안과 바로크풍의 패션이다.

② 메르헨 룩(Merchen Look)
로맨틱 계열과 씨어터 감각에 속하며, 주니어 취향의 동화적 패션 감각이다.

(4) 미스터리(Mystery) 감각

신비를 추구하는 패션 감각이다.

(5) 로리타(Lolita) 감각

① 미성숙의 백치미를 추구하는 패션 감각이다.
② 소녀특유의 건강함과 몽상적인 자대미, 백치에 가까운 순수함과 미성숙의 풋풋함에서 일체의 조작이나 인위성 없이 드러나는 은근한 섹시함을 표현한다.
③ 베이비 돌 룩(Baby Doll Look) : 유아복을 닮은 성인복을 지칭한다.

(6) 이노센트(Innocent) 감각

① 소녀취향의 청순미를 추구하는 패션 감각이다.

② 깔끔한 인상, 전원적이면서도 도시적인 감각의 겸비, 젊고 밝은 인상의 단아한 느낌을 중시한다.

③ 세퍼디스 룩(Shepherdess Look)
세퍼디스는 양치기 소녀를 나타내는 말로 맑고 청순한 소녀 스타일, 성숙된 20대 여성을 위한 패션이다.

④ 스쿨 걸 룩(School Girl Look)
중·고등학교 학생의 교복과 흡사한 스타일로 여학생답게 청결하고 단정하며 귀여운 느낌을 주는 스타일이다.

(7) 올리브(Olive) 감각

우아함과 단정함을 추구하는 양식파 소녀의 패션 감각과 양가집 규수 이미지를 나타낸다.

① 소공자 룩(Little Lord Fauntleroy Look)
제복적인 요소가 강하면서 귀엽고 예쁘장하며 순진하면서도 청결한 젊음이 배어 있는 스타일이다.

② 프레피 룩(Preppy Look)
미 동부 명문가 자제들(프레피)의 심플하면서도 클래식한 복장에서 파생된 스타일이다.

(8) 참(Charm) 감각

애교가 충만된 매력을 추구하는 패션 감각으로 큐트(Cute)와 콩게티슈(Coguettish)의 중간 단계, 약간 성숙한 귀여운 섹시를 말한다.

(9) 섹슈얼(Sexual) 감각

섹스어필을 추구하는 패션 감각이다.

① 바디 컨셔스 룩(Body Conscious Look)
옷을 통해 육체의 선을 드러내는 실루엣이 특징이다.

② 이너웨어 룩(Inner Wear Look)
속옷이 겉옷으로 기능할 때 부르는 명칭이다.

③ 모던 글래머 룩(Modern Glamorous Look)

글래머 스타일을 현대에 맞게 어렌지한 패션이다.

④ 슈퍼 섹시 룩(Super Sexy Look)

옷으로 표현할 수 있는 섹시함을 극단적으로 강조한 패션이다.

⑤ 시드루 룩(See Through Look) : 비춰 보이는 룩을 말한다.

⑥ 마돈나 룩(Madonna Look)

도발적인 섹스어필, 앤드로지너스(양성공유), 적극적인 실험정신, 이너웨어 패션이 특징
이다.

⑦ 뱀프 룩(Vamp Look) : 교태로운 룩으로 색상의 선택이 중요하다.

(10) 콩게티슈(Coguettish) 감각

귀여움과 깜찍함이 동반된 섹스어필을 추구하는 패션 감각으로 어른스러운 섹시가 아니라
당당하고 재미있고 애교가 넘치는 매혹적인 미성숙의 풋풋한 섹시를 말한다.

4. 매니쉬(Mannish) 미의식 계열에 속하는 감각

(1) 매니쉬 감각

활동성과 건강미를 추구하는 패션 감각이다.

① 댄디 룩(Dandy Look)

남성들의 이브닝에서 착상을 얻은 댄디는 지극히 사치스럽고 세심한 주의를 요하는 까다
로운 스타일, 옷감 및 액세서리 등 최상의 것을 사용한다.

② 앤드로지너스 룩(Androgynous Look)

양성을 동시에 지녔다는 뜻으로 무성감각 계열의 패션 스타일이다.

③ 이미그런트 룩(Immigrant Look)

큰 사이즈의 옷을 여러 벌 겹쳐 입는 스타일이다.

(2) 보이시 감각

① 소년취향의 청순한 이미지를 살리는 패션 감각으로 단순하고 직선적인 디자인이 특징
② 가르송 룩(20C 초 유럽 상류사회 부인들 사이에 유행한 소년 취향의 남성 스타일)이 효시

(3) 미네트 감각

① 소녀특유의 가냘프고 소극적인 이미지가 아니라 젊기 때문에 생기발랄하고 때로는 모험
적인 용기도 잃지 않는 적극적인 행동파 소녀, 발랄하고 깜찍한 행동파 소녀의 패션 감각
이다.

② 플래퍼 룩(Flapper Look)
말괄량이란 뜻의 플래퍼는 자유분방한 옷차림을 즐기며 유행에 열중하는 스타일이다.

5. 엘레강스(Elegance) 미의식 계열에 속하는 감각

(1) 엘레강스(Elegance) 감각

여성다운 우아함을 추구하는 패션 감각이다.

(2) 페미닌(Feminine) 감각

여성다움을 추구하는 패션 감각이다.

① 플루이드 룩(Fluid Look)
소프트한 터치의 옷감으로 가볍고 부드러운 드레시한 스타일이다.

② 사이렌 룩(Siren Look)
인어에서 인스피레이션된 룩으로, 여성의 매력적인 실루엣이 특징이며 가슴~힙은 피트
되고 무릎 아래 부분은 인어꼬리처럼 넓게 퍼져있는 실루엣이다.

③ 깁슨 걸 룩(Gibson Girl Look)
화가가 그린 그림 속 주인공이 입고 있는 의상에서 비롯된 룩, 극단적으로 가느다란 허리
에 풍성한 힙과 가슴이 특징이다.

(3) 꾸띄르(Couture) 감각

① 최상의 가치를 추구하는 패션 감각, 품격이 높고 값져 보여야 한다.
② 여성적인 우아함, 예복적 요소가 있는 옷, 고가품, 오더메이드, 오뜨 꾸띄르를 선호한다.

6. 액티브(Active) 미의식 계열에 속하는 감각

(1) 액티브(Active) 감각

남성취향의 터프한 이미지의 패션 감각이다.

① 워크 룩(Work Look)

워크웨어(일할 때 입는 옷)에서 힌트를 얻은 룩, 실용위주로서 활동적인 취향의 주니어들에게 인기가 있다.

② 밀리터리 룩(Military Look)

여성패션에 군복풍의 요소(견장, 금속단추 등)가 디자인된 스타일이다.

③ 아미 룩(Army Look) : 육군의 군복에서 힌트를 얻어 디자인된 스타일이다.

④ 에이비에이터 룩(Aviator Look) : 공군 조종사들의 복장에서 이미지네이션된 스타일이다.

⑤ 라이더스 룩(Riders Look)

오토바이 라이더들이 오토바이 탈 때 입는 복장을 외출복으로 어렌지한 스타일이다.

⑥ 레이서 룩(Racer Look)

자동차ㆍ오토바이 레이서들의 복장에서 힌트를 얻어 만들어진 패션이다.

(2) 스포티 감각

밝고 건강함을 추구하는 패션 감각이다.

① 마린 룩(Marine Look)

바다의 이미지를 추구하는 룩이다(해군, 선박항해, 요트, 해양 스포츠), 세일러 칼라ㆍ마린스트라이프(가로줄무늬)ㆍ부리가 넓은 세일러 팬츠ㆍ해군장교 스타일의 긴 재킷 등이 대표적 아이템이다.

② 조깅 룩(Jogging Look) : 조깅으로부터 유래(러닝셔츠, 트레이닝 수트 등)한 패션이다.

③ 서퍼 룩(Surfer Look)

서퍼들이 갖고 있는 현대적인 감각과 스포티한 패션(알로하셔츠, 버뮤다 쇼츠 등)이다.

④ 폴로 룩(Polo Look) : 폴로 스포츠 경기의 선수들의 복장에서 인스피레이션된 것이다.

⑤ 테니스 룩(Tennis Look) : 테니스 복장에서 힌트를 얻어 디자인된 스타일이다.

⑥ 댄스 룩(Dance Look)

댄서들이 무대에서 춤출 때 입는 의상에서 힌트를 얻어 디자인된 스타일이다.

7. 소피스티케이티드(Sophisticated) 미의식 계열에 속하는 감각

(1) 소피스티케이티드 감각

지적 세련미를 추구하는 비즈니스, 커리어 우먼 취향의 도시 패션 감각이다.

(2) 클래식(Classic) 감각

전통적 격식을 추구하는 패션 감각이다.
① 아이템 : 테일러드 수트, 샤넬 수트, 카디건, 플랜스웨터, 셔츠 블라우스, A라인 스커트, 스트레이트 팬츠 등
② 컬러 : 따뜻하고 정감 있는 웜(Warm) 컬러 계열, 뉴트럴 컬러 중심의 브라운계 · 와인 계 · 깊이 있는 그린계
③ 소재 : 울, 코튼, 실크, 린넨 등의 고급 자연소재
④ 무늬 : 핀 스트라이프, 헤링본, 글렌 체크, 하운즈투스 체크, 타탄 체크, 아가일 체크

(3) 트래디셔널(Traditional) 감각

① 전통과 고전미를 추구하는 패션 감각이다.
② 미국의 전통적인 신사복 스타일에서 파생되었다.
③ 여성의 지성미 표현에 가장 효과적인 패션으로 변호사, 의사, 교수, 커리어 우먼과 같은 직업 종사자가 선호하는 스타일이다.

(4) 스노브(Snob) 감각

일류품지향의 패션 감각으로 고도로 세련된 도시적인 아름다움과 완벽한 엘레강스를 추구한다.

(5) 리치(Rich) 감각

최상의 가치를 추구하는 귀족취향의 패션 감각이다.

(6) 슈어(Sure) 감각

보편적 가치를 존중하는 안전지향의 패션 감각이다.

(7) 시크(Chic) 감각

① 고상과 세련미를 추구하는 패션 감각이다.

② 적당한 지성미에 모던하면서도 여성다운 우아함을 잃지 않는 균형감각, 하드하지 않고 소프트한 여유, 심플하며 절제적이면서도 완벽한 균형 등이 특징이다.

(8) 심플＆미니멀(Simple & Minimal) 감각

단순미와 최소지향의 패션 감각이다.

① 마이크로 룩(Micro Look)

극단적으로 길이를 최소화한 아이템을 코디네이트시킨 옷차림으로 옷을 작게 하는 극한에 도전한다는 모험정신이 깃들여 있다.

② 퓨리스트 룩(Purist Look)

㉠ 순수주의자란 의미로 성직자의 의복에서 이미지네이션된 패션이다.

㉡ 심플한 것, 노출부위를 최소화하고 인체의 곡선을 감춘 직선적이고 헐렁한 라인, 검정이나 회색이 가미된 수수하고 칙칙한 색이 특징이다.

8. 컨트리(Country) 미의식 계열에 속하는 감각

(1) 컨트리(Country) 감각

자유분방한 야성미를 추구하는 패션 감각(웨스턴·카우보이), 중산층의 대중 패션을 말한다.

① 아웃도어 룩(Outdoor Look)

아웃도어 라이프를 지향하는 패션, 등산, 낚시, 피크닉 등의 야외, 편안하고 기능적, 놀이에 적합한 실용성을 지닌 패션이다.

② 라이딩 룩(Riding Look)

귀족들이 승마를 할 때 입었던 옷에서 이미지네이션된 스타일이다.

③ 서바이벌 룩(Survival Look)

혹한이나 재해로부터 몸을 보호하고 기능과 실용성을 중요시하면서 세련미를 더한 스타일이다.

④ 사파리 룩(Safari Look)

식민지풍의 취미가 패션에 나타난 룩이다.

> 사파리 재킷의 특징
>
> 카키 · 베이지 · 흰색, 면이나 마혼방의 개버딘, 어깨에 에폴렛(Epaulet, 견장) 장식, 플랩 붙은 패치 포켓, 셔츠 칼라, 커프스 달린 셔츠 소매, 벨트, 인버티드 플리츠

⑤ 정글 룩(Jungle Look) : 애니멀 룩, 야생적인 섹스어필의 스타일이다.

⑥ 웨스턴 룩(Western Look)

서부개척 시대의 패션으로 카우보이 모드나 인디언 패션 테마가 자주 다루어지고 있다 (비즈 자수를 놓은 헤어밴드, 벨트, 브로치, 깃털장식, 모카신 슈즈 등).

(2) 프리미티브 감각

원시의 소박함을 추구하는 패션 감각이다.

(3) 에콜로지 감각

① 자연 그대로의 순수함을 추구하는 패션 감각이다.

② 트로피컬 룩(Tropical Look)

열대지방의 민속의상(선명한 색채, 야자수 무늬 등)에서 힌트를 얻은 패션이다.

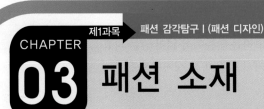
섬유의 종류와 특성

1. 피복재료의 종류와 특성

(1) 섬유(Fibers)

① **천연섬유(Natural Fibers)** : 직접 자연계에서 얻어지는 섬유
② **인조섬유(Man-made Fibers or Chemical Fibers)** : 화학공업에서 인공적으로 만들어 낸 섬유

(2) 실(Yarn, Thread)

① 섬유의 긴 집합체
② **얀(Yarn)** : 직물이나 편성물 등과 같이 섬유 제품의 원사로 사용되는 경우
③ **스레드(Thread)** : 원사를 2올 이상 합연해서 재봉사와 같은 2차적 제품이 된 경우

(3) 직물(Woven Fabric)

① 실을 직각으로 엮어서 만든 피륙으로 가장 많이 쓰이는 구성방법
② 교차방법을 변화시켜 여러 가지 무늬 생성
③ 보온 · 흡수 · 유연 · 탄력 등의 기능 함유

(4) 편성물(Knitted Fabric)

① 한 올 또는 여러 올의 실을 바늘로 고리를 만들어서 얽어 만든 피륙

② 함기량이 많고 유연하며 신축성이 커서 구김이 잘 생기지 않음

(5) 부직포(Non Woven Fabric)

섬유로 얇은 피막(皮膜)을 만들고 이 피막 상태의 섬유를 접착제 또는 열접착으로 접착시킨 것

(6) 축융(Felt)

양모 또는 양모와 다른 섬유와의 혼합섬유를 가온압축하(加溫壓縮下)에서 문지를 때, 양모의 축융성에 의해 섬유가 얽혀서 된 피륙

(7) 가죽 · 모피

동물의 피부나 털로부터 얻어진 것

2. 섬유의 분류

섬유는 크게 두 가지로 나뉘는데 동물의 털이나 식물 등 자연에서 얻어지는 것을 천연섬유라 하고, 인공적으로 만든 섬유를 인조섬유라 한다. 천연섬유는 그 원료와 성분에 따라 셀룰로오스 섬유, 단백질 섬유 등으로 나누어 구분한다. 인조섬유 중 자연에서 얻어진 목재펄프나 우유, 콩, 옥수수 등의 식용 단백질, 해조류 등을 화학용품에 용해시켜 화학방사과정을 거친 것을 재생섬유라 하고, 원료부터 화학적으로 중합하여 이를 화학방사한 것을 합성섬유라 한다. 이상의 섬유는 유기화합물을 원료로 하며, 그 밖에 천연광물이나 유리, 금속 등을 이용하여 만든 무기섬유가 있다.

(1) 천연섬유(Natural Fibers)

① 식물성(셀룰로오스, Cellulosic Fibers) 섬유

㉠ 종모섬유(종자에서 분리)

- 면 : 목화의 솜에서 채취하며 중국, 미국, 우즈베키스탄, 인도, 파키스탄 등이 주생산지이다.
- 케이폭 : 케이폭수의 열매를 싸고 있는 솜으로 가볍고 물에 젖지 않아 구명구, 이불 등을 만드는 데 쓰인다.

　　　ⓛ 인피섬유(삼의 줄기에서 분리)

　　　　• 아마 : 세계의 80%가 러시아에서 재배, 프랑스와 벨기에산이 최상품이다.

　　　　• 그 외 저마, 황마, 대마 등이 있다.

　　　ⓒ 엽맥섬유(삼의 잎에서 분리) : 마닐라마, 사이잘마(Sisal) 등이 있다.

　　　ⓔ 과실섬유(열매에서 분리) : 야자섬유가 있다.

　② 동물성(단백질, Protein Fibers) 섬유

　　　㉠ 견(Silk)섬유 : 가잠견(True Silk), 야잠견(Wild Silk)

　　　　• 누에가 고치를 만들기 위해 분비한 단백질 필라멘트로 만든 섬유이다.

　　　　• 아시아가 주생산국이나 이탈리아와 프랑스에 고품질 견직물 공장이 있다.

　　　ⓛ 양모(Wool)섬유 : 면양모(Sheep Wool), 산양모(Goat Wool)

　　　　• 양(Sheep)의 털(Fleece)이 원료이다.

　　　　• 양 이외의 동물섬유 역시 양모특수섬유(Wool-speciality Fiber)로 취급한다.

　　　　• 오스트레일리아, 뉴질랜드, 중국이 주생산지이다.

　　　ⓒ 헤어(Hair)섬유 : 염소, 낙타, 토끼 등의 동물의 털

　　　　• 캐시미어(Cashmere)는 산양의 털이 원료이며, 인도의 캐시미르 지방에서 유래되었다.

　　　　• 모헤어(Mohair) : 앙고라 산양 모헤어의 총칭이다.

　　　　• 낙타모(Camel's Hair) : 중앙 아시아의 사막에서 서식하는 쌍봉낙타로부터 저절로 탈락되는 털을 모은 섬유이다.

　③ 광물성 섬유

　　천연섬유 중 무기질로 이루어진 것이며 석면(Asbestos)이 대표적이다.

(2) 인조 / 화학섬유(Manmade, Manufactured/Chemical Fiber)

　① 재생섬유(Regenerated Cellulosics)

　　　㉠ 셀룰로오스 재생섬유

　　　　• 비스코스 레이온(Viscose Rayon)

　　　　　- 레이온이란 주로 비스코스 레이온을 의미한다.

　　　　　- 목재펄프 섬유소를 재생한 섬유이다.

　　　　　- 1989년 영국의 크로스, 베이바가 발명하였다.

　　　　• 고습강력 레이온(High-tenacity Rayon) : 결정성과 배향성을 향상시킨 레이온

　　　　• 구리암모늄 레이온(Cuprammonium Rayon)

　　　　　- 황산구리, 암모니아, 가성소다의 혼합용액에 셀룰로오스를 용해시켜 만든 레이온이다.

- 큐프라(Cupra) 또는 벰베르그(Bemberg)라고도 한다.

- 미국 Bemberg사의 상표이다.

© 단백질계 : 우유, 대두, 낙화생, 어육 등의 단백질에서 재생한다.

© 알긴산 : 해조류에서 재생한다.

② 고무섬유이다.

② 반합성 섬유(Semi-synthetic Fiber) : 아세테이트, 트리아세테이트

  ⊙ 아세테이트(Acetate) : 1951년 이후의 셀룰로오스 섬유로 펄프가 주원료이다.

  © 트리아세테이트(Tri Acetate) : 3초산 섬유소라고도 하며 Easy Care성을 주기 위해 아세테이트를 응용한 것이다.

  © 리오셀(Lyocell)

  - 텐셀(Tencel)사에 의해 생산된 용매방사 셀룰로오스 섬유이다.

  - 목재펄프가 주원료이다.

  - 환경에 유해한 용매방사 기술을 사용하여 제조되고 있다.

③ 합성섬유(Synthetic Fiber)

  ⊙ 축합중합체 섬유 : 분자간 결합시 작은 분자가 제거되는 축합반응으로 형성된다.

  - 폴리아미드(Polyamid Fiber) : 본격적으로 공업화된 최초의 합성섬유, 나일론은 1935년 미국 듀퐁(Dupont)사에서 개발한 폴리아미드 섬유의 상품명이다.

  - 폴리에스테르(Polyester Fiber)

    - 2차 대전 중 영국의 캐리코 프린터즈사가 발명하였다.

    - 1947년 영국의 CIC사가 Terylene이라는 상품명으로 대량생산하였다.

  - 폴리우레탄(Polyurethane) : 스판덱스(Spandex)라고 하며 라이크라(Lycra)는 1958년 미국의 듀퐁(Dupont)사에서 개발한 폴리우레탄계 섬유의 상품명이다.

  © 부가중합체 섬유 : 단위체를 직접 가하는 부가반응으로 형성된다.

  - 아크릴, 모드 아크릴(Mod Acrylic) : 1948년 미국의 듀퐁사가 오론(Orlon)이라는 이름으로 개발하였다.

  - 폴리염화비닐(Vinyon)

  - 폴리염화비닐리덴(Saran)

  - 폴리비닐리덴니트릴(Nytril)

  - 폴리사불화에틸렌

  - 올레핀(Olefin)

④ 무기섬유(Inorganic Fiber) : 유리섬유, 금속섬유, 세라믹(Ceramic)

⑶ 섬유의 성질

① 강도와 신도

㉠ 강도(인장 강도)

- 섬유를 길이방향으로 잡아당겼을 때 견디는 능력(일정한 길이의 직물을 한 끝에 고정시키고 다른 끝에 하중을 가하면서 끊어질 때까지 드는 힘, 즉 항장력을 나타낸다)
- 단위섬도에 대한 절단하중(g/d, g/tex)
- 실의 굵기와 꼬임, 직물의 밀도나 조직 등에 의해서 달라짐

㉡ 신도

- 섬유가 끊어질 때까지 늘어난 길이
- 백분율로 표시

㉢ 섬유 강신도 종류

- 건(乾) 강신도 : 건조한 상태에서의 강신도(일반적으로 표준상태인 온도 20±2℃, 습도 65%±2%RH에서 계측)
- 습윤(濕潤) 강신도 : 물에 침지한 습윤 상태에서의 강신도(섬유는 습윤시 처리 가공)

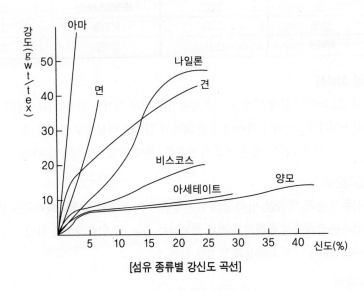

[섬유 종류별 강신도 곡선]

② 초기 탄성률

그림에서 보면 섬유의 인장 강신도 곡선은 원점 부근에서는 직선에 가까운 모양을 하고 있는데, 이때의 기울기를 초기 탄성률이라고 한다. 섬유의 강연성(뻣뻣함 & 유연함)과 연관이 있다.

㉠ 초기 탄성률이 큰 섬유 : 마 – 강직한 섬유

㉡ 초기 탄성률이 작은 섬유 : 양모, 나일론 – 유연한 섬유

③ 강인성

㉠ 섬유를 절단하는 데 필요한 에너지, 섬유의 내구성과 비례

㉡ 반복되는 마찰, 신장, 굴곡 등에 견뎌내는 성질

㉢ 섬유의 기계적 내구성은 항장력, 마모강도, 굴곡강도, 강인성 등으로 평가

[섬유의 강인성]

섬 유	강인성(g/d)	섬 유	강인성(g/d)
면	0.17	아세테이트	0.24
아 마	0.04	나일론	0.86
견	0.68	폴리에스테르	0.60
양 모	0.35	아크릴	0.53
레이온	0.21	올레핀	0.22

④ 탄성 회복성

㉠ 탄성 : 외부의 힘에 의해 늘어난 섬유가 본래의 길이로 회복하려는 성질

㉡ 탄성회복률 : 늘어난 길이에 대한 회복된 길이를 백분율로 표시한 것

㉢ 섬유의 레질리언스, 섬유 제품의 방추성, 형태 안정성에 영향을 미침

⑤ 레질리언스

㉠ 섬유가 굴곡, 비틀림, 압축 등의 힘을 받은 후에 원래의 상태로 회복되는 성질

㉡ 압축된 상태에서 원래의 두께로 회복되는 성능, 즉 압축탄성을 의미

㉢ 구성섬유의 탄성 회복률과 밀접한 관계

⑥ 내일광성

㉠ 섬유가 일광, 바람, 눈이나 비 등에 오랜 시간 노출될 때 견디는 성질

㉡ 일광에 가장 약한 섬유 : 견, 나일론

㉢ 일광에 중간 정도 약한 섬유 : 면, 레이온, 아세테이트

㉣ 일광에 비교적 우수한 섬유 : 폴리에스테르

㉤ 일광에 매우 우수한 섬유 : 아크릴

⑦ 드레이프성

㉠ 직물이 인체나 물체 위에 씌워졌을 때 3차원적으로 늘어지는 형상

㉡ 삼베로 만든 섬유제품은 잘 늘어지지 않고 견섬유는 유연하여 축 늘어짐

㉢ 섬유의 종류, 실의 구조, 직물의 조직 등에 영향을 받음

⑧ 비 중

㉠ 섬유제품의 무게는 섬유의 비중에 의해 좌우

㉡ 비중이 작을수록 무게가 가벼우나 비중이 극히 작으면 드레이프성과 세탁성이 저하

㉢ 섬유소 섬유(면, 마)는 비중이 높고 합성섬유(나일론 등)는 비중이 낮음

⑨ 내세탁성

섬유의 방오성(Soil Release Property), 내수성이나 유기용제에 대한 내성, 세제나 표백제 등과의 작용, 형태안정성, 변퇴색 등과 관련

⑩ 방적성

㉠ 실을 제조하기 위해 필요한 성질

㉡ 강도 1.5g/d 이상, 길이 5mm 이상이 되어야 방적이 가능

㉢ 포합성(抱合性 : 권축이나 표면마찰에 의해 얽히는 성질) 필요

⑪ 보온성

㉠ 의복이 외부로 열이 전달되는 것을 차단하여 체온이 유지되는 성질

㉡ 열전도율(열전달 능력을 표시하는 것으로 보온성과 반비례)에 의해 영향을 받음

• 합성섬유 : 열전도율이 높아서 외부기온이 낮을 때는 찬 느낌

• 양모, 견섬유 : 열전도율이 낮아서 따뜻한 느낌

㉢ 함기량(공기를 함유하고 있는 정도, 보온성과 비례)에 의해 영향을 받음

⑫ 흡습성

㉠ 섬유가 대기 중의 수분을 흡수하는 성질 : 섬유의 종류와 대기 중의 습도에 영향을 받음

㉡ 섬유의 화학적 조성과 내부구조에 의해 좌우

㉢ 흡습량은 수분율로 표시 : 수분율은 건조섬유 무게에 대한 섬유가 흡수하고 있는 물의 양을 백분율로 표시

수분율(%)=(섬유의 흡수량 / 건조섬유 무게)×100

⑬ 흡수성

　㉠ 섬유가 액체상태의 물을 흡수하는 성질

　㉡ 실이나 직물의 기하학적 구조에 영향을 받음

⑭ 투습성

　㉠ 수증기를 통과시키는 성질 : 단위시간에 단위면적의 직물을 통과하는 수분의 양으로 표시

　㉡ 직물구조, 함기율에 영향 : 밀도가 낮고 느슨한 조직일수록 투습성이 큼

⑮ 통기성

　㉠ 직물의 기공을 통해 공기가 투과할 수 있는 성질 : 보온성과 투습성에 영향을 미침(실의 모우는 공기투과에 큰 장애)

　㉡ 밀도와 두께가 작을수록 통기성이 좋음

　㉢ 여름에는 통기성이 높은 섬유가 시원함

⑯ 대전성

　㉠ 옷감이 서로 마찰하여 정전기가 발생하는 성질

　㉡ 정전기가 많이 발생하는 경우

　　• 흡습성이 낮은 섬유, 건조한 날씨

　　• 대전성과 흡습성은 반비례

　㉢ 문제점 : 인체에 쇼크, 불편한 착용감, 옷감의 태 변형, 먼지가 쉽게 달라붙어 쉽게 더러워짐

⑰ 내열성

　㉠ 외부로 가해진 열을 견디는 성질, 옷감의 용도나 관리방법을 결정

　㉡ 열에 의한 용융으로 제조되는 재생·합성섬유에 중요하게 고려되는 성질

　㉢ 천연섬유는 대체로 열에 안정적, 인조섬유는 열을 가해 다림질을 할 때 주의 필요

　㉣ 인조섬유는 융점 이하의 온도 이상에서 급격히 변형

　　• 융점 : 섬유가 녹는 점, 섬유가 액체상태로 변환

　　• 연화점 : 섬유의 변형이 급속히 일어나는 온도

⑱ 열가소성

　㉠ 외부에서 열과 수분을 가하여 변형·냉각시켰을 때 변형된 상태를 유지하는 성질

　㉡ 열고정

　　• 열 처리에 의한 형체 고정

　　• 인조섬유(트리아세테이트, 나일론, 폴리에스테르, 폴리프로필렌 등 소수성 섬유)는 좋은 열가소성을 가지므로 다림질이나 세탁에 의해 변형되지 않음

⑲ 내연성

　　㉠ 섬유의 연소와 관련된 성질이다.

　　㉡ 섬유의 내연성 평가

　　㉢ 아동복, 장난감, 특수 작업복, 실험복 외 실내 장식용 섬유에 적용

⑳ **염색성** : 섬유의 화학적 · 물리적 구성에 영향을 받음

　　㉠ 섬유의 화학적 구성 : 염료와 결합할 수 있는 원자단($-OH$, $-COOH$, $-NH_3$)을 가져야 함

　　㉡ 섬유의 물리적 구성 : 비결정 부분이 많을수록 염색성이 우수

㉑ **항미생물성** : 섬유가 미생물이나 해충 등의 침해를 받아 취하되는 성질

　　㉠ 단백질섬유(양모, 견) : 가장 침해를 많이 받는 섬유

　　㉡ 섬유소섬유(면, 마) : 단백질 섬유보다는 침해가 덜하지만 좀의 침해를 받음

　　㉢ 합성섬유

　　　　• 침해를 받지 않음

　　　　• 충해로부터 섬유를 보호하는 방법 : 온도와 습도가 낮은 곳에 흡습제와 함께 보관

㉒ **내약품성**

　　㉠ 식물성 섬유는 대체로 산에 약하고 알칼리에 강함

　　㉡ 합성섬유는 산과 알칼리에 대체로 강함

⑷ **섬유의 성질과 감별**

섬유의 성질을 살펴보기 위해 현미경으로 외양의 특징을 살펴볼 수 있으며, 연소시험으로 연소 상태, 냄새, 타고 남은 재의 모양을 확인한다. 또 용해도 시험을 통하여 섬유의 혼용률을 감별할 수 있다.

[섬유의 성질과 감별]

섬유의 종류		섬유의 성분	연소시험	용해도 시험
천연섬유	식물성 섬유 — 면	셀룰로오스	• 밝은 불꽃을 내며 빠르게 타고 잔염이 있다. • 종이 타는 냄새 • 부드러운 회색의 재	• 황산에 용해
	식물성 섬유 — 아마	셀룰로오스	• 밝은 불꽃을 내며 빠르게 타고 잔염이 있다. • 종이 타는 냄새 • 부드러운 회색의 재	• 황산에 용해
	동물성 섬유 — 양모	케라틴 (단백질)	• 천천히 지글거리며 탄다. • 머리카락 타는 냄새 • 검은색의 덩어리 재, 만지면 부스러짐	• 리튬 하이포클로라이트는 동물성 단백질을 용해 • 강한 알칼리는 양모를 용해
	동물성 섬유 — 견·정련	피브로인(단백질)	• 천천히 지글거리며 탄다. • 머리카락 타는 냄새 • 검은색의 덩어리 재, 만지면 부스러짐	• 리튬 하이포클로라이트는 동물성 단백질을 용해 • 황산에 용해
인조섬유	재생섬유 — 비스코스·모달	재생 셀룰로오스	• 밝은 불꽃을 내며 빠르게 타고 잔염이 있다. • 종이 타는 냄새 • 적은 양의 백색재	• 황산에 용해 • 비스코스는 염산에 의한 손상
	재생섬유 — 아세테이트	셀룰로오스 아세테이트	• 타면서 녹아 떨어져 나간다. • 자극성의 식초냄새 • 딱딱한 재	• 아세테이트는 아세톤과 초산에 용해 • 트리아세테이트는 디클로로메틴에 용해
	합성섬유 — 폴리에스테르	폴리 (에틸렌테레프탈레이트)	• 용융하면서 검은연기와 함께 연소 • 달콤한 냄새 • 단단한 흑갈색의 재	• 디클로로벤젠과 황산에 용해
	합성섬유 — 나일론	폴리 아미드	• 용융하면서 서서히 연소 • 아미드의 독특한 냄새 • 단단하고 밝은 갈색의 재	• 개미산과 염산에 용해
	합성섬유 — 아크릴	폴리 아크릴 로니트릴	• 수축하고 용융하면서 연소 • 독특한 독한 냄새 • 부스러지기 쉬운 불규칙한 검은 덩어리 재	• 디메틸포름아미드와 질산에 용해
	합성섬유 — 폴리프로필렌	폴리 프로필렌	• 용융하면서 서서히 연소 • 파라핀 냄새 • 덩어리 모양의 단단한 회색의 재	• 사이롤에 용해
	합성섬유 — 폴리우레탄	폴리 우레탄	• 녹으면서 타고 불꽃을 멀리하면 꺼진다. • 약간의 독한 독특한 냄새 • 접착성이 있는 고무와 같은 상태의 덩어리 재	• 사이클로헥사놀과 디클로로벤젠에 용해

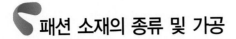

패션 소재의 종류 및 가공

1. 직물(Woven)의 구조

경사(Warp Yarn)와 위사(Weft Yarn)가 직각으로 교차하여 만들어진 길이와 폭을 가진 원단의 형태로 되는 것을 말한다. 직물의 성질은 실의 종류 또는 직물조직에 따라 다양하게 변화되어 독특한 특징을 만들어낸다.

(1) 직물에 관한 용어

① 직물의 올 방향(Grain)

　㉠ 직물에서 올 방향은 매우 중요하다.

　㉡ 보통 옷의 몸판은 경사/식서방향(Warp/Lengthwise Grain)으로 재단을 하지만 디자인의 특성을 고려하여 위사방향(Weft/Crosswise Grain), 바이어스 방향(Bias Grain) 등으로 재단하기도 한다.

　㉢ 원단의 올 방향은 재단시 중요하게 점검해야 할 사항이다.

② 식서/변(Selvage)

직물 좌우 양쪽의 1/2인치 정도 폭의 단단한 부분을 변(Selvage)이라고 한다.

③ 폭(Width)

　㉠ 직물의 폭은 용도와 특징에 따라 정해져 있다.

　㉡ 직물 폭의 크기에 따라 광폭직물, 대폭직물, 소폭직물, 세폭직물 등으로 구분된다.

　　• 대폭직물 : 56~60인치로 모직물 및 수출용 직물 등으로 제직
　　• 소폭직물 : 36~44인치로 내수 직물용으로 제직
　　• 세폭직물 : 특수용도로 테이프, 레이스 등

④ 밀도(Density)

일반적으로 경사와 위사의 1인치당 실의 가닥수를 말한다.

⑤ 중량(Weight)

　㉠ 직물의 단위 면적당의 무게를 나타낸다.

　㉡ 직물의 중량은 1㎡당 직물의 무게를 그램(g)으로 표기한다.

　㉢ 데님 직물과 모직물은 1yd당 무게를 온스(oz)로 나타내기도 한다.

(2) 직물조직의 종류

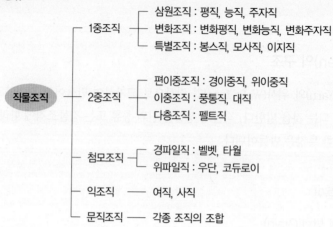

직물조직
- 1중조직
  - 삼원조직 : 평직, 능직, 주자직
  - 변화조직 : 변화평직, 변화능직, 변화주자직
  - 특별조직 : 봉스직, 모사직, 이지직
- 2중조직
  - 편이중조직 : 경이중직, 위이중직
  - 이중조직 : 풍통직, 대직
  - 다층조직 : 펠트직
- 첨모조직
  - 경파일직 : 벨벳, 타월
  - 위파일직 : 우단, 코듀로이
- 익조직 ── 여직, 사직
- 문직조직 ── 각종 조직의 조합

(3) 직물의 삼원조직

직물의 조직은 원단 안에서 실을 어떻게 배열했는지, 즉 경사와 위사가 교차하는 방법을 의미하는 것으로 직물의 기본 조직에는 평직·능직·주자직이 있으며, 이를 직물의 삼원조직이라 한다. 직물이란 이러한 삼원조직의 변화와 혼합으로 이루어진다.

조직도는 경사와 위사의 교차상태를 도식화한 것으로 조직도의 세로실은 경사, 가로실은 위사를 나타내고 방안지의 여백은 경·위사가 겹쳐지는 점을 나타낸다. 일반적으로 ■ 또는 ×로 표기하고 위사가 경사의 위에 있을 때는 백색으로 남겨 놓는다.

① 평직(Plain Weave)

㉠ 평직의 특징

- 평직은 가장 간단하고 보편적인 조직으로, 위사가 경사의 위와 아래를 한 올씩 교대하면서 통과한다.
- 경사와 위사의 교차점이 가장 많다.
- 외관이 단조롭고 구김이 쉽게 생기는 단점이 있다.
- 표면과 이면이 같고 바닥이 튼튼하여 실용적인 직물로 적합한 조직이다.

㉡ 평직물의 종류 : 광목, 옥양목, 포플린(Poplin), 머슬린(Muslin), 브로드크로스(Broadcloth), 보일(Voile), 트로피컬(Tropical), 태피터(Taffeta), 캘리코(Calico), 샴브레이(Chambray), 깅엄(Gingham) 등이 있다.

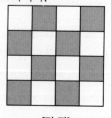

[평 직]

② 능직(Twill Weave)

　㉠ 능직의 특징

　　• 위사는 경사 2올을 건너뛰어 원단 표면에 비스듬한 골(사선반향의 선)이 나타난다.

　　• 사문직이라고도 하며 능선의 방향에 따라 좌능직과 우능직으로 구분한다.

　　　– 좌능직 : 오른쪽 아래에서 왼쪽 위로 능선이 나타나는 것

　　　– 우능직 : 왼쪽 아래에서 오른쪽 위로 능선이 나타나는 것

　　• 능직은 매우 견고하여 마찰에 잘 견딘다.

　　• 능선각이 급할수록 내구성이 좋다.

　　• 능직은 분수로 조직을 표시하는데 경사가 위사 위로 올라온 것을 분자로 하고 내려 간 것을 분모로 한다(2/1, 2/2, 3/1 등).

　　• 조직점이 평직보다 적어 유연하며 내구성, 드레이프성, 레질리언스가 좋고 실의 밀 도를 크게 할 수 있고 두께감이 있는 직물을 만들 수 있다.

　　• 평직 다음으로 많이 사용된다.

　㉡ 능직물의 종류 : 서지(Serge), 개버딘(Garbardine), 데님(Denim), 치노(Chino), 트윌 (Twill), 헤링본(Herringbone), 하운드 투스(Hounds Tooth), 글렌 플레이드(Glen Plaid) 등이 있다.

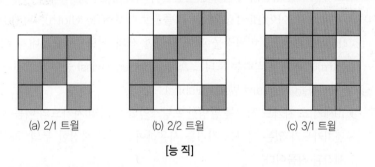

(a) 2/1 트윌　　　　(b) 2/2 트윌　　　　(c) 3/1 트윌

[능 직]

③ 수자직(Satin Weave, 주자직)

　㉠ 수자직의 특징

　　• 직물 표면에 경사나 위사만 드러나게 짠 직물을 말한다.

　　• 경사가 많이 나타나는 것을 경수자직, 위사가 많이 나타나는 것을 위수자직이라 한다.

　　• 수자직은 삼원직물 중 직물촉감이 부드럽고 광택이 많이 있으며, 실 사이에 공간이 없어 두꺼운 겨울용 소재로 많이 사용된다.

　　• 내구력이 약해 표면 손상이 우려되는 조직으로 견과 유사한 직물은 수자직이 많다.

　　• 수자직 원단을 수자직(Satin)이라고 부르며, 단섬유로 만든 수자직을 Sateen직이라 부른다.

ⓛ 수자직물의 종류 : 베니션(Venetian), 새틴(Satin), 목공단, 도우스킨(Doeskin) 등이 있다.

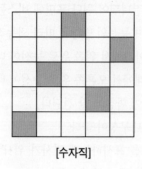

[수자직]

⑷ 문직물, 이중직물, 파일직물, 사직과 여직

① 문직물

직물에 무늬를 표현하고자 하는 직물로 기본조직의 교차법을 변화시켜 구조상의 무늬가 생기게 한 직물로 도비직물과 자카드 직물이 있다.

ㄱ 도비직물(Dobby Weave Fabric)

- 도비 직기를 사용하여 비교적 간단한 무늬를 놓은 직물이다.
- 종류 : 버즈아이(Bird's Eye), 와플클로스(Waffle Cloth), 피케(Pique), 하니콤 (Honey Comb), 바탕직물 위에 다양한 색의 실로 무늬를 내기 위해 덧사(Extra Yarn)를 써서 제직하는 도티드 스위스(Dotted Swiss) 등이 포함된다.

ㄴ 자카드 직물(Jacquard Weave Fabric)

- 19세기 초 자카드 직기를 발명한 프랑스인 조셉 마리 자카드의 이름에서 유래하였다.
- 펀치카드가 있는 자카드 직기를 사용하여 크거나 복잡한 무늬, 곡선무늬가 나도록 제직된 직물이다.
- 종류 : 다마스크(Damask), 브로케이드(Brocade), 태피스트리(Tapestry) 등이 있다.

② 이중직물(Double Weave Fabric)

일반 직물은 경·위사가 한 겹으로 교차되어 있으나 이중직은 경·위 어느 한쪽 또는 양 쪽이 모두 이중으로 교차되도록 제직한다.

ㄱ 경이중직 : 경사가 이중으로 되고 위사가 한 겹으로 교차된 것

ㄴ 위이중직 : 위사가 이중으로 되고 경사가 한 겹으로 교차된 것

ㄷ 이중직

- 보온성이 뛰어난 두 겹의 직물
- 두꺼운 직물, 양면직물
- 표면이 무지이고 뒷면이 격자무늬로 된 양면의 코트 직물 등을 짜는 것으로 응용

③ 첨모직물 / 파일직물(Pile Weave Fabric)

직물 표면을 덮고 있는 부드러운 입모(立毛)나 루프(고리)를 말하는 것으로, 파일조직에는 위사가 파일로 되는 위파일 조직과 경사가 파일로 되는 경파일 조직의 두 종류가 있다. 파일형태는 털이 심어져 있는 컷 파일(Cut Pile)과 고리형태로 심어져 있는 루프 파일(Loop Pile)이 있는데, 보온성·단열성·흡음성·내마모성이 우수하고 촉감이 부드럽다.

㉠ 경파일직물
   - 경사 속에 파일사를 넣고 제직하여 직물 표면에 파일 효과를 나타낸 것
   - 제직방법 : 철사법, 이중직물법, 경사장력법 등
   - 종류 : 벨벳, 벨루어, 플러쉬 등
㉡ 위파일직물
   - 경·위사 방향에 파일사를 넣어 제직한 후 자르거나, 타월과 같이 루프를 이용하는 방법
   - 바닥위사, 파일위사와 바닥경사로 이루어진 위이중직의 일종
   - 섬유 조직이 솟아 있어 눌러보면 푹신한 느낌을 줌
   - 손으로 쓸면 기모의 방향에 따라 색이 다르게 보이기도 함
   - 파일 특성상 정전기 발생이 많음
   - 종류 : 우단과 코듀로이 등
     – 우단(Velveteen) : 비로드(Veludo) 또는 우단(羽緞), 파일의 길이가 일정하게 분포
     – 코듀로이(Corduroy) : 파일의 길이를 다르게 하여 골이 지게 한 것
㉢ 터프트 파일직물
   - 바닥포를 제직한 후 바늘을 이용하여 파일을 심은 직물
   - 두껍고 탄력성이 있음
   - 종류 : 카펫, 의자커버, 방한용 복지 등
㉣ 플로크 파일직물
   - 접착제를 바른 바탕직물에 짧게 자른 섬유를 수직으로 붙여 만든 직물
   - 종류 : 모자, 구두, 가방, 공업용으로는 단열재, 필터 등

④ 사직과 여직
㉠ 사직(Plain Guaze)
   - 사직은 이조직의 하나, 일반직물은 경사가 평행으로 배열되면서 위사와 교차하나, 사직은 두 가지 경사가 있어 위사와 교차해서 얽어매고 있는 구조
   - 종류 : 갑사, 숙고사 등

ⓛ 여직(Fancy Gauze)
- 위사 세 올 또는 그 이상의 올을 얽어매는 형식, 경사는 위사와 평직으로 교차하면 서 그룹으로 얽어 매지게 된다(평직과 사직을 배합한 것)
- 얄팍하고 결이 촘촘한 직물
- 종류 : 고사, 항라 등

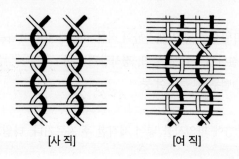

[사 직]   [여 직]

⑤ 직물의 구분방법

① 경사와 위사의 구분방법

경사와 위사의 구분은 직물을 분해하는 데 매우 중요하다. 경·위사를 구분할 때는 밀도, 무늬방향, 기모방향 등의 상태를 보고 판별한다.

ⓐ 직물에 식서(Selvage, 변)이 있을 때는 식서방향이 경사방향

ⓛ 직물의 밀도가 높은 쪽이 경사

ⓒ 스트라이프(Stripe)가 있으면 스트라이프 방향이 경사

ⓔ 교직물인 경우 잘 늘어나지 않는 쪽이 경사

ⓜ 체크 무늬가 있으면 색사배열이 많은 쪽이 경사, 색사배열도 같으면 사각형의 변이 긴 쪽이 경사

ⓗ 직물을 투시하여 바디의 흔적이 있는 방향이 경사

ⓢ 단사와 합연사의 교직은 합연사 방향이 경사

ⓞ 밀링물의 경우 털이 누운 방향이 경사

② 직물의 표면과 이면 구분법

직물의 표면은 직물의 조직, 원료의 종류, 실의 배열상태, 염색 상태, 무늬, 색상, 가공 상태를 보고 정해야 한다.

ⓐ 식서위치에 품명, 기타의 표식이 있는 방향이 표면

ⓛ 선염의 경우 무늬가 뚜렷하게 나타나는 쪽이 표면

ⓒ 잔털이 적고 깨끗한 쪽이 표면

㉣ 선명한 색상이 있는 쪽이 표면

㉤ 기모, 샌딩(Sanding)을 처리한 경우 잔털이 고르게 일어난 쪽이 표면

㉥ 열처리의 핀자국이 돌출된 쪽이 표면

㉦ 모직물의 경우 광택이 많은 쪽이 표면

2. 편성물(니트, Knit)

편성물은 메리야스 또는 니트(Knit)라고 하며 한 올 또는 두 올 이상의 실로 고리(Loop)를 만들고 그 고리에 새로운 고리를 반복 연결시켜 만든 피륙을 말한다. 형성하는 루프의 배열 방법에 따라 위편과 경편으로 나누어지며 위편은 횡편(Flat Knitting)과 환편(Circular Knitting/다이마루)으로 분류된다. 편성물의 세로방향을 웨일(Wale), 가로방향을 코스(Course)라고 한다.

(1) 편성물의 짜임을 표시하는 단위

① 게이지(Gauge) : 단위 길이당 바늘의 수

② 편성물의 종류에 따라 기준이 되는 단위길이가 다르다.
  ㉠ 위편성물 : 1.5인치당 바늘의 수
  ㉡ 환편, 경편 트리코트 : 1인치당 바늘의 수
  ㉢ 라셀 : 2인치당 바늘의 수

(2) 편성물의 조직

① 위편성물

니트에서 V자형의 코가 상하로 나타난 줄을 웨일(Wale)이라 하고 반원형의 코가 좌우로 나타난 줄을 코스(Course)라고 한다. 코의 연결 방식에 따라 평편, 고무편, 펄편, 양면편 등이 있다. 또, 수편과 기계편으로 나뉘어진다.
  ㉠ 평편(Plain, Jersey Stitch)
    • 편성물의 가장 기본적인 조직으로 표면에는 웨일, 이면에는 코스만이 나타나 표면과 이면의 구분이 분명하다.
    • 편침이 한 줄인 편기에서 편성되므로 싱글 저지(Single Jersey) 또는 수편시에는 메리야스편이라고도 한다.

• 용도 : 대부분의 양말, 스웨터, 셔츠 등

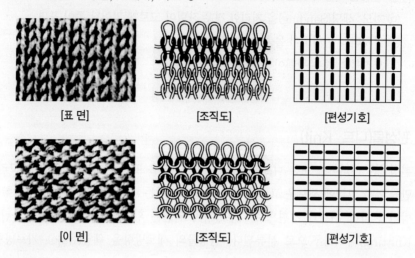

[표 면]   [조직도]   [편성기호]

[이 면]   [조직도]   [편성기호]

Ⓛ 고무편(Rib Stitch)

• 줄(웨일)이 표리에 교대로 나타나 1×1 리브편이 원편조직이다.

• 코스 방향으로 신축성이 크다.

• 용도 : 스웨터, 셔츠의 목 아랫단, 장갑의 손목 부분 등이 있다.

[고무편]   [조직도]   [편성기호]

Ⓒ 펄편(Purl Stitch)

• 평편 조직의 표면과 이면의 편환(Stitch)을 1코스마다 차례로 바꾸어 나타낸 것과 같은 조직이다.

• 2×2 펄편이 있으며, 앞면과 뒷면의 구별이 없다.

• 단 끝이 말리지 않으며, 웨일 방향(길이방향)의 신축성이 매우 크고 보온성이 우수 하다.

• 용도 : 유아복, 목도리 등이 있다.

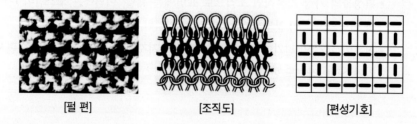

[펄 편]   [조직도]   [편성기호]

ㄹ 양면편(Interlock Stitch)
- 원형 리브편기로 편성하며 두 개의 1×1 고무편을 복합한 것이다.
- 표리 모두 1×1 고무편과 같은 형태이다.
- 다른 편성물에 비해 표면이 매끄럽고 조직이 치밀하며 신축성이 적은 특징이 있다.
- 재단과 봉제가 쉽고 직물에 비해 구김이 적고 취급이 용이하다.
- 용도 : 양복, 코트, 셔츠, 수영복 등이 있다.

② 경편성물
다수의 경사가 교대로 좌우의 경사와 얽혀져 사선방향으로 지그재그형의 코를 만드는 것으로, 모든 바늘이 동시에 코를 만들어 편성 속도가 매우 빠르다. 트리코, 라셀 등이 있다.
㉠ 트리코(Tricot)
- 경편조직 중에서 가장 간단하면서도 기본적인 조직이다.
- 겉면에 수직방향의 줄이 나타나고 이면에는 수평방향의 줄이 나타난다.
- 다공성이며, 투습성과 통기성이 크고 부드럽고 전선과 구김이 없다.
- 용도 : 란제리, 블라우스, 셔츠, 스포츠웨어의 안감 등이 있다.
㉡ 라셀(Raschel)
- 라셀 편성기에서 생산된 편성물이다.
- 다양한 실을 사용하여 얇고 다공성인 망과 레이스로부터 두꺼운 모포, 카펫까지 다양한 편성물이 가능하다.
- 밀라니즈(Milanese)이다.
- 2개의 가이드 바로 이루어져 있으며 1개 가이드 바는 오른쪽에서 왼쪽으로, 다른 1개는 왼쪽에서 오른쪽으로 움직이면서 대각선 방향으로 교차된다.
- 용도 : 레이스, 란제리, 장갑 등이 있다.

(3) 편성물의 특징

① 편성물의 일반적 특징
㉠ 자유로운 신축성
- 니트 제품은 고리로 구성되어 섬유와 실의 움직임이 자유로워 외력에 의해 다양한 모양으로 변형이 가능하다.
- 편성물의 신도는 40~200%로 일반직물의 신도(10~20%)보다 크므로 활동이 자유롭고 편안한 의복을 만들 수 있다.
- 특히 위편성물은 매우 큰 신축성을 나타낸다.

    ⓛ 함기성

- 니트용 실은 직물에 사용되는 실에 비해 꼬임이 적어 자유자재의 굴곡이 가능하므로 다공성을 지닌다.
- 구조의 특성상 편성물의 함기율은 80% 이상으로 일반직물의 함기율(50~70%)보다 크므로 보온성, 투습성, 통기성이 우수하다.

    ⓒ 자유 성형성

- 스웨터(Sweater), 장갑, 양말 등과 같이 원하는 모양으로 직접 편성하는 풀 패션(Full Fashion)이 가능하다.
- 저지(Jersey)와 같이 일반 직물처럼 재단하고 봉제(Cut & Sew)할 수 있는 원단으로도 성형이 가능하다.

    ⓔ 필링과 보풀 : 섬유나 실이 편물로부터 빠져 나와서 필이나 보풀이 생기게 되는 원인이 된다.

- 섬유의 마찰계수가 낮거나 실의 꼬임이 적어서 섬유 간의 마찰저항이 적고, 직물의 조직점이 적어서 실의 자유도가 크기 때문이다.
- 세탁시의 강한 마찰이나 교반 등의 기계적인 힘은 필링과 보풀의 원인이 된다.

② 위편성물의 특징

    ㉠ 전선 · 휘말림 · 낮은 내마찰성

- 전선((Laddering or Run) : 니트류는 한 코가 끊어지면 사다리꼴로 계속 풀린다.
- 휘말림(Curl-up) : 위편성물은 표면과 이면의 장력이 서로 달라 가장자리가 휘말린다.

    ㉡ 형태안정성이 낮다.

    ㉢ 다공성으로 인해 일반 직물보다 피복력이 낮다.

    ㉣ 웨일(길이) 방향과 코스(폭) 방향 모두 신축성이 높으나 코스 방향이 더 우수하다.

③ 경편성물의 특징

    ㉠ 전선(Laddering or Run)이 일어나지 않는다.

    ㉡ 컬업(Curl-up)이 생기지 않아 재단과 봉제가 쉽다.

    ㉢ 편성속도가 빨라서 생산성이 높다.

    ㉣ 길이방향의 신축성이 거의 없다.

3. 펠트와 부직포

(1) 펠트(Felt)

양모 또는 양모와 다른 섬유와의 혼합섬유를 가온압축하(加溫壓縮下)에서 문지를 때, 양모
의 축융성에 의해 섬유가 얽혀서 된 매트 상태의 피륙을 말한다.

① 제조방법

　ㄱ 모섬유를 세척 후 카드에 통과시켜 랩(Lap)을 형성시킨다.

　ㄴ 랩을 원하는 두께에 따라 섬유방향이 직각이 되게 겹친다.

　ㄷ 두께를 형성한 랩을 수분과 함께 열과 압력을 가하면서 마찰을 일으킨다.

　ㄹ 얽힌 섬유의 축융효과를 높이기 위해 산, 비누액을 가한다.

　ㅁ 표면의 축융된 털을 정리하여 완성한다.

② 특 징

　ㄱ 압축에 대한 탄력성, 보온성, 흡습성이 우수하다.

　ㄴ 가장자리가 풀리지 않는 장점이 있어 수공예 재료로 사용된다.

　ㄷ 탄성이 크고, 충격흡수, 흡음, 단열성으로 산업용의 보온재, 흡습제, 절연제, 충전재
　　등으로 사용된다.

　ㄹ 단점 : 인장이나 마찰에는 약하고 신축성이 없으며, 뻣뻣하고 드레이프성이 부족하다.

　ㅁ 의류용으로는 모자, 장식 등으로 사용하나 용도는 한정되어 있다.

(2) 부직포(Non-woven Fabric / Fiber Web)

섬유에서 실의 공정을 거치지 않고 접착제, 용융접착 또는 기계적(물리적) 방법에 의하여
시트상으로 부착한 것이다.

① 제조방법

　ㄱ 섬유 준비공정

　ㄴ 웹(Wep)의 형성공정

　　• 단섬유(스테이플)로 웹을 형성하는 방법으로 건식공정과 습식공정이 있다.

　　• 장섬유(필라멘트)로 웹을 형성하는 방법으로 스펀 본드(Spun Bond)법과 스펀 레이
　　　스(Spun Lace)법이 있다.

　ㄷ 웹(Wep)의 접합공정

　　• 화학적 방법 : 웹에 접착제를 가한 후 열로 고착시키는 방법이다.

- 용융접착 : 열가소성을 지닌 합성섬유를 용융시켜 부직포를 형성한다.
  - 폴리프로필렌은 용융점이 낮아 단독으로 사용한다.
  - 폴리에스테르는 용융점이 높아 염화비닐이나 폴리프로필렌과 혼방한다.
- 물리적 방법 : 접착식보다 유연한 부직포를 얻을 수 있다.
  - 니들 펀치(Needle Punch)법 : 바늘로 실을 엉키게 하는 방법이다.
  - 스티치 본드(Stitch Bond)법 : 웹을 실로 스티치하여 형성하는 방법이다.

② 특 징

　㉠ 다공성(多孔性)으로 방향성이 없어 치수안정성, 형태안정성이 좋다.

　㉡ 가볍고 보온성이 좋으며 통기성, 내습성도 좋다.

　㉢ 직물이나 편물처럼 풀리지 않기 때문에 재단이 용이해서 심지(Interfacing)로 사용한다(전사용량의 70~80%).

　㉣ 단점은 드레이프성이 부족하고 필(Pill)이 생기기 쉬우며 인장, 인열, 마모강도가 작다.

　㉤ 간이복, 수술복, 실험복, 손수건, 페이퍼티슈 등 1회용으로 사용한다.

　㉥ 테이블크로스, 벽지 등의 가정용과 절연재, 충전재 등의 산업용으로도 사용한다.

4. 신소재 직물(기능성 직물)

(1) 초극세섬유(Ultra Fine Fiber)

① 초극세사의 굵기 : 0.1~0.5μm 정도

　㉠ 섬유가 가늘어질수록 직물은 유연하게 되고 부드러운 촉감과 은은한 광택을 지닌다.

　㉡ 표면적이 커지기 때문에 흡수성 및 흡유성이 증가된다.

　㉢ 세척성, 치밀성, 우수한 열차단성의 기능을 가진다.

② 투습 · 방수, 발수 직물

　㉠ 초극세섬유를 사용하여 고밀도로 제직 : 직물 표면은 미세하고, 균일한 요철구조 외부의 물방울(100μm)은 굴러 떨어진다. 또, 체내에서 발산되는 땀과 수증기는 방출된다.

　　→ 쾌적한 상태 유지

　㉡ 고어텍스(Gore-tex)

- 구 조
  - 피막(고어텍스 멤브레인)은 1평방인치당 90억 개의 미세기공이 있다.
  - 기공의 크기는 물 분자보다 20,000배 작고, 수증기분자보다 700배 크다.
  - 땀(수증기)은 투습이 되고, 빗방울은 침투하지 못한다.

- 기 능
    - 완벽한 방수성, 뛰어난 투습성, 방풍성, 방한성
    - 내오염성, 내구성
    - 봉제선에 Tape 처리(Seam Sealing 기법)를 하여 완전방수 실현
    - 방수가 일반 라미네이팅 코팅 소재보다 20배 우수
- 용도 : 레저, 스포츠웨어(등산복, 스키복, 운동복, 골프웨어), 오리털 파카, 레인코트 등

ⓒ 필름 라미네이팅, 코팅 직물 : 폴리우레탄, 실리콘 등 미세기공의 피막을 직물표면에 도포하여 만든 직물이다.

③ 인조 스웨이드

ⓐ 극세 섬유로 부직포 또는 직물이나 편성물을 만든 후, 폴리우레탄 수지를 코팅하여 표면을 사포로 기모한 것이다.

ⓑ 가죽의 내면을 기모한 천연 스웨이드(일명 쎄무)와 거의 유사한 구조를 갖게 된다.

ⓒ 장 점
- 외관과 촉감이 천연 스웨이드와 비슷하다.
- 통기성과 투습성이 좋다.
- 가볍고, 냄새가 없으며 물세탁이 가능하여 관리가 편하다.

(2) 이형 단면섬유

① 구 조

특수원사 단면 제어 기술을 적용한 이형 단면사로, 4개의 모세관이 수분의 이동을 빠르게 진행시킨다.

② 천연섬유보다 빠른 흡수 및 건조가 가능한 흡한 속건 기능성 소재

ⓐ 뛰어난 땀의 흡수 및 발산 기능

ⓑ 일반 원단 대비 20% 이상 넓은 표면적으로 수분을 빠르게 증발시켜 쾌적한 상태 유지 (옷이 몸에 달라붙지 않게 해 준다)

③ 면, 레이온, 아크릴 등의 섬유와 혼방 용이

④ 특징 : 취급용이성, 경량감

⑤ 종 류

쿨맥스(Coolmax, 미국 듀퐁사 개발), 에어로쿨(Aerocool, 효성), 에어로실버(Aerosilver, 효성), 쿨론(Coolon, 코오롱) 등

(3) 빛을 이용한 신소재

① 카멜레온(Cameleon) 섬유

ⓐ 감온 변색 색소를 마이크로 캡슐에 봉입한 후 수지와 함께 직물에 도포

ⓑ 빛이나 온도에 따라 색상이 변하는 섬유

ⓒ 레저 · 스포츠웨어, 패션 상품으로 사용

② 축광섬유

ⓐ 빛을 차단시킨 상태에서도 빛 에너지를 서서히 방출하여 오랫동안 발광할 뿐만 아니라 몇 초 동안 빛을 비춰 주면 특수 안료층이 활성화되어 빛 에너지를 축적하여 다시 축광이 가능한 섬유

ⓑ 용 도 : 아동용 침실의 커튼, 야간 안전복 등에 사용

③ 재귀반사섬유

ⓐ 직물표면에 반사 성능이 큰 유리구슬 등의 반사재를 도포시켜 어둠 속에서의 가시거리를 높인 섬유

ⓑ 용 도

- 스포츠웨어, 야간작업복, 완장, 환경 미화원복 등 안전을 도모
- 무대의상, 클럽웨어 등

④ 자외선 차단소재

ⓐ 지나친 양의 자외선은 피부를 노화시키거나 면역기능을 저하시키므로 산란제나 자외선 흡수제를 사용하여 유해 자외선을 차단

ⓑ 용도 : 티셔츠, 양산, 모자, 텐트지, 파라솔, 커튼, 야외 운동복, 스키웨어 등에 사용

(4) 전자파 차단섬유

① 금속판, 금속망, 탄소섬유 등을 이용

② 각종 전자제품(전자렌지, 컴퓨터, TV 등)으로부터 발생되는 유해 전자파(인체의 면역을 저하, 세포로부터 칼슘유실, 임신초기의 유산과 이상출산, 폐암, 피로, 불면, 두통, 생리불순 등을 유발) 차단

③ 용도 : 아동복, 임산부용 거들, 전자파 보호 앞치마 등

(5) 축열보온섬유

① 알루미늄이나 세라믹을 이용한 원적외선(파장범위 4,000~1,000,000mm의 전자파) 방사 소재

② 세라믹을 섬유내부에 혼합 방사하면 태양광을 흡수하여 빛 에너지를 열에너지로 전환시키고, 인체에서 발생하는 원적외선의 방열을 차단시키는 2중의 축열효과를 갖는다.

③ **용도** : 극한 추위에 견디어야 할 작업복, 방한복 등

(6) 방향, 항균 소취섬유

① 방향(향기)섬유

ⓐ 향기가 나는 섬유

ⓑ 방향성 약제가 들어 있는 무수한 마이크로 캡슐(Microcapsule)을 섬유에 도포하는 방법으로 마찰에 의해 캡슐이 점차적으로 파괴되어 향기 발생

ⓒ 향성분을 섬유의 중공 부분에 넣어서 방출시키는 방법

ⓓ 아로마향은 다이어트, 지방 분해에 효과적

ⓔ 로즈마리향은 정신 집중력 증대, 신경이완에 효과적

② 항균소취섬유

ⓐ 미생물 번식을 억제해 주고 불쾌한 악취를 제거하여 쾌적한 환경을 유지시켜 주는 섬유

ⓑ 항균(균을 억제) → 정균(균을 정리정돈) → 제균(균의 숫자를 줄이는 것) → 살균(균을 없애는 것)

ⓒ 섬유 내에 혼입된 바이오 세라믹과 은(Silver, Ag)이온에 의해 항균, 방취 기능 발현

ⓓ 항균 가공제와 소취 가공제를 방사원액에 혼합 방사하거나 후가공에 의해 기능이 부여

ⓔ 대나무의 항균, 소취 효과와 키틴, 키토산을 이용한 항균, 방취가공

- 키토산 : 새우, 게와 같은 갑각류에 함유되어 있는 성분으로 중금속을 파괴하고 세균을 억제시키는 항균 기능 함유
- 안티 박테리아(Anti-bacterial) : 인체에 유해한 황색 포도상 구균과 폐렴균 등을 살균시켜 인체의 면역 기능을 강화시키고 땀 냄새와 악취를 제거함으로써 항상 쾌적한 상태를 유지

(7) 자동온도 조절섬유

PCM이라는 상변환 물질로 인해 체온과 주위의 온도 변화에 따라 자동으로 열을 흡수하거나 방출해 몸의 온도를 항상 일정하게 유지시켜 주는 기능을 갖는 섬유

(8) 제전성, 도전성 섬유

① 마찰에 의해 발생되는 정전기를 억제시킨 섬유

② 제전방법

㉠ 제전제를 침투 또는 표면에 부착시키는 방법

㉡ 도전성 섬유를 이용하는 방법

⑼ 방오성 섬유

① 소수성인 합성섬유가 쉽게 오염되는 단점을 개선한 섬유

② **가공방법** : 오염이 부착하기 어렵게 만드는 가공, 오염이 쉽게 떨어지게 하는 가공방법

5. 직물의 가공

⑴ 직물가공의 개념

① 가공이란 섬유제품의 외관과 기능을 향상시키기 위한 화학적 혹은 물리적 처리를 하는 것

② 가공은 다양한 화학적 또는 기계적 공정단계의 조합

③ **가공의 목적**

직물의 용도에 따라 각종 가공방법을 응용해서 본래의 특성을 나타나게 함과 동시에 결점을 보완하고 성능을 개선시켜 직물의 효용성 향상

④ **가공의 준비공정**

㉠ 생지에 침염, 날염 또는 가공을 할 수 있도록 준비하는 과정

㉡ 좋은 결과의 가공을 위하여 신징(Singeing), 정련, 표백, 머서화, 탄화 등 세밀한 준비 공정 요구

• 신징 : 열처리로 인하여 잔털이 제거되어 표면이 매끄럽고 공정 중에 필링 발생이 적다.

• 표백 : 산화에 의해 천연의 색소물질이 무색이 되는 것으로 순색으로 섬유 소재를 가공하거나 엷은 색상을 염색하고자 할 경우 사용한다.

⑵ 염색(Dyeing & Printing)

무색 원단에 색상을 부여하기 위해 염료로 물을 들이거나 원단에 프린트하여 색상을 부여하는 것으로 염색의 수단에 따라 침염과 날염으로 구분되며 염색하는 단계에 선염과 후염으로 크게 나눈다.

① 침염(Dyeing)

원단을 염료와 기타조제(염색에 사용되는 약제)의 용액 속에 담아서 염색하는 방법으로, 섬유(Fiber), 실(Yarn), 원단(Fabric), 완제품(Garment)에서 염색한다.

㉠ 용액염색 / 원액염색 / 섬유염색(Solution Dyeing / Dope Dyeing / Fiber Dyeing)

- 원액염색된 섬유로 만든 원단은 염료가 섬유의 일부분이므로 염색 견뢰도가 아주 높다.
- 천연염색을 섬유 상태에서 용액염색을 한 경우 섬유염색(Fiber Dyeing)이라고 한다.
- 섬유염색을 하면 아주 균일한 염색 상태를 얻을 수 있고 색상의 견뢰도가 높다.
- 섬유염색을 할 경우 판매시점보다 약 2년 전부터 색상을 결정하여 염색을 해야 하므로 위험성을 줄이기 위하여 기본 색상만을 섬유염색하는 것이 좋다.

㉡ 선염/실염색(Yarn Dyeing)

- 선염(Yarn Dyeing)된 원단은 제직이나 제편 전에 실을 염색한다.
- 실을 콘 상태로 감은 후, 콘을 고온 · 고압상태에서 염액에 담아 염색한다.
- 제직과정에서 스트라이프, 플레이드, 체크 무늬를 만들 수 있다.
- 선염된 원단은 후염된 원단보다 색상이 균일하고 색상의 견뢰도가 높다.
- 종 류
  - 톱 염색(Top Dyeing) : 양모의 경우 실이 완성되기 전의 톱 상태에서 염색하는 것
  - 이색 염색(Cross Dyeing) : 혼방 직물이나 교직물 염색시 섬유의 종류에 따른 염색성의 차이를 이용하여 섬유의 종류에 따라서 각기 다른 색으로 염색하는 것

㉢ 후염/원단염색(Piece Dyeing)

- 직물이나 편물로 된 원단을 염색하는 것이다.
- 단색으로 염색하는 데 가장 쉽고 비용이 적게 들어 많이 사용된다.

㉣ 완제품 염색/가먼트 염색(Garment Dyeing)

- 염색이 가능한 원단(Fabric)으로 봉제하여 옷을 완성한 뒤, 습식공정에서 만들어진 옷을 염색한다.
- 완제품 염색의 장점은 유행색이 결정된 뒤에 염색을 하므로 재고부담이 적으며, 짧은 시간에 색상을 결정할 수 있다.
- 완제품 염색의 종류
  - 그라데이션 염색(Gradation Dyeing) : 염료가 흡수되는 특성을 살려 옷걸이에 걸어놓는 방법(단점으로 시간이 오래 걸리고 색상 맞추기가 어려우며 염반이 발생할 가능성이 높음)이다.
  - Tie Dyeing : 제품을 묶어서 염색하는 방법이다.
  - Pigment Dyeing : 표면을 긁어 낸 효과나 스톤워싱 효과를 나타낼 때 사용하는 염색방법(단점으로 마찰견뢰도가 다른 염색에 비해 떨어짐)이다.

• 작업시 주의사항

  – 원단 : 반드시 절별 재단을 해야 한다.

  – 이색 : 한 가지 색상 제품들의 이색을 최대한 피하려면 한 Lot 안, 같은 탕에서 생산되도록 한다.

  – 봉사 : 반응성 염료로 염색할 경우 100% 면봉사를 사용해야 한다(Poly사는 염료 흡수가 안됨).

  – 자수사 : Rayon을 사용한다(Poly사는 염료 흡수가 안 됨).

  – 와펜(Wappen) : 염료 흡착을 방지하기 위해선 Poly나 고무를 사용한다.

  – 축률 : 염색 후 축률을 줄이려면 Fabric Washing을 한 후 염색한다.

② 날염(Printing)

완성된 직물에 염료(Dyes)와 안료(Pigments)를 사용하여 여러 가지 모양의 무늬를 염색하는 것으로 프린트된 무늬는 원단의 올 방향과 맞춰야 정확한 재단(Cutting)이 가능하여 제품의 품질을 높일 수 있다. 날염방법으로는 습식날염(Wet Printing)과 건식날염(Dry Printing)이 있다.

㉠ 습식날염 (Wet Printing)

• 스크린 날염(Screen Printing)

  – 무늬를 형성시킨 스크린 위로 염료잉크(Colored Ink)를 스퀴즈(Squeeze)로 밀어서 무늬를 찍는 방법이다.

  – 작업방법 : 수작업, 자동 스크린 날염기를 사용한다.

  – 조작이 비교적 간단하고 다양한 무늬를 표현할 수 있다.

  – 스크린 날염 기용 잉크는 면이나 면 혼방제품에 쉽게 흡수된다.

  – 용도 : 완제품, 원단 날염에 주로 사용한다.

• 로울러 날염(Direct Roller Printing)

  – 동제 로울러에 무늬를 조각하고 발염호를 묻혀서 직물에 전사하는 방법이다.

  – 용도 : 로울러 준비 비용으로 대량 생산에 적용, 면과 면혼방직물 원단날염에 사용한다.

㉡ 건식날염(Dry Printing)

• 열전사날염 (Heat Transfer Printing)

  – 원단에 무늬가 그려진 종이를 대고 열과 압력을 가하여 무늬를 옮긴다.

  – 내구성은 접착온도, 압력, 시간에 영향을 받는다.

  – 용도 : 합성섬유나 합성섬유 혼방제품에 사용한다.

  – 소량 염색시 경제적이다.

- 디지털 날염(Digital Printing)
  - 그래픽디자인에서 사용되던 방법을 원단 프린팅에 적용한 새로운 날염방법이다.
  - 컴퓨터 파일에 있는 디자인이 직물에 직접 프린팅될 수 있으므로 날염을 위한 스크린이 필요 없다.

(3) 가공

① 가공의 개념

   ⊙ 일반적으로 직물을 최종 용도에 맞도록 만드는 것이다.

   ⓛ 공정의 최종 단계에서 가공을 한다.

   ⓒ 가공의 목적 : 직물이 갖는 결점을 보완하거나 직물이 지니는 고유의 특성을 충분히 살리고, 특수한 기능이나 외관을 부여하는 것이다.

② 일반가공

   ⊙ 머서화 가공(Mercerizing, 실켓 가공)
  - 면사나 면섬유를 진한 가성소다(수산화나트륨)의 용액에 담그고 처리하여 광택이 나게 하는 가공법이다.
  - 일반적인 면의 특성인 수축을 최소화시켜주고 잔털이 일어나는 것을 어느 정도 막아주며, 강도가 증가하고 염색성이 좋아진다.
  - 실크와 같은 광택이 난다고 해서 실켓 가공이라 부르고, 영국인 존 머서(John Mercer)에 의해 발명된 기술이므로 머서라이즈 가공이라고도 한다.

   ⓛ 방축가공
  - 수축(Shrinking)가공 : 직물을 미리 수축시켜 착용 중에 수축이 일어나지 않도록 하는 가공이다.
  - 샌포라이징(Sanforizing) 가공
    - 착용이나 세탁으로 직물이 줄어드는 일이 없도록 주로 면직물에 실시하는 방축법이다.
    - 제직 끝 공정 중 기계로 습기를 가하여 강제로 수축시킨다.
    - 방축과 함께 올이 조여질 뿐 아니라 탄력성도 가해지게 되므로 형태가 미끄러지지 않으며 부피감이 있다.

   ⓒ 캘린더 가공
  - 캘린더링은 딱딱하고 무거운 로울러로 밀어서 처리하는 가공이다.
  - 표면이 매끄럽고, 압축에 의해 직물 조직을 치밀하게 하고, 광택을 개선하는 효과가 있다.

- 종류 : 광택을 부여하는 일반 가공과 외관의 무늬를 부여하는 특수 가공으로 구분된다.
  - 엠보스(Embossing) 가공 : 금속롤러에 형을 파서 직물에 누르는 가공
  - 친즈 가공 : 합성수지에 침지한 원단을 캘린더링한 가공
  - 모아레(Moire) 가공 : 원단 표면에 파도치는 물결무늬를 부여하는 가공
  - 슈라이너(Schreiner) 가공 : 면직물에 견광택과 촉감을 부여하는 가공

  ② 축융(Milling) 가공
- 모직물에 약품을 처리하여 기계적으로 마찰시키면 양모의 축융성에 의해 길이와 폭이 줄어들면서 두꺼워지고 조직이 치밀해져 외관과 촉감을 향상시켜주는 가공이다.
- 적용 : 방모직물과 펠트 → 멜턴(Melton), 플란넬(Flannel) 등

  ⑩ 양모의 방축가공
- 양모의 축융성으로 인해 발생되는 수축을 방지하는 가공이다.
- 모직물의 방축가공법이다.
  - 런던슈렁크 : 물리적 가공, 이완수축 안정화, 촉감 향상
  - 염소화법 : 스케일 일부 용해, 섬유의 강도 저하
  - 수지처리법 : 스케일 피복(덮어 씌움), 촉감 저하

  ⑪ 양모의 형태고정가공
- 시로셋(Siroset) 가공 : 양모제품에 치오그린콜린 용액을 뿜어 영구적 고정성능을 부여하는 가공이다.

③ **기능성 가공**
  ㉠ 기모(Raising)가공
- 기모기로 섬유의 끝을 끌어올려 직물이나 편성물의 표면에 잔털을 일으켜 세우는 공정이다.
- 기모된 직물
  - 부드러운 촉감, 잔털이 많고 두꺼운 외관, 광택효과, 보온성이 증진된다.
  - 오염이 쉬우며, 세탁과 다림질 등 관리에 주의가 필요하다.
- 플란넬, 울브로드, 모포 등이 있다.

  ㉡ 스웨이드 가공
- 직물 표면에 잔털을 끌어올리거나 만들어 내기 위하여 편면 또는 양면을 연마하는 기계적 공정(방적사로 된 직물은 섬유의 끝이 일어나고, 필라멘트사로 된 직물은 샌드페이퍼에 의해 실의 표면이 마모되어 일어나게 된다)이다.
- 직물의 외관을 증진, 부드럽고 풍만한 촉감, 감성적 색상을 부여한다.

ⓒ 플로크(Flocking) 가공
- 기모가공과 유사한 표면효과가 있다.
- 접착제를 직물표면에 바르고 그 위에 단섬유를 부착하는 공정으로 식모가공이라고도 한다.
- 주로 레이온에 사용(내마모성이 요구되는 제품-나일론)한다.
- 외관상 분류 : 벨벳 타입, 백스킨 타입, 실스킨 타입 등이 있다.

ⓔ 전모(Shearing)가공
- 직조된 모습을 잘 보이게 하기 위해서 표면에 나와 있는 실을 자르거나 표면의 파일인 기모를 가지런히 또는 조각 효과를 주면서 자르는 기계적인 공정이다.
- 천연섬유와 스테이플 합성섬유로 만든 직물에 사용되는 가공이다.
- 전모 전은 섬유의 끝을 일으켜 세우기 위해 브러쉬 위로 직물이 통과하고 전모 후는 잘려진 섬유를 털어 제거한다.

ⓜ 열고정 가공(Heat Setting) / 퍼머넌트 프레스(Permanent Press Finish)
- 폴리에스테르, 나일론 등의 열가소성이 있는 섬유에 모양을 잡아 열을 가한 후 냉각시키는 가공(영구적인 주름을 부여하는 데 사용되는 직물 : 100% 합성섬유, 65% 이상의 합성섬유를 포함하는 혼방섬유)이다.
- 기계주름
  - 직물 → 날이 있는 롤러 위를 통과 → 가열한다.
  - 직물 표면 전체에 물결 모양 주름 : 직물을 튜브 속에 구겨 넣은 다음 가열한다.
- 형태안정성, 레질리언스 향상
  - 섬유제품에 항구적인 형태를 부여하는 가공이라는 뜻으로, 직물 가운데 합성수지 액에 적셔서 말린 후 봉제성형한 후에 열처리를 가하여 수지를 강화시켜 처리하는 방법이다.
  - 합성섬유를 교직혼방한 천의 열가소성을 이용하여 플리츠를 고정시키는 방법이라든가 모직물에 치오그린콜린 용액을 뿜어 플리츠를 고정시키는 시로셋 가공 등도 포함된다.

ⓑ 샌딩(Sanding) : 부드러운 표면효과를 위해 섬세한 샌드페이퍼로 둘러싼 로울러로 직물을 기계적으로 문지르는 가공이다.

ⓢ 시레가공(Cire Finish) : 직물을 뜨거운 로울러로 눌러 다림질한 것과 같은 윤기가 흐르게 하는 가공이다.

ⓞ 데카타이징(Decatizing) : 양모직물을 열과 수분을 사용하여 안정화시키는 가공방법이다.

ⓩ 울리가공(Wooly Finish)

- 물리적인 권축으로 양모와 같은 촉감과 탄력성을 부여하는 가공(스트레치 가공)이다.
- 속옷, 수영복, 스웨터, 양말, 트리코 등이 있다.

㉧ 방수 · 발수 · 발오 · 방오가공 : 최근에는 방수가공, 발수가공, 발오가공, 방오가공을 개별적으로 행하지 않고 한 가지 가공으로 동시에 이들 효과를 복합적으로 부여하고 있다.

- 방수가공(W/P ; Water Proof Finish) : 직물의 표면 혹은 양면을 염화비닐이나 천연고무 등으로 완전히 도포하여 물의 침입을 철저히 차단하는 가공이다.
  - 원리 : 섬유표면을 화학 처리해 표면장력을 극대화하여 수분이 스며들지 않게 한다.
  - 목적 : 외부의 수분이 옷감 내부에 스며들지 않게 한다.
  - 통기성을 고려한 가공과 불통기성으로 완전 방수할 경우의 두 가지 방법이 있다.
  - 불통기성 완전 방수 : 우산이나 천막 등
- 발수가공(W/R ; Water Repellent Finish)
  - 특수한 수지를 통한 가공이나 극세사를 사용한 직물의 자체 특성으로 물이 반발하여 표면에서 튀기는 성질을 지니게 된다. 그러나 물에 잠겨 있거나 비를 장시간 맞을 경우에는 물이 스며든다.
  - 발수가공제 : 왁스, 금속비누, 포름알데히드 화합물, 피리딘, 실리콘계 화합물, 불소계 화합물 등이 있다.
- 초발수가공
  - 원사의 표면에 특수 코팅을 하여 물의 침투를 억제하는 가공이다.
  - 니트에도 초발수가공 처리로 우천시 운동하는 데 기능을 추구한다.
- 발오가공 : 흡착된 지용성 오염이 세탁에 의해 제거되도록 하는 가공이다.
- 방오가공 : 오염을 미리 방지하기 위해 세탁이 어려운 카펫, 자동차 시트 등에 가공한다.

㉿ 정전기방지(Anti Static Finish, 대전방지)가공

- 기존의 합성섬유 제품은 소수성이기 때문에 전기에 의한 쇼크, 불쾌감 등 인체에 정신적 · 육체적 피해를 주고 있으며, 대전제 사용시 발수도와 반비례 작용으로 인하여 스포츠 의류에는 부적합하나, 발수도와 관계없이 정전기 발생을 없애는 기능을 부여하는 가공을 말한다.
- 원리 : 직물표면에 친수(물분자를 끌어들이는)약품을 처리한다.
- 대전방지제 : 일시적인 대전방지제와 내구성 대전방지제가 있다.

㉤ 네버 슈링크 가공(Never Shrink Finish)

- 양모의 방축 · 방추가공을 말한다.
- 양모 표면을 화학약품으로 처리하여 방축하는 공정과 직물의 뒤틀림을 막는 평면세트 공정을 실시한다.

• 내의류나 스웨터 등의 니트 제품은 방추가공만 한다.

ⓟ 수지가공

• 반응성 수지를 이용하여 섬유소섬유의 분자사슬 사이에 가교결합을 형성시킴으로써 방추성, 방축성, 형태안정성 등을 부여하는 가공을 말한다.

• 단점 : 유연성이 떨어지고 인장 · 인열 강도, 내마모성, 내일광성 등이 현저하게 줄어들어 직물의 내구력이 낮아진다.

ⓗ 방추가공/구김방지가공(Wrinkle Free, Wrinkle Resistant Finish) : 특수한 수지를 사용한 주름방지가공을 말하며, 세탁 후에도 다림질이 필요없다.

㉠ 알칼리 감량(Caustic Retardant Finish) : 폴리에스테르에 실크와 흡사한 촉감을 주기 위한 가공방법으로 섬유의 표면이 알칼리 용액에 의해 부식되고, 이로 인해 직물의 무게가 감소하게 된다.

㉡ 발식가공(Burn-out Finish, Opal Finish) : 내약품성이 다른 섬유의 혼방 또는 교직물 등의 조합에서 한쪽 섬유만을 용해시키는 약품을 프린팅한 후 열처리를 하여 부분적으로 투명한 문양을 부여하는 가공이다.

㉢ 방염가공(Frame Retaldant, 난연가공)

• 직물이 불에 잘 타지 않게 하는 가공이다.

• 불이 나도 타지 않고 그보다 낮은 온도에서 미리 분해되도록 한다.

• 원리 : 섬유의 연소점 이하에서 분해 · 기화되도록 약품 처리를 한다.

• 용도 : 커튼, 카펫, 침구류, 일반의류, 방호작업복, 비행기 기내용 담요, 자동차 경주용복, 우주복 등이 있다.

㉣ 워싱 가공

• 자갈, 모래, 약품 등의 가공매체와 함께 워싱기로 가공하여 다양한 표면효과를 줄 수 있다.

• 종 류

– 샌드(Sand) 워싱 : 모래

– 스톤(Stone) 워싱 : 화산석

– 엔자임(Enzyme) 워싱 : 효소

– 에시드(Acid) 워싱 : 산

– 용도 : 데님의 완제품 등

㉤ 클리어 가공

• 소모직물에 털깎기나 태우기 공정을 통해 표면을 매끄럽게 하고 광택을 부여하는 가공이다.

• 종류 : 포럴(Poral), 개버딘(Gabardine) 등이 있다.

④ 특수가공

㉠ 코팅(Coating) 가공

- 외관이나 기능을 향상시키기 위해 목적에 맞는 도료를 기초직물에 도포하는 공정을 말한다.
- 기술적으로 코팅은 모든 종류의 섬유에 적용될 수 있으며, 직물, 편성물, 부직포, 필름 등의 기초직물에 매우 얇은 필름 상태부터 두꺼운 코팅까지 가능하다.
- 코팅제에 따라 직물에 투습방수성, 유연성, 방오성, 방풍성, 내열성, 반발탄성, 내구성 등의 기능을 부여할 수 있다.
- 의류용으로 사용되는 경우는 코팅을 하여도 공기와 수증기를 반드시 투과시킬 수 있어야 한다.
- 용도 : 스포츠웨어, 방호복, 작업복, 비옷, 캠핑용, 인테리어와 산업용 등이 있다.
- 종 류
  - 폴리우레탄(PU) 코팅 : 폴리우레탄액을 아주 얇은 필름 상태로 직물 또는 편성물에 코팅하는 것으로 내수압 500 정도의 방수효과를 보여준다.
  - 실리콘 코팅 : 기능적 · 장식적 효과, 투습방수성, 유연성, 탄성, 내열성, 방염성을 부여, 반복세탁 후 직물의 형태를 유지하고, 모직물을 실리콘 가공으로 수축과 필링을 방지한다.
  - 테프론 코팅 : 직물에 보호막을 형성하여 발수, 발유, 방오 효과를 부여하고, 바람, 비, 눈 등에 대한 강한 방어막 역할을 한다.
  - 왁스 또는 오일 코팅 : Oily한 표면 촉감과 볼륨감, 자연스런 광택, 우수한 발수성을 부여, 수지와 함께 사용하면 주름회복성과 내세탁성이 향상된다.
  - 안료 코팅(바버 코팅) : 색상이 있는 안료를 코팅하여 직물의 바닥색을 덮어 안팎의 색상이 다른 이중색으로 만드는 컬러 바버 코팅과 투명 안료를 사용하여 색상은 바꾸지 않고 버석거리는 느낌만 나도록 한 톤톤(Tone Tone) 바버 코팅이 있다. 트렌치 코트, 재킷, 스커트 등에 쓰인다.
  - 펄 코팅 : 은색, 금색, 오색의 광택이 있는 가는 입자를 직물 또는 편물표면에 부분적 또는 전체적으로 도포한 것으로 면, 양모, 탄성소재 등의 직물에 쓰인다.
  - 폼(Form) 코팅 : 폴리우레탄 성분을 발포 형식으로 코팅하는 방법으로 부드러운 촉감을 준다.

㉡ 라미네이트(Laminat) 가공

- 마이크로 기술을 이용하여 폴리우레탄 수지를 필름과 같이 얇은 막으로 만들어 접착시키는 가공법으로 복합 기능을 수행할 수 있다.
- 접착되는 막의 특성에 따라 방수, 방풍, 발한 기능들을 갖게 된다.

- 라미네이팅과 코팅 둘 다 얇은 미세가공이나 친수성막을 형성하여 투습방수성을 부여할 수 있으며 어떤 직물과도 공정이 가능하다.
- 라미네이트는 코팅보다 비싸지만 더 우수한 성능을 제공하며, 고성능 스포츠웨어와 레저웨어용으로 사용한다.
- 종 류
  - 비저블 라미네이트(Visible Laminat) 가공 : 필름을 접착제로 직물의 겉면에 접착하거나 필름이 약간 용융되도록 가열 접착하는 가공으로 루핑(Roofing), 샤워커튼, 드레이퍼리(Drapery), 병원용 침대보, 호스, 식탁보, 우산, 실내장식용, 방수용 의류, 장화, 권투용 장갑, 유사 피혁 코트, 재킷, 스포츠 의류 등에 사용한다.
  - 인비저블 라미네이트(Invisible Lamainating) 가공 : 미국 고어(Gore)사의 고어텍스(Gore-tex, 미세기공방법)와 독일 악조(Akzo)사의 심파텍스(Sympatex, 기공이 없는 친수성막 방법)를 들 수 있다. 일반적으로 미세기공의 얇은 막은 친수성의 얇은 막보다 투습방수성이 우수하지만 내구성이 떨어지며 방호복, 스포츠웨어, 군복, 경찰복, 수술복, 신발, 장갑, 모자, 가방, 텐트 등에 사용한다.
  - 폼 라미네이트(Foam Laminat) 가공 : 폼(Foam)은 탄성이 있는 물질에 공기가 연속상 혹은 분산상으로 포함된 것으로 고무와 폴리우레탄이 대표적인 소재이다. 보온성, 드레이프성, 경량감 등이 우수하며, 단열재, 완충재, 카펫 기포, 밑깔개, 베개폼, 외의용, 스포츠용, 속옷류, 자동차 인테리어 소재, 카펫의 이면포(Back Fabric) 등에 주로 사용한다.
  - 본딩(Bonding) : 일반적으로 상이한 종류의 직물을 접착제로 붙여 새로운 단일소재 직물로 만드는 가공이다. 가공비용으로 가격은 상승하나 외관이 고급스럽지 않고 실루엣이 좋지 않다. 양면 효과를 주는 의류(Reversible)에 적합한 가공방법이다.

001

민속의상에서 출발한 에스닉 감각의 연결이 잘못된 것은?

① 아라비아 룩 – 할렘 팬츠가 대표적이며, 드레시하고 판타직한 효과가 있다.

② 인디안 룩 – 두터운 목면과 재킷, 스탠드 칼라, 패치 포켓, 일렬의 흰색 단추가 있는 네루식 재킷에 응용된다.

③ 아프리칸 룩 – 직선적이며 봉제부분이 최소화되었다.

④ 염색, 자수, 직물이 특징적이며, 기독교 문화권의 대표적 민속의상이다.

002

단순·명쾌함을 추구하는 대중 취향의 패션 감각으로 진팬츠의 일상화, 자극적인 원색의 의상이 타운웨어화한 것이 대표적인 패션 감각은?

① 키치 감각

② 팝 감각

③ 익센트릭 감각

④ 데콜라티브 감각

003

스트리트 패션의 특징을 설명한 것 중 잘못된 것은?

① 1960~1970년대의 대표적 스트리트 패션은 펑크이다.

② 전위적이고 대담한 펑크 패션은 런던이 대표적이다.

③ 그룬지 패션은 뉴욕에서 출발하였다.

④ 그룬지 패션은 환경의식과 재활용의 사회적 이슈에 의해 큰 반응을 일으켰다.

004

다음 펑크 감각의 설명 중 잘못된 것은?

① 권위에 대한 조롱에서 출발하였다.

② 파괴적 메시지를 갖는 과격한 감성이다.

③ 과격 일변도의 감각으로 품격이 완전하게 무시 된다.

④ 몸에 착 달라붙는 가죽이나 혐오스러운 페인트, 고무나 그물소재가 대표적이다.

1 ④ 2 ② 3 ① 4 ③ **Answer**

005

다음 감성 중 성격이 다른 하나는?
① 바디 컨셔스 룩(Body Conscious Look)
② 슈퍼 섹시 룩(Super Sexy Look)
③ 뱀프 룩(Vamp Look)
④ 프레피 룩(Preppy Look)

006

다음 설명 중 연결이 잘못된 것은?
① 앤드로지너스 룩 – 신사복을 여성의 가장 섹시한 옷으로 사용하는 경우이다.
② 씨어터 감각 – 큰 의미로는 로맨틱에서 파생된 감각이다.
③ 플래퍼 룩 – 자유 분방한 옷차림을 즐기는 것으로 크게 로맨틱 감각에 속한다.
④ 프레피 룩 – 마드라스 체크와 시어서커로 만든 재킷에 무지의 플리츠 스커트의 아이템이 대표적이다.

007

다음이 설명하고 있는 패션 룩은?

> • 미래지향의 모던 이미지를 추구한다.
> • 금속사가 있는 라메가 들어있는 옷감이 대표적이다.
> • 금속보다 좀더 부드러운 느낌의 광택 소재가 많다.

① 퓨처리스트 룩
② 스페이스 룩
③ 메탈릭 룩
④ 글리터 룩

008

페미닌 감각을 설명하는 것 중 거리가 먼 것은?
① 하늘거리는 옷감을 사용하는 것은 플루이드 룩에 중요한 요소이다.
② 가는 허리와 힙과 가슴의 풍성한 실루엣은 사이렌 룩의 요소이다.
③ 공통된 이미지는 '사랑스럽다'의 정적인 이미지이다.
④ 하드한 감각보다는 소프트한 터치의 소재가 어울린다.

009

다음 중 정적인 미의식에 속하지 않는 패션 감각은?
① 리치 감각
② 심플 미니멀 감각
③ 스포티 감각
④ 올리브 감각

010

다음이 설명하고 있는 패션 감각은?

> • 원시의 소박함을 추구하는 감각이다.
> • 천연 그대로의 자연소재를 사용한다.
> • 빈곤을 가장한 스타일로 누덕누덕 기운 옷이나 찢어진 옷을 입어 표현하기도 한다.
> • 동물 뼈나 이빨 같은 것, 울퉁불퉁한 돌 등의 소재가 대표적이다.

① 프리미티브(Primitive) 감각
② 레트로(Retro) 감각
③ 콩게티슈(Coquettish) 감각
④ 씨어터(Theater) 감각

011

컨트리 감각에 대한 설명으로 옳은 것은?

① 자연 그대로의 순수함을 추구하는 패션이다.
② 서민적인 낙천성이 믹스되고 토속적인 야성미와 섹시함을 느끼게 한다.
③ 문명에 휩쓸리지 않는 자연과 풍속을 예찬한다.
④ 복고풍의 취향으로 장식성이 강하고 귀족적이다.

012

여성취향의 사랑스러운 이미지를 추구하는 감각에 대한 내용으로 잘못 연결된 것은?

① 스쿨 걸 – 소녀 취향의 청순미를 추구하는 패션 감각에 속한다.
② 새퍼디스 룩 – 하얀 페티코트와 개더가 있는 롱스커트이다.
③ 로리타 룩 – 건강함과 함께 몽상적인 자태미를 추구한다.
④ 참 감각 – 귀여움과 깜찍함이 동반되어 섹스 어필을 추구한다.

013

남성취향의 터프한 이미지를 추구하는 액티브 감각에 대한 내용으로 잘못 연결된 것은?

① 밀리터리 룩 – 육군의 군복
② 에이비에이터 룩 – 공군 조종사의 복장
③ 라이더스 룩 – 오토바이를 탈 때 입는 복장
④ 프로로 룩 – 서민 계급의 작업복

014

다음은 어떤 감각을 설명한 것인가?

- 전통적인 격식을 추구하는 패션 감각
- 시대의 변천과 유행에 관계없이 상품의 본래 가치를 유지하는 것
- 테일러드 수트, A라인 스커트, 체크 헤링본, 카디건 등

① 엘레강스(Elegance) 감각
② 클래식(Classic) 감각
③ 트래디셔널(Traditional) 감각
④ 꾸띄르(Couture) 감각

015

다음 중 Retro(복고풍) 감각으로 옳게 짝지어진 것은?

① 1920년대 – 슬림형의 짧은 타이트 스커트, 어깨에 패드를 넣어 강조한 실루엣
② 1950년대 – 오드리 햅번, 마릴린 먼로, 목과 어깨를 노출시켜 시선을 가슴으로 유도, 가는 허리
③ 1960년대 – 록 스타들, 판탈롱, 도형적인 커다란 꽃무늬의 민속풍의 의상, 레이어드 룩, 히피 경향
④ 1970년대 – 비틀즈, 미니스커트, 팝 아트, 옵 아트, 젊고 발랄, 단순·명쾌한 선, 대담성

016

다음이 설명하고 있는 패션 감각은?

> - 단순 · 명쾌함을 추구하는 대중취향의 패션 감각
> - 모던에서 파생된 감각 중 하나
> - 실험주의적 패션
> - 패션을 통한 자기 현시욕이 강하고 도전적인 사람들이 즐겨 입는 패션 스타일

① 키치 감각
② 팝 감각
③ 포스트 모던 감각
④ 정크 감각

017

섹슈얼 감각에 속하는 패션 스타일과 그 설명이 바르게 연결된 것은?
① 바디콘셔스 룩 – 육체의 선을 의식하고 드러내도록 디자인된 옷
② 이너웨어 룩 – 겉옷의 속옷화
③ 시드루 룩 – 배꼽티와 같이 신체의 일부를 드러내는 스타일
④ 뱀프 룩 – 양성 공유, 신사복의 여성복화

018

포스트 모던 감각에 대한 설명으로 옳지 않은 것은?
① 형태와 색상에 대담하게 유희감각이 접목된 특징이 있다.
② 시각에 즐거움을 주는 디자인이 특징이다.

③ 포스트 모던 의상은 정신적 풍요로움이다.
④ 고전에 대한 향수와 동경의 패션 감각이다.

019

다음의 설명에서 괄호 안에 들어갈 말이 순서대로 알맞게 짝지어진 것은?

> (　　　)이라고 하는 말의 뜻은 그리스도 교도에 대한 이교도라는 것으로 중근동에 사는 사람들이나 아시아 쪽 사람들을 일컫는 말이며, (　　　) 룩이라 하면 민속의상 그 자체와 염색, 직물, 자수 등에서 힌트를 얻어 소박한 느낌을 강조한 디자인을 말한다. (　　　)는(은) 예부터 전승된 문화유산을 일컫는 말로써 민속학이라는 뜻으로 사용되는데 전원적 취향의 일반적인 민속을 뜻한다. 근원은 1960년대 말 히피의 영향으로 인도, 티베트 등의 민속의상이 주목되면서 클로즈업되기 시작했다.

① 에스닉, 에스닉, 포클로어
② 엑조틱, 포클로어, 에스닉
③ 에스닉, 포클로어, 엑조틱
④ 에스닉, 엑조틱, 포클로어

020

다음 중 소피스티케이티드 미의식에 기초한 감성에 속하지 않는 것은?
① 스노브
② 시 크
③ 슈 어
④ 레트로

021

8가지 기본미의식을 4가지의 미의식으로 나눌 때 기본미의식이 속하는 부분을 바르게 분류하지 못한 것은?

① 로맨틱 – 정적인 미의식, 과거지향 미의식
② 소피스티케이티드 – 정적인 미의식, 미래지향 미의식
③ 모던 – 동적인 미의식, 미래지향 미의식
④ 컨트리 – 동적인 미의식, 과거지향 미의식

022

2007년 여름 스트리트 패션에서 가장 많이 볼 수 있었던 아이템인 탱크 탑, 원피스, 여러 가지 팬츠 등은 여러 가지 감각들에서 파생된 것들이다. 2007년 봄, 여름에 유행한 아이템이나 스타일에 영향을 준 감각 또는 패션 스타일이라고 할 수 없는 것은?

① 앤틱 감각
② 미니멀 감각
③ 프로로 룩
④ 보헤미안 룩

023

컨트리 미의식과 상반되는 미의식에 대한 설명으로 옳은 것은?

① 어려서부터 인형놀이를 좋아하는 차분한 성격의 여성
② 인공적으로 잘 다듬어진 세련미에 매료되는 여성
③ 자연 그대로의 터프한 멋에 매혹되는 여성
④ 누구보다도 한발 앞서 새로운 스타일을 받아들이는 리더적 존재로서 살기 원하는 여성

024

다음 각 감각에 대한 설명으로 옳지 않은 것은?

① 고도로 세련된 도시적인 아름다움이 스노브 감각이다.
② 안심하고 입을 수 있는 본격파의 디자인 감각을 내세우는 경우, 그 테마가 되는 것은 스노브이다.
③ 리치 감각을 갖고 있는 소비자들은 일류품 지향이 강해서 유명 수입 브랜드를 선호한다.
④ 꾸띠르 감각 패션이라고 하면 일상 외출복에서 세미 포멀까지 입을 수 있는 디자인의 옷이라고 생각하면 된다.

025

8가지 기본 미의식을 분류하는 토대로 사용하는 4개의 미의식에 대한 설명으로 옳지 않은 것은?

① 정적인 미의식은 통상 페미닌이라고 불리며 아름다움에 대한 가치기준을 여성적인 이미지 어필에서 찾으려는 것이 이 그룹의 특징이다.
② 과거지향의 미의식과 같이 꿈과 낭만과 같은 환상의 세계를 마음속에 그리는 여성은 어느 시대에도 존재한다.
③ 여성의 사회진출이 본격화되고 라이프스타일이 바뀌면서 미래지향의 미의식, 즉 액티브(Active) 미의식이 주목받기 시작했다.
④ 현재와 미래지향의 미의식을 가장 잘 나타내어 주는 미의식은 모던 미의식으로, 과거 여성의 이미지를 부정하고 도회적인 세련미와 지성미를 특징으로 하는 그룹이다.

026

룩과 스타일, 감각에 대한 설명으로 옳지 않은 것은?

① 룩과 스타일은 유행 추이에 따라 원형이 완전히 변형됨으로써 그 형상의 실체가 바뀐다.

② 감각은 실체로서 볼 수 없는 이미지를 지칭한 것이다.

③ 룩에는 감각의 실체가 구체적인 형태로 형상화되어 나타나 있으며, 패션계에서 말하는 룩이란 의상이 지닌 전체적인 인상의 특징을 나타내는 경우에 쓰이는 말이다.

④ 룩은 어디까지나 이미지 또는 필링의 특징을 포착한 개념적인 용어인데 비해 스타일은 디자인상의 형식이나 특징을 가리키는 경우가 대부분이다.

027

페미닌 감각 계열의 패션 스타일에 대한 설명에 속하지 않는 것은?

① 잠자리 날개처럼 하늘거리는 소프트한 소재로 만들어진 것이 퓨리스트 룩이다.

② 깁슨 걸 룩이란 화가가 그린 그림 속 여성의 모습에서 붙여진 명칭으로 부풀린 힙과 가슴을 강조한 것이다.

③ 옷의 밑자락이 인어의 꼬리처럼 넓게 펼쳐진 데서 온 명칭이 사이렌 룩이다.

④ 사이렌 룩은 여성의 매혹적인 몸매를 유연하게 표현하고 있기 때문에 페미닌 감각을 어필시키는 패션에 잘 어울리는 룩이나.

028

클래식 감각에 대한 설명으로 옳지 않은 것은?

① 시대의 변천과 유행의 좌우됨이 없이 상품이 지닌 본래의 가치를 유지하는 것이 클래식 감각이다.

② 클래식에서는 전통의 보존이 중요하다.

③ 클래식은 온화하고 차분한 인상이 중요하기 때문에 따뜻하고 정감이 있는 색채가 중심이 된다.

④ 클래식은 상당히 오랫동안 지속되는 특정 스타일을 가리키기도 하는데 대표적인 것이 신사복과 같이 매니쉬한 스타일이라고 할 수 있다.

029

모던 감각에 대한 설명으로 옳지 않은 것은?

① 모던의 명칭에는 모던 클래식, 모던 심플, 울트라 모던, 푸어 모던, 섹슈얼 모던, 모던 댄디, 서로 상반되는 것끼리의 믹스인 프리미티브 모던이 있다.

② 모던 타입은 도시환경에 맞는 합리적인 의상, 기능적이며 심플하고 샤프함과 지적 세련미까지 겸비한 것이다.

③ 패션에 있어서의 모던 미의식은 과거의 여성 이미지를 거부하고 자립한 여성으로써 지성미를 동경하고 항상 미래에 대한 대비를 게을리하지 않는 감상이라고 할 수 있다.

④ 회색이나 검정을 베이스 컬러로 하여 깊이 있고 세련된 온화함을 주는 모든 유채색 계열이 모던 컬러이다.

030

다음 중 모던 감각과 일맥상통하는 감각에 속한다고 볼 수 없는 것은?

① 하이테크 감각
② 포스트 모던 감각
③ 팝 감각
④ 슈어 감각

031

다음이 설명하고 있는 감각은?

- 원시적인 소박함을 추구하는 패션 감각
- 빈곤을 가장한 스타일, 기우거나 찢어진 의상
- 자연소재에서 시작한 무늬, 액세서리(잉카 문양, 인디언 문양 등)

① 앤틱 감각
② 프리미티브 감각
③ 에콜로지 감각
④ 키치 감각

032

로맨틱 이미지를 가진 패션 감각에 속하지 않는 것은?

① 페미닌 감각
② 데콜라티브 감각
③ 씨어터 감각
④ 정크 감각

033

다음의 여러 가지 패션 스타일 중 나머지 셋과 그 성격이 다른 하나는?

① 이미그런트 룩
② 댄디 룩
③ 빅토리안 룩
④ 앤드로지너스 룩

034

인공적 행위에 의한 환경오염을 거부하고 자연 그대로의 순수함을 추구하는 패션 감각은 무엇인가?

① 컨트리(Country) 감각
② 올리브(Olive) 감각
③ 클래식(Classic) 감각
④ 에콜로지(Ecology) 감각

035

각 감각에 대한 비교 설명으로 그 내용이 옳지 않은 것은?

① 콩게티슈 감각 – 귀여움과 깜찍함이 동반된 섹스어필을 추구하는 패션 감각
② 참 감각 – 애교가 충만된 매력을 추구하는 패션 감각
③ 로리타 감각 – 소녀 취향의 청순미를 추구하는 패션 감각
④ 큐트 감각 – 유머러스한 표현으로 시각적 즐거움을 추구하는 패션 감각

036

올리브 감각에 대한 설명에 해당되지 않는 것은?

① 도시 지향적이며 성품이 올곧은 양가집 규수 이미지이다.
② 단정함과 심플한 우아함이 느껴진다.
③ 소공자 룩, 프레피 룩이 올리브 감각 계열의 패션 스타일이다.
④ 젊기 때문에 생기발랄하고 때로는 모험적인 용기도 잃지 않는 적극적인 행동파 소녀의 이미지이다.

037

다음의 괄호 안에 들어갈 말이 차례대로 바르게 짝지어진 것은?

( )은 의상이 지닌 전체적인 인상의 특징을 포착한다는 뜻으로 ( )이라는 이미지의 실체가 구체적인 형태로 형상화된 것이라고 할 수 있으며, ( )은 디자인상의 형식이나 특징을 가리키는 말이다.

① 룩, 감각, 스타일
② 스타일, 룩, 감각
③ 룩, 스타일, 감각
④ 스타일, 감각, 룩

038

각 시대별로 유행했던 패션 스타일 중 잘못된 것은?

① 1940년대 – 슬림형의 짧은 타이트 스커트, 어깨패드

② 1950년대 – 어깨패드, 웨스트를 강조한 타이트 스커트, 핀턱, 커트워크의 블라우스
③ 1960년대 – 미니 스커트, 레이어드 룩, 시드루 룩
④ 1970년대 – 팝 패션, 판탈롱, 에스닉 룩

039

다음의 설명 중 옳지 않은 것은?

① 낡을 대로 낡은 헌옷을 매치한 걸인 스타일이 그런지 룩이다.
② 그런지 룩은 히피 룩과 펑크 룩으로 발전하여 나타나고 있다.
③ 옷의 실루엣을 직선형으로 해서 하늘하늘하게 하고 칙칙하게 가라앉는 느낌의 색으로 연약함을 강조한 스타일이 페일 룩이다.
④ 거지처럼 누더기를 걸치거나 멀쩡한 옷에 구멍을 내어 깁거나 찢어진 상태 그대로 입는 패션이 래그스 룩이다.

040

다음 내용 중 괄호 안에 들어갈 말은 무엇인가?

고상과 우아함에 반기를 든 저속과 파괴지향의 패션 감각을 ( )라 한다. 이러한 감각 계열에 속하는 것으로 그런지 룩, 테디보이 룩이 있다.

① 큐트 감각
② 정크 감각
③ 키치 감각
④ 펑크 감각

041

다음 중 '빈틈없이 잘 다듬어진 세련된 아름다움'과 상반되는 미의식은?

① 엑조틱(Exotic) 미의식
② 액티브(Active) 미의식
③ 컨트리(Country) 미의식
④ 소피스케이티드(Sophiscated) 미의식

042

다음 중 올바르게 짝지어진 것은?

① 정적인 미의식 – 페미닌
② 동적인 미의식 – 모던
③ 미래지향적 미의식 – 액티브
④ 과거지향적 미의식 – 로맨틱

043

다음 중 스포츠 캐주얼이나 매니쉬 타입의 패션을 좋아하는 여성들이 가지고 있는 미의식은?

① 모 던   ② 레트로스펙티브
③ 페미닌   ④ 액티브

044

다음 중 상반된 미의식이 올바르게 짝지어진 것은?

① 페미닌 – 매니쉬
② 매니쉬 – 로맨틱
③ 로맨틱 – 모던
④ 모던 – 컨트리

045

사이렌 룩(Siren Look)의 설명으로 옳은 것은?

① 인어에서 인스피레이션된 룩이다.
② 옷감의 감촉과 무게가 중요하다.
③ 디자인, 색상, 디테일이 절제되어야 한다.
④ Modest Look이라고 한다.

046

다음 중 과거와 현재의 양식을 자유롭게 믹스시키고 디자인과 색상에 유희 감각을 집어넣는 특성을 지닌 패션 감각은?

① 포스트 모던(Post Modern) 감각
② 스노브(Snob) 감각
③ 콩게티슈(Coquettish) 감각
④ 팝(Pop) 감각

047

다음 중 파카, 점퍼, 파틱, 사로페트 등을 대표적인 아이템으로 꼽는 패션 스타일은?

① 밀리터리 룩   ② 라이딩 룩
③ 라이더스 룩   ④ 워크 룩

048

캐스트 어웨이와 가장 잘 어울리는 패션 스타일은?

① 아웃도어 룩   ② 서바이벌 룩
③ 트로피컬 룩   ④ 히피 룩

049

다음 중 패션 감각과 스타일이 가장 올바르게 짝지어진 것은?

① 액티브 감각 – 콜로니얼 룩(Colonial Look)

② 스포티 감각 – 밀리터리 룩(Military Look)

③ 미네트 감각 – 플래퍼 룩(Flapper Look)

④ 로맨틱 감각 – 뱀프 룩(Vamp Look)

050

다음 중 잘못 짝지어진 것은?

① 아라비안 룩 – 할렘 팬츠

② 아메리칸 인디언 룩 – 마타도어

③ 인디안 룩 – 사리

④ 오리엔탈 룩 – 퀼팅

051

다음 중 그 설명이 옳은 것은?

① 허리를 가늘게 과장한 X라인 실루엣의 레그 오브 머튼 슬리브는 로코코 룩의 특징이다.

② 독특한 순색의 배색, 헤어밴드, 모카신, 수술 장식은 아프리칸 룩의 특징이다.

③ 팝 이미지, 시스루 룩, 스페이스 룩은 1960 년대 패션의 특징이다.

④ 판탈롱, 미니 스커트, 레이어드 룩, 현란한 색상은 1970년 패션의 특징이다.

052

다음 중 소녀 특유의 건강함, 몽상적 자태미, 섹스어필을 특징으로 하는 패션 감각은?

① 로리타 감각

② 베이비 돌 감각

③ 데콜라티브 감각

④ 올리브 감각

053

다음 중 올바르게 짝지어진 것이 아닌 것은?

① 키치 감각 – 테디보이룩

② 이노센트 감각 – 세퍼디스 룩

③ 컨트리 감각 – 서바이벌 룩

④ 에스닉 감각 – 히피 룩

054

다음의 패션 스타일 중 가장 연관성이 적은 것은?

① 히로인 룩

② 이너웨어 룩

③ 시드루 룩

④ 뱀프 룩

055

다음이 설명하는 것은?

- 이브 생 로랑이 19/5년 발표하여 유명해진 패션 룩
- 제복적인 요소가 강하나 귀엽고 예쁘상하며, 순진하면서도 청결한 젊음이 배어 있는 스타일
- 검정색 벨벳 재킷, 무릎길이의 반바지, 베레모

① 미네트 감각의 플래퍼 룩
② 올리브 감각의 소공자 룩
③ 올리브 감각의 프레피 룩
④ 보이시 감각의 가르송 룩

056

긴 재킷에 슬림한 팬츠를 입고 끝이 뾰족한 구두를 즐겨 신었던 과거 패션 스타일을 저속하게 변형해서 불량기 있게 표현한 룩은?
① 테디보이 룩　　　② 페일 룩
③ 라이딩 룩　　　④ 1970년대 룩

057

다음 설명의 연결 중 잘못된 것은?
① 앤드로지너스 룩 – 신사복을 여성의 가장 섹시한 옷으로 사용하는 경우이다.
② 씨어터 감각 – 큰 의미에서 로맨틱에서 파생된 감각이다.
③ 플래퍼 룩 – 자유분방한 옷차림을 즐기는 것으로 크게 로맨틱 감각에 속한다.
④ 프레피 룩 – 마드라스 체크와 시어서커로 만든 재킷에 무지의 플리츠 스커트의 아이템이 대표적이다.

058

다음 중 소피스티케이티드 미의식에 기초한 감성에 속하지 않는 것은?
① 스노브　　　② 시크
③ 슈어　　　④ 레트로

059

Retro(복고풍) 감각에 대한 다음의 설명 중 옳은 것은?
① 1920년대 – 슬림형의 짧은 타이트 스커트, 어깨에 패드를 넣어 강조한 실루엣
② 1950년대 – 오드리 햅번, 마릴린 먼로, 목과 어깨를 노출시켜 시선을 가슴으로 유도, 가는 허리
③ 1960년대 – 록 스타들, 판탈롱, 도형적인 커다란 꽃무늬의 민속풍의 의상, 레이어드 룩, 히피 경향
④ 1970년대 – 비틀즈, 미니 스커트, 팝 아트, 옵 아트, 젊고 발랄, 단순·명쾌한 선, 대담성

060

다음 중 정적인 미의식에 속하지 않는 패션 감각은?
① 리치 감각
② 심플 미니멀 감각
③ 스포티 감각
④ 올리브 감각

061

8가지 기본 미의식 중 서로 상반되는 미의식의 연결이 옳지 않은 것은?
① 엘레강스, 페미닌
② 소피스티케이티드, 컨트리
③ 모던, 엑조틱
④ 로맨틱, 매니쉬

56 ①　57 ③　58 ④　59 ②　60 ③　61 ①　*Answer*

062

다음 괄호 안에 들어갈 알맞은 말은?

> 정적인 미의식은 아름다움에 대한 가치기준을
> 여성적인 이미지 어필에서 찾으려는 것으로 통
> 상 (   )(이)라고 불린다.

① 매니쉬　　　　② 페미닌
③ 액티브　　　　④ 로맨틱

063

감각에서 파생된 룩과 스타일에 대한 설명으로
옳은 것은?

① 룩은 디자인상의 형식이나 특징을 가리키는
　 경우가 대부분이다.
② 스타일은 모양, 용모를 뜻한다.
③ 룩은 의상이 지닌 전체적인 인상의 특징을
　 포착하는 경우에 쓰이는 말이다.
④ 스타일은 이미지 또는 필링의 특징을 포착한
　 개념적인 용어이다.

064

기본 감성분류 4가지 타입 중 다음이 설명하는
것은 어느 미의식인가?

> 복고풍으로 현대적인 세련미보다는 꿈과 낭만
> 과 같은 환상의 세계를 그리는 것으로 레트로
> 라 부른다.

① 정적인 미의식
② 동적인 미의식
③ 미래지향의 미의식
④ 과거지향의 미의식

065

전통과 고전미를 추구하는 패션 감각으로 시대
가 변해도 그 가치가 변하지 않는 미국의 전통
적인 신사복 스타일을 가리키는 이 감각은 무
엇인가?

① 트래디셔널 감각
② 클래식 감각
③ 리치 감각
④ 스노브 감각

066

여성다운 우아함을 추구하는 패션 감각으로 여
성 미의식의 원점이라 할 수 있는 이 패션 감
각은 무엇인가?

① 꾸띠르 감각
② 엘레강스 감각
③ 슈어 감각
④ 페미닌 감각

067

여성다움을 추구하는 패션 감각으로 프루이드
룩, 사이렌 룩, 깁슨 걸 룩 등이 포함되는 패션
감각은 무엇인가?

① 시크 감각
② 엘레강스 감각
③ 소피스티케이티드 감각
④ 페미닌 감각

068

심플 미니멀 감각 중 극단적으로 길이를 최소화한 아이템을 코디네이트시킨 옷차림을 말하는 것은?

① 퓨리스트 룩
② 심플 룩
③ 마이크로 룩
④ 모던 룩

069

유희적 요소가 플러스된 모던한 이미지의 패션 감각으로 '정신적인 풍요로움'과 '시각적 즐거움'이라는 상징성을 가지고 있는 감각은 무엇인가?

① 모던 감각
② 포스트 모던 감각
③ 하이테크 감각
④ 매니쉬 감각

070

다음 중 하이테크 감각 계열에 속하지 않는 룩은?

① 퓨처리스트 룩
② 메탈릭 룩
③ 스페이스 룩
④ 앤드로지너스 룩

071

인공적으로 잘 다듬어진 남성다움을 모토로한 댄디 룩은 어느 패션 감각에 속하는가?

① 매니쉬 감각
② 스포티 감각
③ 액티브 감각
④ 모던 감각

072

스포티 감각 계열의 룩 중에서 요트, 보트, 선박 등 바다를 테마로 세일러 칼라와 트리밍 등의 특징을 가지고 있는 룩은?

① 조깅 룩
② 댄스 룩
③ 마린 룩
④ 폴로 룩

073

다음 중 자연 그대로의 순수함을 추구하는 에콜로지 감각 계열에 속하는 룩은?

① 트로피컬 룩
② 아웃도어 룩
③ 프리미티브 룩
④ 사파리 룩

074

히피 룩에 대한 설명 중 틀린 것은?

① 앤틱 감각 계열의 패션 감각이다.
② 히피 룩은 남루한 것이 특징이다.
③ 이국적 신비를 추구한다.
④ 고전에 대한 향수와 동경을 모토로 한 패션 감각이다.

075

다음 중 시대별 특징이 잘못 연결된 것은?

① 1940년대 – 슬림형의 짧은 타이트 스커트, 페플럼을 단 스타일
② 1950년대 – 어깨패드, 타이트 스커트, 핀턱, 커트워크
③ 1960년대 – 비틀즈, 미니 스커트, 레이어드 룩, 스페이스 룩
④ 1970년대 – 에스닉과 포클로어 룩, 판탈롱 팬츠, 사이키데릭아트

076

다음 중 단순·명쾌함을 추구하는 팝 감각 계열에 속하는 룩은?

① 타이포그래픽 룩
② 그룬지 룩
③ 타투 룩
④ 래그스 룩

077

다음에 설명하는 패션 감각은 무엇인가?

- 유머러스한 표현으로 시각적 즐거움을 추구하는 패션 감각이다.
- 가볍게 입고 즐긴다.

① 로리타 감각
② 콩게티슈 감각
③ 큐트 감각
④ 이노센트 감각

078

우아함과 단정함을 추구하는 양식과 소녀의 패션 감각으로 소공자 룩과 프레피 룩 등이 속하는 패션 감각은 무엇인가?

① 보이시 감각
② 올리브 감각
③ 미네트 감각
④ 로맨틱 감각

079

다음 중 섹슈얼 감각 계열의 룩이 아닌 것은?

① 히로인 룩
② 이너웨어 룩
③ 바디콘셔스 룩
④ 마돈나 룩

080

다음에 설명하는 룩은 무엇인가?

- 1975년 이브 생 로랑이 발표한 스타일
- 귀엽고 예쁘장하며 순진하면서도 청결한 젊음이 배어있는 스타일
- 검정색 벨벳재킷, 무릎길이의 반바지, 베레모

① 프래피 룩
② 테디보이 룩
③ 메르핸 룩
④ 소공자 룩

001

페미닌(Feminine) 감각에는 플루이드 룩(Fluide Look), 사이렌 룩(Siren Look), 깁슨 걸 룩 (Gibson Girl Look) 등이 속한다. 이들 중 하나를 선택하여 설명하시오.

002

1960년대와 1970년대는 젊음을 키워드로 한 패션이 유행하였다. 두 시대의 패션 경향의 특징을 비교설명하시오.

003

8개의 미의식 중 정적인 경향이 강한 대표적 감성 3가지의 예를 들고 각각의 특징을 설명하시오.

004

포클로어 감각의 의미와 그 패션 디테일(Detail)에 대해 기술하시오.

005

키치(Kitsch) 감각과 정크(Junk) 감각에 대해 비교기술하시오.

006

8가지 패션 감성 이미지를 각각 상반된 이미지로 나누어 비교기술하시오.

007

복고풍 취향의 패션 감각 중 1960년대 룩과 1970년대 룩을 비교하여 설명하시오.

....

....

....

....

....

008

키치 감각, 펑크 감각, 정크 감각의 특징을 비교하여 설명하시오.

....

....

....

....

....

009

남성취향의 터프한 이미지의 액티브 감각에는 워크 룩, 프로로 룩, 밀리터리 룩, 아미 룩, 에이비에이터 룩, 라이더스 룩, 레이서 룩 등이 속한다. 이들 중 세 가지를 선택하여 설명하시오.

....

....

....

....

....

010

앤드로지너스 룩(Androgynous Look)과 유니섹스 룩(Unisex Look)의 공통점과 차이점에 대해 설명하시오.

011

클래식 감각에 대해 설명하고 클래식 감각을 표현하는 구체적인 아이템 및 컬러, 소재, 문양을 제시하시오.

012

씨어터 감각의 룩에 대해 설명하시오.

Answer [1~12]

001 ① 플루이드 룩(Fluide Look)
- 옷감의 감촉은 입고 느끼는 것이기 때문에 매우 중요하며 지금은 옷감의 무게가 가벼울수록 좋은 평가를 받는다.
- 대부분 가벼운 옷감일수록 감촉도 부드러우나 옷의 종류에 따라 하드터치가 중요할 때도 있다. 또한 옷의 이미지나 감각에 따라서 소재 감촉이 주는 느낌도 달라져야 하며 모던 감각의 옷에는 하드터치의 소재가 어울리고 로맨틱이나 페미닌 감각의 옷에는 소프트 터치의 소재가 어울린다.
- 플루이드 룩은 페미닌 감각을 표현하는 스타일의 대표라고 할 수 있다.
- 가볍고 부드러운 드레시한 옷에 이런 스타일이 많다.

② 사이렌 룩(Siren Look)
- 인어에서 인스피레이션된 룩으로 가슴, 허리, 힙은 인체에 따라 딱 맞고 자락 부분이 인어의 꼬리처럼 넓게 퍼져있다 해서 붙여진 명칭이다.
- 이미지보다는 실루엣이 룩의 특징이다.
- 여성의 매혹적인 몸매를 유연하게 표현하고 있기 때문에 페미닌 감각을 어필시키는 패션에 잘 어울리는 룩이다.

③ 깁슨 걸 룩(Gibson Girl Look)
- 화가가 그린 그림 속 주인공이 입고 있는 의상에서 비롯된 룩이다.
- 깁슨 걸의 이미지는 1900~1910년대 미국과 유럽인들이 날로 가중되는 전쟁의 위협을 애써 외면하고 진보된 문명만을 향유하고 있던 시기에 생겨났다.
- 깁슨 걸이란 명칭은 찰스 다나 깁슨이라는 미국의 삽화가에 의해 비롯되었다.
- 극단적으로 가는 허리에 힙과 가슴을 풍성하게 살린 의상이다.
- 육체를 속박하던 의상이 사라지기 시작하고 바닥을 질질 끌던 롱스커트도 자취를 감추었다.
- 깁슨 걸 룩은 이와 같은 변혁기에 태어난 패션으로 의복의 합리화와 낭만이 뒤섞인 스타일이다.

002 1960년대는 이전의 오뜨 꾸띄르가 내세운 엘레강스에 반기를 들고 예술과 음악에서 젊음이 중요한 키워드로 작용하기 시작한 시대로, 비틀즈로 대표되는 대중음악의 유행과 인스턴트 문화가 시작되었다. 따라서 패션에 있어서도 자연미를 배격하고 인공미를 예찬하여 구조는 단순하고 명쾌하며, 기하학적 특징을 갖는다. 이런 특징은 팝 이미지를 통해 표현되었으며, 인기 만화의 캐릭터 사용과 상표를 대표적 모티브로 하여, 대중적 취향의 패션 감각을 이끌었다. 또한 캐주얼화가 시작되었으며, 대표적 아이템은 미니스커트로 패션의 전환점을 가져왔다.

1960년대가 패션에서 젊음이 폭발한 시대라면 1970년대는 현실에 적응하지 못하는 젊은이의 방황과 미래에 대한 회의, 방황, 회한의 시대였다. 따라서 패션도 히피와 같은 현실 도피적 스타일이 유행하였고, 인공미의 절정으로 사이키델릭 아트에서 영향을 받은 현란한 형광 염료의 색채와 자극적 색채가 유행하였다. 또한 아이템에 있어서는 미니의 유행에서 바지 부리가 넓은 판탈롱이 유행하였으며, 쁘레따 뽀르떼를 중심으로 에스닉 룩과 포클로어의 민속풍이 두각을 나타냈다.

003 ① 엘레강스(페미닌) : 여성다운 우아함을 추구하는 최상의 가치, 품격이 높고 값진 패션 감각으로 액티브와 대칭되는 미의식이다.
② 소피스티케이티드 : 지적 세련미를 추구하는 도시패션 감각, 비즈니스, 커리어 우먼과 관계한다. 전통적 격식과 일류품을 지향하며 고상과 세련미를 추구하는 패션 감각으로 컨트리 감각과 대칭되는 미의식이다.
③ 로맨틱 : 꿈과 낭만을 좇는 장식취향의 연극적 요소가 강하며 신비를 추구하고 소녀 취향의 청순미를 추구하는 패션 감각으로 매니쉬 감각과 대칭되는 미의식이다.

004 포클로어는 예부터 전승된 문화유산을 일컫는 말로서 민속학이라는 뜻으로 사용되며 전원적 취향의 일반적 민속으로서 유럽과 기독교권의 문화가 이에 속한다. 유럽지방의 농민의상 등 대자연 속에서 생활하는 사람들이 갖는 소박하고 전원적인 이미지를 특징으로 노스탈직한 감각과 수공예적인 요소가 강한 것이 특징이다. 그 패션 디테일로는 수공예적인 느낌의 크로셰, 자수, 아플리케, 스모킹(Smoking), 스팽글 장식 등이 페이전트 스타일 등에 많이 사용된다.

005 ① 키치 감각 : 고상함과 우아함에 반기를 든 저속과 파괴지향의 패션 감각을 말한다. 단정치 못하고 흐트러지고 천박하며 더럽고 추한 이미지, 격식과 상식을 무시한 디자인 등을 통해 혐오감을 유발시키는 감각이 바로 키치 감각이다.

② 정크 감각 : 고물예찬을 모토로 한 누더기 패션으로 리사이클(재활용)을 가장해서 만들어 낸 마치 떨어진 곳을 너덜너덜 기운 것 같은 걸인 스타일의 옷, 노숙자 패션 등을 일컫는 감각이다.

006 8가지 감성 이미지를 서로 상반된 이미지로 분류하면 엘레강스와 액티브, 소피스티케이티드와 컨트리, 모던과 엑조틱, 매니쉬와 로맨틱으로 나누어진다. 엘레강스란 고상하고 품위있는 여성다움을 지향하는 미의식이고, 액티브란 밝고 건강한 이미지를 추구하는 활동적인 미의식을 의미한다. 소피스티케이티드는 세련된 도시감각의 미의식이고, 컨트리는 서민적 정취와 야성미, 자유분방함을 추구하는 미의식이다. 모던은 색다른 개성과 지성미를 존중하는 현대적인 감각의 미의식이고 엑조틱은 소박한 여성다움과 이국적 신비에 매혹되는 미의식이다. 매니쉬는 자립심이 왕성한 남성취향의 미의식이고, 로맨틱은 꿈과 낭만을 좇는 소녀취향과 장식적 취향의 미의식이다.

007 ① 1960년대 룩
- 비틀즈의 등장 : 1960년대 초에 모즈 룩으로 나타나 전 세계를 열광시킨 비틀즈의 복장과 헤어스타일은 당시 젊은이들에게 거대한 영향을 미침
- 미니 스커트, 스페이스 룩, 레이어드 룩, 시스루 룩 등 참신하고 특징적인 패션이 수없이 탄생
- 1960년대 후반에는 기성복이 서서히 대두되기 시작하여 패션의 기성복 시대를 예고
- 지금은 1960년대를 겨냥하는 패션을 식스티즈 패션이라 하며 여러 방면에서 리바이벌 되고 있음

② 1970년대 룩
- 1970년대는 판탈롱에 의해 제2의 혁명기를 맞이한 시대, 1968년 시티 팬츠로 불린 팬츠가 1972년 가을, 겨울 시즌에 정점을 이룬 판탈롱은 부리가 넓은 것이 특징
- 에스닉 룩과 포클로어 룩 : 민속풍에 대한 관심이 고조된 시대, 이브 생 로랑과 다카다 겐조
- 판탈롱, 에스닉과 포클로어, 레이어드 룩 등 현실 도피적 스타일인 히피의 출연, 자극적이고 현란한 색채의 범람, 자연 상태의 긴 머리에 인디언 풍으로 헤어밴드를 매고 부리가 넓은 판탈롱에 체인벨트를 맨 남루한 차림의 젊은이들이 집시처럼 유랑생활을 즐김

008 ① 키치 감각 : 고상과 우아함에 반기를 든 저속과 파괴지향의 감각으로 그런지 룩, 테디보이 룩 등이 있다.

② 펑크 감각 : 전통과 룰을 거부하는 과격과 파괴지향의 패션 감각으로 태투 룩, 페일 룩 등이 있다.

③ 정크 감각 : 고물예찬을 모토로 한 패션 감각으로 래그스 룩이 있다.

009 ① 워크 룩 : 워크웨어에서 힌트를 얻음

② 프로로 룩 : 육체를 이용한 노동이 대부분인 그들의 평상복인 작업복에서 외출복화시킴

③ 밀리터리 룩 : 여성패션에 군복풍의 요소를 가미하여 디자인된 것

④ 아미 룩 : 육군이나 육군의 군복에서 힌트를 얻음

⑤ 에비에이터 룩 : 공군조종사들의 복장에서 유래, 점퍼가 특징

⑥ 라이더스 룩 : 오토바이를 탈 때 입는 옷을 외출복으로 활용한 것

⑦ 레이서 룩 : 자동차 레이서나 오토바이 레이서들의 복장에서 힌트를 얻어 만들어진 패션

010 앤드로지너스 룩과 유니섹스 룩은 성을 초월하는 스타일이라는 점에서 이 두 용어는 동일하다. 그러나 엄밀하게 말하면 앤드로지너스라는 말은 양성을 동시에 지녔다는 뜻이다. 이에 비해 유니섹스는 단성을 가리키는 말로 뉘앙스만의 차이가 아닌 본질적인 차이가 있다. 유니섹스 룩이라고 하면 단순히 성을 타파한 옷차림을 가리킬 것이지만 앤드로지너스 룩이라고 하면 성격과 취미까지를 포함한 것으로 남성의 여성화 취향, 또는 여성의 남성화 취향까지를 포함하고 있다고 볼 수 있다. 성격이나 취향이 남성화된 여성은 옷차림이나 헤어스타일, 액세서리의 사용에서도 일반 여성과는 많은 차이점이 있다.

011 패션에 있어서의 클래식은 상당히 오랫동안 지속되는 특정 스타일을 가리키기도 하고, 전통적이고 베이직한 뉘앙스를 풍기는 의상을 가리켜 클래식 타입이라고 정의하기도 한다. 즉, 클래식의 생명은 지속성이라고 할 수

있다. 대표 아이템으로는 테일러드 수트(남성 양복을 본뜬 여성 수트), 샤넬 수트, 카디건, 플렌 스웨터, 셔츠, 블라우스, A라인 스커트, 스트레이트 팬츠 등이다. 컬러는 웜컬러 계열이 클래식의 베이직 컬러이다. 클래식은 온화하고 차분한 인상이 중요하기 때문에 따뜻하고 정감이 있는 색채가 중심이 된다. 뉴트럴 컬러 중심으로 브라운 계통, 와인 계통, 그리고 깊이가 있는 그린 계통이 클래식을 대변하는 데 안성맞춤이다. 소재와 무늬는 울을 중심으로 한 자연소재로, 울 이외에는 코튼, 실크, 리넨 등의 소재가 클래식을 상징하는 소재이다. 무늬는 핀 스트라이프, 글렌 체크, 타탄 체크, 헤링본, 하운즈 투스(사냥개의 이빨을 본뜬 체크의 일종)와 같은 전통적인 무늬가 클래식 패턴이다.

012 씨어터 감각은 연극적 요소가 강한 로맨틱 이미지의 패션 감각이다. 씨어터 감각 계열의 패션 스타일로 히로인 룩은 소설이나 연극 속의 주인공에서 흔히 볼 수 있는 옷차림을 말한다. 여기에서 말하는 소설이나 연극은 서양의 중세를 배경으로 한 것으로 그 중세풍의 것을 모티브로 해서 현재에 통용될 수 있도록 어렌지(Arrange)한 스타일이라고 보면 된다. 중세기의 생활양식과 문화를 대표하는 것은 빅토리안, 빅토리안풍의 의상이 히로인 룩의 아이디어 소스가 된다. 러플이나 프릴을 풍성하게 단 블라우스나 드레스 그리고 스커트. 소재는 타프타나 튤 레이스 같은 화려한 것이 중심을 이룬다. 빅토리안과 더불어 바로크풍의 패션도 히로인 룩의 훌륭한 테마가 된다. 메르헨 룩 역시 씨어터 감각 계열의 패션 스타일로 '메르헨'이라는 독일어는 '공상적인 이야기', '동화'를 뜻한다. 바로 이와 같은 분위기를 살린 의상을 메르헨 룩이라고 한다.

제2과목

패션 마케팅
(마케팅)

I wish you the best of luck!

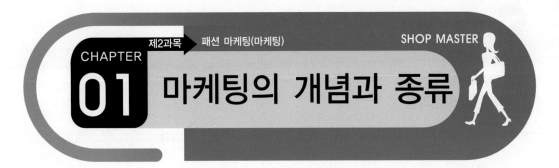

마케팅의 개념과 종류

마케팅의 정의

마케팅이란, 하나의 상품을 계획하여 생산자로부터 적절한 소비자에 이르기까지 상품의 흐름을 제시해주는 모든 활동을 의미하며, 여기에는 제품개발, 가격결정, 판매촉진, 유통이 포함된다.

마케팅의 목적

마케팅의 목적은 이윤을 얻고자 하는 것이다. 소매업자나 생산자가 이윤을 얻고자 한다면 소비자가 바라는 상품을 만들어 내야 하며, 잠재소비자가 구입하고자 하는 상품을 제시해야 한다. 그러기 위해서는 회사의 모든 단계가 마케팅 지향적인 구조를 갖추어야 하며, 소비자의 필요와 욕구를 만족시킬 수 있는 경영계획을 세워야 할 것이다.

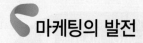

마케팅의 발전

1. 마케팅의 발전과정

마케팅의 발전단계는 시대별로 다음과 같이 7단계로 세분화할 수 있다.

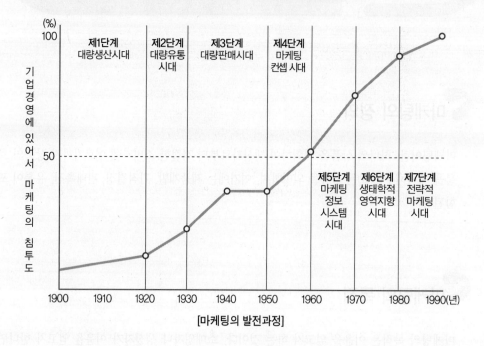

[마케팅의 발전과정]

2. 마케팅 발전과정의 특징

대량생산시대 (1910년대)	• 생산지향시대 • 수요 〉 공급 • 근대적인 공장생산체계가 확립된 시기 • 엔지니어링이나 테크놀로지가 중요한 역할을 한 시대 • 만들기만 하면 팔리던 시대 / 팔려고 애쓰지 않아도 팔리고 가만히 앉아서 주문을 받음 • 대량생산에 의해 저렴한 가격의 상품을 소비자에게 제공 • 마케팅 활동이 중요하게 인식되지 않음
대량유통시대 (1920년대)	• 대량생산기술의 발달로 생산능력 대폭증가 • 수요 〉 공급 • 유통지향시대 • 유통혁명 → 체인 스토어(Chain Store) 등장
대량판매시대 (1930년대 ~1950년대)	• 팔려고 노력하는 시대 • 수요 = 공급 • 세일즈(Sales) 지향시대, 판매지상주의 • 영업능력의 차이가 기업의 차이 • 경제 대공황으로 소비자의 구매력 감소 • 대량생산, 대량판매의 시대 • 도매상에 밀어내기식 판매 • 마케팅 수단으로 광고(Mass Marketing 전략) 중요시 : 대중매체(신문, 잡지, 라디오 등)를 광고에 활용
마케팅 컨셉 시대 (1950년대)	• 만들어 놓아도 팔리지 않는 단계 • 수요 〈 공급 • 소비자가 원하는 신상품 개발의 필요성 인식 • 효율과 비용절감 추구 • 소비자분석, 소비자지향사고로 마케팅 개념이 침투되면서 마케팅 시대의 본격적 개막
마케팅 정보 시스템 시대 (1960년대)	• 마케팅이 기업의 중심인 시대 • 수요 〈 공급 • 마케팅적 사고의 중요성 인식(마케팅 정보시스템 발달) • 경영활동의 다양화, 복잡화 • 컴퓨터를 기초로 한 마케팅 정보시스템 시대(POS System)
생태학적 영역지향시대 (1970년대)	• 에콜로지 마케팅 시대 • 소비자운동, 공해문제, 자원 · 에너지 부족 등의 환경운동이 문제시됨 • 시민으로서의 소비자 중시 • 컨슈머리즘(소비자운동, 소비자중심주의)이라는 의식으로 발전
전략적 마케팅 시대 (1980년대)	• 불확실성, 비연속성, 난기류 • 수요 〈 공급 • 생산, 조직, 예산분배 등 모든 것이 고객 중심의 사고에서 출발 • 기업 자체 경영기반 약화에 따라 의사결정문제를 신중히 다루는 전략적 마케팅 시대

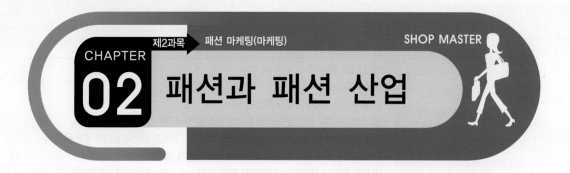

패션과 패션 산업

패션의 개념과 특성

1. 패션의 개념

(1) 패션의 어의

패션(Fashion)은 라틴어 팩티오(Factio)에서 유래된 것으로 그 뜻은 만드는 것, 즉 행위·활동·당파를 만드는 것을 의미한다. 중세 영어로는 팩시움(Facioum)이었으며 현대에 와서 패션(Fashion)으로 되어진 것으로 프랑스의 모드(Mode), 이태리의 모도(Modo)에 해당되는 내용이기도 하다. 패션(Fashion)에 대한 사전적인 정의는 어떤 타입(Type)의 스타일(Style)이 특정 사회에 제안되어 다양한 경로를 거쳐 그 사회에 수용되게 되어 많은 사람들이 그 스타일을 자기표현의 수단으로 생활화하는 일종의 사회현상이라고 정의되고 있다.

사회학자인 심멜(George. Simmel)은 "패션이란 두 가지 상반되는 욕구, 즉 개인적 차별화의 욕구와 사회적 공통화에의 욕구로 개성화와 동조성으로 지탱된다"라고 하여 개인의 강조와 사회 집단과의 융화라고 하는 이율배반적인 심리적 욕구의 관점에서 패션의 개념을 제시하였다. 니스트롬(P. H. Nystrom)은 경제학적 관점에서 "패션이란 어떤 일정 기간 동안 유행된 스타일 이외의 공동의 지적 활동으로 동일 자극에 대하여 동일한 방법으로 반응됨에 의해 성립되는 현상"이라 하여 단순한 스타일의 변화 과정으로 설명하였다. 안스파 (Karlyne Anspach)는 "특정 기간에 인간 집단이 수용하는 언행, 걸음걸이, 식사, 의복 착용 등의 양식"이라고 패션을 정의하였으며 그 후 "패션이란 동일의 사물을 동시적·개별적으로 선택하는 수많은 개별 취향의 총화인 대중적 취향이다"라고 하여 패션에 대한 개념을 제시하였다. 그리고 킹(S. W. King)은 "새로운 상품이 생산자나 디자이너에 의하여 사회에 소개된 후 소비자에게 채택되기까지의 사회적 전파 과정"이라고 하여 패션을 하나의 전파 과정으로 보았다.

이상에서 본 것과 같이 패션의 개념은 그 범위가 넓어 학자들의 견해도 그 관점에 따라 차이가 있음을 알 수 있으나 여러 학자들의 패션에 대한 견해들이 본질적으로는 그 개념이 같은 맥락임을 알 수 있다. 학자들이 주장한 패션에 대한 여러 견해들을 종합하여 정리해 보면 "패션이란 일정한 사회에서 일정 기간 내 상당수의 사람들이 어떤 자극에 대하여 일으키는 반응으로서 사회적 동조 행동(Conformance Behavior)의 한 형태"라고 개념화할 수 있다. 또한, 패션을 의복에 제한하여 협의의 개념으로 설명하면 "특정한 시·공간에 있어서 다수인에 의해 채택되고 수용되어지는 의복 스타일"이라고 할 수 있겠다.

패션이란 입는 것에서부터 시작하여 우리가 살고 있는 주택, 먹는 음식뿐만 아니라 여가시간, 컴퓨터 게임, 영화, 음악, 춤, 성형수술, 전공을 선택하는 것에 이르기까지 매우 광범위한 영역에서 존재한다. 일반적으로 '주어진 시간에 많은 사람들에게 인기 있는 것'으로 정의되는 패션은 일정기간이 지나면 더 이상 존재하지 않으므로 본질적으로 '변화'를 의미한다. 특정 시기에 아무리 인기 있는 패션일지라도 시간이 지나면 사람들은 당시의 패션에 싫증이나 지루함을 갖게 되고 그것으로부터 벗어나기 위해 새로운 것을 추구한다. 따라서 패션이 새로움과 변화를 추구할 수 있는 대상이라는 점은 패션 업체와 소비자에게 시사하는 바가 크다.

또한, 패션은 소비자 자신의 개성이나 감성을 표현할 수 있는 수단이라는 점에서 중요하다. 특히, 생활수준의 향상에 따라 소비자는 제품의 기능성보다 제품의 스타일이나 디자인을 중요하게 인식함으로써 패션을 소비자 자신의 개성과 취향을 나타내는 매개물로 사용한다. 소비자는 패션을 통하여 자신의 감성과 개인의 미적인 감각을 표현할 뿐만 아니라 그들의 생활수준이나 지위, 신분 그리고 사회적 승인이나 동조까지도 표출한다.

(2) 패션 용어

패션과 관련되어 많이 사용되고 있는 용어를 살펴보면 다음과 같다.

① 하이패션(High Fashion)

하이패션은 보편화되기 이진 상태의 첨단적인 최신 유행이며, 패션 주기의 소개단계에서 유행 선도자(Fashion Leader)에 의해 받아들여지는 스타일이나 디자인으로 일부 상류층이 즐겨 입는 제한된 디자이너의 창작적·독점적 디자인을 말한다. 하이패션의 특징은 패션화의 과정상 초기단계로서 소량 생산되어 높은 가격과 대부분 극단적으로 과장된 스타일이어서 실용적이기보다는 새로운 영감의 근원이 되며 디자인, 착용자의 사회적 명성이나 권위 등이 대중과 차별화된다.

② 매스패션(Mass Fashion)

하이패션과 상응되는 용어로서 최신유행이 전파·확산된 다음 대중들에 의하여 받아들여지는 패션을 말한다. 패션화 단계는 상품이 대량생산되고 광범위한 지역에서 상당히 진전된 것이며, 보통 수준의 가격의 대량생산과 대량 마케팅에 의해 촉진된다.

③ 포드(Ford) / 패드(Fad)

한 시기, 한 사회 안에서도 채택 인구수, 수용 단계, 기간 등이 다른 몇 개의 패션이 동시에 존재할 수가 있는데 그 중에서 가장 인기가 있어 많이 채택되어지고 장기간 수용되어지는 패션을 포드(Ford)라 한다. 이에 비하여 패드(Fad)는 일시적인 유행을 뜻하는 말로 비교적 짧은 기간(2~3개월 정도)에 한정된 좁은 지역에서 유행되는 현상이며, 채택인구가 극소수인 집단이 급격히 상승하여 유행하다가 순식간에 소멸되는 짧은 수명의 패션을 말한다.

④ 클래식(Classic)

클래식은 고전적, 전형적 등의 의미로 고대 그리스, 로마 풍을 모범으로 기본적·전통적 뉘앙스를 갖는 스타일로서 시간의 제한을 받지 않는 영속적인 패션으로 받들어지는 디자인이나 스타일을 말하며, 시대를 초월하여 이어져 온 가치와 변하지 않는 보편성을 가진다.

오랜 기간 지속적으로 수용된 특정 스타일로 디자인은 전통적이고 정형화되어 하나의 유행이 정점에 도달한 후 서서히 사라지면서 정착되어 고유 스타일이 남게 된다.

⑤ 스타일(Style)

스타일은 형식, 양식 등의 뜻으로 하나의 복식이 단기간 또는 장기간에 걸쳐 유행되다가 정착된 '다른 것들과 하나의 대상을 구별하는 특징적인 형태'이다. 의복에 있어서는 형태의 윤곽선인 실루엣(Silhouette), 라인(Line), 룩(Look)과 같은 의미로도 사용된다.

⑥ 모드(Mode)

모드의 어원은 라틴어의 모뒤스(Modus)에서 유래되었으며, 시대적으로 취미·기호에 따라 생활이나 의복양식을 정하는 일시적인 풍속이다. 하이패션을 의미하고, 매스패션의 원형이 되는 것을 말한다. 즉, 예술적인 창작으로 새로운 형태와 감각을 창조하는 것으로 패션 크리에이터(Fashion Creator)들에 의해 발표되어진 제안형의 뉴 패션(New Fashion)을 모드라 설명할 수 있다.

⑦ 보그(Vogue) / 크레이즈(Craze)

보그는 '인기를 끌고 있다', '호평을 받고 있다'는 뜻을 지닌 프랑스어로, 가장 광범위한 유행을 의미하는 패션이며, 개성이 강한 유행을 포괄적으로 설명할 때 사용하는 경우도 있지만 영어의 패션과 동일한 의미를 지니고 있다. 보그라는 패션 잡지에서 같은 이름을 사용하고 있다. 크레이즈는 급격하게 확산 · 전파되며, 열광적 · 찰나적으로 유행하는 현상을 의미한다.

⑧ 오뜨 꾸띠르(Haute Couture)

오뜨 꾸띠르는 고급 전문점으로 '우수한 봉제작업'을 의미하는 프랑스어이다. 고급 주문복을 전문으로 하는 '고급 의상점'이란 의미와 일반 주문복이 아닌 '고급 주문복'이란 의미의 두 가지로 쓰이고 있다. 파리의 꾸띠르 하우스의 집단이며 정교한 봉제기술과 디테일(Detail)이 완벽하다. 꾸띠르 하우스(Couture House)의 소속 디자이너들이 독창적인 컬렉션(Collection)을 발표하여 개인적인 맞춤방식을 기초로 주문생산한다.

⑨ 쁘레따 뽀르떼(Pret-a-Porter)

쁘레따 뽀르떼는 '바로 입을 수 있도록 준비된 옷'이란 의미로서 일반적으로 고급 기성복을 말한다. 정확한 의미로는 전년도에 오뜨 꾸띠르에서 발표된 것을 기성품 느낌으로 재단과 봉제를 수정하여 일반 소비자가 부담 없이 입을 수 있도록 만든 고급 기성복을 말한다.

오늘날에는 오뜨 꾸띠르의 작품에 기본을 둔 것과 병행하여 아예 처음부터 쁘레따 뽀르떼를 위하여 디자인하고 재단 · 봉제되어 제작되는 경우도 있다. 따라서 쁘레따 뽀르떼 전문 디자이너도 많이 출현하여 활동하고 있으며, 특히 쁘레따 뽀르떼를 위한 컬렉션이 파리를 중심으로 한 패션 선진국에서 매년 3월과 10월에 개최되고 있어 디자이너의 독자적인 상품개발에 호평을 받고 있다.

2. 패션의 특성

(1) 가변성(Variation) : 패션은 끊임없이 변화한다.

패션은 끊임없이 변화한다. 즉, 변화가 패션의 생명이며 원동력이다. 오늘날의 패션은 거의 맹목적이라고 할 만큼 변화의 모습이 다양하며 유동적이다. 패션 변화의 원천은 대중의 필요(Needs)와 욕구(Wants), 싫증(오래된 것에 대한 권태), 새로운 것에 대한 동경, 패션 창출자를 자극하는 사회 · 경제적인 조건과 환경 등을 들 수 있다.

(2) 주기성(Cycle) : 패션에는 사이클이 있다.

패션은 대중의 인기도와 관련하여 하나의 리드미컬한 사이클을 가진다. 즉, 소비자가 어떻게 인식하고 수용하는가의 여부에 따라 주기가 형성된다. 출발 시점과 종료 시점을 예측할 수 없고 그 지속의 폭은 일정치 않으나 패션의 사이클은 창출과 소개가 되고 나서 계속 확산되면서 절정에 도달했다가 하락하면서 서서히 사라지는 종형(鐘形)의 사이클을 나타내며 진행된다.

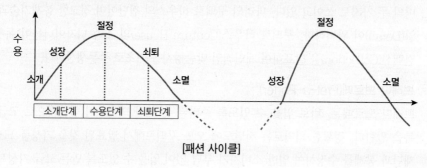

하나의 유형이 유행의 파도를 타고 진화되면서 그 인기가 상승하여 정점에 도달하였다가 다시 하락하는 움직임

[패션 사이클]

① 소개기(도입기)

선도적 디자이너나 의류업체가 신상품을 시장에 소개하는 단계, 소수의 혁신 소비자들이 채택하여 착용함으로써 대중에게 소개된다.

② 성장기(상승기)

사회적 가시도가 증가하면서 보다 많은 소비자들에게 패션이 전파되는 시기, 조기 수용자(패션 리더)들에 의해 채택되는 단계, 대중성 있는 스타일과 소비를 유도하는 가격대 상품으로 새로운 스타일을 인식한다.

③ 절정기(성숙기)

패션의 인기가 절정에 달해 대중에게 패션이 전파되는 시기, 패션 추종자(Fashion Follower)들에 의해 모방되는 단계, 대중성 있는 스타일과 소비를 유도하는 가격대의 상품으로 소비자들의 기본적 패션 욕구를 만족시켜 주고 상당 기간 대중 속에 존재하는 기간을 유지하게 된다. 이 시기에 패션 리더들은 차별화의 욕구를 충족시키기 위해 다른 스타일을 시도한다.

④ 쇠퇴기(하락기)

판매량이 감소하기 시작하여 시장에서 사라져 가는 단계, 거리에서 쉽게 볼 수 있으며 대다수의 사람들이 착용하고 있어서 신선미가 떨어진 스타일이 되며 그 패션으로부터 도피하고 싶을 뿐만 아니라 새로운 것을 추구하고 싶은 인간의 심리가 작용하게 되며, 대중으로부터 외면 당하는 시기에 이르게 된다.

⑤ 소멸기(폐지기)

소비자들이 이미 새로 소개된 다른 패션에 매료당해 기존의 스타일이 폐기되는 단계, 상품의 가격이 가장 저렴(가격인하, 재고 처리 등)해지는 시기로 패션 주기의 마지막 단계이다.

(3) 수명(Fashion Life) : 패션에는 수명이 있다.

살아 움직이는 모든 생물체에 수명이 있듯이 패션도 생명체처럼 출생과 성장, 사망이란 일생을 가진다. 탄생(창출 및 발생)해서 장성(상승 및 확산)하고 전성기(대중화, 절정)를 맞았다가 사망(하강, 소멸)하기까지의 시간적인 추이(推移)를 패션의 수명이라 하며 이러한 패션의 행태를 복식의 생태라고도 한다.

하나의 패션이 발생하여 소멸되기까지의 기간은 일정치 않고 그 지속의 시간적 차이가 심하다. 오래가는 패션이 있는가 하면 단명으로 생을 마치는 패션도 있고 확산·진행과정이 급속도로 이루어지는 패션이 있는 반면에 완만한 경우도 있다. 패션의 수명을 그 진행과정의 측면에서 3단계로 구분해 보면 다음과 같다.

① 제1단계 : 모드(Mode) – 발생

기존 패션에 대항하여 새로운 패션이 등장하는 단계이다. 계절감을 앞당겨 발표되며, 보편적으로 세계의 패션을 주도하는 파리, 밀라노, 뉴욕, 도쿄 등의 세계적 유명 디자이너들에 의해 탄생하는 단계이다. 모드란 제안되고 소개된 최초의 패션 스타일로서 패션 선구자들의 관심도에 따라 그 운명이 좌우된다.

② 제2단계 : 패션(Fashion) – 대중화

발표되어 탄생된 모드가 대중으로부터 주목 받고 공감을 얻음으로서 대중화·일반화가 이루어진 단계로 패션 수명에서 보면 전성기에 해당된다.

③ 제3단계 : 스타일(Style) – 정착/소멸

패션이 거의 완전한 대중화가 이루어져 그 스타일이 정착화된 상태의 시기에 해당된다. 일반적으로 이 단계를 거치는 과정에서 대중으로부터 외면을 당하면 소멸되는 경우가 많으나 기본 스타일(Basic Style)로 남게 되면 클래식(Classic)으로 정착된다.

(4) 모방성(Imitation) : 패션에는 동조 행동이 있어야 한다.

패션으로서 그 존재 가치가 형성되려면 동조 행동이 있어야 한다. 동조 행동이란 타인의 행동 양식을 흉내냄으로서 상징적인 인물로 격상하고 싶은 심리적인 욕구 행위라 하겠다. 프랑스의 세계적 패션 디자이너인 가브리엘 샤넬(Gabrielle Chanel)은 "인간에게 있어 모방이라는 행동 양식이 존재하지 않는다면 어떻게 패션이라는 것이 성립될 수 있겠는가"라고 하여 패션에 있어서 모방의 중요성을 지적한 바 있다.

모방을 인간의 본능으로 보는 심리학자들의 견해와 사회화 과정의 일부분으로 보는 사회학자들의 견해가 양존하나 샤넬이 지적한 바와 같이 모방이라고 하는 동조 행동이 인간의 욕구 속에 내재되어 있지 않다면 패션의 성립은 불가능하다고 보겠다.

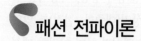 패션 전파이론

패션 전파이론은 패션의 단계별 구조를 밝힘으로써 패션 확산의 메커니즘을 규명하고자 하는 이론으로 각각의 장·단점이 있으며 이는 여러 조건에 따라 적합한 이론을 적용하는 것이 바람직하다.

1. 하향전파이론(Trickle-down Theory ; Upper Class Leadership Theory)

패션은 사회 경제적 상류층으로부터 낮은 계층으로 확산된다는 주장이다. 즉, 새로운 패션 스타일은 상류층에 의해서 최초로 착용되며 이들을 부러워하는 중간층에 의해 모방(Imitation)·확산된다고 본다. 중간층에 의해 새로운 스타일이 채택되면 상류층은 그들과의 차별화(Differentiation)를 위해 또 다른 새로운 스타일을 선보인다. 과거에는 패션 리더가 사회 경제적으로 상류층이 많았다는 점이 이 이론을 뒷받침한다.

2. 상향전파이론(Trickle-up Theory ; Subculture Leadership Theory)

하향전파이론과는 달리 상향전파이론은 아래 계층의 패션이 상류층으로 상향전파된다는 주장이다. 여기서 아래 계층이란 사회 경제적인 하류층만을 의미하는 것이 아니라 일종의 하위문화(Subculture)를 의미한다. 이 주장을 뒷받침하는 대표적인 예로는 노동자의 패션이던 청바지, 히피(Hippie), 힙합(Hiphop) 등이 고급 부틱 브랜드의 스타일로 재탄생하는 점등을 들 수 있다. 상향전파되는 원인은 아무 제약 없이 자연스럽게 표출된 하위문화의 패션에 대중이 쉽게 공감할 수 있기 때문이다.

3. 수평전파이론(Trickle-cross Theory ; Mass Market Theory)

한 스타일이 누구에 의해 선보이고 채택된다기보다는 여러 계층에 동시에 전파된다는 주장이다. 이 주장을 뒷받침하는 근거로는 의복이 대량생산되면서 같은 스타일이 다양한 가격대로 만들어져 모든 계층이 패션 스타일을 동시에 채택한다는 점을 들 수 있다. 의복이 대량생산되기 전에는 사회 경제적인 하류층은 최신 패션을 입을 수 없었다. 그러나 현대에 들어와서는 가격만 다를 뿐 누구나 패션에 관심이 있으면 최신 패션 스타일을 입을 수 있다. 요즘 시대의 패션 리더는 반드시 사회 경제적인 상류층이 아니며, 청소년 집단, 커리어 우먼 집단 등 사회 집단별로 패션 리더가 존재한다는 점이 이 이론을 뒷받침한다.

4. 집합선택이론(Collective Selection Theory)

패션이 확산되는 메커니즘을 위의 이론에서처럼 계층에 따른 것이 아니라 사회 구성원의 집합적인 선택으로 보는 견해이다. 즉, 여러 브랜드에서 다양한 스타일이 제시되지만 결국은 대중의 취향과 일치하는 몇몇 스타일을 사회 구성원들이 한꺼번에 채택함으로써 유행되기 시작한다는 것이다. 패션이 확산되는 이유는 소비자가 남에게 뒤지지 않기를 원하기 때문이라고 본다.

[패션 전파이론]

구 분	내 용
하향전파이론	• 1904년 심멜(George Simmel)에 의해 발표된 전통적인 전파이론 • 패션은 상류 계층에서 시작되어 바로 인접한 아래 계층으로 확산되며 이 과정은 하류 계층에 이르도록 계속된다는 주장 • 패션의 동기를 상하 그룹 간의 수직방향에 의하여 설명하는 입장
상향전파이론	• 1966년 그린비그와 글린(Greenberg & Glynn)에 의해 주장 • 사회의 하위문화 집단의 패션이 사회 전반에 전파되는 현상 • 자유로운 라이프스타일과 사고방식이 독창적인 창조를 가능하게 함 • 1960년 미니스커트, 부츠, 청바지의 유행, 히피, 펑크, 힙합 등
수평전파이론	• 1963년 킹(King)에 의해 처음 명칭이 사용된 전파이론 • 패션 선도자의 추종자가 동일한 사회적 계층 내에 존재하며, 모방의 대상을 동료 중에서 찾는다는 이론(동료 : 같거나 유사한 사회적 계층) • 수평전파현상은 디자이너나 어패럴 메이커의 새로운 제안에 매스컴이 공감을 하고 소비자들이 패션에 흥미와 인식을 가짐으로 가능 • 영화스타, TV 탤런트, 인기가수 등을 동경의 대상으로 여기는 것
집합선택이론	• 1960년대 스멜스(N. J. Smelser, Lang, Blumer)에 의한 전파이론 • 패션 동기가 계층 간의 차별 욕구에서 집합적 선택으로 변화하였다는 주장에서 성립 • 유행에 대한 사회의 영향을 가장 강조한 것 → 공통적인 취향 형성

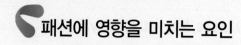
패션에 영향을 미치는 요인

사회의 경제적, 사회적, 정치적, 문화적, 기술적 상황들이 서로 합해져서 한 시대를 특징 짓는 시대정신을 만들며, 이 시대 풍조는 패션에 반영되어 다른 시대와 구별되는 독특한 패션이 창조된다.

1. 사회적 요인

사회 현상의 여러 요인에는 고도 산업 사회, 첨단 과학 사회, 정보 고속화 사회, 핵가족 사회, 도시화 사회, 여성의 지위 향상과 성 역할의 변화 등을 말할 수 있다.

산업의 고도화로 물질적 풍요로움은 차원 높은 패션을 요청하게 되고 기술력의 향상은 질 높은 패션을 제공해 준다. 정보 고속화는 최신 패션 정보가 신속하게 입수됨으로서 소비자의 패션 변화에 대한 기대 심리를 자극하게 되며, 핵가족 사회화는 세대 간의 갈등과 제약을 해소해 줌으로써 자유분방한 패션 변화를 마음껏 향유케 하고, 도시화는 여가와 취미 생활을 유도하고 패션의 캐주얼화의 기회를 유도한다. 그리고 여성의 지위 향상은 사회 참여 기회를 제공하여 의복 선택의 폭을 넓게 하고 재화의 획득은 자유로운 구매권 행사를 하게 한다.

모든 패션은 그 사회의 정신을 잘 반영하고 있으며, 여러 가지 사회적 변화들은 패션에 중요한 영향을 미친다. 물질문명의 발달은 소득의 증대와 더불어 여가시간을 증대시켰으며 여가시간을 즐기기 위한 캐주얼한 스타일의 의복이 유행되었고, 그 중에서도 스포츠 웨어의 보급은 새로운 패션 스타일의 변화에 큰 역할을 하고 있다. 1960년대에는 베트남 전쟁의 반전 운동으로 히피 룩이 유행하였으며, 여성의 지위 향상은 남녀 복식의 유사성을 증대시켜 유니섹스 룩의 등장을 가져왔다. 민주주의의 발달은 신분 계급 제도의 폐지와 중류층의 확대를 가져와 새로운 스타일을 추구하는 사람들의 수를 증가시켰고, 교육의 증가는 새로운 패션을 받아들이는 데 보다 적극적이고 긍정적인 태도를 갖게 하였다.

2. 정치적 요인

국제 간의 교류와 한 국가의 통치 지향 목표를 들 수 있겠다. 정치적인 요인들은 한 시대의 패션을 금지시키거나 패션의 질을 높이는 등 많은 영향을 미친다.

전쟁시에 정부는 의복에 사용되는 직물의 양을 규제하여 스타일을 한정시켰으며, 재클린 케네디 같은 젊은 퍼스트레이디의 등장은 재클린 룩을 유행시켰다. 미국의 닉슨 대통령의 중공 방문으로 미국에서는 한때 하이네크의 실크가운이 유행하였으며, 영국의 찰스 황태자비였던 고 다이애나의 머리 스타일이 패션에 영향을 미쳤다. 외국과의 외교 관계도 패션에 영향을 미쳐 미국과 소련의 냉전 이후 러시아 코작족의 의복인 오버 블라우스의 빅 룩(Big Look)이나 부츠가 미국에서 유행하였고, 소련에서는 블루진이 유행하였다.

3. 문화적 요인

어느 시대를 막론하고 당시대를 풍미했던 패션 스타일은 바로 그 시대의 문화를 담고 있다. 그 시대의 문화적 환경은 새로운 패션을 창출하는 주요인이 되는데 특히 예술과 미의식에 대한 교육이나 관심은 사람들로 하여금 새로운 예술 양식을 추구하게 하며, 심미적 가치에 기준하여 그들이 속한 문화적 환경에서 새로운 패션의 실루엣이나 소재, 색채, 액세서리 등의 디자인 발상을 가능하게 한다. 디자이너들은 문화 현상들로부터 아이디어를 추출, 대중의 기호를 만족시키는 새로운 패션을 창조하는 것이다.

4. 경제적 요인

경제 성장과 경제 교류가 이루어지고 안정적인 고용 보장이 확립되어 있으면 부의 광범위한 확산이 이루어지고 생활의 필요 경비 이상의 수입을 얻게 됨으로서 중류 계급의 쾌적한 생활을 수용할 수 있는 여유 있는 사람들이 증가하게 된다. 따라서 사회는 풍요로워지고 사람들이 자기 소유에 대한 즐거움을 만끽하고자 하는 욕구가 구매력을 자극하게 되고 따라서 다양한 스타일의 제품이 창출된다.

한 사회가 경제적으로 발전되고 개인의 소득이 증가하면 패션의 속도가 빨라지며, 경제적으로 불황이거나 인플레이션이 심할 때면 패션의 변화 속도는 느려지게 된다. 또한 국내외적인 산업구조, 즉 보호 무역 정책이나 수입 자율화 정책, 소비의식의 변화, 유통 구조의 변화, 개발도상국 간의 수출 경쟁 등은 패션에 영향을 미친다. 20세기에 접어들면서부터 스커트 길이의 변화는 경제 상태와 밀접하게 관련되어 있음을 알 수 있다.

5. 기술적 요인

신소재들의 탄생이나 새로운 직물 가공 기술의 발명은 새로운 패션의 발생을 가속화시켰다. 합성섬유의 발명은 패션의 주기를 단축시켰으며, 1980년대 탄성섬유의 발명은 몸에 꼭 맞는 옷의 유행을 가져왔다. 전파 매체들의 발달은 패션의 지역 차이를 줄이고 패션이 퍼져나가는 속도를 빠르게 했으며, 전 세계의 의복이 단일화되어 가는 현상을 가져왔다.

6. 가치관

생에 있어서 어떤 것이 중요하고 어떤 것이 중요하지 않은가에 대한 기본 신념을 가치관의 개념으로 파악했을 때 가치관이 시대와 환경의 변화와 더불어 계속 변화됨에 따라 패션에도 영향을 미치게 된다. 특히 현대인의 의식이 다양성, 차별성, 특수성을 지향하는 까닭으로 패션의 차별화는 당연한 현상이라 하겠다.

7. 라이프스타일

라이프스타일은 인간의 생활 혹은 시간과 돈을 소비하는 유형이라고 정의할 수 있는데 개성이 강한 현대인은 이 라이프스타일 역시 다양하다. 통근, 통학(City Life), 관혼상제(Formal Life), 가정의 휴식(Home Life), 레저(Leisure Life)로 현대인의 라이프스테이지를 구분할 수 있는데 이러한 생활공간에 알맞은 스타일은 패션 변화에 가속을 붙게 한다.

이 외에도 패션 정보의 신속성과 대중성, 유통환경의 다양한 변화, 패션 리더의 변화, 도시로의 인구집중 및 핵가족화 현상 등의 다양한 요인들이 패션화 사회의 중요한 변화 요인으로 작용한다.

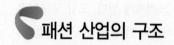

패션 산업의 구조

1. 패션 산업의 정의 및 범위

(1) 패션 산업의 정의

우리나라에서 패션 산업이라는 용어가 일반화되기 시작한 것은 얼마되지 않는다. 일반적으로 패션 산업이라고 하면 의류산업을 말하는 것이 보통이다. 그 이유는 의류산업만큼 패션의 영향을 많이 받는 산업도 없기 때문이다.

패션 산업이라 함은 패셔너블한 상품의 생산과 판매에 관련되는 모든 산업을 의미한다. 섬유소재에 관련되는 산업을 비롯하여 소재판매업, 의류제조업, 의류판매업, 부자재의 제조업이나 판매업, 토털 패션으로서의 액세서리 등의 관련업, 패션 관계의 출판업이나 교육사업, 패션 광고업, 패션 스페셜리스트를 컨트롤하는 비즈니스, 패션 컨설턴트와 같은 보조관련 비즈니스 등을 말한다.

협의로는 어패럴 산업만을 패션 산업으로 보는 경우도 있다. 흔히 패션 산업과 섬유산업을 동의어로 보는 경우도 있으나 패션이라고 하는 특성이 강하게 작용할수록 패션 산업과 섬유산업은 구별되기 마련이다.

(2) 패션 산업의 범위

[패션 산업의 범위[1]]

패션 산업의 범위			4대 분류	해당 산업
가장 넓은 의미의 패션 산업	광의의 패션 산업	협의의 패션 산업	제1생활공간 (Health & Beauty)	• 뷰티 해당 산업(화장품, 향수, 이미용) • 스포츠용품산업 • 건강기구, 건강용품산업 • 크리닉 산업
			가장 좁은 의미의 패션 산업	• 어패럴 산업 • 복식산업, 액세서리 산업
			제2생활공간 (Wardrobe)	• 패션 소매업 • 섬유산업, 과학산업 • 부자재산업 • 모피산업 • 패션 소프트 지원사업(패션 소프트 하우스, 점포 내 장업, 패션 미디어)
			제3생활공간 (Interior)	인테리어, 가구, 생활잡화, 침구, 조명기구, 가전, 카메라, 잡화, 장난감
			제4생활공간 (Community)	주택, 자동차, 호텔, 레저, 레포츠, 외식산업, 광고산업

---

1) 섬유 · 패션 산업, 박광희, 김정원, 유화숙 공저(2000), p123

패션 산업의 특성과 발전

1. 패션 산업은 고부가가치산업이다.

패션 산업은 상품이 지닌 물리적 효용 가치에 부가하여 상품 외적 가치, 즉 심리적·감각적 가치를 창조하는 산업이라고 할 수 있다. 상품의 부가가치란 물리적 효용가치에 부가된 심리적 효용가치를 의미한다. 원단에서 유행, 디자인, 소재선택, 미적 감각표현방법 여하에 따라 패션 상품으로 만들어지는 과정에서 부가가치를 높일 수 있으며, 소비자의 만족도에 따라 가격 차이가 크고, 동일한 형태, 같은 제조원가라고 해도 브랜드 이미지, 스타일 등에 따라 고부가가치 실현이 손쉬운 산업이다.

2. 패션 산업은 지식집약형 산업이다.

종래의 섬유산업이 단순한 노동집약체제였던 것에 반하여, 현대의 패션 산업은 기술집약산업 내지 지식집약산업으로 전환되었다. 현대의 패션 산업은 풍부한 자본력, 고도의 기술과 감각, 최고수준의 시설, 좋은 품질의 소재, 숙련된 고급인력, 합리적인 경영전략 등을 필요로 하며, 소자본으로 기업화가 가능한 특성을 지니면서 제품의 기획, 패션 디자인의 질에 따라 상품 가치를 창출할 수 있는 지식집약형 산업이다.

3. 패션 산업은 정보의 가치가 높은 정보산업이다.

현재의 패션 산업은 소비자와 유행경향에 관한 정보의 가치가 높아지고 있으며 이에 대한 정확한 정보수집 및 분석 더 나아가 예측력이 패션 산업에 지대한 영향을 미치므로 패션 산업에 있어서 정보의 중요성이 강조되고 있다. 현대의 패션은 매스컴의 발달로 지역적인 광역성과 시간적인 가속성을 지니고 있어 패션 사이클의 수명을 단축시키고 있다. 패션 정보의 긴급입수와 입수된 정보의 정확한 분석 및 활용은 패션 산업의 성패를 가늠하는 요소가 되고 있다.

4. 패션 산업은 감각산업이다.

현대에 들어서 소비자들은 패션 상품을 포함한 모든 부문에서 물질위주의 절대가치보다는 심리적인 욕구 위주의 감각적인 가치를 추구하는 경향이 증가하고 있다. 따라서 현대의 모든 소비재는 상품의 물리적 가치뿐만 아니라 충분한 감각적 가치도 지녀야 하므로 감각적인 요소의 중요성은 점점 더 커져 가고 있다. 특히 패션 상품은 다른 소비재보다도 자신의 개성, 취향, 미적 가치 및 사회ㆍ경제적 지위 등을 표현하는 수단으로 사용되기 때문에 감각적인 요소의 비중이 크다고 할 수 있다.

5. 패션 산업은 불확실한 요소가 많고 위험 부담률이 높은 단 사이클 산업이다.

소비자의 성별, 연령, 직업 등에 따라 소비자가 원하는 의류의 소재 및 형태가 다르며 패션 상품은 계절성과 유행에 민감하여 제품의 수명이 짧기 때문에 소비자로부터 항상 새로운 제품개발이 요구되는 대표적인 산업이다.

패션 상품이 지닌 수명이나 주기의 불확실성은 시장예측을 곤란하게 만든다. 계절이나 기후의 변화를 비롯하여, 예상치 못한 사회ㆍ경제적인 요인까지도 수요를 좌우하는 원인이 되고 있다. 다시 말해서, 상품기획 및 마케팅 전략이 적중하였을 때는 판매가 급신장되나 실패하였을 경우 또는 적절한 시기에 상품을 판매하지 못했을 경우 상품의 부가가치는 급격히 떨어지게 되고 재고로서의 가치도 하락하게 된다.

6. 패션 산업은 소비자 지향 산업이다.

패션 산업은 급변하는 소비자들의 라이프스타일이나 욕구에 대응하여야 한다. 점차 다양화, 고급화, 개성화되어가는 소비자들의 욕구나 필요의 경향에 비추어 소비자 지향적인 사고와 발상이 중요하다.

7. 패션 산업은 중소기업의 존재가치가 높은 산업이다.

패션 산업은 상품의 희소가치 중시, 짧은 제품수명과 같은 패션 상품의 특성과 특히 의류의 경우 다단계 공정을 거쳐 제품이 완성된다는 점을 고려해 볼 때 다른 산업에 비하여 중소기업의 경쟁력이 높기 때문에 패션 산업에서 중소기업이 차지하는 비율이 높다. 특히 미국과 같이 패션 시장이 큰 나라에 비하여 우리나라와 같이 그 시장이 작은 경우는 소량생산을 통한 패션의 획일화 현상을 피하기 위해서도 중소기업의 존재는 그 의미가 크다.

8. 패션 산업은 관련 산업 간의 관계가 밀접하고 파급효과가 큰 산업이다.

어패럴 산업의 경우 생산 공정에서 보면 최종 생산단계인 소비제품을 생산하는 업종으로 원사, 직물, 염색, 부자재 등의 섬유 관련 산업뿐만 아니라 재봉기, 편직기, CAD/CAM 등 기계 및 전자산업과도 연계성이 높은 산업이며 타 업종 간의 유기적인 정보교환이 필요한 산업이다. 특히 유행의 주기가 단축되고 있기 때문에 보다 신속하게 소비자의 요구에 대응하기 위해서는 관련 산업 간의 신속한 정보 교환을 통한 생산 기간 및 유통 기간의 단축이 필요하다.

9. 패션 산업은 생활문화산업이다.

패션 산업은 단순히 의복을 생산·판매하는 산업이 아니라 그 나라의 문화를 표현하는 산업이라 할 수 있다. 패션 산업은 인간의 3대 생활요소 중 하나인 의생활을 담당하는 산업으로 기본 생활욕구를 충족시키는 필수산업이며, 더 나아가 국민소득이 향상됨에 따라 더욱 중시되는 레저를 즐기기 위해서 필요한 요소로서 삶을 보다 풍요롭고 윤택하게 하는 생활문화산업이다.

10. 패션 산업은 섬유산업발전의 견인차 역할을 하는 산업이다.

섬유산업은 패션 산업의 최초 단계 산업, 즉 스트림별로 구분할 경우 업스트림 산업이기에 패션 산업의 발전은 사, 직물, 염색, 부자재 산업발전의 원천이 된다.

11. 패션 산업은 여성 직업 창출이 유리한 산업이다.

패션 산업은 그 특성상 남성보다는 여성 인력을 많이 필요로 하는 산업이기에 패션 산업의 발전은 여성들의 고용을 증가시키게 되므로 여성 직업 창출을 증가시키는 산업이다.

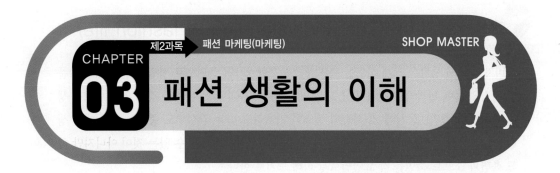

소비자 행동(Consumer Action)

패션 마케팅에서 제일 중요한 것은 소비자의 패션 행동이다. 소비자 행동은 소비자가 구입하고자 하는 니즈의 예측을 위해 소비자 생활을 연구하는 것이다. 소비자 행동을 분석할 경우, 단순히 상품을 선택하는 구매 행동뿐 아니라 점포를 선택하여 쇼핑하러 가는 쇼핑 행동, 구입한 상품을 어떻게 생활에 활용할 것인가 하는 패션 생활행동도 분석해야 한다.

따라서 마케팅은 소비자 행동의 분석부터 시작한다. 소비자 행동 분석은 패션 생활행동, 쇼핑 행동, 구매 행동으로 구성되어 있다.

[소비자 행동의 3요소]

요 소	정의 및 행동 내용
쇼핑 행동	• 소비자가 구입하고자 하는 패션 상품을 구입할 매장을 선택하는 행동 • 매장의 이미지와 분위기의 쇼핑을 통해 정신적 만족을 추구하는 행동
구매 행동	• 다양한 상품 속에서 자신의 취향에 맞는 상품을 골라서 구입하는 행동 • 어떤 상품이 잘 팔리고 있는가를 조사하기 위해 백화점이나 전문점, 기타 소매점 등의 판매현장에서 정보 수집
패션 생활행동	• 구입한 패션 상품을 어떻게 생활에 활용할 것인가 하는 생활행동 • 개성적인 옷차림을 즐기는 행동 • 구입한 상품을 생활에 활용하기 위한 생활활동 정보 수집

패션 생활의 이해(The understanding of fashion life)

소비자의 패션 생활은 크게 하드한 측면과 소프트한 2가지 측면으로 성립된다. 어패럴 상품은 사람의 몸에 밀착되는 것인 만큼 그 사람의 일상행동과 깊은 관계를 갖고 있으며(패션 생활의 하드한 측면), 동시에 그 사람의 센스와 기호라고 하는 감성면도 중요시 된다(패션 생활의 소프트한 측면). 이 두 가지 측면은 실제로는 간단히 분리할 수 있는 것이 아니지만 하드 측면과 소프트 측면을 각 요인별로 분석해 보기로 한다.

[패션 생활의 분류와 요인]

패션 생활의 하드한 측면 (일상 생활이나 주변으로부터 영향을 받는 제약적인 측면)	라이프스테이지 Life Stage	생활연령을 의식한 패션 생활
	라이프스페이스 Life Space	생활공간에 어울리는 패션 생활
	라이프스타일 Life Style	인생관이나 생활방식에 맞는 패션 생활
	어케이전 Occasion	때와 장소, 경우에 어울리는 패션 생활
	시즌 사이클 Season Cycle	계절에 맞는 패션 생활
패션 생활의 소프트한 측면 (자신이 좋아하는 패션 타입, 필링, 센스나 기호에 관계 되는 감성에 의해 패션 생활을 즐기는 것)	타입과 필링 Type & Feeling	독창적인 이미지와 캐릭터를 존중하는 패션 생활
	패션 마인드 Fashion Mind	감성적 측면에 인생관이 가미된 패션 생활
	테이스트 레벨 Taste Level	자신의 취향에 어울리는 패션을 주장하는 패션 생활
	트렌드 사이클 Trend Cycle	감성의 변화로 유행을 선취하는 패션 생활

1. 패션 생활의 하드한 측면

(1) 라이프스테이지(Life Stage)

자신의 나이를 의식하며, 직업에 의한 옷차림을 하려고 하는 것이 라이프스테이지에 의한 제약이다. 라이프스테이지(Life Stage)는 인간생활을 라이프사이클에 따라서 구분하는 단계를 일컫는 말로 연령의 변화를 축으로 하면서 학생생활, 결혼, 사회적 지위, 수입, 가족구성원 등을 참작해서 일정한 그룹으로 나누는 방식이다. 소비자 그룹을 단순히 생리연령에 따라서 나누는 것이 아니라, 생활 연령을 기준으로 나눈다.

라이프스테이지가 변할 때마다, 여성의 체형도 조금씩 변하므로 라이프스테이지와 체형과의 관계도 무시할 수 없다. 특히 여성의 패션 생활은 학생 생활을 주체로 한 캠퍼스 라이프로부터 학교를 졸업하고 사회에 진출해 직업을 갖게 되는 오피스 라이프로 바뀌게 되면 패션 생활도 크게 변화하게 된다. 또, 직장을 그만두고 결혼하여 가정생활을 꾸미는 홈 라이프에 들어가면, 또 한번 여성의 패션 생활은 크게 달라진다.

라이프스테이지에 따른 소비자 분류를 하는 목적은 소비자를 생활연령에 따라 나눔으로써 세분화된 소비자 그룹의 라이프스타일 분석에 따른 표적고객 설정에 의해서 마케팅과 머천다이징 전략을 수립하고자 한 것이다.

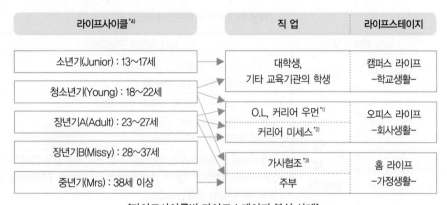

[라이프사이클별 라이프스테이지 분석 사례]

*1) OL(Office Lady)은 일반적으로 커리어가 적은(연령적으로 젊은) 여성, 커리어 우먼 : 어느 정도 직장경험을 쌓은 여성 또는 직종(일반 사무직이나 전문적인 지식이나 기술을 필요로 하는 일)이나 직업에 대한 의식(결혼 전까지의 임시직으로서 생각하는 경우) 등이 고려되는 경우도 있다.

*2) 파트타임과 커리어 우먼으로 구별된다. 커리어 미세스의 라이프스테이지를 회사로 할 것인지 가정으로 할 것인가는 개인의 의식에 따라 다르나, 사회와의 관계라는 측면에서 회사로 분류하였다.

*3) 아르바이트로 회사를 라이프스테이지로 하는 여성도 적지 않다.

*4) 생활구조가 반복되는 동안 나타나는 시간적인 주기적 변화를 말한다.

(2) 라이프스페이스(Life Space)

나이뿐만 아니라 자신을 둘러싸고 있는 생활공간으로부터의 제약을 라이프스페이스라고 한다. 라이프스페이스는 생활공간이라는 의미이다. 자신의 인체도 생활공간이라 보고 그것을 제1의 피부, 의상을 제2의 피부, 집ㆍ오피스ㆍ인테리어를 제3의 피부, 지역이나 커뮤니티를 제4의 피부라 부르고 있다. 이와 같이 사람을 원의 중심에 두고, 점차로 생활공간을 확대하여 패션 라이프를 주체적으로 파악한다는 개념이 라이프스페이스이다.

패션 라이프에는 생활공간이 모두 밀접하게 관련되어서 패션은 토털 라이프로써 파악할 필요가 있다.

① 토털 라이프 4가지 요인

첫째는 제1의 피부로 일컬어지는 인체로써 우리들의 건강과 몸가짐에 대한 니즈를 만족시키는 역할을 수행한다. 둘째는 제2의 피부, 워드로브로써 의생활로 비롯되는 맵시를 만족시켜 준다. 셋째는 제3의 피부, 인테리어로써 우리들의 생활기분을 만족시켜 준다. 마지막 넷째는 제4의 피부, 커뮤니티로써 정서적 기분을 만족시켜 준다. 이처럼 헬스와 뷰티, 워드로브, 인테리어, 커뮤니티라고 하는 라이프스페이스를 어떻게 하나로 조화시키느냐 하는 문제가 패션 전문가에게 주어진 커다란 테마라 할 수 있다. 즉, 패션을 좁은 의미에서의 의상에 한정시키지 않고 토털 라이프와 설계라고 하는 넓은 의미로 파악할 필요가 있다.

[패션 라이프와 라이프스페이스]

토털 라이프 요인		패션 라이프 구성요소
제1의 피부	헬스와 뷰티	• 인체의 아름다운 프로포션, 메이크업, 헤어드레싱 • 건강과 아름다움에 대한 Needs
제2의 피부	워드로브	• 워드로브 : 자신의 맵시를 가꾸기 위한 의상 • 겉옷 및 속옷, 액세서리, 구두 등 • 의상을 통한 자기 연출의 Needs
제3의 피부	인테리어	• 생활기분을 만족시켜 주는 집단장이나 방 꾸미기와 같은 인테리어 • 인테리어도 각자의 기호와 감성이 반영되기 때문에 인테리어의 장식 등도 패셔너블한 생활의 요건 • 살기 좋은 주택에 대한 Needs
제4의 피부	커뮤니티	• 주거 장소, 교제하는 사람들 • 살기 좋은 지역사회의 Needs

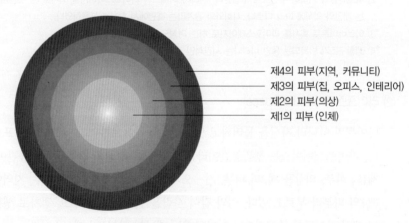

[라이프스페이스]

② 라이프 유형에 따른 패션 감각

　㉠ 어번 라이프와 서버번 라이프

　　• 어번 라이프(Urban Life)는 도시에서의 생활을 말하는 것으로 현대 감각에 일치한 컨템퍼러리(Contemporary)가 중심이다. 콘크리트 정글에 숨 쉬는 센서스적인 기능성이 중시된다.

　　• 서버번 라이프(Suburban Life)는 교외에서의 생활을 말하는 것으로 개방적인 캐주얼 패션이 중심이 된 내추럴 필링에 일치한 스포티한 감각이 중시된다.

　㉡ 패밀리 라이프와 퍼스널 라이프

　　• 패밀리 라이프(Family Life)는 가족 구성원을 의식한 생활이 우선한다. 부모의 영향이 반영된 패션, 즉 어른의 눈으로 봐서 호감을 갖게 하는 패션이 중심이 된다. 오소독스하면서도 약간 여성다움이 가미된 그런 패션이 패밀리 라이프에 어울린다.

　　• 퍼스널 라이프(Personal Life)는 자기본위를 우선으로 하는 생활에서 비롯된 패션으로 모든 선택의 기준은 자신의 기호에 기초한다. 따라서 자유롭고 개성적인 패션이 중심이 된다. 패밀리 라이프보다 유행 선취가 빠르고 다른 사람의 시선을 의식하지 않는 독자적인 패션을 즐긴다.

(3) 라이프스타일(Life Style)

라이프스타일은 사람들의 생활양식, 살아가는 모습을 의미하는 말로써 가치관·인생관에 따른 생활태도를 라이프스타일(Life Style)이라 한다. 똑같은 라이프스테이지나 라이프스페이스에 속하는 사람일지라도 그 사람의 성격이나 가치관이 다르면, 생활방식도 달라진다는 점에 근거를 두고 있는 것이 라이프스타일이다. 사람은 자기 나름대로의 가치관과 생활 방식이 있다. 사람의 옷차림은 그 사람의 생활방식에 의해서 비롯된다. 이것이 라이프스타일에 의한 제약이다.

라이프스타일의 분석을 위해 인종구성, 라이프스타일 특성, 패션 생활, 주거생활, 레저 생활, 소비태도에 대한 상세한 정리가 필요하다. 라이프스타일 분석은 소비자들의 일반적인 생활양식을 파악하는 데 도움이 됨은 물론 정기적인 라이프스타일 분석을 통하여 소비자들의 A(Activity), I(Interesting), O(Opinions), V(Value) 변화를 파악할 수 있다.

라이프스타일의 종류는 다양하지만, 비교적 비슷한 생각을 갖고 있는 사람들을 분류하다 보면 몇 개의 그룹으로 나눌 수 있다.

① 영 라이프스타일의 분석

  ㉠ 17~23세 정도, 즉 20세 전후가 영의 중심 연령이다.

  ㉡ 영은 캠퍼스를 라이프스테이지로 하는 학생을 비롯해서 오피스를 라이프스테이지로 하는 커리어 레이디, 가정을 라이프스테이지로 하는 신부수업 중인 여성, 그리고 소수의 가정주부 등 생활배경이 각기 다른 여성들로 구성되어 있다.

  ㉢ 감수성이 예민해 모든 일에 흥미와 관심을 보이는 점이나 도전정신이 왕성하고 파워풀한 행동력을 가지고 있는 점 등은 영 전반에 공통된 특징이다.

  ㉣ 타인과의 차별화에 대해서는 꽤나 세심한 신경을 쓰면서도 동료의식이 강한 점은 그다지 변하지 않았다. 즉, 그룹단위의 개성화 · 다양화가 최근 영 패션의 경향이라고 말할 수 있다.

② 커리어 우먼의 라이프스타일 분석

영에 비해서 생활장면의 변화가 다양하고 생활 자체도 사적인 경우 못지않게 공적인 생활, 즉 사회생활의 비중이 큰 편이다.

커리어 우먼(주로 직장여성)의 라이프스타일 성격과 인생관을 통해 분류해 보면 다음 표와 같다.

[커리어 우먼의 라이프스타일 분석]

유 형	라이프스타일 특징
마이라이프 지향형	• 사교적이며 생활전반에 적극적인 타입이다. • 패션과 레저에 관심이 높고 생활의 질적 향상에 목적을 두고 산다. • 여러 가지 생활이나 패션 등 정보 수집에도 적극성을 보인다.
개방충동형	• 지극히 감각적이고 충동적으로 행동하는 타입이다. • 다른 사람과 어울리기를 좋아해서 항상 대인관계가 원만하다. • 외출하기를 좋아하고 레저와 스포츠에도 관심이 높다.
생활엔조이형	• 패션과 쇼핑을 좋아하고 유행을 적극적으로 수용하는 타입이다. • 고급품 지향이 강하고 의상이나 액세서리 등 패션 상품에 돈을 많이 지불한다.
현실안전 지향형	• 경제성 지향으로 물건을 구입할 때 실용성을 중요시하는 타입이다. • 무엇이든 손수 만들기를 좋아해 가사에 대해 관심이 높다. • 자기 자신의 맵시와 레저생활에는 크게 흥미를 보이지 않는 편이다.
폐쇄정체형	• 육아와 자녀에 대한 관심이 높은 편이다. • 기혼 여성의 대부분을 차지하는 타입이다. • 자기 자신의 맵시와 취미, 레저에는 관심이 없다. • 생활태도는 계획적이다.
소극적 고립형	• 생활전반에 걸쳐 소극적인 타입이다. • 의상에 대한 구매태도도 획일적이고 모험을 싫어한다. • 외출보다는 집에 있기를 좋아하며 사람이 많이 모인 장소에 나가기를 싫어한다.

(4) 어케이전(Occasion)

어케이전은 기회라는 뜻이지만 일반적으로 옷을 입고 가는 장소나 기회라는 의미로 사용되고 있다. 때와 장소에 맞는 옷차림으로 일종의 제약이라고 볼 수 있으며 가장 뚜렷한 제약은 계절에 의한 제약이 있다. 어케이전은 장소나 기회에 따라 오피셜, 프라이비트, 소시얼로 분류되며 패션 업계에서 널리 사용되고 있다.

① 어케이전의 파악

TPO는 Time(때), Place(장소), Occasion(경우)의 머리글자를 따서 만든 신조어로서 때와 장소, 경우(장면)에 어울리는 옷차림을 하는 것을 뜻한다.

예를 들면 사무원, 비서, 교사, 디자이너 등등 여성의 직종과 근무처에 따라 깔끔한 스타일이 요구되는 경우가 있는가 하면 진즈 룩처럼 자유분방한 옷차림이 어울리는 경우도 있고 직장동료나 상사의 패션에 대한 수용태도에 따라서도 복장이 달라질 수 있다. 그것을 알고 어케이전에 따라 패션을 바꾸는 것을 어케이저널 드레싱(Occasional Dressing)이라고 한다. 즉, 직장여성이 퇴근 후 연인과의 데이트에 오피스 웨어인 셔츠를 여성다운 블라우스로 바꿔 입는다든가 좀 화려한 액세서리를 첨가하여 분위기와 이미지 변화를 줄 수 있다.

② 어케이전 분석

어케이전 분석은 크게 오피셜 라이프, 프라이비트 라이프, 소시얼 라이프로 분류하여 설명한다.

㉠ 영 어케이전 분석 : 영 세대의 라이프스타일 패턴은 커리어 우먼에 비해 단순하여 오피셜, 프라이비트, 소시얼로만 구별해서 어케이전 키워드를 찾아본다.

[영 어케이전 분석]

어케이전	특 징
오피셜 라이프	• 어케이전별 구별 불명확 • 캠퍼스웨어로 대부분의 어케이전에 활용 가능 • 통학, 출근시 옷차림 : 단정한 이미지의 컨설버티브
프라이비트 라이프	• 친구와의 쇼핑, 데이트, 하교나 퇴근 후 문화생활, 주말 여가활동 등 • 독서, 방 꾸미기 등
소시얼 라이프	• 커리어 우먼에 비해 적은 편 • 까다로운 격식 불필요

ⓛ 커리어 우먼 어케이전 분석 : 커리어 우먼은 영에 비해 생활이 다양하고 복잡하기 때문에 어케이전 키워드도 자연히 세분화할 필요가 있다.

[커리어 우먼의 어케이전 분석]

어케이전		특 징
오피셜 라이프	오피스 워크	• 일할 때의 복장 • 어케이전 스타일링을 벗어나지 않는 범위 내에서 개성적인 연출 • 유니폼이나 컨설버티브한 옷차림
	런치 타임	• 근무를 베스트 컨디션으로 유지하기 위한 휴식 시간 • 자기 개발을 위한 릴렉스한 시간으로 활용
소시얼 라이프	프라이비트 타임	• 가족이나 친지, 친구들과의 사교적 모임이나 관혼상제
	오피셜 타임	• 직업과 관계되는 각종 회합이나 직장 거래처 손님과의 커뮤니케이션이 필요한 사교성 만남 • 우아하고 품위가 있는 고상한 매력 요구, 항상 트렌드를 의식한 옷차림
프라이비트 라이프	위크 엔드	• 직장인의 주말을 보내는 방법 • 영화나 미술관에서 좋아하는 회화를 감상하는 등 고상한 취미생활 향유, 항상 지성과 감성 고취
	레저 프릭	• 주5일제 근무 확산으로 인한 주말 여가 생활 증대 • 주말을 이용한 레저 라이프, 여름의 바캉스, 스포츠나 레저에 따른 건강 한 생활이 최근 웰빙붐으로 한층 강조 • 테니스나 수영 등 직접 즐기거나 운동경기를 관람, 등산, 해외여행의 바 캉스 패턴도 다양화
	리빙 스페이스	• 자신의 주거공간 혹은 생활환경 개선에 대한 시간 할애 • 인테리어에 대한 관심이 높아 실용성과 기능성을 감안해서 자신의 감각 에 맞는 분위기 위주로 설치
	오프타임	• 집에서 보내는 릴렉스한 휴일 시간 • 샤워, 독서, 요리, 집안 정리 등

③ 어케이전별 스타일링

토털 스타일링은 4개의 요소로 성립된다. 스타일링을 만들어 내는 기본 순서는 바디 쉐이프에서 시작하여 헤어, 메이크업, 워드로브, 마지막으로 액세서리와 장신구를 첨가함으로써 완성되지만 워드로브는 4개의 스타일링 요소 중에서 으뜸으로 중요한 위치를 차지한다. 스타일링의 요소 중에서 가장 비중이 큰 것은 워드로브 스타일링이다.

[토털 스타일링의 구성요소]

구 분	구성요소
제1요소	워드로브(의상계획)
제2요소	액세서리 & 장신구
제3요소	바디쉐이프(바디 메이킹 : 속옷 갖춤)
제4요소	헤어스타일 & 메이크업

어케이전별 스타일링을 워드로브에 초점을 맞춰 패션 타입을 살펴보기로 한다.

[어케이전별 워드로브 스타일링]

어케이전		타 입	스타일링
오피셜 어케이전	공적인 생활	컨템퍼러리 타입	• 다소 현대적이며 유행경향이 가미된 보다 개성적인 스타일링 • 블루종 타입, 원 사이즈의 테일러드 재킷/활동성이 가미된 스포티 타입(빅 사이즈의 스트레이트 셔츠)/활동성과 착용감이 좋은 스커트와 팬츠/전통과 유행성이 적당히 믹스된 타입
		컨설버티브 타입	• 보수성이 강한 스타일링 • 테일러스 수트/샤넬수트(노칼라 수트)/셔츠 드레스/무지의 라운드 or V-네크 스웨터/활동성 가미
프라이비트 어케이전	사적인 생활	스포티 타입	• 풍부한 기능성에 패션성이 플러스되면서 각광받는 현대패션 이미지 • 진팬츠, 오버올즈, T셔츠, 트레이닝 팬츠/기능적이고 경쾌한 느낌의 액세서리/스니커즈/천으로 만든 백
		어덜트섹시 타입	• 도시적 섹시, 단순·명쾌한 감각의 디자인 • 몸의 윤곽선을 드러내는 타이트 실루엣/실크 타입의 부드럽고 광택성·신축성 있는 소재/뒤트임 스커트
		노스탈직 타입	• 안티크풍 : 고전적, 소박하고 수공예적인 패션 • 포클로어풍 : 민속적, 유럽의 농민의상이 주체 • 부드러운 소재의 무지 혹은 잔 꽃무늬 원피스/핀턱, 개더, 러플, 레이스, 자수/웨스턴 감각/고전미와 현대감각을 적당히 믹스시킨 크로스오버 코디네이트
소시얼 어케이전	사교 생활	엘레강스 타입	• 준 예복 스타일, 고급스러운 소재와 우아한 색상 • 타운 웨어를 겸한 약식 예복/보칼라 블라우스, 턱시도 셔츠/단순하면서 포멀한 액세서리/골드와 펄
		페미닌 타입	• 파티 등과 같이 유희적인 장소에 어울리는 패션 • 프릴, 개더, 레이스를 사용한 디자인/광택 있는 소재/펄, 골드, 크리스탈의 아기자기한 액세서리

(5) 시즌 사이클(Season Cycle)

① 시즌 사이클은 계절의 변화라는 뜻으로 시즌의 변화도 옷차림의 변화에 중대한 영향을 미친다. 특히 우리나라와 같은 계절의 변화에 따라 기온이 크게 달라지는 경우에는 이 시즌 사이클의 역할을 무시할 수 없다.

② 패션 비즈니스에 있어서 패션과 시즌과의 관계를 고려하여 타이밍을 놓치지 않기 위해 시즌 사이클은 매우 중요하다.

③ 패션의 1년 흐름은 매년 크게 변동되지 않는다. 일정한 시기에 이미 결정된 행사가 있고 소비자의 생활행동이나 니즈는 그 행사와 깊은 관계를 갖기 때문에 소비자의 시즌 사이클 분석을 통해 상품기획, 매장연출, 영업기획의 방향설정을 한다.

④ 패션 상품판매의 연간 스케줄을 나타내는 것으로 시즌 캘린더를 이용한다. 브랜드마다 차이가 있으나 시즌을 크게 7개(연말연시, 봄, 초여름, 여름, 초가을, 가을, 겨울 등)로 분류하여 월별 행사나 그것과 관련된 판촉 전략 포인트를 써 넣은 것으로 상품판매 지침의 기본이 되고 있다. 물론 행사뿐 아니라 계절의 변화도 적절히 반영된다.

⑤ VM 표현은 시즌 사이클에 따라 테마를 설정하고, 매장연출과 영업전략 및 코디네이트로 판매유도에 도움을 준다.

2. 패션 생활의 소프트한 측면

패션 생활의 소프트 요인은 흔히 감각, 감성, 감도라는 의미로 패션 타입, 패션 필링, 패션 마인드, 테이스트 레벨, 트렌드 사이클로 구성된다.

(1) 패션 타입(Fashion Type)

① 클래식(Classic) 타입

㉠ 클래식은 고전적 또는 전통적이라는 의미로, 시대를 초월한 가치와 보편성을 갖는 스타일이 속하며, 전통적이고 기본적인 뉘앙스를 풍기는 의상을 클래식 타입이라고 정의하기도 한다.

㉡ 패션 용어로 트래디셔널이나 오소독스도 넓은 범위의 클래식 타입이다. 트래디셔널은 전통을 중시하며, 오소독스가 베이직 지향인데 비해 클래식은 두 가지 모두 포용하는 경향을 보이는 특징이 있다.

㉢ 패션에 있어서 클래식은 오랫동안 지속되어 온 특정의 스타일을 지칭하는 경우도 있다. 예로써 테일러드 수트, 카디건, 샤넬 수트 등이 그 전형이라 볼 수 있다. 이 중에서도 샤넬 수트는 1910년 샤넬이 처음으로 발표한 이래 그대로 입혀지고 있다.

ⓐ 하나의 유행이 절정에 달하여 포화상태가 되면 자연히 쇠퇴하기 마련인데 이 시기에
는 항상 클래식 스타일이 부활하곤 한다. 그리고 그 다음에는 새로운 타입의 유행이
서서히 발아되고 그것이 정점에 달해 쇠퇴하면 또 다시 클래식이 부활한다.

[클래식 타입의 요소별 특징]

요 소	특 징
컬 러	• 따뜻하고 정감이 있고 깊이가 있는 색조(Warm Color 계열) • 뉴트럴 컬러를 중심으로 브라운계, 그린계, 와인계 등의 쉬크한 색조
소재와 무늬	• 코튼, 울, 실크, 리넨 등의 천연 고급 소재 • 핀 스트라이프, 아가일 체크, 타탄 체크, 하운즈투스 체크, 헤링본 등 전통적인 무늬
아이템	• 셔츠 블라우스, 플레인 스웨터, 카디건, A라인 스커트, 스트레이트 팬츠, 테일러드 수트, 샤넬 수트 등의 기본적인 아이템
시대성	• 올드 패션, 고풍이라는 의미 • 레트로(복고풍), 노스탤지어(향수) 등의 감각으로 특정의 시대를 반영한 패션

② 스포티(Sporty) 타입

㉠ 기능적, 실용적, 활동적, 단순, 명쾌, 건전, 상쾌함, 신선 등의 말로 표현되는 감각의
패션이 속한다.

㉡ 워크웨어와 액티브 스포츠웨어에는 스포츠의 종류에 따라 당연히 실용적인 기능성이
요구된다. 외출복도 기능성이 존중되면서 디자인도 스포티한 쪽으로 흘러 스포츠웨어
와 구별하기가 점점 어려워지고 있다. 워크웨어에서 디자인을 도입한 타운웨어라든가
워크웨어 그 자체가 타운웨어로 착용되고 있다. 액티브 스포츠웨어도 작업복이나 운
동복이 그대로 외출복이 되고, 그런 외출복이 갖고 있는 패션 감각을 묶어 스포츠 캐
주얼이라 부르고 있다.

[스포티 타입의 요소별 특징]

요 소	특 징
컬 러	• 흰색을 중심으로 비비드하고 클리어한 색조
소재와 무늬	• 코튼 등의 내추럴 소재, 스트레치 소재, 코팅 소재 등 • 매니쉬한 무늬(스트라이프, 체크 등), 다이나믹한 프린트
디테일	• 라인을 이용한 트리밍, 버튼, 패치 포켓, 플리츠 등의 샤프한 디테일 • T셔츠, 트레이너 팬츠, 큐롯 스커트 등의 캐주얼한 아이템
아이템	• 액티브 스포츠웨어 : 테니스(폴로 셔츠, 스웨터), 조깅(트레이닝 수트, 조깅 팬츠), 스키 (다운 재킷, 트렌카), 등산(니커 보커즈, 아노락), 낚시(피싱 베스트), 수렵(헌팅 재킷), 럭 비(러거 셔츠), 댄스(레오타드) 등 • 워크웨어 : 진즈, 샐로페트, 오버올즈 등
룩/스타일	• 밀리터리 룩, 사파리 룩, 마린 룩 등

③ 페미닌(Feminine) 타입

　㉠ 페미닌은 여성다움·여성적인이라는 뜻으로 일정한 모양이나 규격은 없지만 색상이
　　나 형태에서 남성적 요소보다는 여성적 요소, 즉 여성적인 사랑스러움·우아함 등이
　　강하게 표현된 의상을 총칭하는 것이다.

　㉡ 여자답다(섹시, 글래머러스), 귀엽다(프리티, 큐트, 챠밍, 로맨틱) 등의 말로 표현되는
　　감각을 페미닌 타입이라 한다.

　㉢ 여성패션에서 페미닌은 영구적인 패션 테마라고 할 수 있으나, 유행에 따라서 페미닌
　　한 요소가 강조되는 경우도 있고 때로는 그 반대의 경우도 있다.

[페미닌 타입의 요소별 특징]

요 소	특 징
컬 러	• 달콤하고 상냥한 색조, 부드럽고 우아한 느낌의 색조 • 브라이트톤, 페일 톤 등의 파스텔 톤
소재와 무늬	• 섬세하고 가련, 또는 꽃무늬의 아름다운 프린트
디테일	• 프릴, 레이스, 자수, 커트 워크, 플레어, 개더 등의 디테일

⑵ 필링(Feeling)

　필링(Feeling)은 기분, 정서, 느낌, 감각이라는 의미로서 의상에서 풍기는 분위기와 무드를
말한다. 이미지, 센스와 동의어이지만 국가와 도시의 특징을 대표하는 패션 무드를 말할 때
주로 필링이라는 말을 사용한다. 나라에 따라 특유의 문화와 풍토, 또는 기후에 영향을 받아
형성된 독특한 분위기의 패션을 중심으로 한 패션 필링에 의해 존재하고 있기 때문이다.

① 유럽 필링

　㉠ 유럽 필링은 파리 필링과 동의어로 쓰고 있다. 이태리나 영국 등도 유럽이지만 이들 국가는 이태리 필링이나 런던 필링으로 별도의 구분을 짓는 경향이 있다.

　㉡ 유럽 필링은 색상과 맵시 있게 입는 센스가 특징이다. 예를 들면, 그레이의 돌층계와 스모키한 하늘 빛깔이 한데 어울려 빚어내는, 블루 그레이와 라벤더 등의 미묘한 중간 색, 벽돌 건물과 마로니에의 가로수에 비치는 베이지, 마론, 모스그린 등의 세련된 내추럴 컬러, 이처럼 쉬크한 색조에 유럽 무드가 나타나 있다.

　㉢ 참신한 아이디어와 풍부한 이미지네이션이 자아내는 유니크한 코디네이션이 특징이다.

　㉣ 패션에 대한 여유와 자신감, 뉴 웨이브에 유연하게 대처하는 모험적인 감각, 앤틱을 사랑하는 마음 등이 나타난다.

② 이태리 필링

　㉠ 항상 신선함으로 충만한 화려한 배색과 무늬가 이태리 패션의 특징이다.

　㉡ 남구 특유의 강한 비비드(Vivid) 컬러, 대담한 추상 무늬와 스트라이프를 중심으로 한 기하학적인 무늬, 화려하고 아티피셜(Artificial)한 꽃무늬 등 풍부한 색채의 프린트는 다른 어느 곳에서 볼 수 없는 이태리만의 아름다움이다.

　㉢ 이태리 필링은 색조와 프린트를 즐기는 패션으로 디자인은 심플한 스포티 감각이 베이스가 된다.

　㉣ 이태리 필링의 매력으로 손꼽히는 유연하고 자유분방한 코디네이트의 젊고 싱싱한 필링이 우리나라에서는 스포티 감각의 영 엘레강스에 반영되고 있다.

　㉤ 이태리는 오랜 전통과 문화를 자랑하는 나라로서 패션도 캐주얼함 속에 전통과 안정감을 잃지 않는다. 이 감각을 발전시킨 것이 스포티 엘레강스이다. 최근에는 밀라노 컬렉션의 우아하고 지적인 패션이 뉴 엘레강스로서 페미닌 마인드와 센스티브 커리어에 커다란 영향을 주고 있다.

③ 아메리카 필링

　㉠ 아메리칸 캐주얼풍(AC풍)

　　• 아메리칸 캐주얼풍을 AC(American Casual)풍이라고 하는데 기능성을 살린 스포티한 점이 특징이다.

　　• 전통을 중요시하는 아이비 스타일에 캘리포니아의 밝고 개방적인 캐주얼이 AC풍의 근간을 이룬다.

　　• 미국사람 특유의 개방적인 사고와 여유 있는 생활방식으로부터 생겨난 합리성, 경제성, 기능성 등이 AC풍의 특징이다.

　　• 워크웨어와 스포티웨어를 어렌지한 스타일이 많고, 캐주얼 패션이 중심이 된다.

- 적 · 백 · 청색의 트리플 컬러를 중심으로 한 명쾌하고 단순한 배색, 스포티하고, 심플한 베이직 디자인, 젊고 싱싱함과 컨버터블한 점이 매력적인 특징으로 나타난다.

  ⓛ 뉴욕풍(뉴욕 커리어 우먼 스타일)

- 영 어번 프로페셔널(Young Urban Professional)의 머리글자로 '~한 사람'을 나타내는 접미어에 ie를 붙인 것이 Yuppie다. 뉴욕을 비롯한 미국의 다른 도시에 사는 영 엘리트들의 패션과 라이프스타일에는 공통점이 많은데 그 공통점에 속하는 그룹을 여피라 부른다.
- 여피는 그들이 하는 일에 열성적이며 보다 나은 생활과 지위를 위해 부단히 노력하며, 무엇이든 일류를 지향한다. 장식하는 의복이나 구두와 같은 장신구는 물론 액세서리까지도 일류 브랜드 상품을 선호하는 경향이 높다. 단정한 차림의 비즈니스 수트는 전형적인 스타일이다.
- 뉴욕풍은 여피에서 비롯된 것으로, 패셔너블한 도회적인 센스로 넘치는 커리어 우먼 스타일이 뉴욕 필링이다.
- 뉴욕풍은 커리어 우먼의 오피셜 라이프를 위한 패션이 대변한다. 적당히 남성다움이 가미된 매니쉬한 패션에서 우러나오는 지적인 분위기와 심플로 상징되는 쉬크한 아름다움, 소프트하게 어렌지된 매니쉬 감각, 그것이 뉴욕 커리어 우먼 패션의 인상이다.
- 인베스트먼트 클로징(Investment Clothing ; 투자 가치가 있는 옷)이라 하며 입은 사람의 개성이 연출될 수 있는, 지적이고 세련된 여성을 위한 패션으로 인식되고 있다.

④ 런던 필링

  ㉠ 보수와 혁신이 공존하는 나라가 영국이다. 이런 사회적 분위기가 패션에도 그대로 반영되어 브리티쉬 트래디셔널이라고 불리는 고전풍 스타일과 펑크로 대표되는 전위 중의 전위인 2가지가 공존한다.

  ㉡ 패션에서 영국풍이라고 하면 클래식의 원형인 브리티쉬 트래디셔널을 의미하며, 런던풍이라고 하면 스트리트 패션으로 대표하는 전위패션을 말한다.

  ㉢ 런던 필링의 패션을 반체제 패션이라고 부른다. 도발적인 인상과 전통과 룰을 파괴하는 펑크 룩의 영향 때문이다.

> 펑크(Punk)
> 1976년 런던에서 있었던 록 밴드들의 스테이지 의상에서 시작된 패션이다. 펑크는 속어로서 겁쟁이라는 의미를 갖고 있으며 파괴적이라는 뉘앙스가 포함되어 있다. 그들은 특이한 헤어스타일과 가죽점퍼에 따른 기묘한 복장을 즐기는 공통점을 갖고 있다.

  ㉣ 런던 필링의 특징은 단순히 아방가르드가 아닌 실험성과 파괴주의 경향이다.

(3) 패션 마인드(Fashion Mind)

패션 마인드는 감성적 측면에 사람의 인생관이 플러스된 것이다. 패션 마케팅에서 행해지는 소비자 분류는 연령을 초월해 심리적인 측면을 중요시하는 마인드로 바꾸어서 소비자의 심리적인 측면을 중요시한 기준의 마인드로 분류하고 있다. 연령에 관계없다는 의미의 논 에이지(Non Age) 패션이란 말이 생겼고 마인드적 연령(Mind Age)이라는 정신적인 요소를 마인드에서는 중요시한다.

마인드에 의한 분류는 크게 세 그룹, 주니어·영 마인드, 어덜트 커리어 마인드, 미시 엘레강스 마인드로 분류할 수 있다. 이 각 그룹은 마인드와 라이프스타일의 특징적 요소를 적용하여 여성의 타입을 분류한 것으로 클러스터 분류라고도 부른다.

① 주니어·영 마인드

㉠ 컨템퍼러리 캐주얼

- 패션을 배우는 과정의 학생, 모델, 어패럴 메이커 등에 근무하는 영층이 중심이 된다. 독자적인 캐릭터성을 갖고, 트렌드를 충분히 소화시킬 수 있는 그룹이다.
- 유행에 민감하고 개성이 강하며 새로운 정보를 늘 받아들이고 있기 때문에 감각적으로도 세련되어 있다. 또 참신하고 모험적인 패션을 즐긴다.

㉡ 커리어 리세

- 연령의 폭은 넓은 편이지만, 여대생을 비롯하여, 입사 1~2년째의 직장 여성을 중심으로 구성된다. 패션 트렌드를 적당히 도입하여, 안정된 커리어 감각의 패션이 중심이 된다. 단정하고 사랑스런 느낌을 주는 유럽풍의 베이직 아이템이 가장 많이 선택된다.
- 보수적인 면과 현대적인 면을 함께 지니고 있고, 유행에 뒤지는 것은 싫지만 첨단을 걷고 싶다고 생각하지도 않는다. 개성을 중요시하며 적당히 유행을 받아들일 줄 아는 여성그룹이다.

㉢ 영 엘레강스

- 시간적으로도, 경제적으로도 여유가 있기 때문에 테니스·수영과 같은 스포츠를 좋아하고 신부수업은 물론 다방면의 취미 생활을 즐기는 그룹이다.
- 브랜드와 고급 지향성이 강한 방면 몰개성적인 면도 있다. 일반적으로 보수적이고, 기본에 충실한 맵시가 중심이 되지만 그 중에서 포인트가 되는 것이 고상함과 여성다움이다.

② 어덜트 커리어 마인드

㉠ 센스티브 커리어

- 심플하고 오센틱한 중에도 미묘한 뉘앙스로 현대적인 여자다움을 자랑하는 분위기

있는 여성, 여성의 나약함을 부정하고 정신적으로 자립하여 훌륭한 여성으로서 살기를 원하는 그룹이 센스티브 커리어다.

- 맵시를 내는 요령은 트래디셔널한 이미지를 베이스로 하여 어덜트 여성 특유의 고상함과 엘레강스한 이미지를 소중히 여긴다. 주로 단품에 의한 토털 코디네이트로 의생활을 즐긴다.

ⓒ 커리어 엘레강스

- 직장에서는 여성답고 조심스러운 입장을 취하며, 늘 우아한 품위를 지키는 대기업의 비서 타입. 일을 척척 해내면서도 행동은 예의 바르게, 어디까지나 여성답게 복종하는 것을 잊지 않는다.
- 엘레강스한 것으로부터 섹시 터치의 것까지 여러 가지 각도에서 여성다움을 표현해 보이고, 유행도 잘 받아들이며 액세서리의 활용도 능숙하다.

ⓒ 커리어 캐주얼

- 어패럴 관계, 매스컴 관계 등에 종사하는 전문직 여성이 대표하는 이미지, 유행에는 꽤 민감하고 베이직 아이템과 트렌드 아이템을 잘 받아들여 자기 나름대로의 스타일링을 즐기며 세련된 센스를 갖고 있다.
- 심플하고 모던한 감각, 어딘지 모르게 남성적이고 쿨한 인상을 가지면서, 여성다움도 잃지 않는 도회파의 패셔너블한 여성이다.

③ 미시 엘레강스 마인드

㉠ 스포티 엘레강스

- 주로 30대의 미스와 미세스를 중심으로 폭 넓은 존을 형성한다.
- 보수적인 사상을 가지면서 행동적·사교적인 면도 겸비하고 있다.
- 유행에 구애받지 않고 단품 코디네이트 지향이 강하다.
- 고상함에 도회적인 센스를 포함시킨 스포티성이 강한 엘레강스 패션이 중심이 된다.

㉡ 컨템퍼러리 엘레강스

- 20대 후반~30대 전반에 이르는 연령층으로, 어덜트 마인드를 갖는 여성. 성격은 서구적이며 항상 금일적인 감각을 갖고 있다.
- 패션에서 본 기본적인 감각은 엘레강스 지향이지만, 도회적이고 샤프함이 있는 것을 좋아하고, 유행에도 관심이 높다.
- 유행을 받아들일 때는 자주성과 여성다움이 살아있는가 살피고 어떤 경우라도 항상 어케이전에 상응하는 맵시에 신경을 쓴다.

㉢ 쁘레따 꾸띠르

- 여유 있는 생활환경을 배경으로 한 이스터블리시먼트(Establishment)로 의사나 변호사, 큰 회사의 중역 등이 남편인 전업 주부가 다수를 차지한다. 소위 톱클래스 여성으로 성격은 보수적이다.

- 고급감, 기품, 전통을 중요시하고 지성과 교양을 중요시한다.
- 패션에 대해서도 유행을 쫓지 않고 고상함, 품질, 브랜드를 중시하는 경향을 보이며, 희소가치를 선호해 오뜨 꾸띄르와 같은 오더 감각을 좋아한다.

[마인드별 라이프스타일 특징]

주니어·영 마인드	컨템퍼러리 캐주얼 (Contemporary Casual)	• 유행에 민감하고 자기주장이 강하다. • 다방면에 걸친 최신정보에 대해 관심이 높다. • 감각적으로 볼 때 세련되어 있다. • 트렌드를 충분히 소화시킬 수 있는 안목을 갖고 있다. • 참신하고 모험적인 패션을 즐긴다. • 독자적인 캐릭터성을 항상 갖고 있다. • 패션, 디자인, 예능 계통을 지망하거나 그 계통에 종사하는 영이 중심이다.
	커리어 리세 (Career Lycee)	• 연령적으로 볼 때 그 폭이 매우 넓다. • 여대생을 비롯해 1~2년차 직장여성 중심으로 구성되어 있다. • 유행을 적당히 받아들인 차분한 커리어 감각의 패션이 중심을 이룬다. • 귀엽고 사랑스런 유럽풍의 베이직 아이템이다. • 유행에 뒤질까봐 조바심을 보이지만 결코 앞장서는 일이 없다. • 자기다움을 중시하고 유행은 그런 범위 내에서 받아들인다.
	영 엘레강스 (Young Elegance)	• 시간적으로도 경제적으로도 여유가 있다. • 교양강좌, 신부교실에 참여, 다도, 에어로빅 등 건강증진에도 관심이 높다. • 브랜드 지향, 고급품 지향이 강해서 몰개성적인 면도 엿보인다. • 대체로 보수성이 강해 기본적인 아이템 중심의 맵시를 즐긴다. • 고상한 품위와 여성다움을 중시한다.
어덜트 커리어 마인드	센스티브 커리어 (Sensitive Career)	• 보편적이고 확실한 가치로써 클래식을 선호한다. • 전통적인 것을 좋아하지만 오로지 전통에 매달리지 않고 현대적인 감각이 믹스된 쿨한 이미지를 좋아한다. • 자립심이 강해서 훌륭한 여성으로서 살기를 원한다. • 트래디셔널한 이미지를 베이스로 성숙한 여성만이 가질 수 있는 엘레강스한 품위도 중요시한다. • 의상과 액세서리와의 조화를 늘 염두에 두고 토털 코디네이트를 즐긴다.
	커리어 엘레강스 (Career Elegance)	• 여성다움에 대한 의식이 남다르다. • 밝고 명랑하며 우아한 품위를 잃지 않는다. • 매사에 예의 바르고 책임감이 강하다. • 여성다움에 대한 표현욕이 강해 때로는 섹시한 패션도 소화해낸다. • 유행을 스파트로 받아들인다. • 액세서리의 활용이 능숙하고 향수를 사용하는 경우가 많다.
	커리어 캐주얼 (Career Casual)	• 일반 사무직이 아닌 전문 직종, 어패럴 관계, 매스컴 등 특수직 여성이 대표하는 이미지이다. • 유행에 민감한 반응을 보인다. • 베이직 아이템과 트렌드 아이템을 결합시켜 자기나름의 스타일링을 즐긴다. • 심플하면서도 모던한 감각을 좋아한다. • 도시적 세련미와 패셔너블한 맵시를 좋아한다.

미시 엘레강스 마인드	스포티 엘레강스 (Sporty Elegance)	• 30대 미시 & 미세스를 중심으로 한 존이다. • 행동적이고 사교적인 생활태도를 갖고 있다. • 유행성보다는 상품의 질을 소중히 한다. • 단품 코디네이트의 지향이 강하다. • 고상함과 도시적 센스가 곁들여진 스포티 엘레강스 패션을 좋아한다. • 밝고 깨끗한 색조를 좋아한다. • 니트 패션을 즐겨 입는다.
	컨템퍼러리 엘레강스 (Contemporary Elegance)	• 20대 후반~30대 전반에 걸친 연령층이다. • 합리주의를 신봉하고 현대적인 감각을 좋아한다. • 패션 감각은 엘레강스 지향이지만 도시적인 이미지가 믹스된 것을 선호한다. • 유행에 대한 관심도 비교적 높은 편이다. • 유행은 늘 자기다움과 여성다움을 유지하는 범위 내에서 수용한다. • 목적과 장소에 어울리는 옷차림이 되도록 신경을 쓴다.
	쁘레따 꾸띠르 (Pret-a-Couture)	• 경제적으로 부유한 계층에서 많이 보이는 마인드적 특성을 갖고 있다. • 사회적으로 인정받는 직업, 예를 들면 의사, 법조인, 대기업 중역 등의 부인 중에 이 마인드에 속하는 사람이 많다. • 톱클래스를 선호해 고급감, 기품, 지성미, 교양을 존중한다. • 보수적 성격을 갖고 있고 전통을 중요시한다. • 유행보다는 브랜드를 중시하고 품질에도 신경을 쓴다. • 흔한 것보다는 '오직 하나'라는 희소성을 좋아해 맞춤복을 입는다.

(4) 테이스트 레벨(Taste Level)

테이스트란 좋은 취미라는 의미로써, 센스와 비슷한 말이다. 테이스트 레벨은 패션을 수용하는 자세가 적극적인가 또는 소극적인가 하는 패션의 수용도를 의미하고 있다.

테이스트 레벨의 분류는 유행을 어느 정도 받아들이는가에 따라서 보통은 3단계로 분류하고 좀더 세분화할 때는 4단계로 나누는 것이 보통이다. 3단계로 분류할 때는 아방가르드, 컨템퍼러리, 컨설버티브로 나누고 4단계로 나눌 때는 아방가르드와 컨템퍼러리 사이에 또한 단계로 트렌디를 집어넣는다. 어드밴스트(Advanced, 패션의 최첨단), 업 투 데이트(Up-to-date, 금일적), 이스타블리시드(Established, 패션의 변화가 적은 것)의 분류 기준도 테이스트 레벨에 해당된다.

새로운 스타일의 초기 단계에는 아방가르드로 불리지만 그것이 약간 일반화되면 트렌디, 그다음은 컨템퍼러리가 되고, 대중 속에 뿌리를 내리게 되면 결국 컨설버티브가 되는 과정을 밟는다. 샤넬 수트가 컬렉션으로 발표된 당시는 아방가르드에 속했지만 그것이 대중화된 오늘날은 컨설버티브 패션으로 평가되고 있다는 사실이 그것을 입증한다. 유행을 받아들이는 정도에 따라 4단계의 테이스트 레벨에 의해 패션 타입을 분류하고 각 특징을 정리해 본다.

[테이스트 레벨 분류와 특징]

Taste Level	특 징
컨설버티브 (Conservative)	• 보통 보수적이라는 말로 해석되며, 조심스러운, 소극적이라는 의미도 포함되어 있다. • 의복의 기본을 충실히 지킨 베이직 스타일이다. • 유행에 좌우되지 않고 오직 기본적인 스타일만을 고집한다. • 컨설버티브는 보편화된 가치를 최대의 무기로 하기 때문에 좋게 보면 확립된 가치, 완성미, 전통파로서의 안정감을 느끼게 한다. 이런 의미에서 클래식이나 트래디셔널과 비슷한 점이 많다.
컨템퍼러리 (Contemporary)	• 금일적인이라는 의미를 갖고 또 당대, 최근이라는 뜻으로도 통한다. • 유행을 스파이스 정도로 받아 들여 자연스럽게 맵시를 나타낸 스타일이다. • 늦지도 앞서 나가지도 않는, 현대 감각에 딱 들어맞는다고 하는 점에서 업 투 데이트(Up-to-date)와 같은 말이다.
트렌디 (Trendy)	• 아방가르드와 컨템퍼러리 사이에 트렌디 그룹을 넣어 4단계로 분류할 때는 어느 정도 아방가르드에서의 전위성을 인정하는 경향이다. • 트렌디는 남다른 용기를 갖고 않고도 입을 수 있는 첨단패션이다. • 아방가르드가 극소수의 광적 지지자를 팬으로 확보하는 것에 비해 일상의 생활 의상 중에서 입을 수 있는 첨단에 속하는 것이 트렌디라고 할 수 있다.
아방가르드 (Avantgarde)	• 전위적인이라고 하는 프랑스어, 기성의 개념이나 정통을 배제하고 새로운 것을 만들어 내려고 하는 혁신적인 사고를 형용하는 경우에 사용된다. • 유행을 선취한 참신하고 개성적인 스타일이 아방가르드 패션이다. • 연예인의 기발한 스테이지 코스춤(Costume)이나 디자이너가 화제성을 노려 발표하는 독창적인 작품 등이 그 대표적인 예라 볼 수 있다. • 아방가르드와 동의어인 어드밴스트(Advanced)는 똑같은 의미이지만 뉘앙스의 차이 때문에 어드밴스트가 덜 전위적인 느낌을 준다. 실험성이 짙은 전위패션은 아방가르드가 어울리며 그보다 한 단계 다운된 단순한 첨단패션을 말할 때 어드밴스트라 일컫는다.

(5) 트렌드 사이클(Trend Cycle)

① 트렌드의 의미

ㄱ 트렌드란 경향이라는 의미로 여러 분야에서 사용되고 있는 용어이다.

ㄴ 패션 트렌드란 패션 무드(페미닌, 클래식, 스포티 등), 시추에이션(Situation), 이미지[시사이드(Seaside), 노스(North), 컨트리 등], 패션 팩터(Factor, 마린, 에스닉 등)와 디자인, 소재, 색상, 무늬, 실루엣, 아이템, 코디네이트 등의 항목에 따라 다음 시즌의 패션을 예측한 것이다.

② 트렌드 사이클

　㉠ 트렌드 사이클은 유행의 변화라는 의미이다. 패션은 트래디셔널 흐름, 포클로어 흐름, 로맨틱 흐름, 모던 흐름, 스포티 흐름이라 하는 트렌드의 흐름이 사이클적으로 변화한다는 말로 당연히 트렌드 사이클은 감성의 변화를 의미하는 것이다.

　㉡ 유행은 돌고 돈다는 말처럼 실제로 트렌드 속에는 전에 유행했던 색상이나 스타일의 리바이벌되고 있으며 옛 스타일이 재현될 때는 대체적으로 시대감각에 맞게 수정되어 새롭다는 느낌이 강하다. 이런 현상은 얼마간의 시차를 두고 반복되어 패션 트렌드에도 하나의 주기가 생긴다. 이것을 트렌드 사이클이라 부른다.

　㉢ 유행 사이클과 트렌드 사이클은 결코 같은 것이 아니지만 윤곽은 거의 일치한다. 여성 기호의 다양화에 따라 트렌드도 다양화되어 트렌드 사이클도 복잡한 양상을 띠고 트렌드 주기는 존재한다.

[트렌드 사이클 타입별 패션 특징]

트렌드 사이클 (타입1)	유행이 길기 때문에 완만한 사이클을 갖는 트렌드	• 연령과 라이프스타일을 불문하고 비교적 많은 여성에 의해 지지 　되는 패션 • 사회배경에 딱 들어맞는 패션 • 여러 가지 어케이전에 잘 적응되는 패션 • 착용감의 양호, 기능성, 따뜻함, 서늘함과 같은 목적을 충족시켜 　주는 패션 • 이미 갖고 있는 의상과 코디네이트가 잘 되는 패션 • 약간 가격이 비싸도 투자가치가 있는 패션 • 스포티, 캐주얼, 헬시 패션, 트래디셔널 등
트렌드 사이클 (타입2)	대개 1시즌 정도의 수명으로 사라지지만 자주 나타나는 트렌드	• 시즌성이 강한 패션(그 중에서도 여름, 겨울용) • 비교적 많은 여성이 수용할 수 있는 패션 • 실용성보다는 로맨틱을 우선하는 패션 • 색상, 무늬, 디자인, 실루엣 중에서 한 가지 정도에만 트렌디한 　요소가 있고 그 밖에 다른 것은 베이직한 패션 • 이미 갖고 있는 의상과 코디네이트가 용이한 패션 • 마린 룩, 오리엔탈 무드, 영국풍 등
트렌드 사이클 (타입3)	자주 나타나지 않고 유행으로서도 수명이 짧은 트렌드	• 센세이셔널한 화제성을 동반하는 패션 • 특정 연령이 아니면 받아들일 수 없는 패션 • 프로포션을 포인트로 내세우는 패션 • 토털 코디네이트가 아니면 분위기가 나지 않는 패션 • 특정 어케이전 이외에는 입을 수 없는 패션 • 인상이 강렬해서 한 시즌에 몇 번 밖에 입을 수 없는 패션 • 펑크 패션, 해적 룩, 테크노 패션 등

프라이스의 파악

프라이스는 소비자에게 있어서 구매를 좌우하는 중요한 포인트이며, 프라이스는 단순히 매상만의 문제가 아닌 코퍼레이트(Corporate), 아이덴티티(Identity)와 결부되는 중요한 문제이다. 기업으로서는 우선 자사가 타깃을 설정하고 그 소비자들이 적정하다고 느끼는 프라이스 존(가격대)으로 설정해야 한다.

[프라이스 존의 분류]

가격 정도	특 징
프레스티지 (Prestige)	• 깜짝 놀랄 정도로 비싼 고가격대이다. • 고가격을 가리키는 베스트 프라이스와는 차이가 있고, 가격만의 문제가 아니라 모두가 동경하는 명성이라는 매력을 겸비하고 있는 경우에 사용되는 말이다. • 프레스티지 패션하면 스테이더스를 나타낼 정도로 고급스런 브랜드 이미지를 갖는 패션을 말한다. 또 프레스티지 숍은 그 점포의 포장지로 포장되어 있는 것만으로도 고가를 뜻할 정도로 로열티(충실성)가 확립된 숍을 말한다.
베터 (Better)	• 약간 무리해야 살 수 있는 비싼 가격대이다. • "좀 벅차지만 무리해서라도"라는 느낌을 갖게 하는 비교적 고액인 가격대이다. • 베터보다 알맞은 프라이스로써 세미 베터, 미디엄 베터로 불리는 약간 고액인 가격대도 있다.
마더리트 (Moderate)	• 비싸지도 않고 싸지도 않는 중간 가격대이다. • "이 정도라면 무난하다"라고 느껴지는 보통 가격대로, 비싸지도 싸지도 않은 중간 위치이기 때문에 미들 프라이스, 미디엄 프라이스라 하기도 한다.
볼륨 (Volume)	• 아무 부담 없이 살 수 있는 싼 가격대이다. • 가장 많이 팔리는 프라이스로써 형편없이 싼 것이 아니고 "약간 싼 편이다"라는 느낌을 주는 가격대이다. • 단지 저가격을 나타내는 로우 프라이스나 버짓(Budget)과는 차이가 있으므로 구별해서 사용해야 한다.

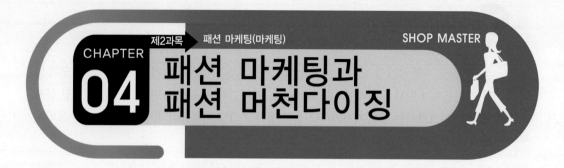

패션 마케팅과 패션 머천다이징

패션 마케팅

1. 패션 마케팅의 개념

(1) 패션 상품을 대상으로 소비자의 미적 욕구, 의복기능에 대한 욕구 등 소비자 욕구를 충족시켜 나가는 것을 목표로 하여 기업의 매출신장, 이익달성, 시장점유율의 확대 등의 결과를 획득하기 위해 기울이는 제반활동을 말한다.

(2) 계절별 패션 상품이 원자재에서부터 의류 제조업체를 거쳐 구매활동이 이루어지는 소매상을 거쳐 소비자에게 이르기까지의 상품의 흐름을 유지하려는 다각적인 활동이다.

(3) 소비자가 원하는 패션 상품을 기획 · 제조 · 공급하는 기업 활동을 의미한다.

① 적절한 상품(Right Product)
② 적절한 가격(Right Price)
③ 적절한 장소(Right Place)
④ 적절한 판매촉진(Right Promotion)
⑤ 적절한 시기(Right Time)
⑥ 적절한 상품구색(Right Assortment)
⑦ 적절한 물량(Right Amount) 등

2. 패션 마케팅의 특성

패션 마케팅은 기본적으로 4P's Mix 전략인 상품, 가격, 장소, 판매촉진 이외에 정보, 시기, 상품구색, 물량, 가격할인, 계절적인 요소, 빠른 변화성, 시한성 등의 특징을 고려해야 한다. 패션 상품은 패션 사이클의 단축과 아울러 패션 상품이 지니고 있는 감각적인 가치나 부가가치의 비중이 커지면서 합리적인 마케팅 믹스와 적절한 유통시스템이 중요시되고 있으며 그 구체적인 특성은 다음과 같다.

(1) 적절한 상품

패션 상품은 계절별로 소비자의 욕구를 충족시켜 줄 수 있는 스타일을 비롯하여 소재, 색상, 실루엣, 디테일의 변화 등으로 다양한 소비자의 욕구에 대응할 수 있도록 개발해야 한다.

(2) 적절한 가격

패션 상품은 패션의 사이클, 패션의 리더십, 브랜드 이미지, 브랜드 인지도, 디자이너의 명성도, 판매방법 등에 의하여 가격이 조정되어야 한다.

(3) 적절한 장소

패션 상품은 물리적인 가치 이외의 심리적인 부가가치가 크게 작용하므로 상품가치에 적합한 유통구조 및 판매를 위한 입지조건은 감각적인 가치와 상품이미지에 큰 영향을 주기 때문에 유통경로의 선정은 마케팅활동에서 차지하는 비중이 매우 크다.

(4) 적절한 판매촉진

패션 상품은 부가가치상품이라는 특성 때문에 판매를 목적으로 하는 광고, 디스플레이, 퍼블리시티, 스페셜 이벤트, 판매원에 의한 판매 등 인적 또는 비인적 판매촉진활동이 소비자의 구매동기를 자극하고 구매결정으로 유도하는 영향력이 크다.

(5) 적절한 시기

패션 상품은 정보의 가속성 및 광역성, 패션 사이클의 단축 등으로 라이프사이클이 짧아지고 있다. 따라서 소비자도 패션 사이클에 민감해짐에 따라 소비자가 원하는 시기에 상품을 제공한다는 것은 패션 마케팅활동에서 대단히 중요한 요소가 된다.

(6) 적절한 상품구색

소비자의 욕구가 다양화·개성화됨에 따라 라이프스타일과의 토털 코디네이션이라는 개념에서 적절한 상품구색의 요구가 현저해지고 있다. 따라서 컨셉별, 아이템별, 컬러별, 사이즈별 구색의 밸런스는 중요한 요소가 된다.

(7) 적절한 물량

기업전략이나 브랜드 전개방법에 따라 적절한 물량계획은 상품의 희소가치나 패션의 전파과정에 큰 영향을 미친다. 브랜드 이미지 관리상 다품종 소량생산체제를 지향해야 하는 경우와 반대로 기업의 규모나 브랜드 정책상 소품종 대량생산으로 풍부한 물량공급이 효과적인 전략이 될 수도 있다.

(8) 적절한 패션 사이클

패션 상품은 정확한 패션 예측에 근거한 트렌드의 파악과 패션 사이클상에서의 의사결정이 중요하다. 브랜드의 이미지나 표적고객 및 상품의 특성에 따라 적절한 패션 사이클에의 적용이 필요하다. 동시에 제품수명 사이클에 따라 효과적인 마케팅 전략을 도입하여야 한다.

(9) 시한성

패션 마케팅의 수행에는 패션 사이클의 단축현상에 따른 시한성 때문에 계획적 진부화라는 제품전략이 요구된다. 패션 상품은 색상, 소재, 실루엣, 디테일 등을 바꾸어 가면서 새로운 모델과 오래된 모델을 차별화시킴으로써 새로운 패션에 대한 소비자의 욕구를 자극시키는 마케팅 프로그램이 요구된다.

(10) 빠른 변화성

정보화 사회나 소비자의 고감도화 현상은 패션 트렌드의 빠른 변화를 초래하게 된다. 그러므로 패션 사이클이 짧아짐에 따라 패션 트렌드를 반영하는 상품의 빠른 변화도 불가피하게 패션 마케팅의 중요한 요소로서 작용한다.

⑪ 계절적 요소

패션 상품의 구매요인에는 춘하추동이라는 계절의 변화와 기상조건이 중요한 영향을 미친다. 따라서 기온의 변화와 계절감은 패션의 사이클을 자극하고 소비자로 하여금 구매결정을 촉진시키는 요소가 되므로 마케팅에 중요한 영향을 미친다.

⑫ 높은 가격 할인폭

패션 트렌드나 패션 사이클의 측면에서 새로운 패션을 소개하고 패션 트렌드가 적중된 도입기의 가격수준과 성장기나 쇠퇴기의 가격수준은 할인폭으로 조정되기 마련이다. 패션 상품의 경우 상품의 희소가치나 신기성, 공급과잉이나 포화상태에서 오는 소비자의 권태감은 가격할인이라는 불가피한 상황을 낳게 된다.

⑬ 부가가치상품

최근 소비자들의 상품에 대한 욕구는 단순히 상품의 물질적 측면뿐만 아니라 상품이 지니고 있는 부가가치와 이미지를 중요시한다. 그러므로 패션 상품은 이러한 두 가지 요소의 밸런스를 취하는 것이 중요하다.

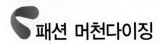

패션 머천다이징

1. 패션 머천다이징의 개념

⑴ 머천다이징의 개념

머천다이징(Merchandising)의 정의에 관해서는 다음의 세 가지로 집약할 수 있다.

① 기업의 마케팅 목표를 달성하기 위한 특정상품과 서비스를 가장 효과적인 장소, 시간, 가격, 그리고 수량을 제공하는 일에 관한 계획과 관리이다(도매업이나 소매업부문에서의 개념).
② 제조업이나 중간상인이 그들의 제품을 시장수요에 부응하도록 시도하는 모든 활동을 포함한다(제조업부문과 유통업부문에서의 개념).

③ 제조업의 중심적 업무로서 제품의 연구·개발과 시장도입 활동을 의미한다(제조업부문에서의 개념).

> **제조업 부문에서의 개념**
> 머천다이징의 개념은 제조업 분야나 유통업 분야에서 각각 업무의 특성에 따라 약간의 차이는 있는데 유통업 부문에서는 구매활동과 판매활동을 중요한 업무로 보고 있으며, 제조업 부문에서는 상품기획 및 개발 업무를 주요 업무로 보고 있다.

(2) 패션 머천다이징의 개념

머천다이징이라는 용어가 특히 패션 마케팅 영역에서 많이 쓰이고 있는 이유는 많은 상품이 패션의 영향을 받고, 판매의 성공이 상품선정이나 상품기획에 달려 있다는 사실이 인식되었기 때문이다. 패션 머천다이징(Fashion Merchandising)은 1938년 니스트롬(P. M. Nystrom)에 의해 다음과 같이 정의되었다.

① **예측활동** : 패션 트렌드와 소비자 수요의 정확한 예측
② **계획활동** : 무엇을, 언제, 얼마만큼, 어디에서, 얼마나 생산할 것인가에 대한 계획
③ **제품화 계획과 상품정책** : 상품의 디자인, 생산, 소매업에 있어서의 상품선정 및 구매
④ **판매 및 세일즈 프로모션** : 효과적인 세일즈 프로모션, 광고, 디스플레이, 판매 테크닉 훈련

일반적으로 패션 머천다이징이라 함은 어패럴 머천다이징과 리테일 머천다이징으로 분류된다. 어패럴 메이커에서 통용되는 어패럴 머천다이징(Apparel Merchandising)의 개념은 제품화 계획 또는 상품화 계획을 의미하나, 리테일(소매업) 머천다이징(Retail Merchandising)의 개념은 상품선정 및 구매를 의미한다.

2. 패션 머천다이저

(1) 정의

머천다이저(Merchandiser)란, 상품기획부문의 총괄자로서 상품계획에서 판매부문에 이르기까지 광범위한 직무영역을 가지고 새로운 브랜드 개발과 기획 및 운영을 하는 사람이다. 즉, 상품이라는 의미인 Merchandise에서 '-(e)r'을 더하여 상품의 책임자 또는 상품 및 취급방법의 책임자를 뜻한다. 흔히 'MD'라는 약칭으로 부른다.

⑵ 분류

머천다이저는 유통업 분야와 제조업 분야에 따라 그 직무내용에 다소 차이가 있다. 일반적으로 어패럴 머천다이저와 리테일 머천다이저로 구분된다.

① 어패럴 머천다이저(Apparel Merchandiser)
  ㉠ 정의 : 상품기획 및 개발로부터 시장도입에 이르기까지의 일련의 마케팅 활동을 수행하는 패션 스페셜리스트이다.
  ㉡ 직무내용
    • 정보분석업무 : 기업환경정보, 시장정보, 소비자정보, 패션 정보, 판매실적정보, 관련 산업정보
    • 상품기획업무 : 타깃마켓 설정, 상품기획 컨셉설정, 타임스케줄 작성, 예산기획, 시즌컨셉설정, 상품구성계획, 디자인 컨셉설정, 소재기획, 색채기획, 상품기획설명회, 샘플제작추진, 샘플평가와 수정, 품평회, 발주수량계획 및 조정
    • 생산지원업무 : 원부자재조달, 생산의뢰계획, 생산원가계획, 제조계획, 생산납기계획, 검품, 보관계획, 출하, 재고계획
    • 판매 및 판매촉진지원업무 : 세일즈 미팅 및 판매원 교육, 전시회 계획 및 수주회의, 프로모션 테마선정 및 프로모션 스토리 계획, 광고기획, 판매정보수집

② 리테일 머천다이저(Retail Merchandiser)
  ㉠ 정의 : 유통업(도·소매업)에서 머천다이징을 담당하는 사람을 의미한다. 구매계획, 판매계획 및 판매촉진계획, 상품구매, 판매관리, 재고관리 등을 총괄하는 스페셜리스트로서 바이어라고도 말한다.
  ㉡ 직무내용 : 직무 내용은 광범위하며 상품전문가로서 상품에 대한 책임을 지게 되므로 많은 결정권을 가지고 있다. 이러한 결정권의 행사는 해박한 지식과 경험, 정확한 분석력, 판단력이 기초가 되어야 하며, 리테일 머천다이저의 직무는 다음과 같다.
    • 구매처의 선정
    • 품목, 구매가, 품번의 결정
    • 납품시기와 수량결정, 창고로의 운반단위와 방법결정
    • 보충발주단위와 수속방법, 검수방법의 결정
    • 판매단위, 판매가의 결정
    • 판매가를 표시하는 방법의 결정
    • 점포재고량과 창고재고량 조절
    • 창고와 매장에의 배송단위, 방법, 수량 및 시기의 결정
    • 매장의 적정규모 설정
    • 진열량, 진열위치 결정

- 상품외관과 진열형태 제시 및 진열기구의 설계나 구입협조
- 사전 포장과 최종 포장의 결정
- 판매촉진방법 제시
- 통계처리방법 연구

③ 바잉 오피스(Buying Office)의 머천다이저

㉠ 바잉 오피스의 종류

- 외국상사의 국내지점 또는 지사, 연락사무소의 형태로 국내에 상주하고 있는 외국계 국내회사로서, 이들은 한국물품을 구매하여 본사 또는 타 지역으로 수출하는 회사이다.
- 해외에 있는 바이어와 독점 수출대리점 계약을 맺어 한국 내에서 해외 바이어가 원하는 물품을 구매하여 수출하는 한국 내 구매대리점 형태를 말한다. 이러한 바잉 오피스들이 모여 구성된 단체가 한국수출구매협회이다.

㉡ 바잉 오피스의 역할

외국 바이어의 위임을 받은 자가 국내에서 그들 바이어를 대신하여 필요한 물품을 구매하거나 그에 따른 부대행위(관련 제조업자 수배, 외국 바이어의 주문품에 대한 생산, 선적, 검사 등)를 하는 것이다. 따라서 영세한 자본과 소규모 인원만으로도 많은 해외 바이어와 수출업무를 할 수 있는 무역대리업의 역할은 점점 더 커질 것이다.

(3) 패션 머천다이저의 자질

패션 머천다이저는 패션에 대한 전문적인 지식이 풍부하고 소비자가 원하는 것을 상품화시켜 판매율을 높일 수 있는 마케팅 능력을 갖추어야 한다. 또한 머천다이저는 논리적인 업무와 감성적인 업무가 병행되어야 하므로 논리적인 면과 감성적인 면을 구비해야 한다. 기업의 궁극적인 목적은 이익이며, 그 이익의 대상은 소비자이다. 따라서 머천다이저는 소비자의 필요와 욕구를 파악하여 상품화할 수 있는 능력과 관리자로서의 자질을 갖추어야 한다.

① 적극적인 행동력
② 풍부한 상품지식
③ 정보 분석 및 마케팅 능력
④ 정확한 예측력
⑤ 계획적인 조직능력 및 추진력
⑥ 논리적인 사고력 및 표현력
⑦ 계수관념
⑧ 신뢰 받을 수 있는 인간성과 리더십

이와 같은 MD의 역할을 원활히 수행하기 위하여 MD는 소비자를 직접 접객해 보거나 영업 사원으로 매장관리 및 영업에 대한 경험도 필요하며, 창고관리 및 배송에 대한 지식과 생산관리를 통해 봉제, 완성, 가공기술, 자재 등에 대한 지식도 쌓아야 한다. 광고 및 판촉활동에 관한 경험 내지는 지식이 필요하며, 유행경향을 알고 업무에 접목시킬 수 있는 순발력과 감각이 있어야 한다.

MD의 자격 조건

- 시장 감시를 게을리 하지 않는다. 시즌 초에는 각 브랜드가 모두 다품종 소량생산으로 상황을 보고 시즌의 최성기에는 기선을 제압하는 상품, 팔리고 있는 상품, 팔릴 전망이 있는 상품을 집약해서 상품 전개를 꾀하고 있다. 팔리는 시기에 팔리는 것을 철저하게 생산하는 것이다. 처음 싸움에서 상품의 흐름을 보고 어느 시점에서 수정을 가할 것인가 유능한 머천다이저라면 품종의 통합이나 전환, 중단을 냉정하게 확인할 줄 알아야 한다. 야구로 말하면 투수를 언제 교체시킬 것인가 하는 문제와 같다. 이 교체시기의 포착이 대세를 가름한다.

- 우수한 머천다이저는 소매점의 요망을 상품기획에 반영시키는 것은 물론이지만 결코 소매점의 요구에 치우치지 않는다. 상품을 구입하는 것은 어디까지나 소비자이며 그 선택은 소비자가 쥐고 있다. 뛰어난 머천다이저는 기획단계에서 소비자의 욕구를 흡수해서 상품기획에 반영시키고 있다. 새로운 상품을 통해서 소비자의 눈을 뜨게 하려는 노력을 게을리하지 않는다.

- 뛰어난 머천다이저는 정보의 가공 조작이 능숙하다. 상품 매장으로부터의 요망이나 정보를 소재 메이커에 반영시킨다. 그리고 천의 단계에서 특징을 갖게 한다. 또 반대로 소재 메이커로부터 새로운 트렌드 정보나 그 밖의 가치 있는 정보를 소매점에 전하거나 지도하거나 한다. 활기 있는 매장이라고 하는 것은 매장과 상품, 판매원이 삼위일체화 해서 생기는 것이다. 적중률이 높은 상품기획은 그러한 상황의 정보에 대한 피드백 조작이 충분히 활용되어야 비로소 달성되는 것이다.

- 유능한 머천다이저는 시대의 흐름을 앞서는 통찰력과 정보 데이터를 냉정하게 분석할 수 있는 눈을 갖고 있다. 앞으로 마케팅은 태평양에 그물을 던져 어떤 물고기인지도 모르는 것을 잡는 것이 아니라 낚시로 고기를 잡는다. 양어장의 물고기도 최근에는 좋아하는 먹이가 아니면 먹지 않는다. 개성이 없고 흔히 있는 상품으로는 누구에게나 지지를 받지 못하게 되어 있다.
소비자를 붙잡는 데에도 클러스터(Cluster)라고 하는 방법으로 붙잡지 않으면 오늘의 소비자를 획득할 수 없다. 클러스터란 포도송이라는 뜻으로 시장은 포도송이와 같이 갈라져 있다. 사람들은 자기가 좋아하는 알맹이를 따서 먹는 것이다.
맥주를 예로 들면, 생맥주도 있고 캔 맥주도 있고 병맥주도 있다. 상표의 종류도 많다. 스포츠 역시 테니스, 스키, 조깅 등과 같이 세분화되어 있다. 앞으로 상품기획맨은 그 '비슷한 사람끼리' 감각적으로 무엇을 기대하고 있는가?, 어떤 것을 입고 싶어 하는가?, 공통성(공감성)이나 행동성은 무엇인가? 하는 것을 철저히 분석해서 상품기획에 반영시키지 않으면 안 된다.
그러한 방법으로 파악하면 어느 정도 앞질러 간 서베이어나 새로운 구매특성을 확인할 수 있다. 스트레이트한 설득을 할 수 있다. 이러한 시대감각의 선취가 유니크한 기획이 돼서 상품의 적중률을 높이는 것이다.

3. 패션 머천다이징 부문의 스페셜리스트

(1) 패션 머천다이저

소비자의 패션 감각이 개성화, 고급화, 다양화, 고감도화됨에 따라 시장 세분화가 불가피해졌다. 따라서 패션 마케팅을 기초로 하는 훈련된 상품기획 전문가(패션 머천다이저)를 더욱 필요로 하고 있다.

(2) 패션 디자이너

① 디자이너란 일반적으로 계획자, 고안자, 발안자를 의미한다.
② 20세기에 이르러 패션 산업의 발달과 패션의 대중화에 따라 오뜨 꾸띄르 디자이너와 병행하여 기성복 디자이너가 중요시되고 있다.
③ 기성복 디자이너는 의류제조업의 머천다이징 부문(상품기획부)에서 중심이 되는 스페셜리스트이다.
④ 기성복 디자이너의 업무와 역할은 특정소비자가 원하는 것을 대량생산체제를 통하여 생산·공급하는 일이다. 그러므로 기성복 디자이너에게 주어진 가장 중요한 과제는 그 시대의 소비자가 원하는 것을 찾아내어 형태화하는 것이다.

기성복 디자이너에게 필요한 소질과 조건

• 소비시장을 민감하게 파악할 줄 아는 재능을 갖고 있어야 한다.

다음 시즌의 경향을 캐치하기 위해서는 예민한 시대감각과 상상력, 유연한 두뇌가 필요하다. 기성복 디자이너는 기획력과 탤런트성 기질이 요구된다.

• 기성복 디자이너는 대중의 기호를 시기적절하게 파악할 수 있어야 한다.

기성복 디자이너는 대중의 기호와 디자이너의 개성을 융화시켜 디자인해야 한다. 대중의 기호를 자신의 개성 속에 소화하고 반대로 자신의 개성을 대중 속에 용해시켜 디자인해야 한다.

• 기성복은 많은 사람의 손과 기계공정을 거쳐야 하기 때문에 디자이너는 디자인 실력과 동시에 저마다 입장이 다른 사람들의 의견을 듣고 구체적인 프로그램을 조정해 가는 디렉터적 수완이 필요하다.

• 기성복 디자이너는 기업 내에서 디자인된 상품에 대해서 바른 이해와 식견을 갖고 있어야 한다. 또 감각면에서 잘 처리되지 않을 때는 공정관계자 또는 세일즈 부문의 사람들과 대화를 통해서 해결해야 한다. 그래서 인간관계를 컨트롤하는 기술도 필요하다.

(3) 패션 코디네이터

① 코디네이트(Coordinate)가 조합한다, 조정한다라는 뜻이므로 코디네이터란 조정자를 의미한다. 따라서 패션 코디네이터(Fashion Coordinater)란 패션 조정자를 뜻한다.

② 유통업부문에서는 패션 코디네이터를 스타일리스트(Stylist)와 동의어로 사용하는 경우가 많으며, 제조업계에서는 패션 디렉터(Fashion Director)와 동의어로 사용하기도 한다.

③ 패션 코디네이터의 역할은 기획, 생산, 구매, 판매 및 판매촉진 등의 각 부문별 활동을 원만하게 조정하여 효과적인 마케팅을 가능하게 하는 것이다.

(4) 컬러리스트

① 컬러리스트(Colorist)는 색채에 관한 모든 업무를 담당하고 책임지는 전문가이다.

② 색상에 관한 모든 정보를 수집 · 분석하여 전체적인 컬러의 방향설정을 비롯하여 브랜드별, 아이템별로 컬러 라인(Color Line)을 선정하고, 모델별 컬러 웨이(Color Way)를 정한다. 색상은 브랜드 이미지에 기초를 두고 소재, 실루엣 및 디테일 등의 패션 트렌드에 맞추어 선정한다.

(5) 텍스타일 디자이너

① 텍스타일 디자이너(Textile Designer)는 텍스타일 디자인을 주된 업무로 하고 있으며, 머천다이저의 파트너로서 상호 보완적인 역할을 한다.

② 원사종류의 선정을 비롯하여 제직방법의 지시, 프린트나 무늬의 창조, 색상의 조정, 레이스나 자수 및 패턴의 개발, 선정 등으로 텍스타일을 디자인하는 업무를 맡고 있다.

(6) 스타일리스트

① 스타일리스트(Stylist)란 독자의 품격이 있는 개성적인 사람이라는 뜻으로, 유행하는 스타일의 외형 디자인을 정리하는 사람이라는 뜻으로도 쓰이는 말이다.

② 경우에 따라서는 코디네이터와 비슷한 용어로 사용되기도 한다. 스타일리스트가 하는 일을 분야별로 보면, 패션 매거진 스타일리스트, 애드버타이징 스타일리스트, 연예인 스타일리스트, 패션쇼 스타일리스트, 어패럴메이커 스타일리스트, 유통업부문 스타일리스트가 있다.

③ 유통업부문의 스타일리스트는 자신의 독창적인 디자인을 하는 것이 아니고, 디자이너의 독창적인 디자인이나 외국 등의 제휴기업으로부터 제공된 디자인을 응용하여 개발하는 사람을 말한다.

④ 상품기획부문의 풍부한 경험자로서 각 디자인의 특성이나 가격을 잘 파악하여 디자인 단계에서나 샘플단계에서 디자인을 연결하여 상품화될 수 있는 스타일로 완성시키는 업무를 수행한다.

⑤ 일본에서는 샵매니저(Shop Manager)의 역할을 하는 사람들을 스타일리스트라고도 한다.

(7) 디스플레이 디자이너

① 디스플레이(Display)는 '남에게 보이는'이라는 의미이다. 쇼윈도나 점포 내의 상품진열을 하거나 전시 및 쇼 등 선전을 위하여 작품이나 상품을 일정한 테마와 목적에 따라 효과적으로 진열해 보이는 것을 뜻하며 이러한 일을 담당하는 전문가를 디스플레이 디자이너(Display Designer) 또는 디스플레이어(Displayer), 데코레이터(Decorater)라고도 한다.

② 디스플레이 디자이너는 풍부한 상품지식, 상상력, 표현력, 통찰력, 건강 등을 필수조건으로 한다.

(8) 패션 바이어

① 패션 바이어(Fashion Buyer)는 상품의 구매를 행하는 유통업 부문의 상품기획 멤버로서 소재, 실루엣, 디테일 및 가격 등의 상품지식을 비롯하여 패션에 관한 전문지식을 가지고 소비시장의 동향을 정확하게 파악해야 한다.

② 직무의 범위는 상품의 구매로부터 판매, 판매촉진, 재고관리 및 판매담당자에 대한 상품교육 등 광범위하다.

③ 바이어는 신상품의 시장진출, 어패럴메이커의 상황, 소비자의 라이프스타일 변화, 소비자의 패션에 대한 욕구변화 이외에 기상예측 등 광범위한 영역에 걸친 정보수집과 분석을 토대로 구매계획을 수립해야 한다.

④ 패션 바이어는 소비자의 시각에 입각하여 소매점 수준에서 잘 팔릴 상품의 구색을 갖추어 신문, 잡지 및 DM(Direct Mail) 등의 선전 광고와 점 내 디스플레이 등으로 판매를 촉진시켜야 한다.

(9) 니트 디자이너

니트 디자이너(Knit Designer)는 니트를 소재로 하여 디자인을 하는 전문가를 말한다.

⑽ 패션 컨버터

① 패션 컨버터(Fashion Converter)는 미가공 직물을 구매하여 완성품으로 만들어 판매하는 직물가공 판매업자를 말한다.

② 패션 컨버터는 패션 트렌드를 신속하고 정확하게 파악하여 의류업계를 대상으로 소재를 제시·판매하여야 하므로 소재에 대한 해박한 지식과 감성을 비롯하여 시장조사를 정확히 해야 하고, 거래처의 특성을 파악하는 능력이 있어야 한다.

⑾ 패션 애널리스트

① 패션 애널리스트(Fashion Analyst)는 패션 정보를 수집·정리 및 분석하는 전문가를 말한다.

② 일반적으로 패션 정보연구소 등에서 패션 관련 정보를 전문적으로 분석하는 경우와 어패럴메이커, 백화점 및 전문점 등의 정보처리부서에서 근무하면서 기업의 전략적 의사결정, 마케팅 및 상품개발 등에 필요한 정보를 수집·분석하는 경우가 있다.

③ 패션 애널리스트는 수집·분석해야 할 정보의 범위를 정하여 분류를 위한 체계적 코드를 개발하여 정보를 수집·분석·처리한다.

⑿ 프로덕트 매니저

① 프로덕트 매니저(Product Manager)는 생산관리 담당자를 말한다.

② 생산관리 담당자는 일정한 품질의 제품을 일정한 기간 내에 일정한 수량을 기대원가로 생산하기 위하여 생산활동의 예측, 계획, 통제하는 전문가를 말한다.

③ 생산활동은 제품을 적절한 질과 양으로 적당한 시기에 적당한 생산비로서 생산가능하도록 한다. 따라서 생산관리담당자는 생산활동을 조직적으로 운영하기 위하여 생산요소인 기계설비, 에너지, 원자재 이외에 현장 작업담당자의 모든 활동을 가장 합리적인 형태로 계획, 통제, 연결, 조정하여야 한다.

④ 생산관리 담당자는 설비관리, 품질관리, 자재관리 및 원가관리능력을 갖추어야 한다.

⒀ 패터니스트

패터니스트(Patternist), 패터너(Patterner)는 샘플용 패턴을 제작·수정하고 대량생산이 결정된 스타일에 대한 패턴을 공업용 패턴으로 수정하는 작업과 더불어 수정된 패턴에 의하여 만들어진 대량생산용 샘플의 검토를 통하여 완전한 양산용 패턴을 제작한다.

⒁ 모델리스트

모델리스트(Modelist)는 스타일화로부터 실물을 제작하기 위하여 광목을 사용하여 패턴을 제작하는 전문가로 디자이너가 하는 일을 겸하는 경우가 많다.

⒂ 그레이더

그레이더(Grader)는 대량생산 투입이 결정된 스타일의 공업용 패턴을 사이즈별로 전개시키는 작업을 하는 사람으로 그레이딩의 기술을 요구한다. 최근에는 컴퓨터로 이 작업을 대신하는 경우가 많다.

⒃ 마 커

마커(Marker)는 대량생산 투입이 결정된 패턴으로 그레이딩이 끝난 후, 실제 사용원단에 마킹(Marking)을 하는 사람으로 원단의 필요량을 산출하는 작업을 하며 최근에는 컴퓨터를 도입하여 이 작업을 대신하는 경우가 많다.

⒄ 커 터

커터(Cutter)는 대량생산 체제에서 마킹하여 연단한 원단을 커팅(Cutting)하는 기계로 재단하는 일을 담당한다. 맞춤복에서는 패턴을 제작한 사람이 직접 재단하는 경우가 보통이나 대량생산에서는 전문가가 이 일을 맡아서 한다.

⒅ 봉제사

봉제사는 견본의 제작 및 대량생산 시스템에서의 봉제담당자를 말하며, 정확하고 숙련된 봉제기술과 아울러 패션에 대한 이해와 지식이 있어야 한다.

⒆ 인스펙터

인스펙터(Inspector)는 생산된 완제품의 검사를 전담하는 전문가를 말한다. 규정된 검사기준에 따라 상품으로서의 가치 여부를 판정한다.

위에서 설명한 전문가들은 주로 상품기획부문에서 업무 수행을 하는 전문가들이다. 기업의 상황에 따라 이상 열거한 전문가들의 필요성을 느끼면서도 현실적인 여건 때문에 전문화가 이루어지지 못하고 있거나 외주를 주어 작업하고 있는 실정이나 점차 세분화가 되어야 할 것이다.

4. 패션 머천다이징의 과정

(1) 상품기획의 7가지 기본 스텝(The Basic Step of Merchandising)

패션 상품의 기획단계를 업무내용에 따라 7단계로 구분하면 그 내용과 순서는 다음과 같다.

소비자	상품기획(Merchandising)은 소비자로 시작해서 소비자로 끝난다.
타깃 기획 (Target Plan)	타깃은 표적이라는 뜻으로 마케팅이 표적으로 삼는 소비자를 말한다. 타깃 기획은 브랜드가 대상으로 하는 소비자 계층을 좁히는 것이 목적이다. 연령이나 생활환경, 기호가 각각 다른 수없이 많은 소비자 중에서 특정 타입에 속하는 소비자를 선정하는 구체적 플랜이 타깃 기획이다.
정보기획 (Informaton Plan)	소비자는 항상 새로운 상품을 원한다. 패션 기업도 시즌마다 새로운 상품을 팔아야 이윤이 발생한다. 시즌마다 만들어 내는 상품에 새로운 느낌이 들게 하기 위해서는 다음 시즌의 유행을 미리 예측하여 상품에 반영해야 하고, 타깃으로 선정하는 소비계층의 욕구도 파악해야 한다. 즉, 트렌드 정보와 소비시장정보를 수집하여 분석하는 일이 정보기획이다.
컨셉 기획 (Concept Plan)	정보분석을 토대로 상품기획을 추진할 때 소비자 타깃이 다음 시즌에 어떤 상품을 사려고 하는지를 파악하여 그 상품의 이미지를 확실하게 하는 것이 컨셉 기획이다. 만들고자 하는 상품의 소재, 컬러, 디자인이 정해지지 않은 상태에서 신상품의 이미지를 결정하는 일이 이 기획의 목적이다.
코디네이트 기획 (Coordinate Plan)	컨셉 기획에서 구체화시킨 상품의 이미지를 육안으로 판별할 수 있게 하기 위해서 패션 상품의 3요소인 소재, 컬러, 디자인을 아이템 종류에 따라 개체별로 선택하지 않고 전체의 조화를 생각해서 결정한다. 이것이 코디네이트 기획으로 옷을 입었을 때의 조화와 맵시를 미리 반영시키는 것을 목적으로 한다.
아이템 기획 (Item Plan)	좀더 구체적으로 디자인을 정하고 동시에 각 아이템마다 디자인, 소재, 배색, 사이즈, 가격 등 세부사항을 결정하는데 이를 아이템 기획이라 한다.
디자이닝 (Designing)	소비자 ~ 아이템 기획까지의 단계는 상품을 위한 서류상의 기획서에 불과하다. 그 기획서를 토대로 샘플을 만드는 과정이 디자이닝이다. 샘플을 만들기 위해서는 먼저 디자인화를 그리고 그 디자인화에 맞는 패턴을 만들어 봉제에 들어가게 된다.
프로모션 기획 (Promotion Plan)	지금까지 기획을 추진해 완성시킨 상품을 어떻게 하면 보다 더 많이 팔 수 있을까 하는 판매촉진을 위한 아이디어를 모아 실행기획서를 작성하는 것이 프로모션 기획이다. 프로모션 활동의 대상은 TV, 라디오, 신문, 잡지 광고를 비롯해서 POP, 쇼윈도 디스플레이, 쇼핑, 백, 택까지 포함된다. 때로는 상품발표를 위한 패션쇼의 기획도 포함되는 경우가 있다.
소비자	다음 상품기획을 위해 소비자 정보를 피드백한다.

(2) 패션 머천다이징 11단계 프로세스

경쟁력이 극심해지고 있는 패션 마켓에 대응할 수 있는 상품기획을 위해서 구체적인 업무수행을 필요로 하며, 보다 세분화 · 전문화된 상품기획이 요구되고 있다.

[패션 머천다이징 11단계 업무내용[2]]

구 분	업무내용	
마케팅 정보분석	1. 마케팅 환경 정보	• 패션 산업에 영향을 미치는 거시적 · 미시적 환경분석
	2. 시장정보	• 소매점 조사, 경쟁브랜드 조사, 인기상품 조사, 시장규모
	3. 소비자정보	• 소비자의식, 라이프스타일, 구매행동, 착용경향, 선호도
	4. 패션 정보	• 해외패션 트렌드, 국내패션 트렌드 조사
	5. 판매실적정보	• 지난 3년간 판매실적분석, 해당 시즌 판매실적분석
	6. 국내외 학술정보	• 국내외 패션 관련 학술정보분석
	7. 관련 산업정보	• 직접 · 간접으로 영향을 미치는 관련 산업부문 정보분석
표적시장 설정	1. 시장세분화	• 시장세분화 요인에 의한 세분시장 설정
	2. 시장표적화	• 표적시장에 맞는 전략설정 및 라이프스타일 분석
	3. 시장포지셔닝	• 포지셔닝 요인에 의한 브랜드 포지셔닝 작업
머천다이징 컨셉 설정	1. 4P's Mix 전략	• 상품, 가격, 유통, 판매촉진의 기본방향의 설정
	2. B.I. 작업	• 브랜드 아이덴티티 및 페이스 플래닝
	3. 브랜드 이미지 설정	• 브랜드 이미지 설정, 시즌 컨셉 설정
상품구성	1. 상품구성계획	• 아이템 구성 및 스타일 수 결정, 상품 그룹핑
	2. 예산계획	• 가격, 판로, 상품, 조직별, 연간, 반기, 계절, 월별 계획수립
	3. 타임스케줄 작성	• 연간, 시즌별, 월별, 주별 스케줄 작성 및 관리
디자인 개발	1. 디자인 컨셉 설정	• 디자인 방향 설정, 컨셉의 시각화
	2. 코디네이트 기획	• 아이템, 컬러, 소재, 실루엣, 디테일의 코디네이트 확인
	3. 색채기획	• 컬러 스토리 설정, 아이템별, 스타일별 적용
	4. 소재기획	• 테마별, 품목별, 상품그룹별, 아이템별, 스타일별 적용
	5. 디자이닝	• 디자인 스케치 및 컬렉션
	6. 샘플제작 및 수정	• 샘플 패턴제작 및 가봉, 수정
가격결정	가격결정	• 원가계산 및 판매가 결정
품평 및 수주	1. 품평회	• 사내 · 외 품평회
	2. 수주회	• 수주회, 전시회
	3. 수량결정	• 대량생산 수량조절
	4. 테스트마케팅	• 소비자 모니터링, 안테나 샵 활용, 마켓 테스트 실시
생 산	생산 의뢰 및 양산용 샘플 확인	• 원부자재, 수량, 원가, 제조, 납기, 검품, 보관, 출하, 재고, 배송 계획
판매 및 유통	1. 유통경로선정	• 판로결정, 판매방법, 판매시기 확인
	2. 판매기획	• 매장별 판매 및 배분계획, 상품설명회, 세일즈 미팅, 판매원 교육
	3. 물류관리	• 제품입고 및 출고관리
	4. 판매정보시스템	• POP, POM 시스템 활용
판매촉진	1. 프로모션 계획	• 프로모션 테마 선정, 프로모션 스토리 작성
	2. VM 계획	• 비주얼 프레젠테이션 계획수립, VM 계획수립
	3. 광고 및 홍보계획	• 광고 및 홍보협의 및 협조, 각종 이벤트 실시

2) 패션 머천다이징, 이호정, 교학연구사

[머천다이징을 추진하는 전략회의 스텝]

전략회의 단계	내 용	
1. 아이디어 개발단계	• 마켓 리서치 • 컨슈머 리서치 • 패션 정보(디자인, 색채, 소재)	• 기호, 인구, 동향 • 모티베이션 리서치 • 에드버타이징 리서치
2. 아이디어 평가단계	• 사회경제적 환경에서 본 가능성 • 기업 이미지와의 관계 • 소비자는 개인인가 집단인가? • 유행으로부터의 영향도 • 자사 기술수준으로 가능한가?	• 잠재수요의 파악 • 제품 이미지와의 관계 • 구입결정자는 누구인가? • 원부자재의 수급상황
3. 아이디어 연구단계	• 디자인은? • 소재는? • 사이즈는? • 기능은? • 가격은?	• 유행은? • 컬러는? • 대상은? • 생산성은?
4. 검토단계	• 생산능률은 양호한가? • 설비면에서 가능한가? • 생산자 가격은? • 타사와의 경쟁 유무는?	• 생산 준비상 필요한 기간은? • 생산에 필요한 기간은? • 아이디어의 우수성이 돋보이는가? • 오리지널리티가 살아있는가?
5. 전략 · 평가단계	• 판매촉진전략 • 광고전략 • 판매점 대책 • 제조계획	• 판매경로 정책 • 소비자 대책 • 생산계획 • 예산평가
6. 결정단계	• 신상품 품평회 • 중요판매점의 테스트 판매 • 전시회 참가 • 신상품 패션쇼 • 수주생산방식은 어떻게 할 것인가? • 마케팅 매니저와 머천다이저 및 기타 중역에 의한 결정	
7. 생산단계	• 인원배치는? • 공정관리는? • 품질관리는? • 상품출하관리는?	• 공장관리는? • 능률관리는? • 재고관리는?
8. 판촉활동단계	• 신문광고는? • TV, 라디오 광고 • 옥외광고는? • POP • 패키지는?	• 잡지광고는? • 영화슬라이드 • 교통광고는? • 디스플레이
9. 통제단계	• 기획과 실천은 일치하고 있는가? • 판매선, 시장동향, 경제사정을 고려해서 조정한다.	

CHAPTER 05 패션 마케팅의 4P Mix 전략

마케팅 전략의 출발은 최고경영자의 경영철학에 근거한 기업이념으로부터 출발한다. 일반적으로 기업이 마케팅 전략을 수립하여 실천하기까지의 과정은 시장기회분석 → 목표시장선정 → 마케팅 믹스 개발 → 마케팅 관리에 따라 이루어진다. 어떠한 상품이라도 이 과정에 대입해서 생각할 수 있다.

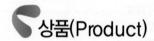 상품(Product)

1. 제 품

패션 상품에 있어서의 원단, 부자재, 가공 중인 제품 등 모든 공정상의 제품을 제품이라고 하고 최종적으로 소비자가 가격표가 달려서 매장에 전시된 상태를 상품이라고 할 수 있다.

2. 제품의 구성요소

⑴ 제 품

패션 제품 자체가 지니고 있는 성질로서의 의류의 물리적 기능과 미적인 욕구를 충족시켜 주는 정신적·문화적 욕구에 대한 충족기능이 크게 차지한다.

(2) 상표

특정 제품을 다른 제품과 구별하기 위한 것으로 상표명, 상징, 도안, 술어 등이나 또는 이것들의 조합을 말한다. 패션 상품에 있어서 브랜드는 무형의 자산으로서 그 중요성이 갈수록 커지고 있다. 모든 마케팅 전략, 차별화 전략은 이 브랜드에 내해 특정한 이미지를 심어 주는 것으로부터 시작한다.

(3) 비주얼

제품을 만들고 그 제품의 성격과 특징을 상징하는 브랜드를 만들고 나면 특정 장소에서 그 제품을 가치 있게 보여주는 기술이 필요하다. 이렇게 제품을 적절한 장소에서 알맞게 표현하는 모든 수단, 즉 인테리어, 디스플레이, 코디네이션, 포장 등을 통칭해서 비주얼이라고 한다. 소비자에게 좋은 이미지, 가치 있는 제품으로 올바르게 전달하기 위해서는 무엇보다도 중요한 표현수단이다.

(4) 고객서비스

제품을 판매하는 경우, 고객에 대한 서비스는 넓은 의미의 상품이라고 할 수 있고, 서비스업의 경우에는 고객서비스 자체가 상품이다. 그러나 제품이라도 모든 제품에 서비스는 포함되고 일반적인 편의품과 선매품 그리고 전문품의 경우에도 서비스의 수준은 중요하다. 서비스는 경쟁제품과 대력에서 이길 수 있는 결정적인 역할을 하기 때문이다. 서비스는 소비자들이 제품을 구입할 때 제품정보에 대한 비포 서비스, 구입할 때 코디네이션 조언과 배달, 결제방법에 대한 도움, 할인 등의 판매서비스, 제품 구입 후 애프터 서비스로 나뉜다.

3. 브랜드 라이프사이클

(1) 일반적인 경우 제품의 라이프사이클을 많이 이야기하지만 패션 제품에서는 동일한 이미지와 컨셉으로 구성된 브랜드를 하나의 제품으로 보는 것이 타당하다. 왜냐하면 편의품이나 전문품처럼 개개의 상품으로 독립적이지도 않고 한 개의 상품으로 구매가 끝나지도 않으며, 소비자는 브랜드 단위로 형성된 브랜드 전체를 기억하며 낱개의 상품을 따로 기억하지 않기 때문이다. 또한, 각 브랜드마다 상품의 구성이 비슷하여 브랜드 전체의 특성이 일반적으로 말하는 제품의 성격을 갖는다고 할 수 있다.

⑵ 소비자가 암묵적으로 인지하고 있는 가격대를 유지하는 것이 옳을 것이다. 매출위주의 목표를 세우고 적극적인 태도로써 전국적 확산을 꾀해 나가면 대리점 지원자도 늘어나고 판매망 구축도 용이해질 것이다.

⑶ 방어적인 전략으로 이익 위주의 경영이 필요하고 매장의 교체도 빈번해진다. 또한, 효율성 위주의 광고판촉 전략이 필요하며 영업기능이 상대적으로 중요한 시기이다. 이 성숙기를 얼마나 효율적으로 관리하고, 내실 있게 운영해 나가느냐에 따라서 브랜드의 수명이 달라진다고 해도 과언이 아니다.

⑷ 브랜드의 규모나 이미지를 보았을 때 기존 브랜드를 철수시키고 신규 브랜드를 출범시켜야 한다고 생각할 때의 시기이다. 가격을 인하해서라도 신속히 철수할 전략을 세우고 최대한 경비발생을 줄이고 관리를 강화해야 판매비를 줄일 수 있다.

4. 브랜드 포지셔닝

브랜드 포지셔닝은 경쟁 브랜드의 위치를 파악하여 소비자의 인식 속에 자사의 브랜드 이미지를 확고하게 심어 넣기 위한 전략이다. 브랜드의 리포지셔닝은 소비자에게 만족스럽게 소구되지 못하는 기존 브랜드의 이미지를 광고 등을 통해 브랜드의 소구점을 변화시켜 자사 브랜드에 대한 소비자의 이미지를 변화시키려는 마케팅 전략이다.

5. 상품기획

패션 머천다이징이라고 하면 마케팅과 같은 범위로 소비자 분석, 상품기획, 판매전략수립, 사후 서비스까지의 모든 과정을 말한다. 하지만 일반적으로는 상품의 기획과 생산, 판매를 말하며 상품기획자를 머천다이저라고 부른다.

6. 재고관리

세계적인 패션 회사의 모든 전문 경영인은 패션 비즈니스의 성공 여부는 재고관리에 있다고 말한다. 자금의 투하기간이 길고 시간의 흐름에 따라 상품가치의 하락이 급격하다는 이유로 너무 가격경쟁에만 의존하여 가격인하에 대한 여러 가지 문제를 발생시켜 온 것이 사실이다.

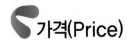 가격(Price)

1. 신상품의 가격전략

(1) 고가전략

경쟁자가 많이 없을 때 높은 가격을 받다가 차츰 경쟁자가 늘어나면 가격을 낮추는 전략이다. 이런 경우는 소비자가 비싸면 좋다는 인식을 가진 상품, 약간 비싸더라도 그 상품을 사겠다는 소비자가 많을 때 또는 소량생산을 해도 단가가 크게 오르지 않는 경우의 상품에 적합한 전략이다.

(2) 저가전략

처음에는 낮은 가격으로 팔다가 소비자가 인식을 하고 계속적으로 구매가 증가하는 단계에서는 서서히 가격을 올리는 전략이다. 이런 상품은 소비자가 가격에 민감한 상품, 낮은 가격시 성장이 크게 촉진되는 상품, 경쟁사의 참여에 대한 방어가 용이한 상품에 적절한 전략이다.

2. 소비자 유형에 따른 가격전략

(1) 절약형

가격에 대해서는 민감하고 품질에 대해서는 덜 민감한 소비자 유형으로 판촉, 가격할인이 효과적이다.

(2) 만능형

품질과 가격에 대해 민감하고 안목을 가진 합리적인 소비자로 품질에 비해서 가격이 합리적이어야 하고 서비스, 비주얼 등이 큰 영향력을 행사한다.

(3) 긍지형

제품의 가격에 구애받지 않고 브랜드의 명성, 사회적 위신, 긍지 등을 최우선으로 하는 소비자로서 품질을 최대수단으로 하는 고가정책이 필요하다.

⑷ 곤란형

무관심한 유형으로 보다 나은 구매결정을 위한 조언이 필요하다. 다른 세 가지 유형으로 전환시키기 위해 정보를 제공하고 광고판촉을 할 필요가 있다.

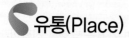# 유통(Place)

1. 유통경로전략

일반적으로 패션 유통의 소매형태를 직영점, 백화점, 대리점의 세 가지 유통으로 볼 때, 매출의 구성 비중이 각각 1/3씩되는 것이 이상적이라고 말한다. 그러나 우리나라 백화점의 경우에는 판매사원을 파견하고, 재고부담을 비롯한 모든 책임이 생산자인 본사에 있으므로 직영점의 범주에 있다고 보아야 할 것이다. 일반적으로 상품이 성장기에 있거나 불경기일 경우에는 직영점의 판매 비중이 대리점의 판매 비중보다 큰 것이 유리하다. 이것은 신속한 의사결정으로 매장의 본사에서 주도하기가 쉽기 때문이다.

2. 가격파괴

기업의 혁신에 의한 한자리 수의 가격인하가 아닌, 한번에 50%, 70% 등 수십 퍼센트를 파격적으로 인하하는 것을 말한다. 이 가격파괴의 진원지는 미국의 월마트이다. 이것을 가능하게 만든 요인은 지구촌이 단일시장이 되었고 정보혁명과 유통업의 자본이 거대화되었기 때문이다. 월마트의 총 이익률이 낮다는 것은 저가의 실현을 소비자에게 돌렸다는 것이고, 판매관리비가 훨씬 낮아 영업이익에서 앞선다는 것은 경비의 절감이 얼마나 중요한 경쟁력의 바탕인지를 여실히 보여주는 예라고 할 수 있다.

3. 물적 유통관리

물적 유통이라 함은 물리적인 재화를 전달하는 과정, 즉 원재료나 부품의 공급단계에서부터 생산단계를 거쳐 최종 소비자에게 판매하는 과정에서 발생하는 포장, 수송, 하역 등과 같은 물적 정보유통의 제반과정을 말한다. 물류비용의 절감이 가격인하의 마지막 보루 또는 제3의 이익원이라고까지 불리어지고 있어 많은 기업들이 개선의 노력을 기울이고 있다.

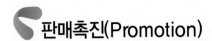 판매촉진(Promotion)

1. 촉진믹스

한정된 촉진예산으로 여러 가지 촉진활동수단을 어떻게 합리적으로 결합시킬 것인가 하는 것이 촉진관리의 주요 초점이다. 잠재적 소비자를 설득시켜서 구매로까지 연결시키려면 먼저 소비자에게 패션 제품의 브랜드를 인지시키고 그 브랜드의 특성을 이해하게 하여 관심을 갖도록 해야 한다. 다음에는 그 브랜드의 상품을 구매하고자 하는 욕망을 환기시켜 기억하고 있다가 마침내는 구매하도록 해야 한다. 많은 사람들에게 인지도를 높이는 가장 좋은 방법은 바로 효율적인 광고이다. 그러나 구매욕구를 일으키는 데는 비용이 거의 들지 않는 구전 커뮤니케이션의 역할이 무엇보다 중요하다.

2. 광고관리

광고는 광고주가 비용을 지불하고 다양한 매체를 통하여 많은 사람들을 설득시키기 위한 일종의 커뮤니케이션 수단이다. 광고의 궁극적인 목표는 구매의사의 결정에 조언적 기능을 하여 매출증대의 목표를 실현하기 위한 것이다.

3. 판매촉진관리

판매촉진이란 소비자의 구매를 촉진시키고 거래처의 효율을 높이기 위한 활동으로 광고, 인적 판매, 홍보를 제외한 모든 촉진활동을 말한다. 그 유형으로는 소비자를 대상을 직접 판촉하는 소비자판촉, 거래처를 대상으로 하는 거래처판촉, 제품이나 서비스를 판매하는 판매사원판촉이 있다.

4. 인적 판매관리

판매사원이 잠재고객을 설득시켜 가는 과정을 관리하는 것을 말한다. 인적 판매관리는 크게 판매사원의 관리와 판매사원의 판매관리로 구분할 수 있다. 판매사원의 관리는 기업의 판매사원을 선발, 교육, 조직하고 관리하는 것을 말하며, 판매사원의 판매관리는 효율적인 판매가 이루어지도록 하기 위해서 판매원이 판매활동, 판매 후 관리, 고객관리 등을 하는 것을 말한다.

5. 풀 전략과 푸시 전략

풀 전략은 광고 위주의 전략을 말하고, 푸시전략은 1 : 1 상대의 판촉 위주전략 또는 인적 판매 위주의 전략을 말한다.

02 실전예상문제

001

다양하게 갖추어진 상품 속에서 자신의 취향에 맞는 상품을 골라서 사는 행위를 나타내는 행동은?

① 구매행동
② 쇼핑 행동
③ 패션 생활행동
④ 패션 기업

002

패션 생활의 분류 중 하드 측면(생활면)에 속하지 않는 것은?

① 라이프스테이지(Life Stage)
② 라이프스페이스(Life Space)
③ 라이프스타일(Life Style)
④ 타입과 필링(Type and Feeling)

003

클래식 타입의 포인트 설명 중 적당하지 않은 것은?

① 컬러 – 따뜻하고 정감이 있고 깊이가 있는 색조
② 소재와 무늬 – 코튼, 울, 실크, 리넨 등의 고급소재
③ 시대성 – 올드 패션, 고풍, 향수 등과 같은 감각
④ 디자인 – 화려하고 여성적인 디자인

004

항상 신선함으로 화려한 배색과 무늬가 특징이며 강한 비비드 컬러, 대담한 추상무늬와 스트라이프를 중심으로 한 기하학적인 무늬를 특징으로 한 필링은?

① 이태리 필링
② 유럽 필링
③ 아메리카 필링
④ 뉴욕 필링

005

마인드별 라이프스타일 중 주니어 영 마인드(Young Mind)에 속하는 것은?

① 컨템퍼러리 캐주얼, 커리어 리세, 영 엘레강스
② 센시티브 커리어, 커리어 엘레강스, 커리어 캐주얼
③ 스포티 엘레강스, 컨템포러리 엘레강스
④ 쁘레따 꾸띄르

006

테이스트 레벨(Taste Level)에서 최근이란 뜻으로 늦지도 않고 그렇다고 앞서나가지도 않는 현대 감각에 딱 들어맞는다는 의미는 무엇인가?

① 컨설버티브(Conservative)
② 컨템퍼러리(Contemporary)
③ 트랜디(Trendy)
④ 아방가르드(Avantgarde)

007

가격결정의 기준을 설정하는 4가지 종류에 포함되지 않는 것은?

① 프레스티지(Prestige)
② 마더리트(Moderate)
③ 베터(Better)
④ 버지트(Budget)

008

다음 중 패션 마케팅의 목적에 해당하는 것은?

① 소비자에게 양질의 상품을 제공하기 위한 시장조사이다.
② 어떻게 상품을 팔 것인가를 생각하고 광고하는 것이다.
③ 소비자보다는 기업의 이윤을 내기 위한 경영활동이다.
④ 소비자에게는 만족을 주며 기업은 이윤을 얻는 것이다.

009

상품기획의 7가지 기본 스텝 과정에 해당되지 않는 것은?

① 컨셉 기획
② 코디네이트 기획
③ 시장조사기획
④ 아이템 기획

010

매장의 얼굴이라고 할 수 있으며 고객에게 라이프스타일을 제안하고 계절 테마에 따른 매장의 메시지를 시각적으로 어필하는 MD전개의 장이 되는 곳은?

① MP
② PP
③ IP
④ VP

011

패션 생활의 두 측면(하드/소프트)에 속하는 다음의 여러 가지 요인 중 그 성격이 다른 하나는?

① 패션 필링
② 어케이전
③ 테이스트 레벨
④ 패션 마인드

012

유럽 필링의 특징으로 옳은 것은?

① 파리 필링과 동의어로 쓰고 있으며 색상과 맵시 있게 입는 센스, 참신한 아이디어의 독특한 코디네이션이 그 특징이다.

② 화려한 배색과 강한 비비드 컬러, 대담한 추상무늬 등이 특징이다.

③ 기능성을 살린 스포티한 점이 특징이다.

④ 매니쉬 타입의 지적인 패션을 일컫는다.

013

스토어(Store)에서 고객의 시각에 어필하는 모든 요소를 하나의 테마로 체계화시키는 시스템을 의미하는 것은?

① 비주얼 머천다이징

② 마켓 리서치

③ 패션 이벤트 기획

④ 패션 스타일링

014

테이스트 레벨을 유행에 보수적인 것부터 순서대로 바르게 나열한 것은?

① 컨설버티브 → 컨템퍼러리 → 트랜디 → 아방가르드

② 컨설버티브 → 트랜디 → 컨템퍼러리 → 아방가르드

③ 아방가르드 → 트랜디 → 컨템퍼러리 → 컨설버티브

④ 트랜디 → 컨템퍼러리 → 컨설버티브 → 아방가르드

015

다음과 같은 프라이비트 스타일링이 적당한 타입은?

- 안티크풍의 부드러운 소재로 만든 무지 혹은 프린트 무늬 원피스
- 레이스와 프릴, 자수를 놓은 장식적 요소가 강한 블라우스
- 파스텔 컬러, 앙고라와 모헤어 소재, 비즈와 아플리케 장식 등

① 어덜트 섹시 타입

② 노스탈직 타입

③ 페미닌 타입

④ 엘레강스 타입

016

머천다이징은 '정확한 상품 또는 서비스를 적정한 (　　), (　　), (　　), (　　)(으)로 제공하는 기획'이라고 정의할 수 있다. 괄호 안의 내용에 해당되지 않는 것은?

① 시 기　　　　② 수 량

③ 가 격　　　　④ 품 질

017

커리어 우먼의 라이프스타일을 6가지로 분류할 때, 다음이 설명하고 있는 유형은?

- 사교적이며 생활 전반에 적극적인 타입
- 패션과 레저에 대한 관심이 높은 편
- 생활의 질적 향상이 목적
- 적극적인 정보수집형

① 생활 엔조이형
② 개방 충동형
③ 마이 라이프 지향형
④ 현실 안정 지향형

① 시장 감시를 게을리하지 않는다.
② 뛰어난 머천다이저는 정보의 가공 조작이 능숙하다.
③ 소매점의 요망을 상품기획에 반영시켜야 하므로 소매점의 요구는 무조건 들어준다.
④ 시대의 흐름을 앞서는 통찰력과 정보 데이터를 냉정하게 분석할 수 있어야 한다.

018

소비자의 패션 생활을 이해하기 위한 하드한 측면 중 다음 글이 설명하고 있는 것은?

> 헬스와 뷰티, 워드로브, 커뮤니티라고 하는 이 것의 조화는 패션 전문가에게 주어진 중요한 테마이다. 패션을 의상에 한정시키지 않고 토털 라이프와 설계라고 하는 넓은 의미로 파악하는 것을 말한다.

① 라이프스페이스   ② 라이프스테이지
③ 라이프스타일   ④ 라이프스테이트

019

옷을 입고 가는 장소나 기회라는 의미로 사용되는 용어로 오피셜, 프라이비트, 소시얼의 세 가지로 분류할 수 있는 것은?
① 어케이전
② 테이스트 레벨
③ 라이프스페이스
④ 라이프스테이지

020

MD가 갖추어야 할 자격 조건으로 적당하지 못한 것은?

021

타입별 트렌드 사이클에 대한 설명 중 맞지 않는 것은?
① 제1타입 – 사회배경에 딱 들어맞는 패션, 스포티, 캐주얼, 헬시 패션, 트래디셔널
② 제2타입 – 특정 연령이 아니면 받아들일 수 없는 패션, 펑크 패션, 해적 룩
③ 제3타입 – 인상이 강렬해서 한 시즌에 몇 번밖에 입을 수 없는 패션, 토털 코디네이트
④ 제2타입 – 시즌성이 강한 패션, 마린 룩, 오리엔탈무드, 영국풍

022

다음 설명 중 맞지 않는 것은?
① 오피셜 스타일링에는 컨설버티브 타입과 페미닌 타입이 있다.
② 프라이비트 스타일링에는 노스탈직 타입과 어덜트 섹시 타입, 스포츠 타입이 있다.
③ 오피셜 스타일링에는 컨설버티브와 컨템퍼러리가 있다.
④ 소시얼 스타일링에는 페미닌 타입과 엘레강스 타입이 있다.

023

머천다이징을 추진하는 전략회의 스텝 중 통제 단계에서 하는 일은 무엇인가?

① 기획과 실천은 일치하고 있는가, 판매선, 시장동향, 경제사정을 고려하여 조정함
② 생산 능률은 양호한가, 아이디어의 우수성이 돋보이는가, 타사와의 경쟁 유무
③ 디자인, 컬러, 생산성, 가격은 경쟁력이 있는가
④ 신문광고, 잡지광고, 옥외광고 등

024

다음 중 라이프스타일 분석을 위한 항목에 해당되지 않는 것은?

① 인종구성　　　② 패션 생활
③ 레저 생활　　　④ 지능수준

025

현대 여성의 미의식을 크게 분류하면 4개의 차원으로 분류되는데 이에 해당되지 않는 것은?

① 페미닌 미의식
② 모던 미의식
③ 로맨틱 미의식
④ 노스탈직 미의식

026

서로 상반되는 트렌드의 감성테마가 잘못 연결된 것은?

① 엘레강스 – 액티브

② 로맨틱 – 모던
③ 소피스티케이티드 – 컨트리
④ 모던 – 엑조틱

027

어케이전 스타일링의 요소에 해당되지 않는 것은?

① 지적 세련미
② 액세서리와 장신구
③ 헤어와 메이크업
④ 바디쉐이프

028

소비자 행동의 3요소 중 매장의 이미지와 분위기가 자신의 취향에 맞아야 쇼핑할 기분이 드는 것처럼 쇼핑을 통해 정신적 만족을 추구하는 소비자행동을 무엇이라 하는가?

① 패션 생활행동
② 구매행동
③ 쇼핑 행동
④ 생활문화행동

029

패션 생활에는 서로 상반되는 두 가지 요소가 있는데 일상생활과 깊은 관계를 갖고 있는 생활적 측면에 해당되지 않는 것은?

① 라이프스테이지　　② 트렌드 사이클
③ 라이프스타일　　　④ 어케이전

030

라이프스페이스에 해당되지 않는 사항은?

① 생활연령
② 헬스와 뷰티
③ 워드로브
④ 인테리어

031

커리어 우먼의 라이프스타일 분석 중 경제성 지향으로 물건을 구입할 때 실용성을 중시하고 가사에 관심이 높으나 자신의 맵시와 레저 생활에는 크게 흥미를 보이지 않는 형은?

① 현실안전지향형
② 개방충동형
③ 폐쇄정체형
④ 소극적 고립형

032

다음 중 각 필링에 대한 설명이 옳지 않은 것은?

① 유럽 필링 – 패션에 대한 여유와 자신감, 뉴웨이브에 유연하게 대처하는 모험적인 감각
② 이태리 필링 – 항상 신선함으로 충만한 화려한 배색과 무늬, 남구 특유의 강한 비비드 컬러
③ 런던 필링 – 의복이나 장신구는 일류 브랜드 상품을 선호, 적당히 남성다움이 가미된 매니쉬한 패션에서 나오는 지적인 분위기
④ 아메리카 필링 – 기능성을 살린 스포티한 스타일로 개방적인 사고와 여유있는 생활방식으로부터 생겨난 합리성, 경제성 등이 특징

033

다음 내용에서 설명하는 것은 어덜트 커리어 마인드 중 어느 것인가?

- 일반 사무직이 아닌 전문직종, 어패럴 관계, 매스컴 등 특수직 여성이 대표하는 이미지
- 유행에 민감한 반응을 보임
- 심플하면서도 모던한 감각을 좋아함

① 센스티브 커리어
② 커리어 엘레강스
③ 커리어 리세
④ 커리어 캐주얼

034

트렌드 감성테마 중 진보적인 스타일로 보편적 가치보다는 특별한 가치를 쫓고 아방가르드와 유사하지만 합리주의와 기능주의를 표방한 새로운 스타일을 일컫는 테마는 무엇인가?

① 엘레강스
② 매니쉬
③ 소피스티케이티드
④ 모 던

035

다음 내용에서 설명하는 것은 무엇인가?

상품이 처음 생산자로부터 마지막 소비자의 손에 들어가기까지 여러 가지 문제가 되는 정보와 자료를 수집하고 분석함에 따라서 그들 모든 문제를 과학적으로 규명하는 방법이다.

30 ① 31 ① 32 ③ 33 ④ 34 ④ 35 ① *Answer*

① 마켓 리서치
② 마케팅
③ 상품기획
④ 정보분석

① 정보기획
② 컨셉 기획
③ 코디네이트 기획
④ 타깃 기획

036

상품생산의 기본 스텝 중 완전한 조직 스텝에 따라 생산하고 판매하는 상품군은?

① 파이로트 상품
② 레귤러 상품
③ 베터존 상품
④ 스페셜 상품

039

상품기획의 기본 스텝 중 기획서를 토대로 샘플을 만드는 과정은 어느 단계인가?

① 정보기획
② 코디네이트 기획
③ 디자이닝
④ 아이템 기획

037

영 세대의 상품기획 포인트 중 틀린 것은?

① 육체적 연령보다 감각적 연령을 중시한다.
② 그룹을 단위로 기획 대상층을 좁혀서 기획한다.
③ 시장을 기획 안테나로 하는 환경과의 토털 필링을 강조한다.
④ 최신정보 패션, 옵션 룩, 퍼스널 어팩션 등은 중요하지 않다.

040

머천다이징을 추진하는 전략회의 스텝 중 시장조사, 소비자조사, 패션 정보분석 등과 같은 작업을 하는 단계는?

① 아이디어 개발단계
② 아이디어 평가단계
③ 검토단계
④ 생산단계

041

'소비자가 상품을 구입하는 것'으로 어디서 구입할 것인가 하는 매장선택이 중요한 행동은?

① 구매행동
② 쇼핑행동
③ 패션 생활행동
④ 패션 기업

038

상품기획에서 구체적인 소재, 색상, 디자인 설정에 들어가기 전 단계로서, 이미지적으로 기획의 범위를 좁히는 작업으로 이미지에 가까운 사진이나 일러스트를 수집해서 맵형태로 표현하는 단계는?

042

패션 생활의 분류 중 소프트 측면에 속하는 것은?

① 라이프스테이지(Life Stage)
② 라이프스페이스(Life Space)
③ 라이프스타일(Life Style)
④ 타입과 필링(Type and Feeling)

043

스포티 타입의 설명 중 적당하지 않은 것은?

① 컬러 - 비비드하고 클리어한 색조
② 소재와 무늬 - 코튼 등의 내추럴 소재, 스트라이프와 체크 패턴 사용
③ 디테일 - 패치포켓, 플리츠, 라인을 이용한 트리밍 등
④ 룩 스타일 - 밀리터리 룩, 마린 룩, 테일러드 슈트 등

044

느낌, 감각이라는 의미를 갖고 있는 필링 중 뉴욕 필링에 해당하는 것은?

① 색조와 프린트를 즐기는 패션으로 디자인은 심플한 스포티 감각이 베이스가 된다.
② 뉴웨이브에 유연하게 대처하는 모험적인 감각 패션이다.
③ 적당히 남성다움이 가미된 매니쉬한 패션과 지적인 분위기의 패션이다.
④ 도발적인 인상과 전통을 파괴하는 패션이다.

045

마인드별 라이프스타일 중 어덜트 커리어 마인드에 속하는 것은?

① 컨템퍼러리 캐주얼(Contemporary Casual), 커리어 리세(Career Lycee), 영 엘레강스(Young Elegance)
② 센시티브 커리어(Sensitive Career), 커리어 엘레강스(Career Elegance), 커리어 캐주얼(Career Casual)
③ 스포티 엘레강스(Sporty Elegance), 컨템포러리 엘레강스(Contemporery Elegance)
④ 쁘레따 꾸띠르(Preta Couture)

046

미시 엘레강스 마인드에 해당하는 라이프스타일 중 니트 패션을 즐겨 입으며, 유행성보다는 상품의 질을 소중히 하고, 행동적이고 사교적인 생활태도를 갖는 스타일은?

① 스포티 엘레강스(Sporty Elegance)
② 커리어 엘레강스(Career Elegance)
③ 쁘레따 꾸띠르(Preta Couture)
④ 컨템퍼러리 엘레강스(Contemporery Elegance)

047

어케이전(Occasion)의 분류에서 오피셜 어케이전에 해당하는 것은?

① 컨템퍼러리(Contemporary)
② 어덜트 섹시(Adult Sexy)
③ 페미닌(Feminine)
④ 스포티(Sporty)

048

서민적 정취와 야성미, 자유분방을 추구하는 미의식은 다음 중 어느 것인가?

① 소피스티케이티드　② 액티브
③ 컨트리　　　　　　④ 엑조틱

049

의류 제품의 상품기획을 세우기 위해서는 소비자 동향을 살펴보아야 한다. 소비자 동향 중 소비 심리의 변화에 해당하는 내용으로 옳지 않은 것은?

① 충동적 → 계획적
② 수동적 → 적극적
③ 우월성 → 동조성
④ 획일화 → 개성화

050

마켓 리서치에 필요한 정보조사가 아닌 것은?

① 소재동향　　　　② 유행시장
③ 형태별 상품정책　④ 기업동향

051

소비자의 맵시 의식, 생활감각, 유행현상에 대한 관심도를 알아보고자 하는 조사는 어디에 해당하는가?

① 기업동향　　　　② 형태별 상품정책
③ 소비자동향　　　④ 유행시장

052

트렌드 정보와 소비시장 정보를 수집하여 분석하는 기본 스텝 단계는 어디에 해당하는가?

① 컨셉 기획
② 아이템 기획
③ 타깃 기획
④ 정보기획

053

커리어 우먼의 라이프스타일을 6가지로 분류할 때 다음이 설명하고 있는 유형은?

- 사교적이며 생활 전반에 적극적인 타입
- 패션과 레저에 대한 관심이 높은 편
- 생활의 질적 향상이 목적
- 적극적인 정보수집형

① 생활엔조이형
② 개방충동형
③ 마이라이프 지향형
④ 현실안정지향형

054

상품기획의 7가지 기본스텝 과정에 해당되지 않는 것은?

① 컨셉 기획
② 코디네이트 기획
③ 시장조사기획
④ 아이템 기획

055

다음 사항은 무엇과 관련된 것인가?

> 헬스와 뷰티 – 워드로브 – 인테리어 – 커뮤니티

① 테이스트 레벨
② 라이프스페이스
③ 트렌드 사이클
④ 패션 마인드

056

클래식 타입의 포인트 설명으로 적당하지 않은 것은?

① 컬러 – 뉴트럴 컬러를 중심으로 브라운계, 그린계, 와인계 등의 쉬크한 색조
② 소재와 무늬 – 코튼 울, 실크, 리넨 등의 소재, 아가일, 타탄, 헤링본 패턴 사용
③ 아이템 – 셔츠 블라우스, 프레인 스웨터, 카디건, A라인 스커트, 스트레이트 팬츠 등
④ 디테일 – 프릴, 레이스, 자수, 커트워크, 플레어, 개더 등

057

기분, 정서, 느낌, 감각이라는 의미를 갖고 있는 필링 중 유럽 필링에 해당하는 것은?

① 색조와 프린트를 즐기는 패션으로 디자인은 심플한 스포티 감각이 베이스가 된다.
② 도발적인 인상과 전통을 파괴하는 패션이다.
③ 적당히 남성다움이 가미된 매니쉬한 패션과 지적인 분위기의 패션이다.
④ 뉴웨이브에 유연하게 대처하는 모험적인 감각 패션이다.

058

패션 타입을 분류하는 기준이 아닌 것은?

① 트렌드
② 마인드
③ 테이스트 레벨
④ 필링

059

패션 제품의 가격대를 높은 것부터 나열할 때 세 번째에 해당하는 것은?

① 베터(Better)
② 마더리트(Moderate)
③ 프레스티지(Prestige)
④ 볼륨(Volume)

060

테이스트 레벨에 관한 내용으로 알맞지 않은 것은?

① 패션을 수용하는 사람의 자세가 적극적인가 소극적인가 하는 의미
② 감성적인 측면에 그 사람의 인생관이 플러스된 것
③ 아방가르드, 컨설버티브, 컨템퍼러리
④ 어드밴스트(Advanced), 업투데이트(Up to Date), 이스테브리시드(Established)

061

트렌드 사이클에 관한 내용이 아닌 것은?

① 유행 변화
② 감성 변화

③ 패션 생활의 소프트 측면
④ 계절 변화

062

워드로브에 해당하지 않는 것은?
① 속 옷
② 메이크업
③ 액세서리와 구두
④ 의 상

063

여성의 센스를 구성하는 스타일링의 요소에 해당하지 않는 것은?
① 메이크업과 헤어
② 바디 메이킹
③ 워드로브
④ 어케이전

064

트렌드에 대한 내용이 아닌 것은?
① 매 시즌마다 등장하는 새로운 패션 경향이다.
② 여성의 미의식, 즉 아름다움에 대한 동경과 밀접한 관련이 있다.
③ 여성들이 가진 미의식 표현에 있어서의 일정한 패턴을 '트렌드 감성'이라 한다.
④ 트렌드란 여성들의 외면적인 소망을 반영한다.

065

스타일링 이미지에 있어서 다음과 같은 내용을 포함하는 감성은?

> • 소재 – 면, 마와 같이 소박한 느낌의 섬유
> • 무늬 – 잔잔한 꽃무늬와 벽지 무늬, 자수를 놓은 모티브, 타탄 체크

① 로맨틱   ② 페미닌
③ 컨트리   ④ 엑조틱

066

어케이전(Occasion)은 일반적으로 옷을 입고 가는 장소나 기회라는 의미로 사용되고 있다. 이에 속하지 않는 것은?
① 오피셜(Official)
② 포멀(Formal)
③ 프라이빗(Private)
④ 소시얼(Social)

067

다음 중 같은 어케이전(Occasion)에 속한다고 볼 수 없는 것은?
① 레저 타임
② 오프 타임
③ 위크 엔드
④ 오피스 워크

068

다소 현대적이며 유행 경향이 가미된 보다 개성적인 스타일링 타입을 무엇이라 하는가?
① 컨설버티브   ② 프라이빗
③ 아방가르드   ④ 컨템퍼러리

069

마켓 리서치의 최대 목적은 무엇인가?
① 다음 시즌의 패션 생활의 비전 제시
② 새로운 상품개발로 새로운 시장창조
③ 제품의 미적 가치 제시
④ 소비자 전체의 동향 파악

070

마켓 리서치에 필요한 정보조사가 아닌 것은?
① 판매자동향
② 유행시장
③ 형태별 상품정책
④ 사회배경

071

지금까지 기획을 추진해 완성시킨 상품이 어떻게 하면 더 많이 팔릴 수 있을까 하는 판매촉진을 위한 아이디어를 모아 실행 기획서를 작성하는 단계는?
① 컨셉 기획   ② 아이템 기획
③ 정보기획   ④ 프로모션 기획

072

공인된 패션 정보기관이 아닌 것은?
① 인터컬러   ② 이데어 코모
③ IWS   ④ 국제면방협회

073

상품기획에 관한 설명 중 틀린 것은?
① 파리 컬렉션은 오뜨 꾸뛰르와 쁘레따 뽀르떼로 양분되어 있다.
② 자사의 영업 담당자들의 세일즈 미팅은 프로모션 기획의 중요한 부분이다.
③ 컨셉 기획에서 이미지의 구체적 상황은 사진 맵을 이용해서 표현한다.
④ 컨셉 기획은 구체적인 소재, 색상, 디자인 설정에 들어간 후에 하는 포괄적 작업이다.

001

상품기획 입안자료를 작성하기 위한 마켓리서치에 필요한 정보조사 7가지는 무엇이며, 각 항목에 해당하는 내용을 간략히 기술하시오.

....

....

....

....

....

002

패션 생활의 2가지 측면 중 하드한 측면(생활면)의 요인과 그 내용을 설명하시오.

....

....

....

....

....

003

상품기획의 7가지 기본 스텝에 대해 타깃 기획(Target Plan)부터 프로모션 기획(Promotion Plan)까지 순서대로 나열하고, 이들 각각의 스텝에서 하는 일들을 간단히 설명하시오.

....

....

....

....

....

004

옷에 있어서 풍기는 분위기와 무드를 말할 때 필링이란 말을 쓴다. 이러한 필링 중에서 런던 필링에 대해 기술하시오.

005

패션에서의 트렌드 사이클은 3가지로 구분한다. 이러한 3가지 타입별 트렌드 사이클 중 2타입과 3타입을 비교기술하시오.

006

상품기획을 추진하는 방법에 있어, 신상품 개발은 인간의 욕구를 알아야 경쟁력을 가질 수 있다. 신상품 개발을 위한 인간의 욕구 5단계는 무엇인지 기술하시오.

007

마케팅의 시작은 소비자로부터 시작된다. 소비자의 패션 생활을 이해함에 기초가 되는 소비자행
동의 3요소를 구체적으로 설명하시오.

....

....

....

....

....

008

생활환경의 장소나 경우에 따라 옷에 대한 제약이 따르게 된다. 이러한 어케이전 스타일에 있어
'소시얼 어케이전'에 해당하는 내용을 설명하시오.

....

....

....

....

....

009

상품생산의 기본 스텝인 레귤러 상품, 파이로트 상품, 베터 존 상품기획에 대해 설명하시오.

....

....

....

....

....

010

판매촉진을 위해서는 구매자의 라이프스타일 분석이 요구된다. 사람의 가치관과 인생관을 대변하는 라이프스타일의 6가지 분석항목을 나열하시오.

011

패션 타입을 세 가지로 분류하고, 각각의 특징을 나타내는 컬러와 소재 · 문양을 설명하시오.

---

001 ① 소비자 동향 : 소비자의 맵시 의식, 생활 감각, 소비 감각, 유행현상에 대한 관심도

② 사회배경 : 정치, 경제, 사회, 문화, 무역 등 일반 사회정세에 적응할 수 있는 상품을 만들기 위한 조사

③ 유행시장 : 일반 유행시장, 계층별 유행시장, 유행에 민감한 젊은 세대의 시장구조조사

④ 국내외 패션 동향 : 패션의 흐름이 되어 있는 것은?, 패션과 풍속은? 등의 조사

⑤ 소재 동향 : 국내외의 소재정보, 신상품 소재의 표면효과, 조직, 타입 등 소재시장조사를 통해 특징을 조사

⑥ 컬러 동향 : 유행색은?, 가장 잘 팔리는 색은?, 배색은?, 기본색에 대해서는?, 컬러 코디네이트의 경향은?

⑦ 형태별 상품정책 : 백화점의 상품방향, 전문점은 어떠한 고객을 겨냥하고 있는가?, 그 밖에 소매업태의 최근 동향은?

002 ① 라이프스테이지 : 생활연령을 의식한 패션 생활

② 라이프스페이스 : 생활공간에 어울리는 패션 생활

③ 라이프스타일 : 인생관이나 생활방식에 맞는 패션 생활

④ 어케이전 : 때와 장소, 경우에 어울리는 패션 생활

⑤ 시즌 사이클 : 계절에 맞는 패션 생활

003 **상품기획의 7가지 기본 스텝**

① 타깃 기획 : 상품기획을 시작할 때 우선 어떤 타입의 소비자를 대상으로 할 것인가라는 점을 검토하는 것을 타깃 기획이라고 부른다.

② 정보기획 : 전 시즌과 다음 시즌에 걸쳐 시장정보 및 트렌드 정보를 수집하여 분석하며 다음 시즌의 유행을 미리 예측하여 새로운 상품에 반영하는 단계이다.

③ 컨셉 기획 : 상품의 이미지 기획 또는 테마 기획이라는 뜻으로 통용된다. 구체적인 소재, 색상, 디자인 설정에 들어가기 전 단계로서 이미지적으로 기획의 범위를 좁히는 포괄적 작업이다.

④ 코디네이트 기획 : 컨셉이 결정되면 다음에는 구체적으로 소재, 색상, 디자인 선정에 들어간다. 어패럴 상품은 소재나 색상, 디자인이라는 3요소로 성립되어 있기 때문에 컨셉이 목표로 하는 상품을 만들기 위해서는 그 이미지를 가시적으로 표현할 수 있는 소재, 색상, 디자인을 선택하지 않으면 안 된다. 여기에서 중요한 것은 소재, 색상, 디자인을 선택할 경우 블라우스, 재킷, 스커트처럼 단품을 따로따로 선택하는 것이 아니라 전체의 조화, 즉 코디네이트 효과를 최대한 살려 탑(Top)과 바텀(Bottom)을 관련시켜 선정해야 한다. 그런 의미에서 이 스텝을 코디네이트 기획이라 부른다.

⑤ 아이템 기획 : 코디네이트 기획단계에서 기본적인 소재, 색상, 디자인이 좁혀졌으면 다음은 그 코디네이트 기획에서 예정하고 있는 의상의 종류마다 디자인, 소재, 배색, 사이즈, 가격이라는 세부사항에 걸쳐 구체적인 결정을 내리게 된다. 이것을 아이템 기획이라 부른다.

⑥ 디자이닝 : 페이퍼 플랜을 토대로 샘플제작에 들어가는 단계이다. 샘플을 만들기 위해서는 먼저 디자인화를 그리고 샘플용 패턴을 작성한 후 옷감을 구입해야 한다.

⑦ 프로모션 기획 : 판매촉진을 위한 아이디어를 모아 실행기획서를 작성하는 단계이다. 어패럴 기업 측에서 자사의 영업 담당자들에게 기획 설명회를 여는 것을 세일즈 미팅이라고 하는데, 세일즈 미팅은 프로모션 기획의 중요한 일부분이라고 할 수 있다. 또한 디스플레이 전개를 비롯한 상품설명방법에 관해 매장을 지도하기 위한 프로모션 기획도 필요하다.

004 ① 특징 : 스트리트패션으로 대표되는 전위패션

② 패션 : 스트리트패션의 활성화, 걸인 스타일, 앤드로지너스 룩, 전통과 룰을 파괴하는 펑크 룩 등에서 보는 상식 밖의 복장

③ 마인드 : 실험성, 파괴수의

005 ① 2타입 트렌드 사이클 : 대개 1시즌 정도의 수명으로 사라지지만 자주 나타나는 트렌드

② 3타입 트렌드 사이클 : 자주 나타나지 않고 유행으로서도 수명이 짧은 트렌드

006 ① 자기실현 욕구 : 정신적 풍요를 갈망하는 생활
② 자아의 욕구 : 여유있는 생활
③ 사회적 욕구 : 사회적 권위가 있는 생활
④ 안전의 욕구 : 물질적 풍요를 누리는 생활
⑤ 물리적 욕구 : 생존의 위협이 없는 생활

007 ① 쇼핑 행동 : 소비자가 상품을 구입하는 것 이상으로 자신이 구입하고자 하는 패션 상품을 어디에서 구입할 것인가 하는 매장선택도 중요하다. 매장의 이미지와 분위기가 자신의 취향에 맞아야 쇼핑할 기분이 들게 마련이다. 이처럼 쇼핑을 통해 정신적 만족을 추구하는 행동이 바로 쇼핑 행동이다.
② 구매행동 : 다양하게 갖추어진 상품 속에서 자신의 취향에 맞는 상품을 골라서 사는 행위를 가리켜 구매행동이라 한다.
③ 패션 생활행동 : 구입한 상품을 어떻게 생활에 활용할 것인가 하는 생활행동으로 멋있고 개성적인 옷차림을 즐기는 행동이 패션 생활행동이다.

008 소시얼 어케이전은 사교생활을 뜻하는 것으로 젊은 여성이나 학생은 입학식, 졸업식, 친지나 친구의 약혼식, 결혼식에 참가하는 경우가 여기에 해당된다. 어덜트 여성은 친지와 친구의 관혼상제를 비롯해서 그 밖에 사교적인 장소에 나갈 기회가 많으므로 그때의 상황에 어울리는 스타일링이 필요하다. 공적인 행사에서는 엘레강스한 품위가 요구되고 사교적인 장소에서는 지나치지 않을 정도의 섹시함도 필요하다.

009 ① 레귤러 상품 : 완전한 조직 스텝에 따라서 생산하고 판매하는 상품
② 파이로트 상품 : 조직의 룰을 떠나서 빨리 생산하고 빨리 판매하는 상품
③ 베터 존 상품 : 일정한 생산 시스템에 편승하여 진행단계에서 탄력적으로 체제를 다시 정비하여 생산하는 상품

010 ① 인종구성
② 라이프스타일의 특성
③ 패션 생활
④ 주거생활
⑤ 레저 생활
⑥ 소비태도

011 ① 스포티 타입
• 흰색을 중심으로 비비드하고 클리어한 색조
• 코튼 등의 내추럴 소재, 스트래치 소재, 코팅소재, 스트라이프와 체크 등의 매니쉬한 무늬, 다이나믹한 무늬
② 페미닌 타입
• 달콤하고 상냥한 색조, 부드럽고 우아한 느낌의 색조
• 섬세하고 가련, 또는 꽃무늬의 아름다운 프린트
③ 클래식 타입
• 따뜻하고 정감이 있고 깊이가 있는 색조, 뉴트럴 컬러를 중심으로 브라운계, 그린계, 와인계 등의 쉬크한 색조
• 코튼, 울, 실크, 리넨 등의 고급소재, 아가일, 타탄, 헤링본 등 전통적인 무늬

제3과목

판매 센스
(패션 코디네이션)

I wish you the best of luck!

(주)시대고시기획
(주)시대교육

시대에듀

www. **sidaegosi**.com

www. **sdedu**.co.kr

시험정보 · 자료실 · 이벤트
합격을 위한 최고의 선택

자격증 · 공무원 · 취업까지
BEST 온라인 강의 제공

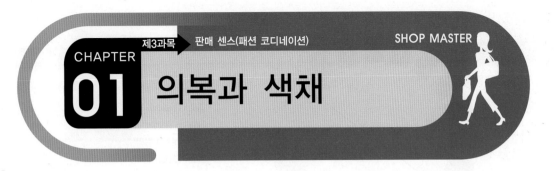

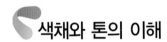

색채와 톤의 이해

1. 톤의 이미지

(1) 색의 속성

색은 흰색에서 회색의 여러 단계를 거쳐 검정색까지 명도의 차이만 있는 무채색과 무채색을
제외한 컬러를 띤 모든 색의 유채색으로 나눌 수 있다.

(2) 색의 3요소

① 색상(Hue)

ㄱ 색상은 색채의 색상환에서 위치를 표시하는 것으로 물리적으로는 빛의 파장의 차이를
말한다. 색상은 빛의 파장에 의해 다르게 보이는 빨강, 노랑, 녹색, 파랑, 보라 등의 구
별이 되는 색으로 유채색에만 있다.

ㄴ 색표를 고리 모양으로 배치한 것을 색상환이라고 한다.

ㄷ 색상환에서 거리가 가까운 색은 색상차가 작다고 해서 유사색 또는 인근색이라고 하
고, 거리가 비교적 먼 색은 색상차가 크다고 하여 반대색이라고 한다. 거리가 가장 먼
정반대 쪽의 색은 서로 보색관계이다.

ㄹ 색상의 기본색은 표시계에 따라 동일하지는 않으나 5가지 기본색과 5가지 간지색을
합한 10가지로 구성되며 기본색상은 다음과 같다.

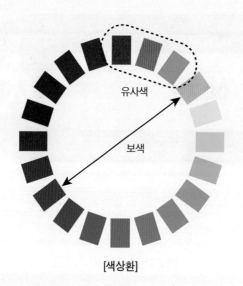

기본색상
- 레드(Red) 컬러
- Yellow-Red 컬러
- 옐로우(Yellow) 컬러
- Green-Yellow 컬러
- 그린(Green) 컬러
- Blue-Green 컬러
- 블루(Blue) 컬러
- Purple-Blue 컬러
- 퍼플(Purple) 컬러
- Red-Purple 컬러

[색상환]

② 명도(Value)

㉠ 명도란 색의 밝고 어두운 정도를 말한다.

㉡ 무채색과 유채색에 모두 있고, 명도의 표준은 백색·회색·흑색의 무채색의 11단계로 표현되는데 일반적으로 명도척도(Value Scale)라고 불린다.

㉢ 한 컬러의 명도변화는 백색이나 흑색을 더함에 따라 가능한 몇 가지의 색으로 표시된다.

[명 도]

㉣ 명도는 우리가 색을 보고 느끼는 밝고 어두움의 정도를 말하지만, 주어진 광원을 중심으로 반사의 정도를 말할 때에는 명도를 밝기라고도 표현한다.

㉤ 같은 명도의 색이라도 주어진 광원이 밝고 어두운 정도에 따라 명도가 다르게 느껴지기도 한다.

㉥ 최고 채도의 순색은 각기 다른 명도를 갖는다. 노란색이 가장 밝게 느껴지고, 다음은 주홍의 순서이며, 빨강과 초록은 중간 정도의 밝기이고, 보라와 파랑은 어둡게 느껴진다.

㉦ 명도가 높은 색은 경쾌한 느낌을 주어 확장되어 보이고, 명도가 낮은 색은 무겁고 우울한 느낌을 주어 수축되어 보인다.

③ 채도(Chroma)

㉠ 채도는 색의 선명한 정도로서 색의 맑고 탁한 정도를 말한다.

㉡ 무채색이 섞이지 않은 순수한 색인 순색에 같은 명도의 회색을 더한 경우, 순색과 회색과의 사이에서 육안으로 구분될 수 있는 색의 단계에 의하여 채도의 차이를 정한다.

ⓒ 색파장이 얼마나 강하고 약한가를 느끼는 것이 채도이다. 그것은 여러 가지 색파장이 혼합되어 물체의 표면에서 흡수 되거나 반사하는 양에 따라 다르게 느껴지는 것으로 특정한 색파장이 얼마나 순수하게 반사되는가의 정도를 나타낸다. 따라서 채도는 순도 또는 강도라고도 표현한다.

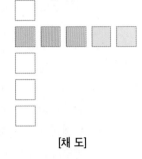

[채 도]

ⓔ 색의 선명도, 즉 색채의 강하고 약한 정도로서 진한 색과 연한 색, 흐린 색과 맑은 색 등은 모두 채도의 높고 낮음을 가리키는 말이다.

ⓜ 색은 순색에 가까울수록 채도가 높으며, 다른 색상을 가하면 채도가 낮아진다.

ⓗ 색의 순수한 정도, 색채의 포화상태, 색채의 강약을 나타내는 성질을 채도라고 말한다.

ⓢ 채도는 14단계로 구분되며 빨강과 노랑이 가장 높고 무채색이 많이 섞이면 채도가 낮아진다.

ⓞ 채도가 낮은 색은 부드럽고 둔하고 약하고 소박한 인상을 주고, 고채도의 색은 화려하고 딱딱하고 예민하고 강한 느낌을 준다.

(3) 톤의 이미지(색조)

색의 명암, 농도, 강약 등의 정도에 따라 분류된 상태

> 디스플레이에 있어서의 톤의 활용
> • 색의 그룹 표현
> • 그루핑된 상품의 이미지 표현
> • 색채 코디의 느낌 설명
> • 시즌 이미지 표현

① 비비드 톤(Vivid Tone)

㉠ 채도가 가장 높아서 선명하고 화려한 색조이다.

㉡ 색을 통한 대담한 표현과 자유분방함을 강조하는 스타일에 적당하며, 눈에 잘 띄는 색이므로 자극적인 메시지를 전달하는 데 효과적이다.

㉢ 리조트웨어, 스포츠웨어에 활용된다.

② 브라이트 톤(Bright Tone)

㉠ 순색의 비비드 톤에 흰색을 약간 혼합한 밝고 맑은 색조이다.

㉡ 보는 사람에게 꿈과 희망을 주는 효과가 있다.

③ 라이트 톤(Light Tone)

    ㉠ 브라이트 톤보다 조금 더 밝고 온화한 색조로 파스텔 톤에 가깝다.

    ㉡ 인상이 부드럽고 화사해 보이며, 산뜻하고 고운 여성적인 이미지를 표현하는 데 효과적이다.

④ 페일 톤(Pale Tone)

    ㉠ 유채색의 톤 중에서 가장 밝고 연한 톤이다.

    ㉡ 깨끗하고 부드러우며 가볍고 섬세한 이미지를 표현하는 데 사용된다.

⑤ 덜 톤(Dull Tone)

    ㉠ 비비드 톤에 그레이가 가미된 중간색조로 색의 느낌이 강하게 드러나지 않아 둔하고 침착한 느낌을 준다.

    ㉡ 이 톤은 색이 다운되어 수수하고 평온한, 점잖은, 차분한, 내추럴한 이미지를 표현하며, 고상하고 중후한 느낌이 강하다.

⑥ 라이트 그레이쉬 톤(Light Grayish Tone)

    ㉠ 비비드 톤에 밝은 그레이가 가미된 색조이다.

    ㉡ 색이 모던하면서 도시적인 지성미로 차분한 포멀웨어 디자인에 적합하다.

⑦ 그레이쉬 톤(Grayish Tone)

    ㉠ 겉으로 드러나는 색의 이미지는 화려함보다는 우울하고, 침착하며 차분함을 잘 표현하는 색조이다.

    ㉡ 색에서 느껴지는 수수함이 누구에게나 어울리는 색으로 무난하면서 도시적인 세련미를 대표하는 대중적인 톤이다.

⑧ 딥 톤(Deep Tone)

    ㉠ 순색에 블랙이 섞여 어두워진 톤으로 비비드 톤보다 명도 · 채도가 약간 낮아서 깊고 진한 느낌을 주는 색조이다.

    ㉡ 이 톤은 색이 묵직하고 강한 것이 특징이므로 깊고 충실하며, 원숙한 느낌을 주는 중후하고 고급스러운 이미지를 표현한다.

⑨ 다크 톤(Dark Tone)

    ㉠ 다크 톤은 블랙이 섞인 색으로 가장 어둡고 무거운 색조이다.

    ㉡ 화려함이 없고 소박한 느낌이 강하며, 어둡고 무거운 이미지를 표현하여 딱딱한 느낌을 주는 남성색이다.

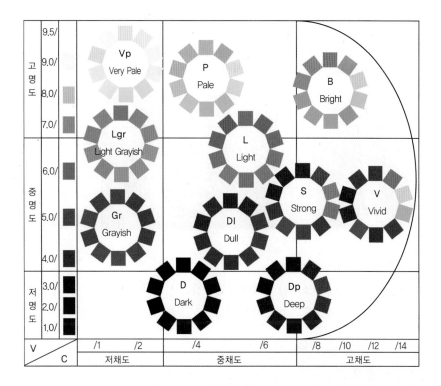

2. 배색 이미지

(1) 색채의 배색기준

　① 두 가지 이상의 색상과 색조가 조화되어 디자인의 효과를 높인다.

　② 개인의 성향과 시대의 흐름, 그리고 유행에 따라서 미의 기준은 달라질 수 있다.

(2) 배색의 종류

　① 동일색상 배색

　　㉠ 색싱과 톤의 동일함을 말한다.

　　㉡ 한 가지 색으로 배색하거나 동일색상 내에 명도와 채도를 달리하는 배색이다.

 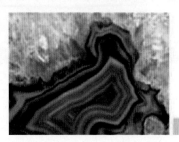

② 유사색상(Harmony Color) 배색

　㉠ 색상과 톤의 유사함을 말한다.

　㉡ 같은 계통의 색상 배색은 무난한 인상을 주며 품위 있게 보인다.

③ 강조색상(Accent Color) 배색

　㉠ 단조로운 배색에 대조색을 배색하여 강조하는 기법이다.

　㉡ 악센트 컬러로 주조색과 대조적인 색상 또는 톤(명도, 채도)을 사용함으로써 강조한다.

④ 대조색상(Contrast Color) 배색

　㉠ 색상과 톤의 대조, 유채색 + 무채색 배색

　㉡ 색상환에서 마주보고 있는 보색, 반대색의 배색

　㉢ 화려한 느낌을 주고 스포티하며 개성적인 분위기를 연출

(3) 배색 이미지 스케일

① 현재까지 배색을 결정하여 색채가 가지고 있는 이미지의 연관에서 생기는 의미를 관찰한 후 이것을 웜(W) / 쿨(C) / 소프트(S) / 하드(H) 이미지 평면에서 각 위치를 정함으로써 배색의 의미를 찾아낼 수 있다.

② W / C / S / H 이미지 스케일법은 W, C축은 색상을 난색과 한색으로 나눈 기준축이고 S, H축은 톤의 개념을 기본으로 하여 색을 부드러운 색상과 강한 색상으로 나눈 것이다.

③ 유채색과 무채색을 색상과 톤을 기초로 계통을 세워 정리한 후 W / C / S / H 이미지 스케일상에 위치시키면 모든 색상은 W에서 C, S에서 H로의 이미지 공간에 정리된다.

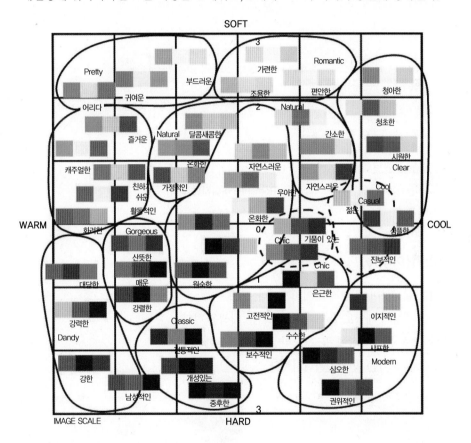

감성별 색채

1. 로맨틱(Romantic)

⑴ 부드러운, 여성적인, 감미로운, 사랑스러운, 낭만적인 이미지이다.

⑵ Soft, Light, Bright Tone으로 기본 배색, Pale Tone 중심, 작은 꽃무늬의 패턴을 사용한다.

⑶ 여름색과 가을색을 기본 배색으로 하여 핑크, 베이지, 옐로우, 오렌지 등 유사색으로 배색한다.

[Romantic 이미지와 배색]

2. 프리티(Pretty)

⑴ 귀엽고 달콤하며, 소녀적인 이미지이다.

⑵ 다양한 색상의 계열로 화사하고 부드러운 배색을 한다.

⑶ 빨강, 노랑 등의 색상에 핑크, 보라 계열로 배색한다.

⑷ Romantic보다는 화려한 이미지이다.

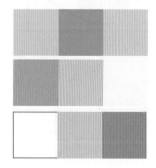 

[Pretty 이미지와 배색]

3. 클래식(Classic)

(1) 고전적인, 전통적인, 품위 있는, 보수적인, 무거운, 오랜 세월의 익숙함과 권위 등을 상징

(2) 원숙미와 성숙미가 돋보이는 고전적이며 화려한 느낌

(3) Deep, Dark Tone 중심, 명도대비는 약하게 표현

(4) 차분하고 깊이 있는 짙은 감청색 등의 색상이 주조

[Classic 이미지와 배색]

4. 엘레강스(Elegance)

(1) 고상한, 우아한, 부드러운, 여성적인, 품위 있는

(2) Light Grayish계의 Pink, Purple이 중심

5. 모던(Modern)

(1) 도회적이고 이지적인, 기계적인, 현대적인, 기하학적인, 냉철한, 전문적인 느낌

(2) Bk & W, Neutrul계, 무채색의 하드한 색상이 주조색, 무겁고 찬 느낌의 색

(3) 붉은색 계열의 색상을 포인트 색으로 사용

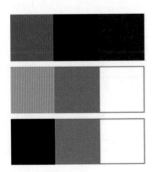

[Modern 이미지와 배색]

6. 캐주얼(Casual)

(1) 젊은, 유쾌한, 개방적인, 율동적인, 명랑한 느낌

(2) 고채도의 맑고 대비가 강한 색, 동적인 패턴

7. 내추럴(Natural)

(1) 자연스러운, 소박한, 편안한, 일반적인 자연의 온화하고 소박한 이미지

(2) Beige, Olive Green 계열, 비교적 대비가 적은 차분한 느낌의 배색

(3) 유사조화, 나뭇잎, 풀 등 자연 모티브를 사용

(4) 보라색 계열은 주위의 톤을 맞추면 포인트 색으로 사용

[Natural 이미지와 배색]

8. 댄디(Dandy)

(1) 침착한, 격조 있는, 남성다운, 위엄 있는 느낌

(2) 무거운 Dark Tone 중심, Dark Gray, Dark Brown계의 중후한 느낌

9. 고저스(Gorge)

(1) 호화로운, 원숙한, 오래된 느낌

(2) Deep, Dark Tone의 Red 계열, Black, Gold 등

10. 다이나믹(Dynamic)

(1) 활동적인, 야성적인, 열렬한, 강렬하고 대담하며 파워풀한 이미지

(2) Vivid Tone 중심, 화려하며 동적인 색을 중심으로 배색

(3) 원색적인 색상과 대비 톤의 차이를 통해 표현함

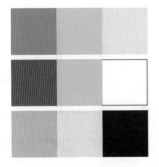 

[Dynamic 이미지와 배색]

11. 시크(Chic)

(1) 멋쟁이, 세련된, 고상한, 분위기 있는 느낌

(2) Dull Tone, Grayish Brown, Khaki 등

12. 프레쉬(Fresh)

(1) 인위적인 것이 배제된 싱그러운 이미지

(2) 하늘색과 녹색 계열을 주조로 근사색 배색

(3) 주황, 노랑 계열의 포인트 색 매치로 다양한 느낌을 줌

[Fresh 이미지와 배색]

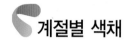

계절별 색채

1. 색이 주는 계절적 느낌[1]

(1) 봄(Spring)

① 노란색을 기본 바탕색으로 하는 모든 계열의 색

② 선명하고 부드러우면서 명도, 채도가 높은 그룹

③ 봄의 컬러는 밝고 화사하며 원색적으로 생명력과 에너지를 느낄 수 있음

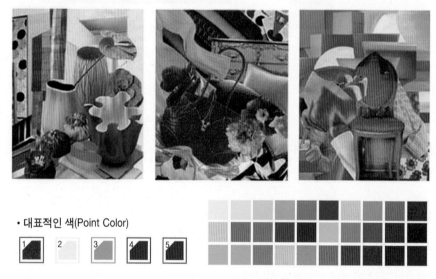

• 대표적인 색(Point Color)

[Spring Color]

(2) 여름(Summer)

① 흰색과 파란색을 기본 바탕색으로 하는 모든 계열의 색

② 강하지 않은 파스텔 톤과 중간 톤이 주

③ 부드러우면서도 차가운 느낌

④ 핑크색 계열의 튀지 않는 파스텔 계열, 흰색을 기본으로 밝고 가벼운 회색기나 흰색기의 색

---

1) KMK 색채연구소 / boboscolor.com

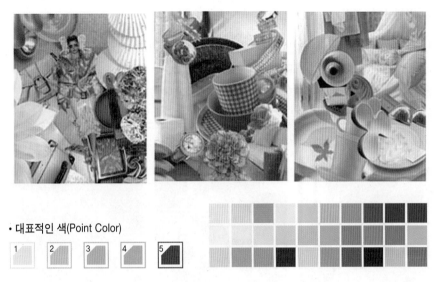

• 대표적인 색(Point Color)

[Summer Color]

(3) 가을(Autumn)

① 황색을 기본 바탕색으로 하는 모든 계열의 색

② 비교적 채도와 명도가 낮아 깊고 풍성한 이미지

③ 톤이 낮으면서 부드럽고 차분한 색

④ 가을 들녘의 풍성하고 차분한 이미지

⑤ Deep Brown, 빛바랜 녹색, 저채도의 노란색이 많음

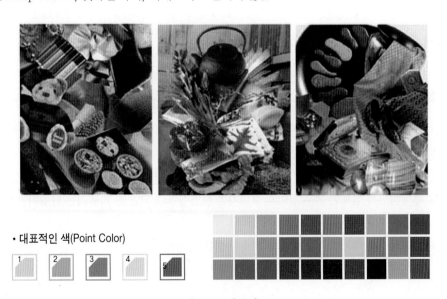

• 대표적인 색(Point Color)

[Autumn Color]

(4) 겨울(Winter)

① 푸른색과 검정색을 기본 바탕색으로 하는 모든 계열의 색

② 채도가 높고 밝은 선명하고, 짙은 색이 주

③ 주로 밝고 짙은 색의 선명한 대비로 전체적으로 깨끗한 이미지 형성

④ 선명하고 차가운 원색으로 화려한 이미지도 내포

⑤ 강하면서도 가라앉은 느낌, 모던하고 도회적이며 세련된 이미지의 컬러군

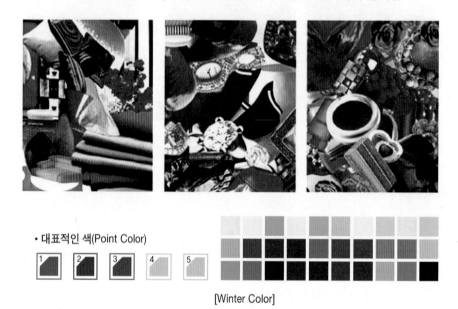

• 대표적인 색(Point Color)

[Winter Color]

2. 계절별 이미지와 컬러 배색

(1) 화사하고 귀여운 봄사람

① 얼굴의 혈색이 좋아서 안색이 밝고 환한 사람

② 실제 나이보다 젊어 보이는 스타일

③ 이들의 피부색은 매끄럽고 윤기가 나며 희거나 아이보리, 갈색 피부 톤에 노란기가 돈다.

④ 투명하면서 섬세한 피부 결이 돋보이지만 햇볕에 노출되면 곧 타버리는 타입이기 때문에 얼굴에 기미 같은 잡티가 생기기 쉽다.

⑤ 머리카락은 대체로 눈동자 색과 비슷한 밝은 갈색이다.

⑥ 어울리는 색상

㉠ 봄의 대표적 색은 모든 색에 노랑이 섞인 색으로 따뜻한 느낌을 준다.

㉡ 봄의 색은 선명하고 부드러우면서 명도와 채도가 높은 색상이 좋다.

㉢ 호박과 같은 보석과 노란 빛이 나고 광택이 나는 액세서리가 무난하다.

⑦ 피해야 할 색상

㉠ 봄사람이 차가운 순백색과 검정색을 입으면 엄격해진다.

㉡ 검정색, 순백색, 은색, 회청색, 보라색, 와인색 등 어둡고 탁한 색은 피하는 것이 좋다.

⑵ 부드럽고 인상 좋은 여름사람

① 여름사람의 이미지는 다소 차가우면서도 부드러운 느낌을 겸비한 이지적인 분위기로 다른 사람에게 친근감을 준다. 4계절의 이미지 중 가장 좋은 인상을 가진 타입이다.

② 흔히 '여성답다, 우아하다, 기품 있다, 고전적이다' 라고 표현되는 사람들은 대부분 여기에 속한다.

③ 여름사람의 피부색은 복숭아 빛이나 핑크색이 살짝 돌고 불투명하다.

④ 피부색이 전체적으로 고르지 않아 얼룩져 보이는 피부도 있다.

⑤ 햇볕에 잘 타지도 않고 탔다고 해도 곧바로 붉어졌다가 며칠이 지나면 원래의 피부색으로 돌아온다.

⑥ 얼굴이 금세 빨개지며 우리나라 사람에게 가장 많은 타입이다.

⑦ 어울리는 색상

㉠ 여름색은 모든 색에 파란색과 흰색이 들어 있다.

㉡ 푸른 기가 도는 아이보리색, 코스모스 색, 하늘색이 어울린다.

㉢ 전체적으로 가라앉은 느낌의 차가운 색을 배색하면 맵시 있어 보인다.

㉣ 여름사람에게 가장 잘 어울리는 액세서리는 은이며, 이 밖에 아이보리색 진주 등이 잘 어울린다.

⑧ 피해야 할 색

강한 계열의 비비드 톤과 번쩍임이 있는 색, 따뜻한 색 계열인 황금색과 오렌지색 등은 어울리지 않는다.

(3) 분위기 있는 가을사람

　① 대개 자연스럽고 침착하며, 어른스럽고 분위기가 있다.

　② 피부색은 따뜻한 느낌을 주고 윤기가 없이 푸석푸석하다.

　③ 두피색은 탁한 노란 빛을 띤다.

　④ 햇볕에 잘 타고 얼굴의 혈색도 좋지 않다.

　⑤ 볼은 붉은 기가 별로 없고 아프면 어두운 녹색 빛이 난다.

　⑥ 어울리는 색상
　　㉠ 가을색은 모든 색에 노랑과 검정을 섞은 색이며 따뜻한 느낌을 준다.
　　㉡ 황금 빛 들녘 색, 가을 숲과 단풍색 등이다.

　⑦ 피해야 할 색상
　　㉠ 가을사람이 순백색과 검정색을 입으면 초라하게 보인다.
　　㉡ 너무 강하고 광택이 나는 옷감도 피해야 한다.

(4) 섹시하고 도시적인 겨울사람

　① 맑고 강렬한 이미지를 준다.

　② 시원스럽다, 딱딱하다, 섹시하다는 표현이 잘 어울린다.

　③ 화려함과 날카로움을 겸비한 멋진 사람이 많다.

　④ 피부는 푸른 기가 돌며 윤기가 많고 투명하며 노란기도 많다.

　⑤ 햇볕에 비교적 잘 타고 원래 색으로 돌아오는 데도 오랜 시간이 걸린다.

　⑥ 피부에 기미, 주근깨가 잘 생기고 햇볕에 타며 황동색으로 변한다.

　⑦ 주로 동양인과 흑인에 많다.

　⑧ 차가운 색 계열인 와인색, 엽색이 잘 어울린다.

　⑨ 눈동자는 푸른 기가 도는 검정색이 많다.

　⑩ 겨울사람의 눈빛은 차갑고 강렬한 이미지를 준다.

　⑪ 어울리는 색상
　　㉠ 겨울사람에게는 순백색과 검정색이 잘 어울린다.

　　ⓛ 겨울의 대표적인 색은 대부분 청색 계열이며 레몬옐로우, 청록색, 청보라, 군청색, 흰
　　　색, 검정색, 와인색 등이 있다.

⑫ 피해야 할 색상

　　㉠ 따뜻한 느낌의 황색, 누런색, 오렌지색, 다홍색, 모든 갈색조의 옷은 누런 피부를 더욱
　　　누렇게 떠 보이게 하여 겨울사람을 지루하고 짜증나게 한다.

　　㉡ 유난이 탁한 색조와 누런빛이 도는 색상은 피하도록 한다.

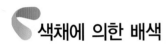

색채에 의한 배색

1. 색의 3속성에 의한 배색

(1) 색상에 의한 배색

① 색상차가 작은 배색 : 동색조, 부드럽고 통일되고 온화한 느낌

　　예 노랑-주황 / 파랑-청록

② 색상차가 큰 배색 : 이색조, 화려하고 선명하며 자극적인 느낌

　　예 빨강-청록 / 노랑-파랑

(2) 명도에 의한 배색

① 명도차가 작은 배색

　　㉠ 유사 명도

　　㉡ 명도가 높은 색끼리의 배색(노랑-연두) : 밝고 경쾌한 느낌

　　㉢ 명도가 낮은 색끼리의 배색(검정-보라) : 무겁고 음침한 느낌

② 명도차가 큰 배색

　　㉠ 고명도와 저명도 간의 배색

　　㉡ 무채색과 유채색의 배색(노랑-검정) 또는 유채색 간의 배색(노랑-보라)

(3) 채도에 의한 배색

　① 채도차가 작은 배색

　　㉠ 유사 채도

　　㉡ 채도가 높은 색끼리의 배색(빨강 순색–노랑 순색) : 강하고 싱싱한 느낌

　　㉢ 채도가 낮은 색끼리의 배색(보라 탁색–파랑 탁색) : 검소하고 차분한 느낌

　② 채도차가 큰 배색 : 독특하고 개성 있는 느낌
　　예 빨강 순색–빨강 탁색, 노랑 순색–노랑 탁색

2. 패션에서의 배색

(1) 원 컬러(One Color) 배색

　① 한 가지 색상으로 모든 아이템을 통일시켜 조합하는 방법
　② 색에 의해 이미지가 결정
　　예 중성색 – 차분한 이미지, 원색 – 강렬한 이미지
　③ 강한 메시지 전달, 단조로움

[원 컬러(One Color) 배색]

(2) 무채색 배색

① 톤이 다른 무채색끼리의 배색

② 모던하고 수수한 느낌, 금욕주의

(3) 무채색과 유채색의 배색

① 무채색과 유채색 배색의 경우 유채색의 명도나 색상에 따라 다양한 느낌의 연출이 가능하다.

② 고명도의 유채색과 무채색을 매치할 경우 악센트 배색의 효과도 얻을 수 있다.

[무채색의 배색]

[무채색과 유채색의 배색]

(4) 톤인톤(Tone-in-tone) 배색

① 톤은 같지만 색상이 다른 배색

② 근사한 톤의 조합에 의한 배색

③ 톤과 명도의 느낌은 거의 일정하게 하면서 색상을 다르게 하는 배색방법

④ 부드럽고 온화한 효과 연출

⑤ 토널(Tonal) 배색 : 톤이 정리되어 짐잖고 무거운 느낌을 주는 배색

⑥ 까마이외(Camaieu) 배색

㉠ 톤과 색상차가 거의 없도록 하는 배색

㉡ 18C 유럽에서 그려진 단색조의 그림기법에서 유래된 것

[톤인톤 배색]

(5) 톤온톤(Tone-on-tone) 배색

① 톤을 겹친다는 의미, 동색계의 농담 배색이라고 불림
② 동일색상에서 두 가지 색상의 톤의 명도차를 비교적 크게 둔 배색 방법이다.
③ 톤이 다르기 때문에 원 컬러 배색에 비해 리듬감을 느낄 수 있고 톤의 차이가 클수록 다채로운 느낌이 든다.
④ 전체적으로 안정적이며 편안한 느낌, 눈의 피로도 감소
⑤ 색상은 동일색상이나 유사색상의 범위 내에서 선택(예 밝은 베이지 + 어두운 갈색)

[톤온톤 배색 2)]

2) KMK 색채연구소

(6) 트리코롤(Tricolore) 배색

삼색을 의미하며 이태리(녹 · 백 · 청)나 프랑스(청 · 백 · 적) 국기에서 볼 수 있는 배색

[트리코롤 배색]

(7) 세퍼레이션(Separation) 배색

① 유채색의 배색 사이에 무채색을 하나 끼워 넣는 방법
② 색상 배치의 중간에 분리색을 넣어 서로의 색상이 잘 조화되게 하는 역할
③ 아이템에 의한 배색보다는 직물 자체의 색상 배색이 주를 이루는 경우가 많음

[세퍼레이션 배색]

⑻ 그라데이션(Gradation) 배색

① 서서히 변하는 것, 단계적 변화란 의미
② 그라데이션 효과 : 색채의 계조 있는 배열에 따라 시각적인 주목성을 주는 것
③ 3색 이상의 다색 배색에서 그라데이션 효과를 나타낸 배색
④ 색상이나 톤이 단계적으로 변화하는 배색, 정리 개념의 배색
⑤ 디자인이 단순하다해도 색의 느낌 때문에 역동감과 리듬감을 주어 지루한 느낌이 들지 않음

[그라데이션 배색]

⑼ 도미넌트(Dominant) 배색

여러 가지 색을 사용할 때 주조색이나 색조에 의해 통일감을 주는 배색

[도미넌트 배색]

⑩ 악센트(Accent) 배색

① 강조하고 싶은 부분에 시각적 초점을 집중시키는 배색

② 단조로운 배색에 대조색을 소량 덧붙임으로써 전체 상태를 돋보이도록 하는 배색기법

③ 악센트 컬러로 대조적인 색상이나 톤을 사용함으로써 강조점 부여

④ 악센트 컬러는 배색 전체의 효과를 짜임새 있게 하는 것으로 색상, 명도, 채도, 톤의 각각을 대조적으로 조합함으로서 가능

⑤ 전체가 평범하고 대조한 배색에 대하여 큰 변화를 준다든가, 부분을 한층 강하게 하여 시선을 집중시킬 수 있는 효과

⑥ 스카프, 모자, 벨트, 신발, 가방 등 주로 소품에 악센트 컬러를 사용(시선이 집중되는 효과)

[악센트 배색]

(11) 콘트라스트(Contrast) 배색

① 면적의 비가 유사하면서 강한 대비를 이루는 배색

② 강렬하고 선명함, 자극적이고 화려한 느낌

③ 명도 차에 의한 블랙 & 화이트, 보색대비가 대표적

④ 싫증을 빨리 느끼고 자칫 촌스럽게 보일 수 있음

⑤ 사용하는 보색은 2~3가지로 제한

[콘트라스트 배색]

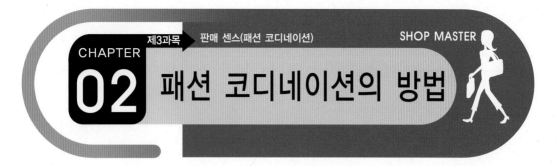

코디네이션의 기초

1. 코디네이션의 정의 및 필요성

(1) 정의

① 대등하게 함, 조정함
② 패션에서의 코디네이션이란 둘 이상의 것을 구성하여 동일감각으로 조합 · 통합하는 것
③ 의상, 가방, 구두 그 외 액세서리 등에서 컬러, 패턴, 소재, 스타일 등 코디네이트 요소들의 균형을 측정하여 공통성이나 상호연관성에 따라 분류하고 이것을 다시 어울리는 것끼리 매치시켜 통일감 있는 하나의 이미지를 만드는 것

(2) 필요성

① 상품의 가치를 높임
② 새로운 착용법에 대한 제안(새로운 트렌드 제시)
③ 회사나 브랜드의 고유 이미지 확립
④ 판매 효율을 높임

2. 코디네이션 작업시 주의사항

(1) 디자인의 성향이 같은 코디네이트

    ① 기본 상품과 유행 상품을 섞지 않는다.
    ② 트래디셔널한 것과 모던한 것을 섞지 않는다.

(2) 컬러, 패턴, 소재, 스타일의 조화에 주의한다.

(3) TPO에 맞는 진열구를 선택한다.

(4) 기본적인 매장의 구조를 파악하고 코디네이트에 활용

    ① 적절한 장소 선정
    ② Dead Space의 최소화, 고객 동선파악, 고객 시선파악
    ③ 벽면, 기둥, 집기류의 구조와 기능 고려

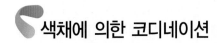 색채에 의한 코디네이션

1. 색채조화

두 색 또는 여러 가지 색의 배색으로 질서를 부여하는 것

(1) 테마 / 서브 / 악센트 컬러의 조화

    ① 테마 컬러 : 전체 분위기를 지배하는 주조색
    ② 서브 컬러 : 테마 컬러를 돋보이게 하거나 변화를 주는 보조색
    ③ 악센트 컬러 : 분위기에 활력을 주는 강조색
    ④ 테마 컬러 : 서브 컬러 = 8 : 2 or 7 : 3
    ⑤ 테마 컬러 : 서브 컬러 : 악센트 컬러 = 6 : 3 : 1 or 7 : 2 : 1

[테마 컬러와 악센트 컬러의 조화]

(2) 동계색 조화

① 가장 기본적인 색채 코디네이트 방법

② 같은 계열의 색상들로 조화시키는 것

    예 레드-오렌지 / 옐로-그린 / 블루-퍼플

[동계색 조화]

(3) 동일색상 조화

① 같은 색상으로 명도나 채도를 달리하여 상품을 연출하는 것

② 같은 색상의 색조로 명도, 채도를 달리한 톤의 일부나 전부로 배색하는 것

③ 생활 속에서 흔히 볼 수 있는 배색

④ 시선의 유도, 무난하면서 세련된 느낌, 안정적이고 부드러운 느낌

⑤ 디자인이 다른 상품의 연출(레드-레드) 가능

⑥ 단순함과 강렬함의 표현 가능

[동일색상 조화(좌 : 쇼윈도 연출[3]/ 우 : 욕실 연출[4])]

⑷ 유사색상 조화

① 색상환에서 서로 인접하는 세 가지 색상이나 두 세 단계 건넌 색들의 조화

② 인접 색상들의 색조와 명암을 사용한 배색으로 정적이면서 무난한 배색방법

③ 명도와 채도가 같은 유사색의 경우 아름다운 조화 연출

④ 시즌감의 강조에도 효과적

⑤ 동계색 조화와 유사

[유사색상 조화(좌 : VP 연출[5] / 우 : 벽면 연출[6])]

---

3), 5) http://blog.naver.com/mpersons
4), 6) KMK 색채연구소

(5) 보색 조화

① 색상환에서 서로 마주보는 두 가지의 대비되는 색상의 조화

　　예 빨강-초록 / 파랑-주황 / 노랑-보라

② 보색은 서로 돋보이게 하는 특성을 가지므로 강한 이미지를 심어 주는 데 효과적

③ 색상 자체의 영향 없이 가장 순수하고 생기 있게 느낄 수 있는 배색

④ 생동감을 줄 수 있는 배색이나 지나치면 혼란스러움을 줄 수 있음

[보색조화[7]]

2. 연출을 위한 배색시 주의점

(1) 연출 상품의 주조색 결정

(2) 연출 상품의 양, 위치, 형태 파악

(3) 시즌의 컬러 방향 참조

(4) 주위의 컬러 환경 고려

(5) 색상, 명도, 채도의 관계 고려

(6) 조명(광원, 조도, 조사 방향 등) 활용

---

7) KMK 색채연구소

3. 기본 컬러 이미지와 코디네이션

(1) Red

열정, 외향적, 적극적, 행동적, 체력, 건강, 생명력 등을 의미한다.

① 컬러 성격

ㄱ 강렬하고 선동적, 화려한 사람들의 장식품, 혁명을 꿈꾸는 사람들의 깃발

ㄴ 강조와 부각 : 어느 컬러와 배색하여도 분명한 자기 색을 드러냄

② 기본 코디

ㄱ 가장 잘 어울리는 색상은 검정색이다.

ㄴ 흰색을 배치하면 깨끗하고 스포티한 이미지를 준다.

ㄷ 비비드 컬러로는 파랑, 초록 등의 반대색이 명쾌한 느낌을 주면서 빨간색을 강조해 준다.

ㄹ 파스텔 컬러와는 자연스러운 매치가 어려우므로 악센트 컬러로 사용한다.

ㅁ 딥 컬러와 매치하면 엘레강스한 분위기, 내추럴한 컬러와의 코디는 부드러운 인상을 준다.

[Red 컬러]

(2) Orange

원기, 적극, 희열, 활력, 만족, 유쾌, 건강, 따뜻함, 약동, 풍부함 등을 의미한다.

① 컬러 성격

ㄱ 침샘을 자극하는 힘

ㄴ 따뜻하고 즐거운 이미지

② 기본 코디

　㉠ 모던한 연출을 원한다면 검정색을 매치, 이때 전체적인 느낌이 무거워 보인다면 흰색
　　과 함께 코디한다.

　㉡ 그레이와 매치하면 탁해 보이므로 코디에 주의한다.

　㉢ 비비드 컬러 중 반대색인 보라색과 매치하면 개성 있어 보이고, 녹색 계열과도 잘 매
　　치된다.

　㉣ 딥 컬러, 내추럴 컬러와 비교적 자연스럽게 매치된다.

[Orange 컬러]

(3) Yellow

희망, 광명, 명랑, 유쾌, 대담함, 빛남, 부드러움, 따뜻함, 다정함, 감미로움을 의미한다.

① 컬러 성격

　㉠ 밝고 가벼운 이미지

　㉡ 배색하기 어려운 컬러(배색할 컬러의 색상과 색조 선택에 주의)

② 기본 코디

　㉠ 검정, 흰색, 그레이와 매치하면 모던하고 경쾌한 인상(회색과 배색하는 것이 가장 세련)
　　을 준다.

　㉡ 반대색인 블루 계열과 매치하면 시원한 여름 배색, 적색 계열과 매치하면 팝(Pop)한
　　인상을 준다.

　㉢ 파스텔 컬러와도 잘 어울리며 그중에서도 블루 계열이 최상의 코디가 된다.

　㉣ 내추럴 컬러와의 매치는 색감이 비슷해서 온화하고 부드러운 인상을 준다.

[Yellow 컬러]

(4) Yellow-green

친애, 젊음, 신선함, 자연, 초여름, 유아, 새싹, 희망 등을 의미한다.

① 컬러 성격

  ㉠ 산뜻하고 또렷한 이미지의 배색에 포인트를 주는 컬러

  ㉡ 여리고 맑은 자연의 컬러

② 기본 코디

  ㉠ 검정, 흰색, 그레이와 매치하는 것이 기본이다.

  ㉡ 주장이 강한 색이므로 두 가지 색으로 배색하는 것이 효과적이다.

  ㉢ 반대색인 퍼플 계열과 매치하면 개성 있는 연출이 가능하다.

  ㉣ 주황색과 잘 어울리며, 내추럴 컬러와 매치하면 에스닉한 배색이 된다.

[Yellow-green 컬러]

(5) Olive-green

냉정, 평정을 의미한다.

① **컬러 성격** : 이지적이고 지성적인 느낌, 자연의 컬러

② **기본 코디**

    ㉠ 검정, 흰색과는 무난하게 매치되고 회색과의 매치는 지나치게 차가운 인상을 주게 되므로 주의한다.

    ㉡ 비비드 톤이나 딥 컬러와 잘 어울리는 색상이다.

    ㉢ 난색 계열과 매치하면 경쾌한 느낌, 한색 계열과 매치하면 샤프함을 강조할 수 있다.

    ㉣ 내추럴 톤과 매치할 때는 검은색으로 악센트를 준다.

[Olive-green 컬러]

(6) Blue

차가움, 심원, 명상, 냉정, 영원, 성실, 바다, 하늘과 물의 상징, 깨끗함, 신선함, 젊음, 희망, 청결을 의미한다.

① **컬러 성격**

    세계 어디에서나 사람들이 좋아하는 컬러로 이지적이고 맑은 느낌

② **기본 코디**

    ㉠ 흰색과의 매치가 베스트이다.

    ㉡ 비교적 어떤 색과도 매치하기 쉬운 색상으로 비비드 컬러 중에는 노란색, 빨간색이 특히 잘 어울린다.

    ㉢ 파스텔 컬러와도 명도 차이가 있어 비교적 잘 매치된다.

    ㉣ 딥 컬러나 내추럴 컬러와 매치하게 되면 깊이 있고 엘레강스한 인상을 준다.

[Blue 컬러]

(7) Navy

숭고, 냉철, 심원, 무한, 영원, 신비, 신뢰 등을 의미한다.

① 컬러 성격

　　㉠ 차갑고 거리감을 주는 컬러

　　㉡ 딱딱하고 고상한 중년의 이미지

　　㉢ 무겁고 깊이 있는 느낌

　　㉣ 신뢰감과 세련된 느낌

② 기본 코디

　　㉠ 색감이나 밝기의 차이로 조금씩 인상이 바뀌긴 하지만 배색 포인트는 동일하다.

　　㉡ 흰색과의 매치가 가장 이상적이며, 회색과의 매치는 트래디셔널한 배색으로 품위 있
　　　는 이미지를 연출할 수 있다.

　　㉢ 검정색과의 배색은 주의를 요한다.

　　㉣ 비비드 톤, 파스텔 톤, 딥 톤 컬러와는 반대색을 중심으로 배색한다.

　　㉤ 내추럴 톤 컬러 중에서는 베이지색과 잘 어울린다.

[Navy 컬러]

(8) Magenta

창조적, 심리적, 정서적, 애정, 연정 등을 의미한다.

① 컬러 성격
   ㉠ 특이함, 예술가의 색
   ㉡ 도도함과 우아한 이미지

② 기본 코디
   ㉠ 배색에 따라서 화려해 보이기도 하고, 캐주얼한 인상을 주기도 한다.
   ㉡ 검정색, 흰색과 매치하면 모던하고 샤프한 인상, 반대색인 녹색 계
      열은 이국적인 분위기를 준다.
   ㉢ 주황색과 매치하면 캐주얼한 인상을 준다.
   ㉣ 내추럴 컬러와의 배합에는 검은색으로 포인트를 준다.

[Magenta 컬러]

(9) Beige

온화함, 유연함, 편안함, 융통성 등을 의미한다.

① 컬러 성격 : 무난하고 세련된 느낌

② 기본 코디
   ㉠ 모노톤과 기본적으로 가장 무난한 코디가 된다.
   ㉡ 겨울에 활용하면 고급스럽고 세련돼 보이는 컬러 코디네이션이다.
   ㉢ 비비드 톤 컬러와의 매치는 너무 강렬한 색보다는 조금 억제된 색상이 어울린다.

[Beige 컬러]

(10) Brown

외로움, 쓸쓸함, 대지, 부드러움, 아늑함, 우아함 등을 의미한다.

① 컬러 성격 : 차분하고 수수한 느낌

② 기본 코디

　㉠ 붉은 기나 노랑기가 강하지 않은 색을 배합하는 것이 좋다.

　㉡ 검정색과의 매치시 밝은 색을 플러스해 주는 것이 좋다.

　㉢ 갈색과 흰색은 잘 매치되지만, 회색과의 매치는 탁해 보이기 쉬우니 주의한다.

　㉣ 비비드 톤과의 매치도 자연스러우며 파스텔 컬러에서는 연한 색이 잘 어울린다.

　㉤ 딥 컬러와 내추럴 컬러와는 이상적인 좋은 코디를 할 수 있다.

[Brown 컬러]

(11) Pink

낭만, 설레임, 청춘, 애정, 부드러움, 섬세함 등을 의미한다.

① 컬러 성격 : 여성스럽고 사랑스런 느낌

② 기본 코디

　㉠ 검정색과 매치하면 성숙한 이미지, 흰색을 매치하면 신선함, 회색과 매치하면 고급스
　　럽고 품위 있어 보인다.

　㉡ 블루 계열 이외의 비비드 컬러와의 코디는 주의한다.

　㉢ 파스텔 톤 컬러와는 톤이 비슷해서 매치하기가 쉽다.

　㉣ 내추럴 컬러와의 매치는 부드러우면서 캐주얼한 분위기를 연출한다.

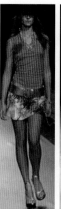

[Pink 컬러]

⑿ White, Gray, Black

① 컬러 성격

ㄱ 화이트 : 순수, 청결, 소박, 순결, 정직, 독립, 빛의 상징, 희망, 숭고함, 상쾌

ㄴ 그레이 : 겸손, 우울, 중성, 점잖음, 우아함, 수수함, 보수적, 신뢰감(진한 그레이 : 힘과 권력)

ㄷ 블랙 : 세련됨, 죽음, 공포, 권위, 허무, 절망, 침묵, 불안, 밤, 영원, 신비

② 기본 코디

ㄱ 화이트와 블랙은 대부분의 색과 잘 어울리는 기본색이다(단, 톤 매치에는 주의).

ㄴ 주의 : 화이트의 경우 너무 흐린 파스텔 컬러와는 어울리지 않으며, 블랙은 다크 컬러와 잘 어울리지 않는다. 그레이의 경우 파스텔 컬러와는 잘 어울리지만 비비드 컬러와는 매치하기가 힘들고 내추럴 컬러와도 명도에 주의해서 난색 계열로 매치시키는 것이 무난하다.

[White, Gray, Black 컬러]

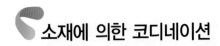 소재에 의한 코디네이션

1. Texture 코디네이션

(1) 소재의 Mix & Match

① 소재감을 이용한 코디네이션(질감, 감촉)
② Hard와 Soft 느낌
③ 개성적 연출 가능
④ 모피+스웨이드, 가죽+퍼, 니트+가죽, 송치+데님, 가죽+스웨이드, 실크+레이스, 캔버스+가죽, 니트+캔버스, 시폰+트위드 등

(2) Fabric 코디네이션

① 같은 소재에 컬러, 형태, 아이템 등의 변화를 주면서 코디네이트하는 것
② 심플, 소극적, 규격적 이미지(액세서리나 소품 등을 추가하는 것이 좋음)

(3) Pattern 코디네이션

① 무늬의 크기나 색상, 조합 등을 이용한 코디네이트
② 무늬와 무늬, 무지와 나염 등의 방식을 이용

2. Texture 코디네이션 사례

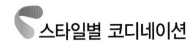

스타일별 코디네이션

1. 엘레강스(Elegance) 스타일

(1) 이미지

① 단정함과 고급스러움이 느껴지는 우아하고 클래식한 이미지이다.

② 여성스럽고 성숙한 느낌, 부드러우면서도 세련된 느낌, 드레시한 타입이다.

③ 색상은 부드럽고 점잖은 톤으로 디테일이 많지 않은 것이 포인트이다.

(2) 대표적인 룩 : 샤넬 수트, 에비타 룩

(3) 액세서리

① 실크나 쉬폰으로 된 클래식한 느낌의 스카프 등이 좋다.

② 백은 크지 않고 같은 계열의 색상으로 하는 것이 좋다.

③ 진주 목걸이와 리본 장식이 있는 슈즈, 플리츠스커트 등이 대표적인 아이템이다.

(4) 스타일 포인트

의상이든 액세서리 소품이든 간에 전반적으로 두드러지는 것 없이(컬러와 디자인 모두) 소프트한 톤이 되게 하는 것이 중요하다.

2. 댄디(Dandy) 스타일

(1) 이미지

① 마린 룩, 밀리터리 룩과 함께 매니쉬 룩의 하나이다.

② 19세기의 멋쟁이 신사들의 패션을 여성복에 도입한 형태(사치스럽다 싶게 고급스러운 신사복 스타일)이다.

③ 검정, 짙은 회색, 갈색, 남색 등 어두운 톤에 스트라이프 등을 가미한다.

④ 남성의 복장을 차용하여 오히려 여성의 섹시함을 돋보이게 한다는 것이 특징이다.

⑤ 댄디 룩에서 주의해야 할 점은 심플함이다(디테일은 과감히 줄이는 것이 좋다).

(2) 액세서리

어두운 톤의 모자와 수트 위에 걸치는 벨트, 심플하고 커다란 백, 평평하고 굽이 낮은 펌프스 등이 어울린다.

(3) 엘레강스 스타일과의 비교

① **공통점** : 두드러지게 튀는 것 없이 클래식한 느낌이 나도록 하는 것이다.

② **차이점** : 엘레강스가 여성스러움을 지향하는데 반해 댄디는 남성스러움을 통한 여성미를 표현한다.

3. 캐주얼(Casual) 스타일

(1) 이미지

① 캐주얼 룩의 핵심은 편안함과 자유분방함을 나타낸다.

② 밝고 비비드한 색상은 화려하면서도 역동성을 배가시킨다(여러 가지 색상을 이용해 난색계의 밝은 느낌이 나게 코디하는 것이 중요). → 흰색이 아주 좋은 배색

③ 비비드한 색상에 대담하고 화려한 무늬를 긍정적으로 소화하는 스타일이다.

④ 몸에 피트되어 바디 라인을 강조하는 스타일에서 빅 사이즈의 헐렁한 스타일까지를 모두 커버한다.

⑤ 원피스라도 러프한 스타일이라면 캐주얼 룩이 연출 가능하다.

(2) 액세서리

울이나 니트 소재의 베레모, 굽이 낮은 구두, 운동화, 양말 등이 적합하다.

[캐주얼 액세서리]

4. 내추럴(Natural) 스타일

(1) 이미지

① 자연주의 바람이 불면서 인기를 얻게 된 스타일이다.
② 소재의 특성을 살려 색채대비가 크지 않은 온화하고 부드러운 이미지를 연출하는 것이
   포인트이다.
③ 면, 마, 니트, 울 등 소재가 가진 촉감과 편안함을 살리기 위해서는 무늬를 최대한 배제한
   심플한 아이템이 내추럴 스타일을 살리는 데 좋다.
④ 공예적, 천연염색, 대나무, 짚세공 등에 끌리는 타입이다.
⑤ 자연스럽고 소프트하며 친숙하기 쉬운 이미지이다.

(2) 액세서리

자연소재 혹은 자연느낌의 딱딱하지 않은 편안한 스타일의 모자, 크고 소박한 백, 릴랙스한
느낌이 나는 슈즈 등이 적합하다.

5. 모던(Modern) 스타일

(1) 이미지

① 지적인 느낌의 커리어 우먼 스타일로 대표되지만 아방가르드 룩까지를 모두 포함하는 스타일이다.

② 디테일을 없애고 간단명료한 느낌을 포인트로 한다.

③ 커리어 우먼 스타일에서 알 수 있듯이 이 스타일은 비비드한 컬러는 배제하고 BK&W, 한색 계열을 선호한다.

④ 색에 의한 어필과 주장이 강한 것이 특징이다.

⑤ 직선, 수평, 수직, 사선에 의한 분할선, 기하학적 형태(삼각, 사각, 원)가 특징이다.

⑥ 회색의 역할이 아주 크다.

(2) 액세서리

① 매탈릭하고 큰 것, 무늬 없이 크고 심플한 백, 벨트도 기능적인 것이 어울린다.

② 코사지는 블랙이나 화이트 계통이 좋고, 스카프도 직선이나 스트라이프 등이 모던한 이미지를 연출하는 데 도움이 된다.

6. 고저스(Gorgeous) 스타일

(1) 이미지

① 우아함과 고상함에 사치스러운 화려함이 더해진 이미지이다.

② 상하의가 세트인 분위기, 신발과 액세서리(특히, 가방)가 세트인 분위기로 코디하는 것이 포인트이다.

③ 어덜트 취향, 장식적, 하이 퀄리티, 정교한 디자인, 하드 컬러 이미지이다.

④ 전통 있는 고전적인 것에 끌리는 경향이 있다.

⑤ 화려한 레드, 화려하고 짙은 퍼플, 와인 레드 등 차분하고 사치스런 분위기를 나타낸다.

(2) 엘레강스 스타일과의 비교

① **공통점** : 성숙한 여성의 분위기, 클래식하고 우아한 느낌이다.

② **차이점**

엘레강스 스타일이 디테일을 최소한으로 하고 색상도 부드러운 톤으로 한정하는 데 반해 고저스 스타일은 오히려 프릴 같은 디테일을 살리고 색상과 무늬도 화려한 것, 광택 있는 질감의 소재를 선호한다.

(3) 액세서리

① 코사지와 장식용 벨트, 스카프 등이 활용된다.

② 쥬얼리도 고급스러운 것으로 목걸이와 귀걸이는 필히 해주는 것이 좋다.

③ 백은 크지 않은 벨벳 혹은 스웨이드 백이나 손잡이나 줄 없이 옆에 끼고 다니는 클러치 백 등이 좋다.

④ 슈즈와 백은 색이나 소재에서 세트라는 느낌을 주는 것으로 코디하는 것이 고저스한 느낌을 배가시킬 수 있다.

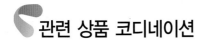

관련 상품 코디네이션

1. 개 념

액세서리 등 관련성 있는 것을 첨가시켜 코디네이트 이미지를 넓히는 방법으로, 완전한 조화를 이루기 위해 연출하고자 하는 상품과 연계상품, 소도구, 소품 등을 활용하여 연출하는 경우를 말하며 토털 코디네이션이라고 한다.

웨어링이 완전한 조화를 이루기 위해 헤어스타일, 메이크업 그리고 액세서리는 물론 표정이나 포즈까지 포함된 전체적인 코디네이트를 말하기도 하며, 침실이나 키친 등의 생활 인테리어의 경우에 있어서 벽면 도배, 바닥 장식재, 조명, 가구, 커튼, 인테리어 소품 등 주거공간을 완벽하게 코디네이트하는 것도 이에 해당된다.

2. 필요성

점차 패션에 관한 의식이 지금까지의 획일적인 패션 지향에서 개성의 지향으로, 단품 지향에서 토털 코디네이션 지향으로의 이행이 뚜렷해지고 있다.

1970년대 중반 이후부터 성행한 캐주얼화의 경향이나 레이어드 룩의 유행은 액세서리나 신발, 가방, 헤어, 메이크업 등에 이르는 토털 코디네이션의 개념을 탄생시켰고, 라이프스페이스나 라이프스타일과의 조화 등으로 그 영역이 점차 확대되고 있다. 즉, 코디네이션의 대상이 의류 중심에서 삶의 양식에 이르는 정신까지 그 범위가 넓어지고 있다는 의미이다.

시대 변화적으로 같은 소재, 같은 색상 등을 맞춘 정장 개념의 맞춤복 중심에서 캐주얼로 이행되면서 서로 다른 소재, 다른 색상의 아이템을 조화시키고 여기에 여러 가지 관련 액세서리 등을 개성적인 방식으로 조화시켜 연출한 것이 토털 코디네이션의 개념이다. 패션 비즈니스 측면에서 새로운 토털 코디네이션의 제안은 소비자를 자극시키는 중요한 키워드가 되었고, 단품의 매출이 늘어나는 경기 상황은 합리적인 소비자의 변화를 보여주며 토털 코디네이션의 필요성을 더욱 강조하고 있다.

3. 토털 코디네이션의 8가지 포인트

(1) 올바른 컬러 코디네이트를 안다.

(2) 자기의 스타일을 가진다.

(3) 아름다운 실루엣을 선택한다.

(4) 소재와 질감을 고려한다.

(5) 프린트와 패턴 선택에 주의한다.

(6) 액세서리와 소품을 능숙하게 사용한다.

(7) 패션 테마를 통일한다.

(8) 헤어와 메이크업까지 맞춘다.

[의류와 잡화의 토털 코디네이션]

[남성복의 토털 코디네이션을 추구하는 '더 클래스' 매장]

CHAPTER
03 코디네이션 기법

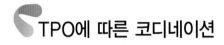

TPO에 따른 코디네이션

1. 상황별 코디네이션

(1) 이성 친구 집에 인사가는 경우

① 어른들께 비춰질 자신의 모습에 신경을 쓰는 데 무엇보다도 첫인상은 대개 얼굴에서 결정된다. 특히, 생기와 활력이 있는 얼굴은 상대로 하여금 호감을 갖게 하는 요소이므로 자신감이 중요하다.

② 예쁘게 보이고 싶은 욕심에 화장이 진해진다거나 옷차림이 너무 튀어서는 안 된다.

③ 딱딱한 정장보다는 세미 정장이나 단색의 원피스를 입는 것이 좋다.

(2) 상갓집 방문의 경우

① 번쩍이고 화려한 옷차림이나 청바지에 티셔츠 차림은 피한다.

② 전체적으로 컬러 톤이 어두운 계열의 정장을 입거나 부득이한 사정으로 정장을 준비하기 어렵다면 블랙 톤의 옷차림으로 단정하게 방문하는 것이 예의이다.

(3) 맞선 및 미팅

① 상대방에게 수수하면서도 편안하고, 밝고 명랑한 사람이라는 메시지를 옷을 통해 전달하는 패션 감각이 필요하다. 스커트 정장은 20점, 팬츠 정장은 30점, 원피스는 50점짜리 아이템이라고 볼 수 있다.

② 세련되고 매력적으로 보이는 색상 3가지(와인색, 회색, 보라색)로 포인트를 준다.

③ 기억에 남을 만한 액세서리로 포인트를 준다(브로치, 목걸이, 팔찌, 헤어핀 등).

④ 눈 화장보다는 입술화장에 포인트를 준다.

⑤ 투명이나 살색 매니큐어를 바른다(손가락이 길고 깔끔해 보인다).

⑥ 평상시와 같은 헤어스타일로 연출한다(특별히 신경 쓴 머리는 스스로가 어색해 할 수 있기 때문).

⑦ 숄더백은 너무 크지도 작지도 않은 중간크기가 적합하다.

⑷ 신입사원

① 요란해질 수 있는 액세서리는 피하고 단정한 팬츠 정장이나 스커트 정장에 브로치나 스카프로 단순해 질 수 있는 자신의 옷차림에 약간의 포인트를 주면서 단정함을 유지하는 것이 무엇보다 중요하다.

② 옷을 갖춰 입는 데 자신이 없는 여성은 '셔츠' 아이템을 활용한다. 흰색 셔츠에는 어떤 스카프나 어떤 색상의 팬츠, 스커트도 잘 어울리므로 셔츠 하나로 여러 스타일을 연출할 수 있다.

③ 메이크업도 너무 요란하지 않고 깔끔한 인상을 상대에게 심어줄 정도의 톤으로 연출하는 것이 좋다.

⑸ 면접

① 면접시 신선하고 정돈된, 차분한 인상을 주어야 한다.

② 옷차림은 회색 계열의 팬츠 정장(세련되고 차분하다)에 흰색이나 검정색 셔츠 블라우스(깔끔해 보인다)를 입으며, 검정색 숄더백을 준비한다.

③ 구두는 검정색의 4~5cm 펌프스(긴장감을 가지고 있다는 메시지)와 액세서리를 하고 싶다면 작고 심플한 귀고리 정도로 연출한다.

④ 커트나 단발형의 단정한 스타일 또는 긴 생머리의 경우, 깔끔하게 빗어 넘기거나 묶은 스타일 등이 상쾌한 인상을 준다.

⑤ 표정은 부드럽지만 당당한 표정과 함께 약간의 미소는 자신감을 표현하기에 적합하다.

⑥ 짙은 화장은 부담스러우므로 피한다.

⑦ 목소리는 상대방에게 자신의 메시지를 정확히 전달할 수 있도록 분명하게 발음하며, 평소보다 약간 저음으로 소리를 낸다. 저음은 듣는 이로 하여금 집중하게 하는 효과가 있다.

2. 직업별 스타일 연출

(1) 일반 사무직(20~30대)

① 성실하고 활동적이면서도 침착하고 밝은 인상을 주어야 한다.

② 편안한 니트류의 옷은 긴장감을 없애주는 최대의 적이다.

③ 짙은 색조의 화장은 피한다.

④ 필요한 경우 퇴근 후에 입을 옷은 따로 준비한다.

⑤ 여성의 경우 팬츠 정장과 스커트의 비율은 7 : 3으로 한다.

⑥ 유행스타일을 지나치게 따라하지 않는다(약간은 보수적인 스타일을 선택하는 것이 좋다).

⑦ 옷과 조화되는 메이크업의 색조나 액세서리, 장신구, 헤어스타일 등으로 한 가지씩 변화를 준다.

⑧ 남성의 경우 신뢰감을 주도록 깔끔하게 연출하는 것이 중요하고, 셔츠와 타이는 소재나 디테일에서 변화를 준다.

(2) 중간 간부 / 여성 경영인(30대 중반~50대)

① 상사로서의 권위, 기업경영인으로서의 품위와 지성미를 겸비한 센스를 발휘한다.

② 옷을 통해 자신의 의도를 명확하게 전달할 수 있으며 최고 경영자의 분위기뿐만 아니라 기업의 이미지, 회사 전체의 이미지도 대변할 수 있어야 한다.

③ 전체적인 차림 중에서 3가지 내에서 색을 쓴다.

④ 액세서리는 2가지를 넘지 않는다.

⑤ 브로치나 반지 등 독특한 디자인으로 고급스러움의 포인트를 줄 수 있다.

⑥ 디테일이 들어간 약간 화려한 디자인도 무난하다.

⑦ 비지니스 때 : 흰색, 베이지, 크림색 등 온화한 색상의 스커트 정장이 어울린다.

⑧ 세미나, 인터뷰 때 : 검정, 회색 등의 무채색 계열과 감색 등의 한색 계열의 투피스 팬츠 정장이 좋다.

⑨ 니트류보다는 셔츠나 베스트를 활용하여 편안하면서 신선한 분위기를 연출한다.

⑩ 헤어스타일은 화려한 것보다는 최대한 단순화시켜 조화로운 이미지로 연출한다.

⑪ 메이크업은 내추럴하게 하며, 번들거림은 최대한 방지하고, 입술 화장은 너무 짙지 않도록 한다(중성적인 느낌의 차가운 메이크업이 효과적).

(3) 교사

① 단정하고 산뜻하며 색의 조화가 잘된 옷차림으로 세련되고 품위 있는 행동과 더불어 학생들의 학습의욕을 증대시켜 준다.

② 활동성을 부여한 친근하고 편안한 모드의 옷차림으로 너무 지루하거나 가볍지 않은 파스텔 계열의 컬러를 선택하는 것이 좋다.

③ 계절감각에 맞아야 하고, 의복색은 시각적으로 피로감을 주는 강한 색의 보색대비는 피한다.

④ 몸에 피트되는 의상보다는 약간 여유 있는 편안한 옷을 선택한다.

⑤ 너무 유행을 따르거나 뒤처지는 것은 좋지 않다.

⑥ 남성의 경우 톤온톤 코디네이션이 가장 잘 어울리는 직업군으로 블랙이라 하더라도 올 블랙보다는 디테일이나 패턴 등으로 가벼운 율동감을 주면 자연스러운 코디네이션을 연출할 수 있다.

(4) 비서직 / 공무원직

① 여성스럽고 깔끔한 인상을 풍기도록 한다.

② 빈틈이 없어 보이면서도 딱딱하지 않게 연출한다.

③ 베이지, 블랙, 감색, 회색 등의 컬러가 좋다.

④ 단정하고 깔끔한 스커트 정장이나, 팬츠 정장, 원피스를 중심으로 코디네이트한다.

> 양복 색상과 이미지
> • 감색 : 신선하고 깔끔하며 분명하고 강한 분위기
> • 밤색 : 편안하고 부드럽고 친근한 분위기
> • 회색 : 세련되고 우아하며 약간 차가운 분위기

(5) 서비스 분야

① 호텔 종사자, 간호업자, 카운셀러, 사회사업가 등 서비스 업무를 담당하고 있는 직업은 매력적이면서도 점잖은 분위기를 풍겨야 한다.

② 밝고 우아하며 기품 있는 스타일로 의상과 액세서리는 둥글고 부드러우며, 우아하고 기품 있는 움직임을 위해 몸을 부드럽게 감싼 실루엣이 좋다(트래디셔널한 비즈니스 웨어에서 조금은 자유롭고 편안해진 매우 부드러운 의상이다).

③ 컬러는 되도록 밝고 부드러운 파스텔 계열이 좋으며 정장을 입을 경우에도 차가운 컬러보다는 중간 톤의 컬러를 선택한다.

④ 거부감을 주는 화장은 좋지 않지만 너무 화장을 하지 않아도 예의에 어긋나며, 따뜻한 이
   미지로 고객을 최우선으로 하여야 한다.

(6) 세일즈 분야

① 옷차림으로는 최신 유행의 디자인보다는 약간 보수적인 디자인을 선택한다(유행스타일
   의 모습은 신뢰감을 주기 힘들고 가벼운 느낌을 준다).
② 셔츠나 블라우스, 또는 심플한 이너웨어를 받쳐 입을 수 있는 베이직한 디자인의 팬츠 정
   장이나 스커트 정장을 입는다.
③ 활동성이 강한 영업직은 사람들도 많이 만나고, 계절감도 심하게 타는 편이기 때문에 날
   이 덥다면 상의를 벗더라도 스타일리쉬한 스타일을 연출하기 위해 셔츠 위에 질 좋은 카
   디건이나 베스트를 덧입는 것이 좋다.
④ 도전적이고 활동적인 느낌의 인상을 풍기도록 한다(부드러운 이미지도 놓치지 않도록 한
   다). 단, 활동적이고 적극적인 이미지는 옷 스타일에서가 아니라 얼굴과 표정에서 풍겨야
   한다.
⑤ 브라운, 블루 등의 차분하고 편안한 느낌을 주는 색상이 좋다. 아이보리, 베이지, 연한 회
   색 또는 짙은 회색, 네이비색 등 부드러우면서도 깊이감 있는 색상은 상대방의 시선이 얼
   굴이나 업무에 집중될 수 있게 하는 효과가 있다.
⑥ 인상적인 액세서리로 포인트를 준다(잘 손질된 구두는 포인트 액세서리가 될 수 있다).

(7) 광고 기획팀 / 홍보팀

① 창작적인 일을 하는 직종이므로 세련되면서 눈에 띄게 입는 것이 좋다.
② 무늬나 컬러가 개성을 연출할 수 있는 디자인, 유행에 뒤떨어지지 않게 한다(유행을 고려
   하여 패셔너블한 이미지를 주는 것은 업무에 플러스를 줄 수 있다).
③ 너무 어려 보이거나 나이가 들어 보이는 스타일은 피한다.
④ 컬러 대비로 인상을 강조하는 것도 좋은 방법이다(검정과 빨강은 강한 인상과 세련된 이
   미지를 표현하는 성공적인 컬러).

(8) 총무팀 / 인사팀 / 경리직

① 모범생처럼 얌전하게 입는 코디로 다양한 콤비 정장이 좋다.
② 활동하기 편한 니트류가 좋다.

⑼ 예술 분야/전문직

① 상대방으로 하여금 자신의 감성과 캐릭터가 느껴지도록 스타일링한다. 편안한 차림보다
는 세련되고 도시적인 감각이 돋보이면서 활동적인 캐릭터성(디자인이 독특한) 스타일을
제안한다.

② 스커트 정장보다는 팬츠 정장이 좋다(정장보다는 단품 코디네이션으로 통일감 있는 스타
일 만들기, 활기를 불어넣을 수 있는 컬러로 매치).

③ 유행에 따라 쉽게 변하기보다는 자신만의 스타일을 유지하면서, 유행을 살짝 가미한 감
각적인 패션을 연출할 수 있어야 한다.

④ 특히 붉은 계열의 빨강이나 와인, 자주 등의 색상, 푸른 계열의 네이비, 터키쉬 블루, 잉
크 블루의 색상 또는 그린 계열의 카키나 올리브 그린 등은 일반적으로 쉽게 애용되는 색
이 아니기 때문에 감각적인 느낌을 살리기에 충분한 색상이다.

⑤ 프리랜서는 다른 직업군에 비해 캐주얼한 진이나 가벼운 스니커즈 등을 매치해 보다 스
타일리쉬한 코디를 연출할 수 있다.

⑥ 심플한 컬러라고 해도 독특한 디테일이 있는 스타일을 선택해 보다 과감하고 멋스럽게
매치해본다.

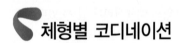 체형별 코디네이션

1. 9가지 유형에 따른 코디네이션

⑴ 마른 체형의 작은 키

① 컬러(Color)

㉠ 위·아래의 색상은 통일시켜 입는다.

㉡ 색상은 아이보리, 환한 파스텔 계열로 통일시킨다.

② 아이템(Item)

㉠ 짧은 재킷 + 동일색의 스커트와 팬츠, 허리선이 가슴선에 오는 볼레로 재킷 + 롱스커
트 또는 롱팬츠, 되도록이면 원피스류를 이용하는 것이 좋다.

㉡ 흰 피부는 셔츠나 이너웨어를 파스텔 계열의 밝은 색상으로 선택한다.

ⓒ 어두운 피부는 체형보완을 위해 보다 적극적인 방법으로 스트라이프나 체크 등의 무늬를 이용한다. 너무 가느다란 줄무늬보다는 어느 정도 간격이 있으면서 확실한 이미지를 심을 수 있는 줄무늬가 적합하다.

③ 액세서리(Accessory)

㉠ 액세서리는 밝고 선명한 색상을 선택한다. 모자나 스카프 등은 밝고 화사한 색상을 이용하도록 한다.

㉡ 스타킹이나 구두는 하의 색상에 맞추어 무겁지 않은 색상으로 선택한다.

(2) 마른 체형의 보통 키

① 컬러(Color)

㉠ 하의보다 상의를 더 밝게 입는다.

㉡ 색상은 크림색이나 녹색기가 섞인 옅은 파랑 등 밝고 환한 파스텔 계열을 선택한다.

ⓒ 진한 파랑(코발트 블루)이나 오렌지와 같은 색상으로 포인트를 준다.

② 아이템(Item)

㉠ 롱팬츠＋롱재킷 : 계열색으로 조화를 이루게 한다.

㉡ 긴 점퍼 스커트나 긴 조끼 : 상의는 밝게, 하의는 어두운 컬러를 선택한다.

ⓒ 상·하의는 검정과 갈색 등 어두운 색의 계열은 피한다. 또한 빨강과 초록처럼 보색대비도 피해야 한다. 줄무늬, 체크 무늬로 개성을 살린다.

㉣ 롱재킷＋롱팬츠, 롱재킷＋롱스커트, 롱재킷＋숏팬츠, 미니스커트, 미니원피스 등이 잘 어울린다.

③ 액세서리(Accessory)

㉠ 옷의 색상과 비슷한 계열의 액세서리, 스카프나 넥타이, 머플러는 마른 체형을 볼륨감 있게 살려준다. 그 밖에 챙이 없거나 너무 넓지 않은 모자, 니트 모자도 잘 어울린다.

㉡ 귀고리와 목걸이는 옷 색상과 비슷한 계열의 색으로 하고 같은 디자인으로 통일하는 것이 좋다.

ⓒ 구두나 핸드백의 색상 역시 동떨어지지 않도록 코디하면 체형보완에 도움이 된다.

(3) 마른 체형의 큰 키

① 컬러(Color)

㉠ 밝고 환한 정장 스타일이 어울린다.

㉡ 밝고 환한 색상, 큰 키의 보완을 위해 색의 대비에 관심을 가져야 한다.

ⓒ 흰색을 중심으로 차분하고 지적인 이미지를 주는 밝은 회색 등의 모노톤이 어울린다.

ⓐ 흰색과 밝은 회색이 마른 체형을 보완한다면 검정, 진한 회색, 짙은 녹색 같은 짙은 모노톤은 큰 키를 보완해 주며, 그 밖에 오렌지색이나 네이비색도 체형보완의 효과가 있다.

② 아이템(Item)

㉠ 정장 스타일을 입는다.

ⓛ 캐주얼 스타일보다는 매니쉬한 팬츠 수트 같은 정장 스타일이 훨씬 잘 어울리며 테일러드 재킷이나 슬림한 팬츠, 통이 넓은 팬츠, 또는 샤넬 라인 스커트나 롱 플레어스커트 등이 잘 어울린다.

③ 액세서리(Accessory)

㉠ 긴 머리가 좋고 모양이 확실한 액세서리가 어울린다.

ⓛ 가방은 서류가방같이 딱딱한 느낌의 핸드백이 무난하다.

ⓒ 구두는 단화가 좋고 2~3cm 또는 4~5cm 정도의 중간 굽에 짙은 색을 선택한다. 옷의 색상보다 짙은 색으로 코디네이트하는 것이 큰 키를 자연스럽게 보완하는 방법이다.

(4) 살찐 체형의 작은 키

① 컬러(Color)

㉠ 짙고 어두운 색상으로 입는다.

ⓛ 흑갈색, 포도주색, 네이비색 등 딥 톤의 짙고 어두운 색상이 좋다. 이 외에도 짙은 빨강이나 짙은 베이지, 브라운 같은 내추럴 계열의 색상도 잘 맞는다. 여기에 밝은 색상들을 포인트 컬러로 적절히 이용하면 훨씬 세련되어 보인다.

ⓒ 포인트 컬러는 이너웨어나 모자, 스카프, 넥타이 등에 이용하는 것이 효과적이다.

ⓐ 작은 키를 보완하기 위해서 위아래를 동일 색으로 입거나 대조적이지 않은 색상끼리 입는다.

② 아이템(Item)

㉠ 작은 키를 보완할 수 있는 아이템으로 투피스보다 원피스류를 이용하는 것이 좋다.

ⓛ 하체가 길어 보이는 롱팬츠나 롱스커트를 입는 것도 좋은 방법이다.

ⓒ 전체적인 이미지는 귀엽고 깜찍하게 표현해 주는 것이 좋으며, 주름이나 셔링, 개더, 러플 등 부드러움을 살려줄 수 있는 것들이 잘 어울린다.

ⓐ 이러한 디테일은 블라우스의 컬러나 소매 등에 이용하고 필요 이상 강조하지 않도록 조심한다.

③ 액세서리(Accessory)

　　㉠ 귀엽고 고급스러운 디자인의 액세서리를 선택한다.

　　㉡ 꽃무늬나 물방울무늬의 액세서리로 귀엽고 심플하게 연출하는 것이 좋다.

　　㉢ 가방과 구두는 동일 색으로 선택한다.

(5) 살찐 체형의 보통 키

① 컬러(Color)

　　㉠ 위보다는 아래를, 겉보다는 속을 밝게 입는다.

　　㉡ 원색 계열의 빨강이나 자주, 딥 계열의 네이비색, 짙은 녹색, 포도주색 등을 선택하는 것이 좋다. 짙은 회색이나 검정도 잘 어울린다. 이처럼 선명하고 짙은 색상들은 이 체형을 보다 세련되고 차분한 이미지로 표현해 준다.

　　㉢ 선명하고 짙은 색상을 기본색으로 하고, 밝은 분위기를 연출할 수 있는 녹색이나 오렌지색 등을 포인트 색상으로 한다.

　　㉣ 밝은 색상은 옷에 부분적으로 이너웨어에 이용하는 것이 체형보완에 더 효과가 있다. 작은 키가 아니므로 상의와 하의 색상을 달리해서 입어도 된다.

② 아이템(Item)

　　㉠ 곡선 처리된 부드러운 느낌의 정장과 품이 넉넉한 짙은 색상의 조끼를 입는다.

　　㉡ 정장은 현대적인 감각에 타이트한 느낌을 주는 것보다 전체적으로 곡선 처리되어 부드러운 느낌을 주고 편안한 스타일로 디자인된 것이 가장 잘 어울린다.

　　㉢ 재킷의 경우, 짧은 소매이거나 가슴 부분에 아웃 포켓이 달린 것 또는 단추나 소매 장식 등의 디테일이 지나치게 복잡하고 화려한 디자인은 살찐 체형을 강조하므로 체형보완에 도움이 되지 않는다.

　　㉣ 캐주얼한 스타일은 진팬츠, 롱스커트 또는 미니스커트 등의 아이템으로 연출한다. 여기에 품이 넉넉하고 색상이 짙은 조끼를 코디해서 입으면 체형이 가늘고 길어 보이는 효과를 얻을 수 있다.

③ 액세서리(Accessory)

　　㉠ 작고 고급스러운 분위기의 액세서리를 선택한다.

　　㉡ 액세서리의 효과적인 이용은 자칫하면 둔해 보일 수 있는 체형을 보다 센스 있고 고급스러운 분위기로 만들어 준다.

　　㉢ 귀고리와 목걸이, 브로치 등은 진주로 만든 것이나 코사지 같은 것이 무난하며 보석류의 너무 화려하고 큰 액세서리는 피하는 것이 좋다.

(6) 살찐 체형의 큰 키

① 컬러(Color)

㉠ 상·하의를 대조적인 색상으로 코디한다.

㉡ 차갑고 지적인 분위기를 줄 수 있는 중간 톤의 회색에서 검정까지의 모노톤이 좋다. 또한 포도주색과 같은 세련된 색상도 잘 맞으며 여성미를 풍길 수 있는 짙은 빨강이나 자주색 등은 살찐 체형을 보완한다.

㉢ 위·아래는 대조적인 색상, 즉 상의는 짙은 색상으로, 하의는 밝은 색상으로 하고, 선명한 흰색을 비롯해 밝은 계열이나 원색 계열의 밝고 생동감 넘치는 색상도 좋다.

② 아이템(Item)

㉠ 얇은 소재의 통바지나 롱 플레어스커트, 허리선에 벨트가 달린 재킷이나 샤넬풍의 재킷, 러플 블라우스 등이 잘 어울린다.

㉡ 디자인은 깔끔하고 단순한 것보다는 옷감의 소재나 디테일로 변화를 주면서 장식이 돋보이는 디자인이 좋다.

㉢ 소재는 특히 상의의 경우 니트나 레이스, 시폰과 같은 하늘하늘하고 가벼운 느낌의 소재로 몸매의 부드러운 곡선을 자연스럽게 드러내는 것이 개성 있는 차림에 도움이 된다.

③ 액세서리(Accessory)

㉠ 고급스럽고 화려한 액세서리가 어울린다.

㉡ 모자나 가방은 크고 디자인이 대담하며 독특하게, 귀고리나 목걸이는 진주나 금속류로 화려하면서도 고급스러워 보이는 것이 좋다.

㉢ 너무 낮은 단화보다 최소한 4~5cm의 굽을 선택한다.

(7) 보통 체형의 작은 키

① 컬러(Color)

㉠ 상·하의는 같은 계열 색을 입는다.

㉡ 아이보리나 베이지 같은 자연스러운 색상 또는 밝고 선명한 인상을 주는 오렌지나 녹색도 잘 맞는다.

㉢ 동일 색을 이용하거나 계열 색으로 조화시키는 것이 연결감을 주어 작은 키를 보완할 수 있다.

② 아이템(Item)

㉠ 수트 또는 재킷과 스커트 팬츠를 동일 색으로 입는 것이 기본이다.

    ⓒ 재킷 색상이 다르더라도 이너웨어와 스커트, 팬츠의 색상은 동일 색으로 연결시키는 것이 체형보완에 적극적인 방법이다.

    ⓒ 역삼각형 실루엣을 택한다.

    ⓔ 자연스러운 곡선으로 디자인된 테일러드 재킷, 슬림 팬츠, 잔잔한 무늬의 가늘고 길어 보이는 롱원피스 등이 어울리는 아이템이다.

③ 액세서리(Accessory)

    ㉠ 액세서리는 작지만 고급스럽고 독특한 디자인이 잘 어울린다.

    ⓒ 시선을 위로 유도해 작은 키를 보완한다.

    ⓒ 백은 허리선과 힙선 사이에 올 수 있는 길이로 가는 끈의 숄더백을 선택한다.

    ⓔ 구두의 경우 굽 모양은 관계없으며 높이는 활동하기에 불편이 없는 한 7~8cm의 하이힐을 과감히 이용하는 것도 적극적인 보완책이 될 수 있다.

(8) 보통 체형의 보통 키

① 컬러(Color)

    ㉠ 옷 전체의 스타일을 체크하고 액세서리를 이용한다.

    ⓒ 밝은 색상은 물론 어두운 색상까지도 소화가 가능하다.

    ⓒ 피부색에 따라 약간의 차이는 있지만, 여러 계열의 색상이 무난하게 어울린다. 특히 자연을 의미하는 내추럴 계열의 이미지, 금갈색(브라운 골드), 진한 파랑(코발트블루) 등의 색상은 이 체형의 여성스러움을 살려주고 세련된 이미지를 전달해 준다.

② 아이템(Item)

    ㉠ 직선과 곡선을 적절히 응용한 디자인의 스커트 수트나 매니쉬한 이미지의 팬츠 수트, 부드러운 이미지를 살려주는 롱원피스, 롱스커트 또는 니트 풀오버나 카디건이 좋다.

    ⓒ 울, 실크, 니트처럼 부드러운 소재일수록 체형을 더욱 돋보이게 한다.

③ 액세서리(Accessory)

    ㉠ 귀고리나 목걸이 등의 액세서리는 금, 은과 같은 금속이나 나무, 코르크와 같은 자연 소재가 모두 잘 어울린다.

    ⓒ 구두는 높이에 특별히 신경 쓰지 않아도 되지만 캐주얼한 차림이 아니라면 적당한 높이의 구두가 좋다.

    ⓒ 정장에는 4~5cm의 중간 굽이나 하이힐을 신어 바른 자세를 유지하도록 한다.

    ⓔ 모자는 옷의 전체 스타일과 맞는 디자인이라면 챙의 넓이와 무관하게 연출할 수 있다. 색상은 옷과 같은 계열 색으로 하며, 때로는 포인트 색상을 이용해도 좋다.

(9) 보통 체형의 큰 키

① 컬러(Color)

㉠ 상의와 하의 색을 달리해 콤비 스타일로 입는다.

㉡ 대체로 내추럴 톤이나 딥 톤의 색상들이 잘 맞는다. 녹색이나 올리브 그린과 같은 색상들이 잘 어울린다. 이외에도 자주(퍼플), 포도주(와인)색 등도 잘 어울린다.

㉢ 딥 톤의 색상에는 내추럴 톤의 차분한 색상 또는 검정이나 흰색으로 포인트를 주거나 코디네이션하는 것이 세련된 연출방법이다.

② 아이템(Item)

㉠ 상의와 하의를 다른 색으로 구분되게 입으면 큰 키를 보완하는 데 효과가 있다.

㉡ 같은 색의 수트를 입을 때는 선명한 색상의 이너웨어, 스카프 또는 화려한 액세서리를 이용한다.

㉢ 선명하고 큰 무늬가 있는 팬츠나 스커트를 입는다. 위아래가 구분된 콤비 스타일의 팬츠 수트 또는 스커트 수트, 매니쉬한 느낌의 셔츠 블라우스와 팬츠, 풀오버와 카디건을 입는 것이 좋다.

㉣ 디테일이 단순하고 자연스러운 아이템들을 위아래 색을 달리해 입는다.

㉤ 큰 키를 보완하려면 무늬도 이용해 본다. 아래쪽에 선명하고 커다란 무늬가 있는 아이템을 입으면 시선이 위보다는 아래로 유도되어 큰 키의 보완 효과를 얻을 수 있다.

③ 액세서리(Accessory)

㉠ 크고 대담한 디자인의 액세서리가 어울린다.

㉡ 귀고리나 목걸이 등의 액세서리는 금속류나 자연 소재로 만든 크고 대담한 디자인들이 어울린다.

㉢ 구두나 핸드백은 옷의 색상 중에서 밝은 쪽에 맞춘다.

2. 결점별 코디네이션

(1) 상체가 뚱뚱하고 하체는 날씬한 타입

① 상·하의의 색상과 소재를 다르게 입어야 날씬해 보인다.

② 원피스보다는 투피스가 어울리며, 짧은 미니스커트에 타이트하지 않는 V네크라인 벨티드 재킷을 매치하는 것이 이상적이다.

③ 색상 또한 상의를 진하게, 하의를 밝게 입는 것이 상체를 날씬해 보이게 한다.

④ 상체 비만을 보완하기 위해서는 화려한 스타킹이나 구두로 포인트를 주어 시선을 아래로 모은다.

(2) 상체와 하체는 말랐는데 팔이 유난히 굵은 타입

① 팔이 유난히 굵은 사람은 상의 선택에 신경 써야 한다.
② 팔에 딱 달라붙지 않고 팔꿈치 바로 위까지 오는 소매길이가 가장 팔이 날씬해 보인다.
③ 팔의 제일 굵은 부분에서 사선으로 잘린 반팔 옷은 절대적으로 피해야 하며, 소매 없는 심플한 원피스 역시 어울리지 않는다. 팔에 딱 달라붙는 옷의 경우는 검은색이어야 한다.

(3) 하체가 뚱뚱하고 상체는 날씬한 타입

① 상체에 피트되는 저지 타이트 셔츠에 힙본 스타일의 와이드 팬츠를 입으면 상체의 날씬함이 전체적으로 연결되어 슬림해 보이는 효과가 있다.
② 시선을 위쪽으로 올리는 것이 스타일링의 포인트이다.
   ㉠ 셔츠에 대담하고 화려한 무늬가 있는 것이 좋다.
   ㉡ 스카프, 브로치 등으로 포인트를 준다.
③ A라인 스커트를 입어 하체의 볼륨감을 커버한다.

(4) 키가 크고 어깨가 넓어 우람해 보이는 타입

① 자칫 남자 같은 느낌을 주기 쉬운 체형이다.
② 재킷을 입을 때는 어깨 패드가 없는 것을 선택하는 것이 좋으며, 칼라가 크면 클수록 넓은 어깨를 커버하는 데 효과적이다.
③ 네크라인도 깊게 파인 것이 좋다.
④ 스타일링의 포인트는 상체와 하체를 과감히 나누는 것이 좋다.
⑤ 색상도 보색대비로 입는 것이 오히려 날씬해 보인다.

(5) 키가 크고 어깨는 좁고 가슴이 작아 야위어 보이는 타입

① 짧은 트윈 니트에 샤넬 라인의 플레어스커트를 매치한다.
② 여성적인 분위기를 연출하면서도 몸은 왜소해 보이지 않게 하려면 얇은 소재보다는 다소 도톰한 니트에 커다란 무늬가 있는 스커트가 제격이다.
③ 색상 또한 너무 어둡지 않은 색이 좋다.
④ 가방, 신발 등의 소품은 대담하고 큰 스타일이 좋다.

(6) 키가 크고 말랐지만 어깨가 유난히 넓은 타입

① 여성스러움을 강조한 옷차림을 매치한다.

    예 광택이 있는 실크소재에 꽃무늬 자수가 새겨져 있는 오리엔탈풍의 원피스 등

② 어깨선이 명확히 드러나는 꼭 끼는 옷은 보기에도 어색하고 오히려 어깨가 더 넓어 보이므로 피한다.

(7) 허리가 굵고 배가 나온 타입

① 상체와 하체의 구분이 명확한 옷차림은 피하는 것이 좋다.

② 피트되지 않지만 허리선이 약간 들어간 스타일의 셔츠나 박스형 티셔츠를 팬츠 밖으로 내서 입는 것이 좋다.

(8) 키가 작고 상체는 날씬하나 엉덩이가 크고 허벅지가 굵은 타입

① 도시적인 이미지로 코디네이트 하는 것이 어울린다.

② 무늬가 있는 스타일보다는 단색의 깔끔한 스타일이 좋다.

③ 풍뚱한 엉덩이와 허벅지를 가려주는 롱재킷을 입는 것이 좋으며, 재킷은 박스형보다는 몸에 꼭 맞는 디자인이 좋다.

④ 더블 재킷보다는 싱글 재킷이 어울리며 단추는 반쯤 풀어 두는 것이 시원스러워 보인다.

(9) 엉덩이가 크고 허벅지가 굵은 타입

① 짧은 팬츠에 롱재킷이나 셔츠를 매치한 스타일이 제격이다(통통한 허벅지를 오히려 과감하게 드러내고 롱셔츠로 뚱뚱한 부분이 시작되는 곳을 살짝 가리면 훨씬 날씬해 보인다).

② 스커트를 입을 때는 짧은 미니에 랩스커트가 이상적이다.

(10) 가슴이 작고 엉덩이가 납작한 타입

① 가슴 부분을 풍성하게 연출하고 싶다면 아기자기하게 프릴 달린 셔츠를 입는 것이 좋다.

② 빈약한 가슴을 커버하기 위해서는 네크라인이 많이 파인 옷은 피한다.

③ 작고 납작한 엉덩이를 커버하려면 큼직한 체크 무늬나 주름이 들어간 스커트나 팬츠가 제격. 색상은 상 · 하의 모두 밝은 색이 좋다.

(11) 상체가 길고 다리가 짧은 타입

① 팬츠보다는 스커트를 입는 것이 체형 결점 보완에 효과적이다.

② 스커트는 허리선 구분이 명확한 투피스보다 원피스를 입는 것이 다리가 길어 보인다.

③ 원피스는 허리선이 높은 하이 웨이스트 스타일이 제격이다.

④ 스커트 길이는 짧은 것보다는 미디라인이나 롱스타일이 어울리며, 구두는 굽이 높은 것을 매치한다.

(12) 키가 작고 가슴이 크고 배가 나온 타입

① 전체적으로 연결되는 H라인 실루엣으로 통일감을 주는 것이 좋다.

② 가슴 부분에 화려한 무늬나 장식이 들어간 것은 피하고, 라운드 티셔츠 위에 같은 계열의 재킷을 입는 것이 가장 좋은 코디네이션이다.

③ T셔츠보다는 셔츠나 블라우스를 입고 베스트를 활용하는 것이 가슴과 배를 가리는 포인트이다.

(13) 키가 작고 어깨가 좁아 전체적으로 왜소한 타입

① 마른 타입은 진한 색보다는 화이트, 베이지, 크림 등의 밝은 색이나 파스텔 톤의 은은한 색상을 선택해야 한다.

② 소재는 얇은 것보다는 두꺼운 것을, 단색보다는 큰 체크나 무늬가 들어간 것이 왜소한 체형을 커버해 준다.

③ 셔츠나 니트보다는 재킷을 입는 것이 좋다(왜소한 사람은 캐주얼보다 똑 떨어지는 정장이 잘 어울린다).

(14) 다리가 짧고 엉덩이가 처진 타입

① 짧은 다리는 하이 웨이스트 원피스나 체크 무늬 팬츠를 입는 것이 효과적이다.

② 엉덩이가 처졌다면 꽉 끼는 타이트 팬츠보다는 헐렁한 스타일이 좋다.

③ 시선을 상체로 모아주는 것도 코디네이션의 한 방법이다.

④ **스타일링의 포인트** : 상체와 하체를 명확히 구분하는 옷차림은 피한다.

⒂ 얼굴이 크고 팔 다리가 짧은 타입

① 얼굴이 큰 사람은 상의를 어떻게 입느냐가 중요하다.

② 헐렁한 셔츠나 니트보다는 어깨선이 거의 없고 상체와 피트되는 원버튼 재킷이 어울린다.

③ 재킷 안의 이너웨어는 깔끔한 디자인에 목선을 많이 드러내는 스타일이 제격이다.

④ 다리가 짧은 사람이 팬츠를 입는 경우엔 단색보다는 세로 스트라이프 무늬가 있는 것이
좋다.

03 실전예상문제

001

색을 입체적으로 표현할 수 있는 색의 3속성이 아닌 것은?

① 색 상　　　　② 배 색
③ 명 도　　　　④ 채 도

002

'색의 밝고 어두운 밝기의 정도를 말한다'는 무엇에 관한 설명인가?

① 명 도　　　　② 색 상
③ 채 도　　　　④ 농 도

003

채도가 가장 높아서 선명하고 화려한 색조이며, 대담한 표현과 자유분방함을 강조하는 스타일에 적당한 톤은 무엇인가?

① 브라이트 톤
② 덜 톤
③ 스트롱 톤
④ 비비드 톤

004

화려함은 없고 소박한 느낌이 강하며, 무겁고 딱딱한 느낌을 주는 남성 이미지를 표현할 수 있는 톤은 무엇인가?

① 덜 톤　　　　② 그레이쉬 톤
③ 다크 톤　　　④ 페일 톤

005

대담한 대비효과가 높고, 화려함의 극치를 연출할 수 있는 패션 배색방법을 무엇이라 하는가?

① 동일색상 배색
② 유사색상 배색
③ 강조색상 배색
④ 대조색상 배색

006

배색 이미지에서 Hard와 Cool 이미지에 해당되는 패션 스타일은 무엇인가?

① 로맨틱　　　　② 엘레강스
③ 모 던　　　　④ 캐주얼

007

차갑고 따뜻한 배색 이미지를 동시에 가지고 있는 패션 스타일은 무엇인가?

① 캐주얼　　　② 엘레강스
③ 로맨틱　　　④ 클래식

008

배색의 이미지 스케일 기준에 해당하지 않는 것은?

① 웜　　　② 페 일
③ 쿨　　　④ 하 드

009

난색 계열과 매치하면 경쾌한 느낌을, 한색 계열과 매치하면 샤프함을 강조할 수 있는 색상은 무엇인가?

① 올리브 그린　　② 네이비
③ 핑 크　　　④ 오렌지

010

체력, 건강을 의미하는 '레드' 색상의 코디 경향으로 옳지 않은 것은?

① 가장 잘 어울리는 색은 검정색이다.
② 모노톤으로 깔끔하고 드라마틱하게 연출한다.
③ 파스텔 컬러와 자연스럽게 매치시킨다.
④ 흰색을 배치하면 깨끗하고 스포티한 이미지를 준다.

011

옐로우-그린 색상에 대한 내용으로 옳은 것은?

① 세련됨, 죽음, 공포, 절망의 이미지를 갖는다.
② 적극, 희열, 만족, 유쾌, 약동의 느낌을 준다.
③ 비비드 컬러와의 코디는 주의를 기울인다.
④ 반대색인 퍼플 계열과 매치하면 개성 있는 연출이 될 수 있다.

012

다음은 어느 상황에 적합한 코디인가?

> • 난색 계열보다는 한색 계열의 팬츠 정장에 셔츠 블라우스를 착용한다.
> • 검정색 숄더백에 검정색 5cm 정도 굽의 펌프스를 신는다.
> • 작고 앙증맞은 귀고리에 단정한 헤어스타일을 한다.

① 면접시　　　② 대학 입학식
③ 맞선 볼 때　　④ 이브닝 파티

013

세련된 이미지를 위한 옷차림 요령 중 거리가 먼 것은?

① 전체적인 차림 중에서 2가지, 많으면 3가지 이상의 색을 쓰지 않는다.
② 브로치나 반지 등은 독특한 디자인에 고급스러운 것으로 확실한 포인트가 될 수 있도록 한다.
③ 머리모양은 최대한 단순화시킨다.
④ 액세서리는 여러 가지를 조화 있게 구성하여 착용한다.

014

다음의 코디법에 가장 적합한 체형의 유형은?

- 위 · 아래 색상은 통일시켜 입음
- 가는 줄무늬보다는 어느 정도 간격이 있으면 서 확실한 이미지를 심어 줄 수 있는 줄무늬
- 액세서리는 밝고 선명한 색상 선택
- 무릎길이의 스커트는 금물

① 마른 체형 작은 키
② 마른 체형 큰 키
③ 살찐 체형 작은 키
④ 살찐 체형 큰 키

015

부드럽고 차가운 느낌을 주며 핑크색 계열의 색이 튀지 않는 파스텔 톤의 색상이 잘 어울리는 경우는?
① 봄사람
② 여름사람
③ 가을사람
④ 겨울사람

016

계절별 타입의 이미지가 잘못된 것은?
① 봄 – 활발하며 화사하고 귀여운 이미지
② 여름 – 침착하고 어른스러운 이미지
③ 가을 – 자연스럽고 분위기 있는 이미지
④ 겨울 – 맑고 강렬한 이미지

017

부드럽고 인상이 좋은 여름사람이 피해야 할 색상으로 틀린 것은?
① 비비드 톤
② 황금색
③ 오렌지색
④ 아이보리색

018

계절 중 겨울 이미지에 해당하는 내용이 아닌 것은?
① 너무 강하고 광택이 나는 소재는 피해야 한다.
② 시원하다, 딱딱하다, 섹시하다는 표현이 잘 어울린다.
③ 차가운 색 계열인 와인색, 엽색이 잘 어울린다.
④ 주로 동양인과 흑인에 많다.

019

패션 코디네이션의 기본 연출이 아닌 것은?
① 객관적인 체형분석에 따른 코디
② 자신의 이미지와 어울리는 코디
③ TPO에 맞는 의복을 선택하여 코디
④ 디자인에 어울리는 코디

020

마른 체형에 큰 키의 코디법에 해당되지 않는 것은?
① 밝고 환한 정장 스타일이 어울린다.
② 캐주얼 스타일보다 매니쉬한 팬츠 슈트가 어울린다.

③ 긴 머리가 좋고 모양이 확실한 액세서리가 좋다.

④ 줄무늬, 체크 무늬로 개성을 살린다.

021

체형별 코디 요령 중 컬러는 짙고 어두운 색상, 아이템은 원피스류나 롱팬츠, 롱스커트, 액세서리의 구두는 동일 색을 권장하는 체형은?

① 살찐 체형의 작은 키

② 마른 체형의 보통 키

③ 살찐 체형의 큰 키

④ 보통 체형의 큰 키

022

살찐 체형의 큰 키에 적당한 Color 코디는 무엇인가?

① 위보다는 아래를, 겉보다는 속을 밝게 입는 코디

② 위·아래를 대조적인 색상으로 코디

③ 위·아래를 계열 색으로 코디

④ 짙고 어두운 색상으로 코디

023

'신선하고 정돈된 차분한 인상을 준다' 는 어떤 상황을 위한 것인가?

① 상갓집 방문 ② 파티 모임

③ 맞선 및 미팅 ④ 면 접

024

상황별 코디 요령 중 단정한 팬츠 정장이나 스커트 정장에 브로치나 스카프로 단순해질 수 있는 자신의 옷차림에 약간의 포인트를 주면서 단정함을 유지하고 메이크업은 깔끔한 인상을 상대에게 심어줄 정도의 톤으로 연출을 권장하는 상황별 코디는 무엇인가?

① 신입사원

② 미 팅

③ 상갓집 방문

④ 파티모임

025

다음 중 상황별 코디가 아닌 것은?

① 신입 사원

② 면 접

③ 보통 체격의 큰 키

④ 상갓집 방문

026

이성 친구 집에 인사드리러 갈 때 연출하면 좋은 코디 방법은 무엇인가?

① 옷을 갖춰 입는 데 자신 없는 여성은 셔츠 아이템을 활용한다.

② 딱딱한 정장보다는 세미 정장이나 단색의 원피스를 입는 것이 좋다.

③ 전체적으로 컬러 톤이 어두운 계열의 정장을 입는다.

④ 구두는 검정색의 펌프스, 액세서리는 작고 심플한 귀고리 정도로 연출한다.

027

세일즈 우먼의 옷차림으로 옳지 않은 것은?

① 다양한 액세서리로 자신의 취향을 강조한다.
② 최신 유행의 디자인보다는 약간의 보수적인
   디자인을 선택한다.
③ 베이직한 디자인의 팬츠 정장이나 스커트 정
   장이 좋다.
④ 차분하고 편안한 느낌을 주는 색상이 좋다.

028

**예술분야에 종사하는 사람들의 코디 연출방법
은 무엇인가?**

① 인상적인 액세서리로 포인트를 준다.
② 옷차림은 최신유행의 디자인보다는 약간 보
   수적인 디자인을 선택한다.
③ 트래디셔널한 의상에서 조금은 자유롭고 편
   안해진 매우 부드러운 의상이 좋다.
④ 상대방으로 하여금 자신의 감성과 캐릭터가
   느껴지도록 스타일링한다.

029

**기본적으로 직장여성이 구비해야 할 아이템이
아닌 것은?**

① 화이트 셔츠
② 판타롱 데님팬츠
③ 니트 카디건
④ 일자 스판바지

030

체형 결점 코디네이트로 옳게 연결된 것은?

① 상체 뚱뚱, 하체 날씬 – 원피스보다 투피스
   가 어울린다.
② 상체 날씬, 하체 뚱뚱 – A라인 스커트는 하
   체의 볼륨감을 강조하므로 피한다.
③ 키가 크고 말랐지만 어깨가 넓음 – 여성스러
   움보다는 매니쉬한 스타일을 선택한다.
④ 엉덩이가 크고 허벅지가 굵음 – 쇼트 재킷에
   짧은 팬츠로 오히려 과감하게 드러낸다.

001

살찐 체형의 작은 키에 어울리는 코디법을 제시하시오.

002

부드럽고 인상 좋은 여름사람에게 어울리는 컬러 코디를 여름사람의 이미지, 어울리는 색상, 피해야 할 색상으로 서술하시오.

003

컬러 코디네이션 중 Orange에 대한 기본 코디 경향을 기술하시오.

[1~3]

001 ① 색 상
- 짙고 어두운 색상을 권한다. 색상은 흑갈색, 포도주색, 감색 등 디프한 톤의 짙고 어두운 색상이 좋다. 이 외에도 짙은 빨강이나 짙은 베이지, 브라운 같은 내추럴 계열의 색상도 잘 맞는다. 여기에 밝은 색상들을 포인트 컬러로 적절히 이용하면 훨씬 센스 있어 보인다.
- 포인트 컬러는 이너웨어나 모자, 스카프, 넥타이 등에 이용하는 것이 효과적이다. 또한, 작은 키를 보완하기 위해서 위·아래를 동일색으로 입거나 대조적이지 않은 색상을 권한다.

② 아이템
- 원피스류나 롱팬츠, 롱스커트 등 작은 키를 보완할 수 있는 아이템으로 투피스보다 원피스류를 이용하는 것이 바람직하다.
- 하체가 길어 보이는 롱팬츠나 롱스커트를 입는 것도 좋은 방법이므로 권한다. 사회활동을 하는 여성이라면 슈트 차림으로 지적인 분위기를 강조해 보는 것도 좋지만, 되도록 전체적인 이미지를 귀엽고 깜찍하게 연출하는 것도 좋다.
- 주름이나 셔링, 개더, 러플 등 부드러움을 살려줄 수 있는 것들이 잘 어울리므로 이런 아이템을 권한다. 단 이러한 디테일은 블라우스의 칼라나 소매 등에 이용하고 필요 이상 강조하지 않도록 조심한다.

③ 액세서리
- 꽃무늬나 물방울무늬의 액세서리로 귀엽고 심플하게 하고, 가방과 구두는 동일색으로 선택한다. 귀엽고 고급스러운 디자인의 액세서리를 사용한다.
- 안경은 광택이 없는 금속의 가는 테나 브라운 계열의 뿔테로 지적인 분위기를 살릴 수 있게 한다.

002 ① 여름사람의 이미지
- 여름사람의 이미지는 다소 차가우면서도 부드러운 느낌을 겸비한 이지적인 분위기로 다른 사람에게 친근함을 준다.
- 흔히, 여름사람의 이미지는 '여성답다. 우아하다. 기품 있다. 고전적이다'라고 표현되기도 한다.
- 여름사람의 피부색은 복숭아 빛이나 핑크색이 살짝 돌고 불투명하다.
- 얼굴이 금새 빨개지며 우리나라 사람에게 가장 많은 타입이다.

② 어울리는 색상
- 여름색은 모든 색에 파란색에 흰색이 들어 있다.
- 푸른기 도는 아이보리색, 코스모스색, 하늘색이 어울린다.
- 전체적으로 가라앉은 느낌의 차가운 색을 배색하면 맵시 있어 보인다.
- 여름사람에게 가장 잘 어울리는 액세서리는 은이며, 이 밖에 아이보리색 진주 등이 잘 어울린다.

③ 피해야 할 색
- 강한 계열의 비비드톤과 번쩍임이 있는 색, 따뜻한 색 계열인 황금색과 오렌지색 등은 어울리지 않는다.

003 ① 모던한 연출을 원한다면 검정색을 매치하되, 이때 전체적인 느낌이 무거워 보인다면 흰색과 함께 코디한다.
② 그레이와 매치하면 탁해 보이므로 코디에 주의한다.
③ 비비드 컬러 중 반대색인 보라색과 매치하면 개성 있어 보이고, 녹색 계열과도 잘 매치된다.
④ 딥 컬러, 내추럴 컬러와 비교적 자연스럽게 매치된다.

여기서 멈출 거예요? 고지가 바로 눈앞에 있어요.
마지막 한 걸음까지 시대에듀가 함께할게요!

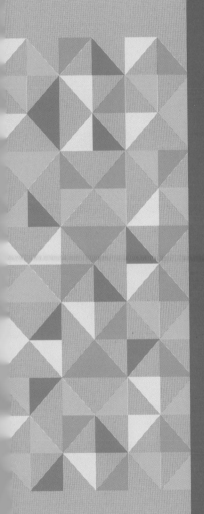

제4과목

의류매장 판매노하우
(유통관리 및 매장관리)

I wish you the best of luck!

(주)시대고시기획
(주)시대교육
www.**sidaegosi**.com
시험정보 · 자료실 · 이벤트
합격을 위한 최고의 선택

시대에듀
www.**sdedu**.co.kr
자격증 · 공무원 · 취업까지
BEST 온라인 강의 제공

CHAPTER 제4과목

01 유통관리 및 광고

유통의 이해

1. 유통의 개념

(1) 유통의 정의

상품과 서비스(Goods and Service)는 여러 사람을 거쳐 소비자에게 전달되는데, 이러한 과정을 유통(流通)이라고 한다. 즉, 유통은 생산과 소비를 이어주는 중간 기능으로 생산품의 사회적 이동에 관계되는 모든 경제활동을 말한다.

(2) 유통관리의 정의

유통관리는 유통활동을 통하여 소비자의 만족을 증대시키고, 유통비용을 절감시키기 위해 유통이 능률적으로 수행될 수 있도록 조절하고, 통제하는 활동을 말한다.

(3) 유통관리의 목적

수송, 보관, 재고, 포장, 하역 등을 효율적으로 관리하여 고객에 대한 서비스를 향상시키고 유통비용을 절감시키며, 매출의 증대와 가격의 안정화를 꾀하는 데 있다.

(4) 패션 유통의 개념

패션 제품이나 필요한 원·부자재와 서비스가 의류업체로부터 최종 소비자에게 이르기까지

이동되는 과정이다. 이 과정에 참여하는 조직체나 개인경로 구성원에는 원·부자재업체(소재 및 부자재업체), 의류제조업체, 중간상(도·소매상), 소비자가 포함된다.

2. 유통구조 및 유통경로

(1) 유통경로의 개념

① 유통경로의 정의

유통경로(Distribution Channel)는 제품이나 서비스가 생산자로부터 소비자에 이르기까지 거치게 되는 통로 또는 단계를 말한다. 생산자와 소비자 사이에는 상품유통을 담당하는 여러 종류의 중간상들이 개입하게 된다. 이러한 중간상에는 도매상, 소매상과 같이 소유권을 넘겨받아 판매차익을 얻는 형태도 있지만 생산자의 직영점이나 거간과 같이 소유권의 이전 없이 판매 활동만을 하거나 그것을 조성하는 활동만을 수행하는 형태도 있다.

② 유통경로의 중요성

㉠ 유통경로는 다른 마케팅 활동에 직접적인 영향을 미친다.

유통경로가 결정되면 제품(Product), 가격(Price), 촉진(Promotion) 등 마케팅 믹스의 다른 요소에 직접적인 영향을 주게 된다.

㉡ 유통경로의 결정과 관리는 신중해야 한다.

중간상과의 거래는 일반적으로 장기 계약에 의하므로 한 번 결정되면 단시일에 바꾸기가 어렵다. 또한 유통비용은 제품 원가에 상당한 비중을 차지하고 있기 때문에 유통경로를 합리적으로 결정하고 관리해야 한다.

③ 중간상의 필요성

총 거래수 최소화의 원칙, 집중 준비의 원칙, 분업의 원칙, 변동비 우위의 원리이다.

④ 유통경로의 효용

㉠ 시간효용(Time Utility) : 재화나 서비스의 생산과 소비 간의 시차를 극복하여 소비자가 재화나 서비스를 필요로 할 때 이를 소비자가 이용 가능하도록 해주는 것이다.

㉡ 장소효용(Place Utility) : 지역적으로 분산되어 생산되는 재화나 서비스가 소비자가 구매하기 용이한 장소로 전달될 때 창출되는 것이다.

㉢ 소유효용(Possession Utility) : 생산자로부터 소비자에게 재화나 서비스가 거래되어 그 소유권이 이전되는 과정에서 발생되는 것이다.

  ⓔ 형태효용(Form Utility) : 대량으로 생산되는 상품의 수량을 소비자에게 요구되는 적절한 수량으로 분할 · 분재함으로써 창출되는 것이다.

⑤ 유통경로의 유형

 ㉠ 소비재 유통경로

  • 제조업자→소비자

  • 제조업자→소매상→소비자

  • 제조업자→도매상→소매상→소비자

  • 제조업자→도매상→중간도매상→소매상→소비자

 ㉡ 산업재 유통경로

  • 제조업자→산업자 고객

  • 제조업자→도매상→산업자 고객

  • 제조업자→제조업자 도매상→(도매상)→산업자 고객

  • 제조업자→제조업자 판매지점→(도매상)→산업자 고객

 ㉢ 제품과 서비스 유통경로의 비교

구 분	제 품	서비스
생산비용	초기 생산비용이 낮고 반복 생산비용이 높다.	초기 생산비용이 높고 반복 생산비용이 낮다.
형 태	있다.	없다.
시장성	아주 광범위하다.	갈수록 시장성이 확대되는 추세이다.
유통과정	보관, 배달 등의 과정이 복잡하다.	단순하다.
변형성	변형이 어렵고 고정되어 있다.	상품을 분리 · 합성하거나 지속적인 수정이 가능하다.
배달경로	우송방식이다.	전송방식이다.
불법복제	아주 높다.	상대적으로 낮다.
내구성	시간에 비례하여 저하되거나 소멸된다.	영구적이다.

(2) 패션 유통경로 유형의 특징

패션 유통경로의 유형은 생산과 판매가 통합 · 분리되는가에 따라 위탁판매 제도, 위탁사입 제도, 완사입제도로 나눌 수 있다.

유통경로	특 징
위탁 판매제도	• 기업체가 대리점주(소매 판매업자)에게 판매를 위탁하고 대리점주에게 판매에 대한 수수료를 지불하는 방식 • 대리점주는 상품이 다 팔릴 때까지 대금을 지불하지 않고, 팔다 남은 재고 상품은 기업체가 100% 회수, 판매된 상품에 대해서만 대리점주가 결제하는 판매형태 • 대리점주는 상품구매에 따른 위험 부담이 적으나 마진은 완사입제도보다 낮음 • 국내 대다수의 여성복, 캐주얼 등의 업체에서 많이 취하고 있는 형태
위탁 사입제도	• 대리점은 의류업체나 도매시장에서 상품을 인수받을 때 대금을 결제하고, 팔다 남은 재고 상품은 본사에 100% 반품하여 매입 금액을 공제하는 매입유형 • 재고에 대한 책임 : 의류업체나 도매시장 • 판매 이전에 미리 대금결제를 하기 때문에 대리점측도 자금 부담을 느껴 판매와 재고를 최소화하려는 것이 장점임
완사입제도	• 전문점의 매입 유형의 하나 • 대리점주(소매 판매업자)가 본사로부터 상품을 인수할 때 바로 대금을 결제하고, 팔다 남은 재고 상품은 반품이 안 되며 유통점이 책임을 지는 매입유형 • 대리점주가 판매와 재고에 대한 책임을 지는 방식 • 위탁판매에 비해 대리점주의 마진이 40~50% 정도로 비교적 높음 • 속옷업체나 제화업체에서 많이 채택하고 있는 유형
SPA (제조 소매업)	• 1987년 미국의 리미티드(Limited)사가 '바나나 리퍼블릭(Banana Republic)'을 인수하면서 새롭게 개발한 업태 • Specialty Store of Private Label Apparel의 약자 • 생산과 유통이 동시에 가능 • 자사에서 기획한 상품을 직접 생산하여 자사 브랜드로 자사 점포에서 소비자에게 제공하는 것이 기본 전제임 • 매장을 먼저 선정하고 팔릴 상품을 기획 · 판매하는 것이 특징 • 대표적 SPA 형태 패션기업 : GAP, Limited(미국) / ZARA, Mango(스페인) / Marks & Spencer(영국) / Uniqlo(일본) / 후아유(Who I.U), 베이직하우스(Basic House), 쿠아(Qua)(국내) ▶ 패션 전문점 중 제조업체로부터 사입하여 단순히 판매만 하는 소매기능에서 더 나아가 직접 디자인을 기획 · 생산하는 제조기능까지 갖춘 전문점의 형태

(3) 패션 제품의 유통 특징

다품종 소량생산, 시즌성(시간의 제한성) 상품, 반품률이 높은 도심형 물류이다.

(4) 도매상, 소매상, 전속 대리점의 기능

구 분	기 능
도매상	• 제조업자에게 : 시장 확대, 재고유지 기능, 주문처리 기능, 시장정보제공 기능, 고객서비스 대행 • 소매상에게 : 구색 갖춤 기능, 소단위 판매 기능, 신용 및 금융 기능, 소매상 서비스 기능, 기술지원 기능
소매상	• 제조업자에게 : 시장 확대, 재고유지 기능, 주문처리 기능, 시장정보제공 기능, 고객서비스 대행 • 소매업자에게 : 제품 구색 제공, 정보 제공, 금융 기능, 서비스 제공 기능
전속 대리점	• 의미 : 특정 제조업체의 제품만을 판매하는 형태 • 문제점 － 제조업체간, 소매업체 간의 경쟁 저하 － 산업 진입 장벽을 높여 경쟁 저해, 중소기업의 발전 저해 － 만성적인 공급 초과로 인한 자원의 낭비 초래

3. 유통 시스템의 종류와 특성

(1) 전통적인 유통경로

① 제조업자가 독립적인 유통업자인 도매기관과 소매기관을 통해 상품을 유통시키는 일반적인 유통방법이다.

② 각기 다른 기능을 수행하는 경로 구성원들이 판매과정에서 자연스럽게 결합된 형태이다.

③ 각 구성원은 자기의 이익을 위해서 마케팅 기능을 수행한다.

④ 다른 경로 구성원의 성과나 이익에는 큰 관심이 없다.

⑤ 구성원들의 유통경로의 진입과 철수가 쉽다.

⑥ 유연성이 높아서 급속하게 변하는 시장 욕구를 즉각적으로 충족시킬 수 있는 능력이 있다.

⑦ 표준화되지 않은 제품이나 서비스 시장에서 효과적이다.

⑧ 경로 구성원의 조정이 어렵다.

⑨ 제조업자 → 도매기관 → 소매기관 → 소비자

(2) 수직적 마케팅 시스템(VMS ; Vertical Marketing System)

① 생산에서 소비에 이르기까지의 유통과정을 체계적으로 통합하고 조정하여 하나의 통합된 체제를 유지하는 것이다.

② 유통경로 전체 목표를 달성하기 위해 특정 경로 구성원이 다른 경로 구성원들을 조정 · 통제할 수 있는 경로 조직이다.

③ 중앙 통제적 조직 구조로 유통경로가 전문적으로 관리되고 경로 구성원 간의 조정을 기할 수 있는 시스템이다.

④ 제조업자/도매기관/소매기관 → 소비자

⑤ 장 점

   ㉠ 총 유통비용을 절감시킬 수 있다.

   ㉡ 자원이나 원재료를 안정적으로 확보할 수 있다.

   ㉢ 혁신적인 기술을 보유할 수 있다.

   ㉣ 새로이 진입하려는 기업에게는 높은 진입 장벽으로 작용한다.

⑥ 단 점

   ㉠ 초기에 막대한 자금이 소요된다.

   ㉡ 시장이나 기술의 변화에 대해서 기민한 대응이 곤란하다.

   ㉢ 각 유통단계에서 전문화가 상실된다.

⑦ 종류 : 관리형 VMS, 계약형 VMS, 기업형 VMS

[전통적 유통경로와 수직적 유통경로의 특성 비교]

구 분	전통적 유통경로	수직적 유통경로
구성원	• 독립적이고 자치적 단위 • 각각 전통적인 마케팅 기능을 수행 • 주로 흥정과 협상으로 조정	• 상호 관련적 단위 • 각각은 최적 결합의 마케팅 기능을 수행 • 상세한 계획과 포괄적 프로그램으로 조정
안정성	구성원의 충성심이 낮고 진입이 상대적으로 용이한 개방적 시스템	개방적 네트워크이지만 시스템의 요구와 시장 조건에 의해 진입은 엄격히 통제
분 석	마케팅의 한 단계에서 비용, 판매량, 투자 관계에 관심	마케팅 전체 단계의 비용, 판매량, 투자 관계에 관심, 유리한 경제적 상충관계 분석
의사결정	일반인에 의해 결정되는 판단에 크게 의존	전문가나 전문 위원회가 판단하는 과학적 결정에 크게 의존
책 임	의사결정자는 전통적 형태의 경로에 감정적으로 책임	의사결정자는 마케팅과 생존력이 있는 기관에 분석적으로 책임

(3) 수평적 마케팅 시스템(Horizontal Marketing System)

   ① 같은 경로 수준에 있는 둘 이상의 기업들이 함께 협력하는 것을 말한다.

   ② 회사는 경쟁사 혹은 비경쟁사와의 협력을 통해 서로의 장점을 결합하여 시너지 효과를 얻을 수 있다.

③ 마케팅 활동에 필요한 자본의 부족을 상호보완할 수 있다.

④ 다양한 마케팅 전략을 효과적으로 공유할 수 있다.

⑤ 소규모 중소기업들이 새로운 시장기회를 개발할 수 있다.

⑥ 1990년대 후반 동대문과 상권의 소규모 의류 소매점들이 밀리오레, 두산타워와 같은 거대한 유통구조로 수평적 계열화를 이룬 것을 대표적인 사례로 볼 수 있다.

[수평적 마케팅 시스템의 특징]

분 야		형 태	
생 산		공동 생산 협정 / 기술제휴	생산 시설 공동 이용 / 공동 연구 개발
마 케 팅	제품	공동 제품개발	상표권 공동 취득
	유통	유통 시설의 공동 이용 / 프랜차이즈	공동 판매기구 설립
	촉진	공동 광고 / 대고객 공동 서비스	공동 판매촉진 / 마케팅 협정

⑷ 물적 유통과 공급연쇄 관리

① 물적 유통 (로지스틱스 : Logistics)

㉠ 원자재, 제공품, 완제품 및 관련 정보를 발생 지점에서 소비 지점까지 효율적이고 효과적으로 흐르도록 계획, 실시, 통제하는 과정이다. → 생산과 소비 간의 장소ㆍ시간적 격리를 조정하는 기능

㉡ 물류란 상품을 생산된 곳으로부터 그것이 쓰이는 곳까지 효과적으로 옮기기 위해 수행되는 모든 활동이다.

㉢ 효율적인 물적 유통관리는 의류업체의 경쟁력 향상과 이윤 증대에 크게 영향을 준다.

㉣ 물적 유통에는 판매 예측, 원부자재 관리, 주문처리, 재고관리, 포장, 운송, 고객서비스 등이 포함된다.

㉤ 조달물류 → 생산물류 → 판매물류

② 공급연쇄 관리

[조달물류, 생산물류, 판매물류의 비교]

조달물류	생산물류	판매물류
제소업체로부터 공급요청을 받아 공급업체가 원자재를 포장하여 제조업체 자재 창고까지 수송 및 배송을 하고 제조업자가 입고된 원자재를 자재 창고에 보관 및 관리하는 단계	지지창고에서의 출고로부터 생산공정으로의 운반, 생산공정에서의 하역, 창고에의 입고까지의 과정(운반 및 하역의 자동화와 창고의 자동화가 관리의 초점)	제품이 소비자에게로 전달될 때까지의 수송 및 배송활동으로 제품의 출고, 배송센터까지의 수송, 배송센터로부터 각 대리점이나 고객에게 배송되는 작업 포함

(5) 무점포 유통

① 전자상거래의 개념

　㉠ 기업과 기업간 또는 기업과 개인간, 정부와 개인간, 기업과 정부간, 기업 자체 내, 개인 상호 간에 다양한 전자매체를 이용하여 상품이나 용역을 교환하는 방식이다.

　㉡ 조직(국가, 공공기관, 기업)과 개인(소비자)간 또는 조직과 조직 간에 상품의 유통관련 정보의 배포, 수집, 협상, 주문, 납품, 대금 지불 및 자금 이체 등 모든 상거래상의 절차를 전자화된 정보로 전달하는 온라인(On-line) 상거래를 의미한다.

② 전자상거래의 절차

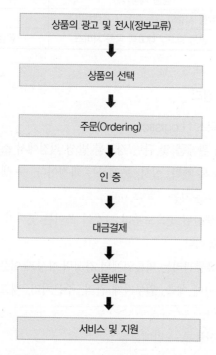

상품의 광고 및 전시(정보교류)

↓

상품의 선택

↓

주문(Ordering)

↓

인 증

↓

대금결제

↓

상품배달

↓

서비스 및 지원

③ 전자상거래의 특성에 따른 분류

　㉠ EC(Electronic Commerce) : 일반 소비자를 대상으로 온라인 쇼핑 등의 형태로 거래 → 전자상거래

　㉡ EDI(Electronic Data Interchange) : 기업 간에 주문, 송장, 대금 지불 등을 전자문서 교환의 형태로 거래 → 전자문서 교환

　㉢ CALS(Commerce At Light Speed) : 제품의 설계도면 및 개발, 제조, 유통, 유지보수 등 모든 데이터를 공유하는 광속 상거래

　㉣ MC(Mobile Commerce) : 이동 통신 기술을 기반으로 하는 인터넷을 통한 거래

④ 전자상거래의 주체에 따른 분류

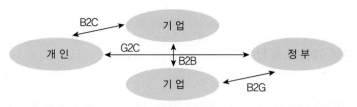

[전자상거래의 유형]

⑤ 전자상거래와 전통적인 상거래의 비교

구 분	전자상거래	전통적인 상거래 방식
유통채널	기업↔소비자	기업→도매상→소매상→소비자
거래대상지역	전 세계(Global Marketing)	일부 지역(Closed Clubs)
거래시간	24시간	제약된 영업시간
고객수요의 파악	• 온라인으로 수시 획득 • 재입력이 필요 없는 Digital Data	• 영업사원이 획득 • 정보의 재입력 불필요
마케팅 활동	• 쌍방향 통신을 통한 일대일 마케팅 • 상호 대화식 마케팅	• 구매자의 의사에 상관없는 일방적인 마케팅
고객 대응	• 고객 욕구를 신속히 파악 • 고객 불만 즉시 대응	• 고객 욕구 파악이 어렵고 고객 불만 대응 지연

⑥ 전자상거래의 특징

㉠ 판매 거점 불필요 : 웹상에 판매 거점 구축

㉡ 즉각적인 대응 가능 : 고객의 요구가 온라인으로 접수되므로 즉시 대응 가능

㉢ 고객정보 획득이 용이 : 거래 과정에서 고객정보 취득 후 DB화 가능

㉣ 소액자본 사업 가능 : 구축에 필요한 시스템 임대 가능

㉤ 간단한 유통채널 : 구매자와 공급자 직접 연결

㉥ 시간, 거리, 벽의 파괴 : 24시간 전 세계 대상 판매 가능

㉦ 실시간 고객니즈 대응 : 실시간으로 고객의 니즈에 대응 가능

㉧ 효율적인 마케팅 : 고객 대상 일대일 마케팅 가능

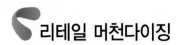 리테일 머천다이징

1. 상품 구성 계획의 목적

(1) 소비자 욕구를 만족시키기 위한 스타일, 색상, 사이즈, 가격 요인을 올바로 갖춘 충분한 상품 제공

(2) 소비자 욕구와 상점의 재고능력 및 전시능력의 균형을 통한 판매촉진

(3) 구매계획을 기본으로 바이어가 새로운 품목을 구매할 자금 확보, 판매상품의 신속한 재주문을 통한 판매기회 손실의 예방

(4) 표적 고객의 욕구를 충족시키기 위해서 상품의 깊이와 폭의 균형 잡힌 상품 구성 수행

> • 상품 구성의 폭 또는 넓이 : 제품 라인의 수, 즉 구색을 갖추는 상품의 종류
> • 상품 구성의 깊이 : 각 품목의 양, 특정 상품의 종류 내에서 브랜드나 스타일수
> • 상품 구성의 길이 : 제품 라인에 들어 있는 품목수
> → 좁고 깊은 구색 : 소품종 다량 생산
>   넓고 얕은 구색 : 다품종 소량 생산

2. 상품 분류

(1) 상품 분류의 의미

유사한 상품을 그루핑(Grouping)하는 것으로 효과적인 상품 분류는 고객으로 하여금 비교구매와 상품 선택을 쉽게 할 수 있도록 가능한 한 세분화하여야 한다.

(2) 상품 분류 계획의 개념

상품 구성 계획을 기본으로 하여 구체적으로 각 상품들을 기준에 따라 신제품의 전략적인 시장 도입 위치를 설정하는 것을 말한다. 패션 기업의 상품 분류 계획은 기획단계에서 다음 시즌에 판매할 제품을 미리 정해 놓는 것이다.

(3) 상품 구성 및 분류 계획의 소매점 기획 측면의 중점 업무

① 사업계획 : 차기시즌 매출재고 생산계획으로서, 유통별 전체 매출 계획, 신규매장 개설 계획, 매장별 매출계획 및 재고 현황 등이 해당된다.

② 제품전략 : 상품구성계획과 상품분류계획이 해당된다.
  ㉠ 상품구성계획
    • 차기시즌 전체 상품라인 품목 정립 : 월별 매장 MD 구성 계획, 매장 상품 구성 계획 등이 포함된다.
    • 차기시즌 적정 디자인 스타일수 정립 : MD 계획에 따른 매장 상품 구성비 정립, 시즌별 VM 계획, 이벤트 계획, 매장별 분배 계획 등이 해당된다.
  ㉡ 상품분류계획 : 신상품 위치 결정 항목으로서 신상품의 시장 도입 위치에 따른 매장 구성 계획, 상품 구성 계획 등이 포함된다.

(4) 상품 구성 이론

① 윙 게이트(J. W. Wingate)의 상품 구성 이론
  ㉠ 기본상품 : 항상상품(유행성이 강하지 않은 저가격 상품), 유행상품
  ㉡ 전략상품 : 판매촉진상품, 재고처리상품, 점격향상상품

② 시미주 시게루(Shimizu Shiegeru)의 상품 구성 이론
  ㉠ 중점상품 : 이익 확보를 위한 고회전 상품
  ㉡ 보완상품 : 특수고객, 특수지역, 특수계절의 수요에 대응한 상품
  ㉢ 전략상품 : 싼 가격의 판매촉진상품, 전형적 계절상품, 초고가품, 점격향상상품 등 품목 구성비는 전 품목의 약 30~40% 정도를 차지하나 실제 매출액의 20~30% 정도에 불과한 것으로 실제 파는 상품이라기보다는 보여주는 상품

3. 상품 구색

(1) 기준 재고 리스트

　① 안정된 수요가 예상되는 항상상품에 대한 구색 계획

　② 재고 리스트의 세부 항목으로 사이즈, 가격, 브랜드, 소재, 모델 혹은 스타일이 사용된다.

(2) 모델 재고 계획 : 유행상품의 구색 계획

(3) 상비품 리스트 : 베스트셀러 품목 또는 중점 상품에 적용

4. 구매업무 · 영업계획

(1) 구매업무

소매업자와 구매선 사이에서 교섭되는 조건으로 가격보증 조건, 반품 조건, 운임 부담 조건이 있다.

　① 가격 할인의 유형

　　㉠ 현금 할인 : 중간상이 제품을 현금으로 구매하거나 대금을 만기일 전에 지불하는 경우 제조업자가 상품 가격의 일부를 할인해 주는 것이다.

　　㉡ 거래 할인 : 유통 마진에 해당되며, 공급가 : 비율형식으로 주어진다.

　　㉢ 판매촉진 지원금 : 물량 비례 보조금, 머천다이징 보조금, 리스팅 보조금, 리베이트 등이다.

　　㉣ 수량할인 : 대량구매를 할 경우 현금할인을 해 준다.

　　㉤ 계절할인 : 계절성이 있는 제품을 구입할 때 할인해 준다.

　② 가격보증 조건

　　㉠ 일정기간 내에 가격이 하락한 경우, 그 하락 부분에 대한 보증을 미리 요구하는 것을 조건으로 하여 거래하는 관행이다.

　　㉡ 반품을 조건으로 하는 경우도 있다.

　　㉢ 계절상품에서 많이 볼 수 있다.

③ 운임 부담 조건
  ㉠ 공장도 가격(FOB) : 구매자가 운임을 부담한다. 상품에 대한 소유권은 생산지점 또는 판매자의 출하지점에서 구매자에게 이전된다.
  ㉡ 운임선불 공장도 가격 : 구매자는 운임을 부담하지 않고 도착하는 대로 상품을 소유한다.
  ㉢ 운임 균등화 공장도 가격 : 판매자는 소매업자 간에 운임을 분담하는 경우이다. 균일 인도 가격이라고도 한다.

(2) 영업 계획

① **영업** : 예상고객이 상품이나 서비스를 구매하도록 하거나 설득하는 인적 또는 비인적 과정

② **영업업무 기능** : 거래처리 기능, 기업과 상품선전 기능, 수용창조 기능, 정보전달 기능

③ **영업 활성화 전략**
  ㉠ 인적 판매의 활성화 : 세일즈맨의 동기부여, 세일즈 기술의 교육 훈련, 세일즈 행동의 지도관리
  ㉡ 시스템적 활성화 : 거래처 소매점의 EOS(Electronid Ordering System)도입, 데이터 베이스를 이용한 실질적인 혜택제공 시스템 확립, EOS와 연동한 저렴한 코스트로 다품종 소량 물류 시스템의 확립

5. 매장관리 · 재고관리

(1) 매장관리

점포환경은 외부환경과 내부환경으로 나누어진다.
① **외부환경** : 입지환경(도시구조, 교통구조), 상권환경(고객환경)
② **내부환경** : 시설환경(물판시설, 후방시설, 편의시설), 상품환경(인테리어, 집기 및 진열 소도구)

(2) 시스템 관리
① 고객관리
  고객과 커뮤니케이션을 향상시키기 위해 대상 고객의 필요사항을 체크하여 데이터 수집

② POS 데이터(Point of Sales Data) 활용

인스토어 머천다이징의 효율성을 높이는 역할, 소매점 자동화 수단

③ 인스토어 머천다이징(Instore Merchandising)

소매점두에서 소비자의 요구와 일치하는 상품 및 상품 구성을 가장 효율적인 방법으로 소비자에게 제시하여 자본과 노동의 생산성을 최대화하려는 활동, 소매점두의 가치공학

(3) 매장구성

① 매장공간 기능

상품 연출 기능(고가품), 상품 진열 기능(저가품), 고객 회유 기능, 상품 저장 기능

② 동선 : 매장 내에서 고객이 움직이는 범위와 볼 수 있는 폭

③ 조 명

상품 특성 표현, 매장의 분위기 부각, 동선을 따라 고객을 회유, 연출에 필요한 부분을 조명하기 때문에 불필요한 전력 낭비를 방지

(4) 인적판매

① 인적판매의 7단계

고객예측→사전접근→접근→제품소개→소비자 의견에 대한 반응→구매권유→사후관리

> 제품소개 절차(AIDAS)
> 주의(Attention) / 관심(Interest) / 욕구(Desire) / 행동(Action) / 만족(Satisfaction)

② 판매원의 역할 : 패션 제안자, 점포 이미지 제고, 고객과 기업을 연결

(5) 재고관리

① 재고관리의 기능 : 적기 적량의 재고 수준을 최소의 비용으로 유지

② 금액에 의한 재고관리 : 상품을 계통적으로 분류, 소매가 장부 재고 조사 활용

③ 상품 재고 가치의 증감 요인과 이에 대한 기록

㉠ 상품 재고액의 증가 요인 : 구매, 입고, 고객의 반품, 추가 마크업

㉡ 상품 재고액의 감소 요인 : 판매, 구매선의 반품, 가격인하

④ 상품 재고의 평가방법 : 원가 평가법, 소매가 평가법

⑤ 상품 재고 조사 시스템(금액에 의한 재고관리 시스템)

　㉠ 장부 재고 조사 시스템(계속 재고 조사 시스템) : 소매가 장부 재고 시스템으로 오류가 없이 기록되어도 도난, 감모, 분실 등으로 인해서 실제 재고와 일치하지 않는다.

　㉡ 현품 재고 조사 시스템 : 상품 재고 감소액을 알 수 있다.

⑥ 상품 재고 감소 또는 상품 재고 로스 : 장부 재고 조사액과 현품 재고 조사액의 차이

　㉠ 상품 재고 감소의 발생원인

- 도 난
- 계량 상품의 중량 부정확 판매
- 입력 착오
- 환불시의 사후처리 불충분
- 판매원의 상품관리 부실
- 반품시기의 원가 착오
- 상품 파손
- 자연적 조건(건조 또는 휘발 및 증발)

　㉡ 상품 재고 감소의 방지 대책 : 매장관리, 상품관리, 보인 · 영신(건축물 따위를 새로 짓거나 수리함), 회계, 출납관계 철저

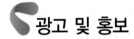

광고 및 홍보

1. 광고의 개념

광고 및 홍보는 판매촉진을 위한 것으로 실제 또는 잠재 소비자에게 상품, 서비스, 아이디어 등의 판매에 영향을 미칠 수 있도록 사용되는 메시지의 유료 커뮤니케이션 형태이다.

(1) 기업의 커뮤니케이션 전략

　① 푸시 전략(Push Strategic)

　　㉠ 메이커가 유통업체를 대상으로 판매촉진과 인적판매를 통해 자사제품을 판매하도록 유도하는 전략이다.

ⓛ 브랜드 지명도가 낮은 신규 브랜드에 적당하다.

ⓒ 재래시장 등의 유통망 이용 기업이다.

② 풀 전략(Pull Strategic)

ⓜ 최종 소비자를 대상으로 광고와 판매촉진을 강화하여 소비자가 자사제품을 찾게 하여 유통업체에서 자발적으로 자사제품을 취급하게 만드는 전략이다.

ⓛ 지명도가 높은 기업에 적당하다.

ⓒ 자사 계열의 대리점 운용 기업이다.

(2) 광고의 기능

① 신상품 도입

② 시장확대

③ 상품제시

④ 판로확보

⑤ 판매원 지도

⑥ 수요창출

⑦ 고지기능

⑧ 소비자 교육

(3) 광고 관리 의사결정 과정

광고 목표 설정 → 광고 예산 설정 → 광고 카피 작성 → 광고 매체 선정 → 광고 효과 측정

(4) 광고 예산 결정

① 매출액 비례법(Percentage of Sales Rule)

ⓜ 광고 비용, 판매 가격, 제품의 단위당 이익 사이의 관계를 고려하여 촉진예산을 산정할 수 있다.

ⓛ 경쟁사들 간의 광고 예산 규모의 책정에 있어 어느 정도 안정성을 유지할 수 있다.

ⓒ 매출을 광고의 원인으로 보기 때문에 매출액이 감소하는 시점에 광고 비용을 무조건 삭감해 보려는 결과가 초래된다.

② 가용 예산 활용법

③ 경쟁자 기준법

④ 목표 및 과업 기준법

2. 광고의 종류와 특성

(1) 광고 매체 선정의 4단계

도달률, 빈도, 영향도의 결정→주 매체 유형 선택→특정 매체 수단의 선택→매체 시간 선택

(2) 광고 매체 선정시의 유의사항

① 표적 소비자의 매체 습관에 대해 알고 있어야 한다.

② 제품의 특성을 고려하여 매체를 선택한다.

③ 메시지의 형태에 따라 각기 다른 매체가 효과적이다.

(3) 광고 매체의 종류와 장단점

매 체	장 점	단 점
신 문	• 신속히 많은 정보의 전달 • 넓은 독자층 • 지역성에 맞게 전달(지방지) • 쇼핑 가이드로 이용	• 짧은 광고 수명 • 인쇄의 질이 낮음 • 낭비되는 지면이 많음 (모든 사람이 신문 구독)
잡 지	• 표적 청중에 효과적으로 전달 • 인쇄의 질이 높음 • 긴 광고 수명과 많은 정보의 전달 • 소구대상이 어느 정도 명확하여 감정적 전달이 용이, 패션 제품 광고 매체로 적당함	• 독자의 범위가 한정 • 광고게재까지 긴 지연시간
라디오	• 표적 청중에 효과적으로 전달 • 방송시간이나 지역선정의 유연성	• 표적 청중이 한정적 • 시각적 효과가 없음
TV	• 청중의 주의를 끌 수 있음 • 넓은 청중범위로 상대적 비용이 낮음 • 컬러 사용이 가능하고 반복효과가 큼	• 절대적으로 높은 비용 • 깊이 있는 메시지 전달이 힘듦 • 많은 비표적 청중에게 전달
DM (Direct Mail)	• 표적 청중에 정확하게 전달 • 적은 예산으로 가능 • 시간과 메시지에서 유연성 • 주목도 및 높은 고객 관심도	• 1인당, 메시지당 고가 • 읽히지 않고 바로 휴지통으로 갈 수 있음 • 메일링 목록의 소비자에게만 유효
옥외광고 (Billboard)	• 메시지의 반복 효과 • 지역 선택에 효과적임	• 카피 내용이 제한적임 • 카피 내용이 도발적, 공격적일 수 있음
인터넷 및 상호작용 매체	• 이용자가 제품 정보를 선택함 • 이용자의 주의 및 관여 • 직접 판매 잠재력 • 메시지의 유연성	• 과다한 접속 • 기술적 제한성 • 측정기법이 거의 없음 • 제한된 유효도달 범위

⑷ 광고의 4대 매체 : 잡지, 신문, TV, 라디오

3. 홍보(Publicity)의 종류와 특성

⑴ 홍보의 개념

저널리즘의 범위 내에서 매체를 통한 뉴스를 말한다. 광고와는 달리 홍보는 매체를 구매할 수 있거나 조정 가능한 것이 아니라 저널리스트 입장에서 독자에게 상품에 대한 뉴스로 흥미를 유도하는 방향으로 전개된다. 광고가 흥미 집단을 향한 메시지라고 한다면 홍보는 흥미집단을 향한 매체로부터의 메시지라고 볼 수 있다.

① PR(Public Relation)

기업을 둘러싼 다양한 대외의 관계를 양호하게 하기 위한 모든 노력, 즉 소비자, 정보기관, 언론, 시민단체, 지역주민 등이 기업에 대한 호의적인 이미지를 갖게 하여 상호관계를 증진시키는 모든 활동이다.

② 홍보(Publicity)

돈을 지불하지 않고 대중매체에게 기업에 관하여 기사형식으로 쓰인 메시지, 반드시 뉴스성이 있어야 하며 정확해야 한다. 돈의 지불 여부보다 중요한 개념은, 광고는 주요 목적이 상품을 알리는 것이라면 홍보는 그러한 목적이 아니라 어떠한 사건을 통해 간접적으로 상품이나 회사의 이미지를 긍정적으로 알려 소비자에게 보다 나은 정보나 이미지를 심어주게 된다. 붉은 악마라는 국가대표 축구팀의 서포터들이 월드컵 경기를 통해 전 세계에 대한민국 국가 이미지를 널리 알린 것이 대표적인 홍보 사례라고 볼 수 있다.

③ 보도자료(News Releases)

미디어 편집자에게 홍보기사를 쓸 수 있도록 하는 일차적인 자료이다. 회사의 인물, 상품, 스페셜 이벤트 등에 대한 사실을 편집자의 주의를 끌 수 있게 중요한 순서대로 배치하면서 각종 자료를 곁들인다.

⑵ MPR(Marketing Public Relation)의 활용수단

MPR은 PR의 전술적인 도구와 홍보를 접목시켜 상품이나 브랜드 판매를 촉진시키는 판촉 전략이다.

① 간행물 발행 : 사내보, 사외보, 카탈로그, 리플릿 등의 인쇄매체

② 뉴스거리의 개발 : 자사 브랜드나 제품과 관련한 흥미 있는 기사거리 개발

③ 이벤트 개발 : 신제품 런칭 기자회견, 패션쇼, 후원회 등 이벤트나 행사 이용

④ 협찬 활동

　　PPL(Product Placement)은 영화, TV 드라마, 뮤직 비디오, 게임 소프트웨어 등 엔터테인먼트 콘텐츠 속에 기업의 제품을 소품이나 배경으로 등장시켜 소비자들에게 의식, 무의식적으로 자사 제품을 광고하는 것 → 간접 광고

(3) 구전 마케팅 전략

특정 제품이나 서비스에 관하여 소비자들 간에 개인적인 직·간접 경험에 대해 긍정적 혹은 부정적인 정보를 비공식적으로 교환하는 자발적인 의사소통 행위 또는 과정을 말한다.

① 버스 마케팅(Bus Marketing)

　　개인적인 인적 네트워크를 통해 원하는 정보를 소비자에게 전달한다.

② 바이러스 마케팅(Virus Marketing)

　　기업의 마케팅 메시지를 접한 고객이 인터넷상의 수단을 통해 친분 있는 고객에게 전달하는 자생적 방법이다.

③ 신세대 및 패션 리더, 온라인 커뮤니티를 활용한다.

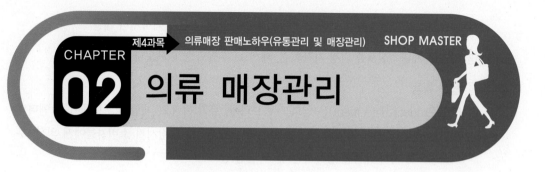

의류 매장관리

샵마스터(패션샵매니저)로서의 역할

1. 회사측면(의류사업방식의 변화 및 판매단계의 중요성)

(1) 1970년대 이전 : 양복점 · 양장점시대

(2) 1980년대 : 대기업 참여 · 주도시대

(3) 1990년대 : 전문업체시대

(4) 2000년대 : 무한경쟁시대

2. 사원측면(개인비전 제시)

(1) 매장형태의 변화

의류매장은 유통형태별로 직영점, 특약점, 백화점(직영 · 수수료 매장 · 샵마스터 매장)으로 구분한다.

(2) 샵마스터(패션샵매니저)의 개념

① 백화점 매장에서 매출실적에 따라 연봉을 받는 의류판매관리직이다.

② 개인사업자등록 후 자신이 직접 직원들을 고용하여 판매 · 재고 등을 총책임지며 해당 매장의 연매출액이나 순이익의 10~15%를 갖는 직업이다.

(3) 샵마스터(패션샵매니저) 제도의 매장 도입 배경

① 1980년대 말~1990년대 초 이후 일부 여성의류 · 고가 브랜드 업체에서 도입되어 현재 제일모직, LG패션, 코오롱 등 대다수 업체에서 운영 중

② 의류브랜드의 입장
매장 LOSS 및 재고 등에 대한 부담 경감, 직원봉급 등 매장경비 · 간접비 감소, 성과급으로 동기부여가 가능하다.

③ 샵마스터(패션샵매니저)의 입장
본사에 보증금 형태로 일정금액과 약간의 부동산을 담보로 독자적 사업자 등록이 가능하다.

(4) 업계동향

① 의류매장 인력난
대기업소속의 유통직 사원 급감 및 대형 패션 유통업체 출현, 신규브랜드 출시에 따른 중간관리매장의 증가로 의류매장 인력난(특히 의류매장 경력 3 ~ 5년차)이 발생한다.

② 샵마스터(패션샵매니저) 관련학과
의류소비자의 기호변화(고급화)에 따른 의류제품의 지식을 보유한 전문 판매인력의 필요성이 부각되었고, 이에 따라 국내 우수디자인학원과 대학 등에 샵마스터(패션샵매니저) 관련학과(샵마스터 경영학과, 샵마스터 전공학과, 패션샵매니저학과 등)가 개설 중이다.

③ 샵마스터(패션샵매니저)(의류판매직)의 직업적 위상 격상
ㄱ 브랜드 업체 내부적으로 샵마스터(패션샵매니저)의 의견이 존중되는 추세이다.
ㄴ 기존의 인기직종인 디자이너나 코디네이터, 디스플레이어 등의 직업적 선회(고소득이 보장되는 샵마스터(패션샵매니저)로 지원 변경)가 가능하다.

3. 매장운영과 직원 동기부여 방안

(1) 매장운영의 2대 포인트

　① 마케팅 : 히트상품, 히트브랜드, 히트전략

　② 교 육

　　㉠ 사람은 교육으로 육성되고 변화되어 간다.

　　㉡ 교육은 영업이고 영업은 교육이다.

(2) 표준화 · 매뉴얼화된 직원관리

　① 매뉴얼의 두께와 매장의 발전은 정비례한다.

　② 매장의 자산은 직원들의 마케팅 능력, 세일즈 능력, 서비스 능력이다.

(3) 조직관리(인간관리)

　① 상대를 인정하라.

　② 부하직원의 장점을 발견하고 활용토록 도와주라.

　③ 베풀 줄 알아야 한다.

　④ 직원의 역량발전을 위한 훈계는 중요하다.

(4) 매출증대를 위한 직원관리 전략

　① 감성판매로 1차, 2차, 3차 고객을 유입한다.

　② 유능한 직원을 채용해야 하며 인센티브 등의 동기부여를 하면 직원의 능력은 2배로 성장한다.

　③ 직원과 경영자(관리자)는 서로 공유해야 한다. 함께한다는 파트너 의식이 없으면 성공하지 못한다.

　※ 기타조치 : 고객 이름 외우기, 직원들의 대 고객 마인드의 변화, 서비스 프로세스 운영 등

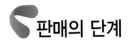

판매의 단계

1. 의류 고객의 구매심리 7단계

(1) 주목단계

① 주의 깊게 관찰한다.
② 매장에 들어온 고객은 대개 진열상품을 흘깃 본다.
> 예 "야! 저기에 있는 제품이 참 멋있네."

(2) 흥미단계

① 흥미를 느낀다.
② 특정상품에 흥미를 느끼고 멈추어 서서 자세히 보려고 한다.
> 예 손님의 흥미를 표시하는 말 : "더 싼 것은?", "다른 것은 없는가?", "피부에 대한 영향은?"

(3) 연상단계

① 연상한다.
② 흥미고조 및 상품구입 후 좋아하는 자신이나 가족을 생각한다.
③ 사용 후 효과에 따른 주변 반응을 고려한다.

(4) 욕망단계

① 사고 싶은 욕망을 느낀다.
② 특정제품이 자기에게 가장 적합한 것일까 하는 의문이 생긴다.
③ 좀더 다른 상품을 보아야겠다는 욕망이 나타난다.
> 예 "이 스타일 말고 다른 것은 없나?", "가격은 좋은데……."

(5) 비교 · 검토단계

비교 · 선택하여 주위의 것과 비교하기도 하고 다른 상점에서 봤던 것 또는 친구들이 갖고 있던 것과 비교 · 검토한다.
> 예 "이전 매장보다는 직원도 친절하고 제품이 괜찮네……."

(6) 신뢰단계

① 확신한다.

② 다른 것과 비교·검토한 결과 이것이 제일 마음에 들고, 사용하기도 편하며 값도 적당하다는 등 하나의 상품을 신뢰하게 된다.

(7) 행동단계

① 구매를 결정한다.

② 판매응대를 끝내고 손님으로 하여금 구매를 결정하게 하는 시기이다.

③ 구매행동의 의사표시를 하고, 대금을 지불한다(클로징 단계).

> 예 "이것으로 주세요."

2. 세일즈 스킬

우수한 상품을 개발하고 생산하는 것 못지않게 그 상품을 제대로 판매하는 것 또한 매우 중요하다. 상품이 팔리지 않으면 재고가 쌓이고, 결국 기업은 위기 상황에 몰리게 된다. 아무리 광고를 잘하고 마케팅 전략이 뛰어나다 하더라도 상품이 잘 팔리지 않으면 의미가 없다. 이제 상품 중심의 시대에서 고객 중심의 시대로 바뀌어가고 있다. 고객의 감성과 상품의 기능을 제대로 결합할 수 있는 감성 세일즈가 이루어져야 한다. 상품은 스스로 말을 할 수 없다. 세일즈맨의 입을 통해야만 상품에 담겨있는 여러 가치들이 고객에게 전달되는 것이다. 세일즈 스킬이란 구매가능성이 있는 잠재 고객을 발굴하여 그들이 이해할 수 있는 방법으로 상품의 가치를 설득하는 기술을 말한다. 세일즈맨에게는 고객의 필요를 파악하고 이에 적합한 상품을 추천하여 구매를 유도하는 능력이 요구된다. 그러기 위해서는 고객에게 어떻게 질문하고 어떻게 설명해야 하는지 그 기술들을 알아야 한다. 또한 예기치 않은 고객의 반론에 대응하는 방법과 경쟁 상대를 이겨내고 세일즈에 성공하는 능력도 갖추어야 한다.

(1) 판매의 개념

판매는 고객의 쇼핑을 도와주는 일면과 상품을 판매함으로써 매출을 올리는 일면을 지니고 있다. 또한 판매는 고객이 만족할 수 있는 쇼핑을 할 수 있게 함과 동시에 매장의 목표를 실현하기 위한 것이기도 하다. 만족스런 고객이 많으면 많을수록 매출도 그것에 비례하여 증가하게 된다. 한 사람이라도 많은 만족을 하는 고객을 만드는 일, 즉 상품을 파는 것이 아니라 '만족을 판다'는 점이 판매의 포인트이다. 따라서 고객이 기대하는 것을 충족시켜 주는 것이 중요하다. 고객은 쇼핑을 하는 데 있어서 다음과 같은 것들을 기대하고 있다.

① 많은 상품 중에서 찾고자 하는 상품을 자유롭게 선택 · 구매하기를 원한다.

② 판매원의 친절하고 신뢰감 있는 태도와 마음에서 우러나오는 응대를 받으며 자유롭게 쇼핑하고 싶어 한다.

③ 오늘 상품을 구매하지 않더라도 다음 쇼핑을 위해 여유를 가지고 보며 즐기고 싶어 한다.

④ 지출하는 돈이 충분히 활용될 수 있도록 적절하고 효과적인 어드바이스와 상품 그 자체에 대해 더욱 효과적인 사용방법의 설명을 듣기를 원한다.

⑤ 쾌적한 환경과 배경음악 또는 진열과 쇼카드 등이 적절히 정돈된 매장을 부담 없이 자유롭게 돌아보고 싶어 한다.

(2) 판매에서의 중요한 4가지

① 고객이 요구하는 상품이 매장에 항상 비치되어 있도록 상품관리를 한다.

② 부담 없이 즐기며 돌아볼 수 있게 매장연출을 한다.

③ 고객의 입장에서 응대판매를 한다.

④ 고객을 잘 파악하여 고객이 원하는 상품을 권한다. 즉, 고객 관리이다.

(3) 고객감동 Sales 5단계

고객감동 Sales 5단계는 순차적으로 일어나기도 하지만, 건너뛰거나 순서가 뒤바뀌기도 한다. 고객이 어떤 이야기를 하느냐, 또 어떤 질문과 대답을 하느냐에 따라 얼마든지 순서가 바뀔 수 있다. 고객을 반드시 잡으려면 세일즈맨의 열정을 비롯하여 고객에 대한 연구, 세일즈 스킬, 상품지식 등을 골고루 갖추고 있어야 하며 이론뿐만 아니라 몸에 완전히 익혀 두어야 한다. 고객감동 Sales 5단계는 다음과 같다.

① **고객 마음열기** : 미소와 칭찬으로 고객의 마음을 연다.

② **필요 파악** : 질문과 경청으로 고객의 필요를 파악한다.

③ **상품추천** : 상품지식을 익혀 고객의 필요에 맞는 상품을 제시한다.

④ **감성자극** : 판매가 목적이 아닌 고객의 이익과 희망을 제공한다.

⑤ **공감하기** : 고객이 상품의 가치나 혜택을 공감하도록 한다.

(4) 고객이 싫어하는 Sales 태도

① **무관심** : 고객의 필요는 나와 상관없다는 식의 태도

② **무 시**

먼지를 털어내는 듯한 동작을 하며 고객의 요구나 문제를 못 본 체하고 피하는 태도

③ 냉 담

'귀찮으니 저리 가라'는 식으로 고객의 사정을 고려하지 않고 적대감, 퉁명스러움, 불친절함, 조급함 등을 표시하는 태도

④ 건방 떨기, 생색내기 : 고객에게 생색을 내거나 어딘지 모르지만 건방진 태도

⑤ 형식적인 응대

기계적 응대로 인해 고객 개개인의 사정에 맞는 따뜻한 배려나 인간미를 느낄 수 없는 태도

⑥ 규정 들먹이기

고객만족보다는 사내 규정을 앞세워 재량권을 행사하거나 비상식적인 태도

⑦ 뺑뺑이 돌리기

"죄송합니다, ○○코너로 가주세요. 그건 제 담당이 아닙니다."라는 식으로 고객을 이리저리 오고 가게 하는 태도

3. 단계별 매장 내 행동지침 10단계(판매행동)

(1) 고객 입점시 대기단계

① 정적 대기자세(단독매장, 특약점, 직영점)

두 손을 남자는 차렷 자세, 여자는 포개서 가볍게 아랫배에 대고, 발뒤꿈치를 붙이고 (남 : 10시 10분 방향, 여 : 11시 5분 방향) 똑바로 서서 정면을 바라보고 밝은 표정으로 고객의 태도나 동작을 관찰한다.

② 동적 대기자세(백화점) : 정적 대기자세 유지 중 스텝은 V자로 한다.

③ 실 무

㉠ 표정은 항상 밝고 적절한 분위기를 연출한다.

　　예 "안녕하십니까.", "좋은 아침입니다.", "오랜만에 오셨군요."

㉡ 밝은 표정으로 고객의 태도나 동작을 관찰한다. 특히 턱의 위치에 세심한 주의를 기울인다.

㉢ 시선을 아래로 떨어뜨리지 않는다.

㉣ 업무자세가 흐트러져서 고객을 소홀히 하는 일이 없도록 한다.

④ 금기사항

㉠ 한 곳에 여러 명이 몰려있다.

㉡ 고객을 힐끔힐끔 뚫어지게 쳐다본다.

ⓒ 고객을 보고 웃거나 수군수군 이야기를 한다.

ⓔ 판매대나 행거 등에 기대어 있다.

ⓜ 주머니에 손을 넣거나 팔짱을 끼거나, 뒷짐을 지고 있다.

(2) 고객 입점시 인사단계

① **인사자세**

ⓖ 여성 : 오른손을 왼손 위로 포개어 아랫배에 놓는다.

ⓛ 남성 : 옆에 바르게 두 손을 놓고 발의 각도는 대기 자세와 동일하다.

② **인사각도**

ⓖ 입점시 : 45°로 밝게 감사의 마음을 넣어서 인사한다.

ⓛ 맞장구 인사 : 15°로 가볍게 인사한다.

③ **인사말** : 상대에 맞추어서 다양하게 구사한다.

> 예 "안녕하십니까.", "좋은 아침입니다.", "오랜만에 오셨군요."
> 예 "저희 매장에 처음 오셨나요."

④ **실 무**

ⓖ 대기 자세에서 연습된 밝은 미소로 고객에게 다가간다.

ⓛ 인사말은 상대에 맞추어서 다양하게 구사한다.

ⓒ 될 수 있으면 단골 고객에게 존함을 말하여 정성껏 인사한다.

> 예 "홍길동님! 좋은 아침입니다."

ⓔ 인사자세는 최대한 반가운 느낌을 주도록 성의를 다해 응대한다.

ⓜ 입점시 무거운 짐을 들고 올 경우는 신속히 다가가 문을 열어주고 적극 응대한다.

⑤ **금기사항**

ⓖ 내 기분대로 하는 인사

ⓛ 성의 없는 인사

ⓒ 무례한 느낌이 나는 인사와 표정

ⓔ 손을 주머니에 넣고 하는 인사

ⓜ 고개만 까닥거리는 인사

(3) 신속하게 응대하는 단계

① 손님의 왼편에 서서 2~3보 앞에서 안내 자세를 취한다.

② 안내하면서 기호, 취향 등을 질문해 가며 고객의 마음을 읽도록 한다.

> 예 "어떤 종류의 상품을 원하세요."

③ 실 무

㉠ 고객이 선 채로 상품에 시선을 고정시킬 때 재빠른 동작으로 다가가 부드럽게 고객의 마음을 읽는다.

  예 "안녕하세요(45°). 무엇을 찾으십니까?"

㉡ 판매원을 찾는 태도를 보일 때 재빠른 동작으로 다가가 웃는 얼굴로 응대한다.

  예 "어서 오세요(45°). 기다리게 해서 죄송합니다(15°)."

㉢ 고객이 말을 건넬 때 밝게 대답하고 재빠른 동작으로 고객 쪽으로 다시 웃는 얼굴로 응대한다.

  예 "네. 맞습니다(15°, 맞장구 인사). 손님의 안목이 좋으시군요."

㉣ 또 다른 고객이 입장할 때 고객 쪽으로 가서 웃는 얼굴로 응대한다.

  예 "손님. 잠시만 둘러보시면서 기다려 주십시오."

  예 "죄송합니다. 바로 응대해 드리겠습니다."

④ 금기사항

㉠ 마지못해 천천히 접근하며 응대한다.

㉡ 고객을 복장과 언어 등으로 차별하는 거동을 보인다.

㉢ 양해 없이 오랫동안 기다리게 한다.

(4) 고객의 상품 선택에 도움을 주는 단계

① 신상품 및 최근 가장 잘 나가는 인기상품을 소개해 준다.

  예 "손님. 이 상품이 최근 가장 잘 나가는 제품입니다."

② 지적하는 상품은 즉시 꺼내 두 손으로 공손하게 보여드린다(손님의 가슴과 허리 사이).

③ 벽면에 진열된 상품을 가리킬 때는 손바닥을 위로 보이게 하여 손을 모아 상품을 가리킨다.

④ 실 무

㉠ 고객의 니즈(Needs)를 정확히 파악하고 정성껏 상품 설명을 한다.

㉡ 상품에 대한 의문점을 확실히 풀어 준다.

㉢ 최근의 패션 경향이나 인기상품, 고객의 개성을 살려주는 적절한 Selling Point를 제시한다.

⑤ 금기사항

㉠ 상품을 꺼내어 아무 말 없이 고객 앞에 내민다.

ⓛ 상품가격에 따라 기분 나쁜 행동을 보인다.

ⓒ 질문에 무뚝뚝하게 대답한다.

ⓐ 한 손으로 상품을 꺼내 보여 준다.

ⓜ 분별없이 고가품을 권유한다.

ⓗ 고객이 모른다고 생각하여 적당히 대답한다.

ⓢ 자신의 의견을 과신한다.

(5) 문제 발생시(상품 부족 등) 적극적인 노력을 해야 하는 단계

① 고객이 원하는 상품을 신속하게 가져다 보여주고 시착시킨다.

② 실 무

ㄱ 불분명한 점을 반드시 확인하여 올바르게 설명한다.

ㄴ 문제 발생시 최대한 성의를 보인다.

ㄷ 항의고객에 대해서는 연락처를 반드시 물어서 기재한 후, 신속히 Recall을 실시한다.

　예 "대단히 죄송합니다(45°). 괜찮으시다면 내일 ○○시까지 준비해 놓고 연락드리겠습니다."

　예 "품절입니다만,(대안을 제시한다) 연락처를 말씀해 주세요. 신속히 연락드리겠습니다."

ㄹ 고객의 기호를 묻고 파악하여 상품의 품질이나 소재, 사용방법, 연출방법, 세탁방법, 보존법 등에 관한 구체적 설명을 통해 고객의 불만을 최소화한다.

③ 금기사항

ㄱ 과장하거나 거짓말을 한다.

ㄴ 적당히 회피해 버린다.

ㄷ 도중에 설명을 포기한다.

ㄹ 고객과 언쟁을 한다.

ㅁ 성의를 보이지 않는다.

(6) 명함전달(구매 여부와 상관없이 2~3회 상품을 시착한 고객)

① 명함은 두 손으로 고객이 보기 좋도록 잡고, 고객의 가슴과 허리 사이로 드린다.

② 명함의 메모난에는 구매 여부와 상관없이 고객의 신체 사이즈를 기재하여 제시한다.

③ 실 무

ㄱ 최초 방문고객의 경우, 상품을 구매하지 않더라도 명함을 제시한다.

ㄴ 자신이 회사를 대표한다는 마음으로 당당하게 전달한다.

ㄷ 패션 조언자로서 최대한 편리함과 고품위 서비스를 느낄 수 있게 한다.

④ 금기사항

    ㉠ 명함을 들고 장난한다.

    ㉡ 명함으로 상품을 가리킨다.

(7) 신속한 포장 · 전달단계(구매고객의 경우)

① 구매를 결정한 고객에 대해 계산대로 3단계 동작으로 안내한다.

② 상품의 크기에 맞는 봉투(포장지)로 신속하고 보기 좋게 포장한다.

③ 상품을 건네줄 때 "감사합니다."라는 인사말을 반드시 한다.

④ 실 무

    ㉠ 가격표를 재확인한 후 가격을 제시한다.

    ㉡ 부드럽게 결제방법을 물어본다.

⑤ 금기사항

    ㉠ 신용카드나 할인쿠폰으로 구매한다고 싫은 표정을 한다.

    ㉡ 잡담하면서 포장한다.

    ㉢ 선물용 상품에 가격표를 부착한 채 포장한다.

(8) 업무 처리시 확인단계(구매고객의 경우)

① 받은 대금과 가격을 고객에게 다시 한 번 말씀드리고 거스름돈과 구매상품 순으로 전달한다.

    📵 "감사합니다. ○○○원 받았습니다. 손님." → 최초 대금을 받을 때

    📵 "거스름돈 ○○○원입니다. 영수증 확인해 드리겠습니다." → 거스름돈을 줄 때

② 실 무

    ㉠ 고객이 주는 대금은 정성껏 받아 들고 고객 앞에서 확인한다.

    ㉡ 카드 확인시에도 신중하고 예의 바르게 신속히 처리한다.

    ㉢ 상품, 영수증, 거스름돈은 잘 확인하여 고객에게 드린다.

    ㉣ 가급적 신권(현금)을 준비하여 고객에게 드린다.

    ㉤ 상품 전달시 정성껏 전달하여 감사함을 전한다.

③ 금기사항

    ㉠ 다른 고객의 영수증을 건네준다.

    ㉡ 거스름돈을 잘못 거슬러 준다.

    ㉢ 성의 없이 한 손으로 상품을 건네준다.

(9) 친절한 종료인사

① 구매 여부와 상관없이 단독매장의 경우 매장 앞, 코너 앞까지 배웅한다.

② 인사각도는 45°(감사합니다, 즐거운 하루 되십시오, 안녕히 가십시오)로 한다.

③ 실 무

　　㉠ 상품구매가 없더라도 밝은 미소로 인사한다(45°).

　　㉡ 매장 앞, 코너 앞까지 가서 인사하도록 한다.

　　㉢ 전송 후엔 매장 정리·정돈을 하며 대기 자세로 다음 고객을 맞을 준비를 한다.

　　㉣ 내점 후 구경 중인 고객에게 인사 후 3단계부터 다시 응대한다.

④ 금기사항

　　㉠ 손님이 코너를 떠나기 전에 원래의 위치로 되돌아온다.

　　㉡ 인사를 해도 소극적이다.

　　㉢ 설명한 상품을 그대로 방치해 둔다.

(10) 해피 콜

① 전화로 첫인사를 확실히 한다.

　　예 "안녕하십니까. ○○ 매장 샵매니저 ○○○입니다."

② 최초 구매고객의 전화번호를 받을 때 남자는 사무실 번호를, 여자(주부)는 집 번호도 함께 받아 확실히 48시간 이내에 리콜을 실시한다.

③ 실 무

　　㉠ 구입하고 난 후의 고객에게는 Happy Call을 한다(48시간 이내 구매고객).

　　㉡ 불만·항의 고객에게도 신속히 Happy Call을 한다.

　　㉢ Happy Call 상태에서 상품의 문제점 유무를 체크하도록 한다.

　　㉣ 고객과 항상 고정적 유대관계를 형성하여 지속적으로 도움을 준다.

　　㉤ 단순한 문의 전화도 Happy Call이라 생각하고 적극 응대한다.

　　㉥ 정성껏 끝 인사를 드린다.

④ 금기사항

　　㉠ 성의 없는 응대

　　㉡ 힘없는 목소리

　　㉢ 고객보다 먼저 전화를 끊는 경우

　　㉣ 주위의 시끄러운 잡음

　　㉤ 고객을 나무라는 듯한 어조

[판매 단계별 요점]

단 계	기본동작	금기사항
대 기	• 고객이 들어오기 편한 위치 • 올바른 대기자세 • 고객을 항상 의식하는 자세	• 한 곳에 여러 명이 모여 있다. • 고객을 보고 웃거나 수군거린다. • 팔짱을 끼거나 뒷짐을 진다.

접 근	• 어프로치 타이밍
	  – 고객이 하나의 상품을 응시할 때
	  – 고객이 상품에 손을 댈 때
	  – 고객이 얼굴을 들 때
	  – 고객이 무언가를 찾고 있을 때
	  – 고객과 눈이 마주쳤을 때
		• 불렀을 때 마지못해 대답하고 중얼거린다.
		  (불러서 3초 이내에 다가가지 않으면 고객은
		  늦은 감을 느낀다)

응 대	• 공평한 응대 • 선객 우선의 원칙 • 1인 1객의 원칙	• 고객의 복장, 말씨, 성별, 매출금액 등으로 차 별한다.
상품제시	• 두 손으로 공손하게 보여 드린다. • 고객이 상품을 직접 만지게 한다. • 원하는 상품이나 고객의 기호를 빨리 찾아낸다.	• 상품을 한 손으로 보여 드린다. • 상품을 꺼내 잠자코 고객 앞에 내놓는다. • "품절입니다."라고 말할 뿐 말 붙일 틈도 주지 않는 거동을 보인다.

상품설명	• 상품 지식을 충분히 활용한다.
	• 자신감을 갖고 권한다.
	• Selling Point를 정확히 설명한다.
	  – 유행품 / 진품 / 적당한 가격 / 좋은 품질 /
	   색상 / 소재 / 편리함 등
		• 과장이나 거짓말을 한다.
		• 적당히 회피해 버린다.
		• 오래 걸릴 때 싫다는 거동을 보인다.
		• 고객과 논쟁한다.
		• 성의 없이 응대한다.

결 정	• 결정을 촉구할 기회
	  – 하나의 물건에 질문이 집중할 때
	  – 말없이 생각하기 시작할 때
	  – 가격을 물어볼 때
	  – A/S 등을 문의할 때
		• 결정을 강요한다.

대금지불	• 가격을 고객에게 보여드리고 재확인한다.
	• 받은 대금은 반드시 고객 앞에서 확인한다.
	• 카드를 받았을 경우 "OO카드 받았습니다."라
	  고 확인한다.
		• 금액을 확인하지 않고 수취한다.
		• 가격표와 영수증을 대조하지 않고 고객에게
		  전달한다.

포 장	• 신속하고 아름답게 포장한다. • 상품 보존에 신경 쓴다.	• 잡담을 하면서 포장한다. • 선물용 상품에 가격표를 부착하고 포장한다. • 느리게 성의 없이 포장한다.

전 달	• 자세동작 Point
	  – Smile – Eye Contact
	  – 정면 응대 – 허리선 수수
	  – 상체 15° – 두 손 이용
		• 한 손으로 상품을 건넨다.
		• 거스름돈이나 카드를 잘못 드린다.

배 웅	• 입구까지 나가서 정중히 인사드린다. • 고객이 매장에서 떠난 후 제자리로 돌아와 상 품의 정리 및 보충을 한다.	• 고객이 떠나기도 전에 사라져 버린다. • 고객이 나가기 전에 웃거나 수군거린다. • 설명한 상품을 그대로 둔다.

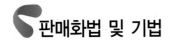

판매화법 및 기법

1. 의류매장 판매화법

(1) 일반화법

① 대화 예절의 포인트

ㄱ 밝고 명랑한 표정으로 마음의 창을 여는 대화를 나누도록 한다.

ㄴ 상대의 눈을 온화하게 바라보며 적게 말하고 많이 듣는다.

② 대화시의 자세

ㄱ 말할 때

- 요령 : 정확하고 간결하게 자기의사를 말한다.
- 표정 : 부드러운 시선과 밝은 미소를 짓는다.
- 자세 : 바른 자세로 적절한 제스처를 사용한다.
- 입 : 정확한 발음으로 목소리는 한 톤을 올려서 말한다.

ㄴ 들을 때

- 요령 : 자연스럽게 맞장구치며 질문이나 메모를 한다.
- 표정 : 밝은 표정으로 흥미와 성의 있는 표정을 짓는다.
- 자세 : 몸을 바르게 하며 가끔 상대방 쪽으로 기울이면서 고객을 끄덕인다. 편안하게 말할 수 있도록 들어 준다.
- 눈 : 귀뿐만 아니라 눈과 표정으로 들어야 한다.

③ 대화시 주의할 점

ㄱ 무관심한 태도, 팔짱을 끼거나 이상한 행동을 하지 않는다.

ㄴ 상대를 뚫어지게 보거나 불분명한 발음, 저속한 말을 사용하지 않는다.

(2) 화법의 형태

① 질문법

고객에게 선택의 기회를 주고 생각할 수 있게 여유를 준다.

예 "……라고 생각하는데요. 손님은 어떻게 생각하시죠?"

② 판매유도법

고객에 관한 화제 거리로 구매를 유도한다.

예 "손님. 요즘 유행하는 디자인을 잘 아시는군요. 맞습니다. 요즘은……."

③ 가정법

상황의 전환효과를 가져올 수 있다.

예 "만일 손님이 이 상품을 입으신다면……."

④ 사례화법

실 사례를 들어 고객에게 확신을 주는 효과가 있다.

예 "어제 ○○ 손님은 이 제품을 구입하시고 다른 분을 모시고 오셔서 구입하도록 추천하셨습니다."

예 "어제 ○○ 손님은 여기저기 타 매장을 둘러보시고 결국 여기서 구매하셨어요."

⑤ 자료이용법

시청각 자료를 이용하여 대화한다(카탈로그, 상품 코디네이터 자료 등).

(3) 결정화법

① 추정승낙법

고객이 구입할 것이라는 가정 속에 시도한다.

예 "손님이 이 상품을 구입하시면 스타일이 확 바뀌실 겁니다."

② 긍정암시법

대답을 요구하는 대로 질문을 한다.

예 "아니오(NO) 질문 → 아니오(NO) 대답"
　　"예(YES) 질문 → 예(YES) 대답"이 나온다.

③ 양자택일법

결정을 망설이는 고객에게 선택을 할 수 있도록 하는 방법으로 한 상품의 장점과 상품의 포인트(가격 · 원단 · 품질강조) 등을 설명한다.

예 "다른 상품과 비교해 보니 손님께는 역시 이 상품이 잘 어울리십니다. 어떠십니까?"

2. 의류매장 판매기법

(1) 상황별 응대화법요령

상 황	응대법
말이 없는 고객	• 편안한 분위기를 조성한다. 예 "천천히 둘러보십시오."(특약점) 예 "한번 둘러보세요." 한 후 Eye Contact를 한다(백화점).
상품을 물끄러미 보시는 고객	• 무분별한 호객 행위보다는 Eye Contact를 한다. • 고객의 행동보다 한 단계 앞선 질문을 한다. • 관심 있는 부분에 대해 설명 드린다.
DISCOUNT를 원하는 고객	• 접객을 충분히 못 받은 손님의 마음을 헤아리도록 한다. 예 "저도 D/C를 해 드리고 싶지만 규정상 어렵습니다. 죄송합니다."(규정강조) • 가격에 비해 제품/브랜드의 우수성을 강조한다. • 인간적으로 접근한다. 예 "판매사원인 제가 책임을 져야 합니다."
가격이 비싸다고 할 때	• 가격에 대해 인정하고 고급스러움/독특함 등을 설명한다. 예 "가격이 다소 비싸기는 하지만 손님과 너무 잘 어울리시네요. 저희가 손님을 위해 만든 옷 같아요."
원하는 제품이 없을 때 (사이즈, 컬러)	• 확실한 배달시간을 정하고, 정확하게 실시한다. 예 "죄송합니다. 손님. 하지만 ○시까지 확실히 배달을 해 드리겠습니다."
반품고객의 경우	• 고객의 입장에서 생각하고 처리하여 고객으로 하여금 신뢰감과 좋은 인상을 받을 수 있도록 한다. • 반품의 원인을 조사한다. • 신속 처리/기분 좋게/고정고객카드 작성 후 사후 처리 예 "모처럼 저희 매장에서 구입하신 상품인데 도움이 못 되어서 죄송합니다. 좋으시 다면 다른 것을 찾아보시지요." 예 "마음에 드시는 것이 없으시면 환불을 해 드리겠으니 다음에 또 들러 주십시오."
동행의 경우 (연인, 친구, 부부)	• 동행이더라도 접객의 범위로 들어올 수 있도록 한다. • 쉴 곳으로 안내하고 잡지나 차를 드리도록 한다. • 동행인에게 어필한다(칭찬하여 내편으로 만든다).
그룹의 경우 (친척, 친구들)	• 그룹 내 리더의 존재를 파악하여 접객범위 안으로 끌어 들인다. • 나서는 사람/목소리 큰사람 칭찬, 분위기를 조성한다.

(2) 고객성격별 응대요령

성격 유형	응대법
깐깐형 – 이것저것 트집형	**반론보다 수용** • 이 유형의 고객은 별로 말이 많지 않고 예의도 밝아 직원에게 깍듯이 대해주는 반면 직원의 잘못은 꼭 짚고 넘어가는 특성이 있다. • 이런 고객일수록 자존심이 상당히 강하기 때문에 정중하고 친절히 응대하되 만약 고객이 잘못을 지적할 때에는 반론을 펴서는 안 된다. • "지적해 주셔서 정말 고맙습니다. 시정하도록 노력하겠습니다."(받아들이는 자세)
수다형 – 쾌활 명랑형	**듣고 요약** • 고객의 말문을 노골적으로 막았다가는 금방 돌아서 버리고 마는 유형이므로, 그저 참고 들어주는 수밖에 없다. • 말이 많은 것만큼이나 기분변화도 많은 특성이 있다. • 고객의 기분을 상하지 않도록 최대한 친절을 베풀면서 고객이 한 말을 간단히 요약하여 결론을 짓고 끝내야 한다. • "아! 그러니까 ……라는 말씀이시군요. 말씀대로 해 드리겠습니다."
무례형 – 뽐내는 거만형	**존 중** • 사람들 앞에서 무례하게 행동하는 고객으로 자기 나름대로 자신감을 보유하고 있다. • 정중하게 대하는 것이 최선의 방법이다. • 자기 과시욕이 채워지도록 마음껏 뽐내게 하는 것이 최선이다. • 의외로 단순한 면이 있어 일단 그의 호감을 얻게 되면 예상 외의 협력을 얻을 수도 있다(매장에 친구소개 등).
빨리빨리형	**시원시원하게** • 일 처리(수선, 상품제시 등)가 조금만 늦어도 '빨리빨리' 재촉하는 고객 • "글쎄요.", "아마 …", "저 …" 하는 식의 애매한 말을 쓰면 고객의 신경은 더 날카로워진다. • 지체시간을 없애고, 처리가 지연될 때에는 중간보고를 한다.
온순 얌전형	**정중하고 정확하게** • "미안합니다만…"하고 저자세로 나오는 온순한 성격의 고객 • 이 유형의 과묵한 고객들은 속마음을 헤아리기가 어려워서 조금 불만스러운 것이 있어도 내색을 하지 않는다. • 말이 없다고 해서 고객이 흡족해 한다고 착각하지 말고 말 없는 고객은 오해도 잘 하기 때문에 정중하고 온화하게 대하며 일 처리는 빈틈없이 신경 써서 처리해야 한다.
어린이 동반고객	**칭찬이 최고** • 어린이에 대한 관심을 고객 자신에 대한 관심으로 여기는 특성이 있다. • 어린아이의 특징을 재빨리 파악하고 적절한 찬사를 보내면 효과적이다. • 아이가 울거나 칭얼거릴 때 "여기서 울면 못써요."하고 못마땅해 할 것이 아니라 살짝 안아주거나 다독거려 준다. • 아이를 위해 장난감이나 사탕, 과자 등을 준비하는 재치도 필요하다.
심부름 온 고객	**심부름 보낸 고객처럼** • 심부름 보낸 고객을 대하듯 정중히 응대하되 부담이 가지 않도록 응대한다. • 이들 고객의 자존심을 상하지 않도록 주의, 특히 호칭사용에 주의한다.

(3) 의류매장 내 고객행동(심리)별 응대요령

① 무언으로 상품을 보고 돌아다니는 손님

배경과 심리	대응하는 방법, 포인트
판매사원의 페이스에 빠지고 싶지 않다.	• 손님에게 친근감이 있는 말로, 또 팔지 않는 인상의 접근 • 매장의 이미지를 좋게 하여 들어가기 쉬운 상점, 느낌이 좋은 상점이라는 인상을 갖도록 한다.
미리 보는 경우	• 유행상품/유행 등을 설명해 주며 믿음을 준다.

② 반응하지 않고 가만히 있는 손님

배경과 심리	대응하는 방법, 포인트
판매사원의 설명이 자신의 니즈와 다르다.	• 고객의 니즈에 초조해 하지 않고 잘 듣는다.
자유롭게 고르고 싶다.	• 고객이 자유롭게 고를 시간을 길게 해준다.
말하면 사게 된다고 생각한다.	• 손님의 흥미를 엿볼 수 있는, 손님의 눈이 멈춘 상품에 화제를 옮겨간다(간단한 상품설명 실시).
좋아하는 게 없다.	• 판매원의 손으로 손님의 라이프스타일에 맞는 좋아하는 것을 만들어 드린다. • 인기상품, 잘 나가는 것을 권한다.
성격적으로 조용하고 말이 없다.	• 손님의 페이스에 말려들지 않도록 밝게 응대한다 • 질문해도 대답해 주지 않을 때는 물러나서 다시 접근할 기회를 기다린다. • 손님이 좋아할 만한 제품을 제시하며 흥미를 끌어 본다.

③ 가격만 물어보는 손님

배경과 심리	대응하는 방법, 포인트
시간 보내기	• 살 마음이 없다는 것을 알고 있어도 싫은 내색을 하지 않고, 끝까지 성실하게 기분 좋은 응대를 한다. • 손님이 그때 입고 있는 것에 어울리는 것을 권한다. • 손님의 존재는 타 고객에게 매장을 활기차게 한다.
상품 정보를 수집하는 것이 목적	• 손님이 묻는 것에 귀를 기울여 그것에 대하여 명확한 어드바이스를 해 주는 친절한 응대로 인상을 주어 다음의 내점을 이어 간다.
가격만 물어보는 것을 즐기면서 쇼핑을 즐기고 있다.	• 금기 : 아무렇게나 응대하거나 상품설명을 하지 않는다. • 쇼핑의 즐거움을 공감하고 판매사원의 인간성을 판다. • 때로는 충동구매도 하게 되기 때문에 고객의 니즈를 만들어 준다.

④ 타 점포와 비교하는 손님

배경과 심리	대응하는 방법, 포인트
쇼핑에 신중	• 손님이 타 상점의 어떤 점과 비교 · 검토하고 있는가를 알아내 손님과 니즈에 맞는 것을 골라 망설이지 않도록 자신을 갖고 접객한다.
판매사원의 정보량으로 제품을 선택한다.	• 상대의 페이스에 빠지지 않도록 냉정하게 접객한다. • 타 점의 욕을 하지 않는다.
시간이 있는 한가한 손님	• 내점 동기가 무엇인가를 찾아낸다. • 점포의 분위기, 상품을 보고 즐길 수 있도록 접객에 마음을 쓴다.

⑤ '좋은 것이 없군요.' 라고 말하는 손님

배경과 심리	대응하는 방법, 포인트
혼자말	흘려버린다.
입버릇	손님의 말에 동요하지 않는다.
손님의 옷차림에 대한 수준이 높대(품질, 디자인, 가격에 대하여).	'보통 어떤 제품을 입으시요?' 등 질문으로 손님의 패션 경향을 아는 힌트를 얻고 상품을 제시한다.
사지 않고 놀림	사지 않고 값만 물어보고 다니는 것을 알고 있어도 싫은 얼굴을 하지 않고, 성의 있는 응대를 한다.
여가 보내기	즐거운 분위기를 만들기 위해 마음을 쓴다.

⑥ 질문해도 무시하는 손님

배경과 심리	대응하는 방법, 포인트
질문에 대답함으로서 판매사원에게 무리하게 사게 된다고 생각한다.	• 손님을 존중하여 적당한 거리를 둔다. • 상품을 제시하는 것으로 눈의 선을 맞추도록 노력한다. • 판다는 태도를 노골적으로 나타내지 않도록 주의하고 말하기 쉬운 분위기를 만든다.
상품의 선택을 자유롭게 하고 싶다.	• 상품을 정리하면서 천천히 손님의 움직임(시선)에 주목한다.
자기가 더 잘한다고 생각하고 잰다.	• 손님의 우월감을 부정하지 않도록 한다. • 손님의 이야기에 자연스럽게 귀 기울이도록 한다.

⑦ 바로 도망가는 손님

배경과 심리	대응하는 방법, 포인트
기가 약하다.	• 부드럽고 따뜻한 분위기로 응대한다. • 강압적인 말은 쓰지 않는다. • 대답하기 쉬운 질문을 하여 대화의 실마리를 만든다. 예 "꽤 날씨가 더워(추워)졌습니다."
판매사원에 위압감이 있다.	• 팔려고 손님을 몰아쳐서는 안 된다. • 고객접근 및 타이밍을 한발 늦춰 손님이 상품에 아주 가까워졌을 때 말을 건넨다.
무리하게 산 나쁜 경험이 있다.	• 거리를 갖고 손님의 움직임을 지켜본다. • 언제나 응대할 수 있도록 손님의 시선에 주의를 둔다. • 손님이 자기의지로 결정하였다는 기분을 줄 수 있도록 접객한다.

고객 클레임의 예방 및 처리

1. 고객클레임

(1) 클레임의 개념

① 불평과 불만족 > 서비스

② 고객이 이용하는 데 불편·불만족한 서비스에 대해서 피해보상을 요구하는 것이다.

③ 고객이 제품을 구입하기 이전에 가졌던 사전기대나 구매과정, 사용 후 A/S 등 제반 문제에 있어서의 기대가 경험을 하면서 기대에 못 미치게 됨으로 해서 불평불만이 쌓이게 되고 결국은 이것이 밖으로 표현되는 것이다.

④ 서비스에 대해 심리적으로 갖는 기대, 희망, 가치에 대해 흡족(만족)하지 못하거나 기대수준에 미치지 못할 경우 고객의 불평불만이나 요구가 발생하는 상황을 클레임이라고 한다.

(2) 클레임 예방의 중요성

고객의 불평불만은 어떠한 상황이든지 발생한다. 고객이나 거래처 관리에 있어서 흔히 발생하는 불평불만은 달갑지 않은 일이라 자칫 소홀히 다루게 되는데 이것은 직원들의 친절한 응대로 미연에 방지될 수도 있는 것이다. 가장 중요한 방법은 클레임이 발생하지 않도록 유의하는 것인데 일단 발생한 고객의 사소한 불평불만도 소홀히 해서는 안 된다. 사소한 불평불만이 클레임으로 발달될 수 있으므로 고객의 불평불만도 잘 경청하고 반영함으로써 클레임의 사전 예방 및 재판매의 기회와 고객과의 거래 단절이 아닌 단골 고객을 만드는 계기가 될 수 있다.

(3) 클레임 유형과 발생원인

① 회사(직원) 측에 잘못이 있는 경우

- ㉠ 구입한 상품이 불량이거나 품질이 나쁜 경우
- ㉡ 고객에 대한 접객서비스가 불친절한 경우
- ㉢ 배달상품의 취급부주의, 약속 불이행
- ㉣ 상품지식, 사용방법에 대한 지식이 부족한 경우

② 고객 측에 잘못이 있는 경우

- ㉠ 지식, 상식 혹은 인식의 부족
- ㉡ 기억의 착오, 오해
- ㉢ 성급한 결론, 독단적인 해석
- ㉣ 사정의 변화
- ㉤ 고의, 악의(할인의 구실 등)
- ㉥ 고압적인 자세, 손님 입장 주장

③ 클레임 유형

- ㉠ 상품품질관계
  - 제품 출고시부터 발생한 하자(염색 불량, 박음질 불량, 시접처리미숙, 소재선택 잘못)
  - 사용 중에 발생한 하자
  - 세탁 후에 발생한 하자
- ㉡ 상품교환
  - 제품의 Size, 디자인, 색상에 불만족할 때
  - 다른 브랜드 매장의 상품으로 교환
- ㉢ 상품수리, 수선
  - 장기간 사용으로 인한 고장 수리
  - 의류의 수선

    ㉣ 약속 불이행

     • 배달(날짜, 상품, 고객성명, 연락처 등)

     • 의류수선

     • 맞 춤

    ㉤ 불친절 : 판매사원의 서비스, 화법, 언행

(4) 고객이 불만족을 말하지 않는 이유

  ① 어디에 불평을 해야 할지 모른다.

  ② 시간과 노력을 들일 가치가 없다.

  ③ 증거가 없다.

  ④ 직원들의 발뺌에 더 불쾌해질 것이다.

  ⑤ 인격이 손상된다.

  ⑥ 불평을 해도 아무런 변화가 없을 것이다.

2. 고객 클레임 처리방법

(1) 클레임 제기방법

  ① 전 화

  ② 직접방문

  ③ 서신(대표이사 앞)

  ④ 인터넷

  ⑤ 소비자 단체 및 매스미디어 이용

(2) 심리적 안정유도요령

  ① 진심으로 사과한다(삼변 원칙).

  ② 접수자보다 상위 직급자 · 본사로 상황을 이관(고객이 원치 않아도)한다.

  ③ 다른 직원이나 고객과 차단된 장소로 상담 장소를 이전한다.

  ④ 고객이 감정정리를 할 수 있는 시간적인 간격을 둔다(차를 접대한다던가 상담 장소를 바꿈).

  ⑤ 잘 처리된 유사한 사건의 예를 소개, 고객의 불안감을 제거한다.

(3) 격한 항의를 하는 고객심리현상

① 무리한 요구 · 억지 · 훈계, 자존심의 보상을 요구한다.

② 말을 들으려 하지 않고 말꼬리를 잡고 트집을 잡는다.

③ 최고 책임자와 담판을 내려고 한다.

④ 고객도 자신의 태도가 지나침을 알고 있다.

(4) 주의할 점

① 고객의 항의내용을 부정하거나 무시하지 말 것

② 고객의 잘못(무리한 점)을 지적하지 말 것

③ 고객의 말을 중단하지 말 것

④ 고객과의 첫 만남에서 처리방법(보상 정도)을 제시하지 말 것

⑤ 듣기에 주력하고 말을 절제할 것

⑥ 고객의 감정이나 의도에 말려들지 말 것

⑦ 기업 · 매장 중심의 무책임한 말투를 사용하지 말 것

⑧ **고객과의 약속을 어기지 않도록 할 것**

　㉠ 시간약속 : 처리를 약속한 경우 또는 처리과정을 중간에 알리는 약속 등은 철저히 지킬 것

　㉡ 보상약속 : 물질적인 보상을 절대 지나치지 말 것

　　• 고객이 요구하는 진정한 보상은 심적인 것임

　　• 계산된 손해의 액수보다는 자존심의 보상임을 알고 적절히 대처, 2차 클레임 방지 요망

(5) 제기된 고객클레임 처리방법

① **사전방지(고객 불평에 대한 가장 좋은 방법)**

　㉠ 정직한 판매 : 과장된 판매기법은 클레임의 원인이 된다.

　㉡ 상품 설명 : 판매시 제품의 기능, 특성, 세탁, 보관방법 등을 충분히 설명한다.

② **고객 불평 격려**

　㉠ 불평(사정)을 끝까지 경청(개입금물)한다.

　㉡ 역지사지 : 불평을 듣는 도중 고객의 입장에서 중간 중간 고개를 끄덕인다.

　㉢ 샵마스터(패션샵매니저)가 시작을 잘못하면 호의유지 기회조차 완전상실하게 된다.

　㉣ 처음부터 분노한 고객(삼변원칙 수행 : 사람, 장소, 시간의 변경)

ⓜ 가능한 한 문제를 초기단계에서 해결하도록 한다.

ⓗ 물질적 보상보다 정신적 보상이 우선시 되도록 한다.

③ 사실 확인

    ㉠ 고객이 불평사항을 과장하여 말할 때 : 샵마스터(패션샵매니저)는 사실 확인 전까지 임의로 결정하지 않도록 한다.

    ㉡ 고객 입회하에 결함 점검 : 현장에서 문제점 파악 후 수선 및 교환 의뢰 등을 결정한다.

    ㉢ 상담실, 소비자 보호연맹 의뢰시 : 공정한 조정을 위한 것으로 시간지연이 아님을 고객에게 충분히 설명한다.

    ㉣ 상품 결함이 아닐 때 : 부드럽고 친절한 어투로 상품이 적절히 사용되었는지 대화한다.

④ 해결책 제공

    ㉠ 공정한 판단 및 사후조치의 신속 · 명확성

    ㉡ 개인정보 취득에 따른 고정고객(단골)화 모색

> 고객클레임 처리의 만족형성 요인
> - 공정한 결과
> - 편리한 절차
> - 친절한 사원

⑹ 불만족한 소비자 행동 및 고객만족 · 불만족에 따른 추이 차이

① 불만족한 소비자 행동

    ㉠ 소극적 행동 : 이탈, 지속구매

    ㉡ 중간적 행동 : 구전행동

    ㉢ 적극적 행동 : 매장 · 본사에 클레임 제기(높은 서비스 수준, 기대심 증가), 고객상담실, 소비자 보호단체 고발

② 고객만족 · 불만족에 따른 추이 차이

    ㉠ 고객만족 : 단골 고객화, 신규고객의 창출, 정보 · 아이디어의 원천 활용 → 매출증대, 소재 · 제품개발 등 정보, 아이디어 쌓임

    ㉡ 고객 불만족 : 재 구매율 감소, 잠재고객 상실 → 매출감소

(7) 클레임에 대한 샵마스터(패션샵매니저)의 사고전환

① 클레임 고객을 원만히 응대·처리해야 되는 이유

    ㉠ 판매비 측면 : 기존 거래고객(단골고객) < 신규고객(잠재고객)

    ㉡ 악성 구전 사전방지

        • 잠재고객 이탈방지

        • 한시적 고객 및 기존 고객의 완전한 단골 고객화

    ㉢ 경영진의 유용한 정보를 획득

    ㉣ 고객 유지율을 증가시켜 이윤 증대

② 구전효과(Word of Mouth)

    ㉠ 일반적 구전내용 : 개인적 경험, 타인경험, 대중매체 습득내용

    ㉡ 신뢰성 : 만족구전 < 불만족구전(1명의 불만족고객 9~10명에게 악성구전 전파)

    ㉢ 불만족구전 고객의 외적 영향

        • 충고습득 → 부정적 평가확인 → 동료 유사문제 재발 방지

        • 판매자 평판(판매자 과오, 기만 당했음을 호소)

(8) 총체적인 고객만족 실현 및 고객만족 효과

① 총체적 고객만족 실현

고객만족 요소	내 용
구입 전 만족	이 상품을 갖고 싶다 / 이 상품의 우수성을 이해한다 / 쇼핑이 즐겁다.
구입시 만족	원하는 물건을 살 수 있다 / 즉시 사용할 수 있다 / 안심하고 살 수 있다.
사용 중 만족	기대한 바와 같은 상품이다 / 상품의 사용이 용이하다 / 계속적으로 애용할 수 있다.
고장시 만족	빨리 수리되기 원한다 / 완전하게 수리되기 원한다 / 친절한 대응을 원한다.

② 고객만족, 불만족의 효과(1) - TARP사 조사

    ㉠ 96%의 불만고객은 불만을 표현하지 않는다. 즉, 불만고객 중 4%만이 불만을 제기한다.

    ㉡ 서비스에 불만을 갖는 고객의 90% 이상은 두 번 다시 오지 않는다.

    ㉢ 불만고객 한 사람은 적어도 주위의 9명에게 이에 대해 이야기한다.

    ㉣ 불만을 갖고 있는 고객 중 13%는 주위의 20명에게 이야기한다.

    ㉤ 고충을 신속하게 처리 받은 고객 중 90% 이상은 우리의 고정고객이 된다.

③ 고객만족, 불만족효과(2) – TARP사 조사

㉠ 만족의 정도와 재구매율

만족의 정도	재구매율
매우 만족	97%
만 족	76%
보 통	40%
불 만	22%
매우 불만	17%

㉡ 문제발생시 대치와 재구매율

문제발생 여부	재구매율
문제가 발생되지 않는다.	84%
문제가 발생되어 처리를 신속하게 받았다(만족).	92%
문제가 발생되어 처리를 제대로 받지 못했다(불만).	46%

⑼ 클레임 처리의 6단계

① 1단계 : 고객의 불만을 듣는다.

㉠ 선입관을 갖지 말고 관심을 가지고 듣는다.

㉡ 자기의 의견을 개입시키지 말고 전체적인 의견을 듣는다.

㉢ 중요한 사항을 메모한다.

② 2단계 : 고객에게 사죄한다.

설사 원인이 고객에게 있다 하더라도 클레임이 발생한 것에 대해 사과하도록 한다.

③ 3단계 : 클레임의 원인을 분석한다.

문제발생의 동기과정에 대한 정확한 문제점을 파악한다.

④ 4단계 : 해결책을 검토한다.

㉠ 자기의 권한 내에서 할 수 있는가를 검토한다.

㉡ 고객을 만족시킬 수 있는 방안을 검토한다.

㉢ 신속한 해결의 일정을 검토한다.

⑤ 5단계 : 고객에게 해결책을 제안한다.

㉠ 해결책을 알기 쉽게 설명한다.

㉡ 권한 이외의 것은 해결과정을 충분히 설명하고 양해를 구한다.

㉢ 처리방법은 고객이 선택하도록 한다.

⑥ 6단계 : 처리결과를 검토한다.

해결안이 제대로 시행되었는지 반드시 확인한다.

⑽ 클레임 대처방안(화난 고객)

① 클레임 처리 삼변원칙

㉠ 시간을 바꾼다(시간을 조금 둔다).

㉡ 사람을 바꾼다(담당 → 상사).

㉢ 장소를 바꾼다(매장 → 사무실).

② 화난 고객을 진정시키는 4A기법

㉠ Access Situation : 고객의 불만이나 화가 난 이유·상황을 파악하라.

㉡ Acknowledge : 고객을 인정하라.

㉢ Agree : 고객에게 당신이 해줄 수 있는 점에 동의하라.

㉣ Apologies : 이유를 대지 않고 사과하라.

⑾ 클레임을 에워싼 쌍방의 심리

① 고객의 심리

㉠ 난처함, 문제해결에 대한 초조감을 갖고 있다.

㉡ 피해자 의식이 있다.

㉢ 불신감과 "다른 회사도 있다."는 선택의식이 있다.

㉣ 자존심을 꺾고 싶지 않다.

㉤ 친절하고 공정하게 취급 받고 싶다.

㉥ 빨리 처리해 주길 바란다.

㉦ 규칙 또는 법률을 잘 모르기 때문에 불안감이 있다.

㉧ 가족이나 주위사람들로부터 오는 압박감이 있다.

㉨ 대자본(회사)에 대한 열등감이 있다.

② 고객 접점 직원의 심리

㉠ 바쁘다(귀찮다).

㉡ 규칙이나 관례는 꼭 지켜야 한다.

㉢ 어느 한 손님만 특별 취급해서는 안 된다.

㉣ 업무(기술)는 정확하다.

㉤ 만약 과실이 있다면 신용문제나 회사의 책임문제로까지 미칠까 두렵다.

㉥ 대메이커이다. 그리고 자신은 소속된 전문가라는 우월감이 있다.

인적판매와 판매원 관리

인적판매의 개념 및 역할

1. 인적판매의 개념 및 목표

인적판매(Personal Selling)는 판매원(Salesperson)이 직접 고객과 대면하여 자사의 패션 제품이나 서비스를 구입하도록 권유하는 커뮤니케이션 활동을 말하며 판매원 판매라고도 한다.

최근 들어 직장 여성들의 증가로 쇼핑할 시간이 줄어듦에 따라 우편이나 통신판매 혹은 전자상거래를 통한 상품 구매가 늘고 할인점에서의 셀프 서비스가 증가함에 따라 인적 판매의 비중이 과거보다 줄어들고 있다. 그러나 여전히 대부분의 소비자들이 점포 방문을 통해 패션 상품들을 구매하고 있으며 매장에서 고객들이 직접 접촉하게 되는 판매원은 잠재고객을 실제 구매자로 바꾸는 데 매우 중요한 역할을 담당한다. 유능한 판매원들을 관리하는 데는 많은 비용이 들지만 인적판매는 광고나 판매촉진과 같은 다른 커뮤니케이션 믹스와 달리 상황이나 고객의 요구에 따라 융통성 있게 대응할 수 있기 때문에 매우 효과적이다. 이처럼 판매원의 중요한 역할은 판매과정과 판매 후 서비스를 통해 고객의 만족을 높이고, 고객의 특정 욕구를 정확히 파악하여 의류업체의 머천다이저나 점포의 바이어에게 전하는 데 있다.

2. 패션 점포에서 판매원의 역할

(1) 소비자에게 패션을 제안한다.

판매원의 역할은 주로 원하는 옷을 입어보게 하거나 고객이 그 상품을 구매하도록 설득하는 것으로 인식되기 쉽다. 하지만 최근에는 패션 상품과 유행에 대한 전문적 지식을 가지고 고객의 체형과 착용상황 및 욕구에 맞는 패션 상품의 코디네이션을 제안함으로써 판매를 증가시키고 점포 충성도를 높이는 데 기여하는 패션 제안자(FA ; Fashion Advisor)로서의 역할 인식이 더욱 중요시된다.

(2) 패션 점포의 이미지를 높인다.

패션 점포에서 소비자들이 즐거운 쇼핑 경험을 할 수 있도록 판매원들은 고객에게 음료수를 대접하거나 고객이 원하는 상품이 없을 경우에는 다른 매장에 연락을 해서 고객이 원하는 상품을 구해주거나 무거운 물건을 주차장까지 배달하는 것 등의 서비스를 제공한다. 최고의 서비스 제공을 통한 고객에 대한 배려는 고객으로 하여금 특별한 대접을 받고 있다고 느끼게 할 뿐만 아니라 더 나아가 점포 이미지를 높이는 데까지 연결될 수 있다. 예를 들어 알래스카에 있는 노드스트롬 백화점의 판매원은 고객의 자동차를 미리 시동시켜 주는 서비스를 제공할 정도이다.

(3) 소비자와 의류업체를 연결시키는 의사전달자이다.

패션 점포의 컴퓨터는 판매된 의류의 스타일이나 색상에 대해서 즉시 결과를 제시하여 주지만 특정 상품이 왜 팔리지 않았는지 또는 신상품에 대한 고객의 반응을 구체적으로 알려줄 수는 없다. 그러나 판매원들은 컴퓨터나 설문지 조사로 측정하기 어려운 고객의 패션에 대한 욕구나 감성을 신속·정확하게 알 수 있기 때문에 패션 점포의 상품구성뿐만 아니라 의류업체의 상품기획에서도 매우 중요하다. 그러므로 국내 대부분의 의류업체 품평회에서 판매원은 디자이너나 머천다이저와 함께 다음 시즌 상품기획의 방향 설정에 중요한 역할을 담당하고 있다.

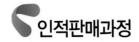인적판매과정

다른 패션 촉진 믹스 요소들이 갖는 기능과 마찬가지로 인적판매과정은 고객과의 직접적인 상호작용을 통해 패션 상품을 알게 해주고 그것을 구매하도록 설득하는 것으로, 일반적으로 고객예측(Prospecting), 사전접근(Preapproaching), 접근(Approach), 제품소개 (Presentation), 소비자 의견에 대한 대응(Meeting Objections), 구매권유(Close), 사후관리(Following up)의 7단계로 나누어 볼 수 있다.

이러한 단계들은 연속적인 과정으로 회사의 전체적인 마케팅 전략에 맞추어서 실행되어져야 한다.

[인적판매과정의 단계별 판매원 활동]

구 분	단 계	목 표	활 동
준 비	고객예측	적절한 고객을 예측한다.	평소에 우리 매장을 이용하는 고객의 정보를 수집해 예상고객들이 좋아하는 의복의 특징 등을 분석하고 예측한다.
	사전접근	판매제시를 보다 효과적으로 하기 위해 고객에 대한 추가적 정보를 얻는다.	다른 판매원과의 판매정보교환, 대중 매체에서 소개된 유행에 관한 기사, 개인적 관찰 등을 통해 의류구입 소비자들이 원할만한 정보를 얻는다.
설 득	접 근	예측된 고객의 주의를 끌고 판매설득을 시작하려 한다.	판매원은 자신의 소개와 아울러 의류 제품의 디자인 특징에 대한 소개를 시작한다.
	제품소개	소비자가 제품이나 서비스에 대한 호감을 갖고 구매하고 싶도록 한다.	판매원은 최근의 유행이나 소비자의 취향에 맞는 제품을 소개한다. 제품 소개를 하면서 소비자가 입어보도록 한다.
	소비자 의견에 대한 대응	소비자가 제품을 구매하지 않으려는 이유를 알아내고 이를 제거하려고 노력한다.	디자인, 색상, Fitting에 대한 소비자의 부정적 의견을 해결하며 구매설득에 필요한 정보를 제공한다.
	구매권유	소비자와 구매계약을 맺는다.	구매결정을 도와줄 수 있는 정보를 제시하고 구매행동에 불편함이 없도록 한다.
판매 후 서비스	사후관리	구매한 소비자의 질문에 응답하고 소비자가 겪고 있는 문제들을 해결한다.	성의를 다하는 효과적인 사후관리는 소비자의 만족을 증대시켜 주고, 새로운 판매기회를 제공할 수 있다.

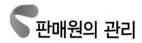

판매원의 관리

1. 고객 서비스 마인드

(1) 판매사원(샵마스터 , 패션샵매니저 사원)의 기본요소

① 의 욕

㉠ 의욕 없는 판매사원은 판매사원으로서의 자격이 없다.

㉡ 모든 것의 기초가 되는 것이 의욕이다.

② 체 력

㉠ 체력이란 건강과 마찬가지이다.

㉡ 건강하지 못한 사람은 일을 수행하는 데 끈기가 없고 제일 중요한 시기에 힘을 발휘할 수 없다.

③ 애 정

㉠ 자신의 일에 대한 애정이 고객에 대한 애정이며 상품을 사랑하고 매장(동료사원 포함)을 사랑하는 것이다.

㉡ 고객을 사랑하는 판매사원은 고객의 마음을 알고 지금 고객이 무엇을 원하고 있는가를 손쉽게 알게 된다.

㉢ 판매상품 및 근무상황에 애정을 가지고 있다면 고객에 대해서도 자신감을 가지고 권할 수 있게 된다.

(2) 판매사원(샵마스터 , 패션샵매니저 사원) 행동의 5S 원칙

① SMILE(웃는 얼굴) : 밝은 마음, 감사의 마음은 웃음 띤 얼굴과 미소로써 표현된다.

㉠ 에티켓 : 상대에게 폐를 끼치지 않는 것이다.

㉡ 스마일의 3요소 : 건강, 정신적인 여유, 고객의 입장에서 생각한다.

② SPEED(신속)

㉠ 신속한 움직임으로 활기차고 밝은 분위기를 연출한다.

㉡ 기다리지 않게 하는 것이다.

③ SMART(기법 · 아름다움) : 정교, 공들인다, 깨끗한 것

㉠ 손재주를 필요로 하는 일을 능숙하게 해냈을 때 신뢰를 얻는다.

㉡ 포장이나 동작 등은 예쁘고 능숙하게 한다.

④ SINCERITY(성실)

인간으로서도, 사원으로서도 근본이 되는 중요한 마음가짐이다.

⑤ STUDY(연구) : 자기계발, 꾸준한 공부

㉠ 반드시 근무 매장의 사장 및 사원의 이름·신상에 대해 기억한다.

㉡ 고객심리, 접객기술, 상품지식에 대해 연구한다.

(3) 판매사원(샵마스터 , 패션샵매니저 사원)의 10대 명심사항

① 정직하라.

② 긍정적으로 생각하라.

③ 사명감을 가져라.

④ 참아라.

⑤ 고객의 입장에서 생각하라.

⑥ 고객의 마음에 들도록 노력하라.

⑦ 공평하게 대하라.

⑧ 원만한 성격을 가져라.

⑨ 부단히 반성하고 개선하라.

⑩ 투철한 서비스 정신으로 무장하라.

(4) 서비스 마인드 제고를 위한 기초사항

① 복장과 몸가짐을 단정히 한다.

② 출퇴근 시간 등을 엄수한다. 출근하면 상사나 동료에게 먼저 인사하고, 퇴근시에는 하루 반성을 마치고 자신에게 주어진 공간을 정리·정돈한다.

③ 근무시간에는 정해진 장소와 주어진 업무에 전념한다. 어쩔 수 없는 이유로 일하는 장소를 이탈해야 할 때에는 상사 또는 동료에게 용건과 소요시간 등을 말한다.

④ 지각·조퇴·결근은 반드시 피해야 하며, 어쩔 수 없는 사정이 있을 때는 반드시 사전에 상사에게 보고해야 한다.

⑤ 업무상 실수나 불만제기가 있는 경우 곧바로 상사에게 보고한다.

(5) 판매사원(샵마스터 , 패션샵매니저 사원)의 기본요건 체크리스트

① 고객에게 언제나 성의를 다하여 접객하고 있다.

② 상품에 관한 어떤 질문에도 답할 수 있다.

③ 손님의 클레임은 납득하도록 처리할 수 있다.

④ 여유가 있을 때는 상품을 정리 · 정돈하고 있다.

⑤ 매장 내 청소, 정리 · 정돈에 항상 유의하고 있다.

⑥ 자리를 이석할 때 동료에게 업무인계를 확실히 하고 있다.

⑦ 항상 반듯한 자세로 업무에 임하고 있다.

⑧ 고객 대기시간 중 불쾌한 행동이 발생되지 않도록 유의하고 있다.

⑨ 항상 신속하고 정확하게 업무를 처리하고 있다.

⑩ 밝은 미소와 따뜻한 말로 언제나 고객을 가족처럼 대하고 있다.

(6) 판매사원(샵마스터 , 패션샵매니저 사원)에게 최대로 요구되는 것

변화에 적응할 수 있는 마음

(7) 환경이나 상황에 변화가 일어난 경우

변화의 상황을 정확히 파악하고 지금 무엇이 제일 중요한 것인가를 수시로 판단 · 행동하는 능력이 요구된다. 의욕 없는 판매사원은 판매사원으로서의 자격이 없다. 모든 것의 기초가 되는 것은 의욕이기 때문이다.

2. 서비스 이미지 메이킹

(1) 서비스인이 갖추어야 할 사항

성공하는 서비스인이 되려면 어떻게 해야 할까? 역설적인 방법으로 나쁜 서비스를 제공하는 사람의 모습을 살펴보면 그 실마리를 찾을 수 있다. 론 젬키 등은 고객을 언짢게 하는 서비스인의 행동과 태도를 대표하는 언어를 사용하여 고객서비스의 10가지 죄악을 설명하였다. 이러한 서비스를 제공하는 사람은 어디서나 성공하기 어렵다. 서비스인으로서 자신의 가치를 높이고자 한다면 고품질의 서비스를 제공하는 데 필요한 역량을 갖추어야 한다. 기본적으로 서비스에 대한 친절한 이해와 지식(Knowledge), 상대방의 입장을 공감하는 역지사지의 따뜻한 가슴과 상대방을 배려하는 태도(Attitude), 그리고 신속하고 정확하게 서비

스를 제공할 수 있는 서비스 스킬(Skill)을 갖추어야 한다. 그러나 고품질의 서비스는 이것만으로는 부족하며 서비스에 대한 의욕 · 체력 · 애정이 있어야 한다.

(2) 서비스인의 마음자세

서비스인에게 필요한 지식, 태도, 스킬의 세 가지 요소는 모두 중요하지만 우선 순위를 따진다면 태도(마음 · 인성)가 가장 중요하다. 서비스에 대한 지식과 스킬은 훈련하고 노력하면 단기간에 습득할 수 있지만 건전한 인성은 단기간에 갖추기 어렵기 때문이다. 서비스는 사람을 상대하는 일이기 때문에 사람에 대한 자세가 건강하지 않은 서비스인은 내면적으로 겪는 갈등과 스트레스 때문에 고통을 경험하게 될 뿐만 아니라 고객과의 관계 또한 많은 문제를 야기해 그가 속한 조직에 피해를 입히기 쉽다. 따라서 서비스인에게 무엇보다 중요한 것은 인간에 대한, 곧 자신과 타인에 대한 건강한 마음의 자세이다.

(3) 서비스인의 이미지 메이킹(Image Making)

① 이미지

㉠ 이미지란 마음속에 그려지는 사물의 감각적 영상 · 심상으로 타인의 거울에 비친 모습이며 자신이 타인에게 공개하도록 허락한 자신의 총체이다.

㉡ 이미지(Image)의 어원은 라틴어 '이마고(Imago ; 흉내내다)'로서 사전적인 의미로는 형태나 모양, 느낌, 영상, 관념 등을 의미한다. 따라서 이미지는 어느 대상, 특히 사람의 경우 외적인 모습, 상상 또는 상징, 표상이라고 정의된다.

㉢ 한 사람이나 한 기업의 모습을 떠올리면 그 사람이나 그 이름과 함께 마음 속에 떠올려지는 얼굴, 생김새, 표정, 음성, 말투, 옷차림, 걸음걸이, 함께 있을 때의 느낌, 성격, 신뢰감 등 수많은 생각들이 얽히고 풀리면서 점차 하나의 형체가 만들어 진다. 이렇게 우리 나름의 사고와 취향에 따라 편집되어 만들어지는 그 사람이나 그 기업에 대한 생각의 덩어리와 하나로 통합되어지는 독특한 감정, 그리고 고유한 느낌들이 있는데 이 것을 행위 결과로서의 이미지라고 할 수 있다.

② 이미지 메이킹의 중요성

이미지 메이킹은 현대 생활예절에 필요한 요소로서 자신을 돌보고 관리하는 것에서 시작하여 타인을 배려하는 것으로 이어지는 사회적 행위이다. 즉, 이미지 메이킹은 자신을 좀 더 매력적으로 표현하고자 하는 것에서 시작하여 구체적으로 자신을 디자인해 나가는 과정이라 할 수 있는데 이는 시각 언어의 효율적 사용을 통한 자신의 모습을 최상으로 끌어내는 일이다. 절제된 외모는 예의바른 행동을 불러오고 조화로운 자기관리는 좋은 이미지의 창출에 기여하며 자신의 차별화 · 특성화 전략은 경쟁시장에서의 성패를 좌우한다. 이처럼 자신의 단점을 보완하고 장점을 부각시키는 효과적 기술로서의 이미지 메이킹은 이제 특정 전문인에게만 국한된 분야가 아니라 현대인에게 있어 성공적인 삶을 위한 필수요소가 되었다.

3. 친절서비스 기본 동작

(1) 표정과 스마일 만들기

① 미소의 목적

첫인상에서 고객에게 신뢰감 · 친근감을 갖게 하고, 세련된 모양을 갖추어 고객만족의 출발점으로 삼는다.

② 미소의 효과

㉠ 상대방을 안심시키고 편하게 한다.

㉡ 상대방과 인간관계를 좋게 한다.

㉢ 자신의 인상을 좋게 한다.

㉣ 자신의 마음도 좋게 한다.

③ 밝은 표정 만들기

풍부한 표정은 타고나는 것이라기보다는 연습을 통해서 가꿀 수 있다. 밝은 표정을 익히기 위해서는 눈과 입 주위의 근육운동이 중요하다.

㉠ 눈 썹

• 찡그린 표정의 눈썹을 만들어 본다.

• 웃는 표정의 눈썹을 만들어 본다.

• 손가락을 수평으로 눈썹에 닿을까 말까 할 정도로 자를 대고 눈썹만 상 · 하로 올렸다 내렸다 한다.

㉡ 눈, 눈두덩이

• 조용히 눈을 감고 마음을 안정시킨다.

• 눈을 뜨고 '오른쪽 → 위 → 아래 → 왼쪽'으로 굴린다.

• 눈두덩이에 힘을 주어 꼭 감는다. 1~2회를 반복한다.

• 깜짝 놀란 표정으로 눈과 눈두덩이를 올린다.

ⓒ 입, 뺨
- 발음을 겸하여 '아-에-이-오-우-이' 하고 크게 입을 벌린다.
- 입을 다물고 뺨을 부풀린다. 뺨을 부풀린 채, 입을 좌우로 재빨리 반복적으로 움직이게 한다.
- 입가를 옆으로 최대한 당긴다. 입술을 뾰족하게 내미는 것을 반복한다.

ⓔ 턱, 코 : 아래턱을 오른쪽, 왼쪽으로 움직인다.

3분 스마일 훈련
- '호'의 소리내기 : 큰소리로 '호' 하고 두 번 소리를 낸다.
- '하'의 소리내기 : 큰소리로 '하' 하고 두 번 소리를 낸다.
- '히'의 소리내기 : 큰소리로 '히' 하고 두 번 소리를 낸다.
- '후'의 소리내기 : 큰소리로 '후' 하고 두 번 소리를 낸다.
- '헤'의 소리내기 : 큰소리로 '헤' 하고 두 번 소리를 낸다.

⑵ 친절 기본동작

① 인사법

ⓐ 인사의 종류
- 목례(15도)
  - 협소한 장소에서 행하거나 친근한 사람과 행하는 인사
  - 상체를 15도 정도 앞으로 기울여 잠깐 멈추었다가 원래대로 바로 선다.
  - 시선은 인사전후 상대방의 눈을 본다.
- 보통례(30도)
  - 일상생활에서 가장 많이 행해지는 인사(윗사람에게 하는 인사)
  - 가벼운 인사보다 깊게 상체를 기울이고, 원래대로 되돌아오는 동작의 구분을 분명히 한다.
- 정중례(45도)
  - 정중히 사과·감사의 마음을 표할 때, 배웅의 경우에 사용
  - 상체를 45도 앞으로 깊게 숙여 보다 정중함을 표하며, 동작의 요령은 보통의 인사와 같다.

ⓑ 인사의 올바른 동작
- 손의 자세
  - 남 : 차렷 자세로 손은 계란을 쥐듯 가볍게 쥐고 바지 재봉선에 맞춰 내린다.
  - 여 : 오른손의 엄지를 왼손의 엄지와 인지 사이에 끼워 아랫배에 댄다.

- 인사해야 할 상대방과 눈을 마주친 후(Eye Contact), 등과 목을 펴고 배를 당기며 허리부터 숙인다(허리 인사).
- 숙인 상태에서 스톱모션을 취한다(1초의 미학).
- 굽힐 때보다 천천히 상체를 들어 올린다.
- 상체를 들어 올리고 똑바로 선 후, 다시 눈을 상대방과 마주친다.

② 전화예절

㉠ 전화 거는 방법
- 전화를 걸기 전 상대방의 전화번호, 소속, 성명을 확인한다.
- 장거리 통화일 경우 미리 다른 용건이 더 없는가를 확인한다.
- 필요한 서류나 자료를 정리하여 갖춰둔다.
- 통화할 용건과 순서를 메모한다.
- 전화를 건 후 먼저 자신의 소속과 이름을 밝힌다.
  📳 "안녕하세요. ○○○브랜드 ○○○입니다."

㉡ 전화를 받는 방법
- 벨이 울리면 바로 받는다(메모지 준비).
- 인사말과 부서명, 이름을 분명히 말한다.
- 상대방을 확인하고 용건을 묻는다.
- 문의사항에 대해 최대한 친절히 대답한다.
- 상대방의 이야기를 들으면서 요점, 전화내용을 확인한다(메모지).
  📳 '감사합니다.', '수고하십시오.', '좋은 하루 되세요.' 등의 끝맺음 인사를 한다.
- 상대방이 먼저 수화기를 놓은 뒤에 조용히 수화기를 놓는다.

③ 명함교환

㉠ 명함을 줄 때
- 고객의 가슴에서 허리 사이로 두 손으로 준다.
- 자기의 이름이 상대방 쪽에서 보이도록 내민다.
- 반드시 일어서서 "○○○에 있는 ○○○입니다."라고 소개를 한다.
- 고객의 신체 사이즈, 선금금액, 다양한 인사말을 기재하여 준다.

㉡ 명함을 받을 때
- 두 손으로 받는다.
- 받은 명함은 그 자리에서 보고, 어려운 글자는 바로 물어본다.
- 받은 명함은 면담 중 책상에 내려놓은 후, 사후 명함철에 보관한다(고객의 특징, 구입 제품명 등을 기재하여 고정고객 리스트 관리에 활용).

(3) 자 세

인간의 고유한 몸짓언어는 말을 보충하며, 말하는 것을 강조하고 명확하게 한다. 또한 어떤 경우에는 몸짓이 말에 덧붙여지는 것이 아니라 말을 대신할 정도로 효율적이기도 하다. 자세나 태도는 사회화된 언어의 일부로 통하며 대개 심리 상태나 일정한 특징을 나타내는 움직임으로 표현된다. 정형화된 자세 및 동작은 언어의 효율성을 극대화하고 사람과 사람끼리의 의사표시를 분명하게 도울 뿐 아니라 호감을 주는 이미지 형성에도 중요한 요소로 작용한다.

① 자세와 동작은 마음의 표현
  ㉠ 자신을 아름답게 보이게 한다.
  ㉡ 호감과 신뢰감을 준다.

② 자세 동작의 포인트
  ㉠ 등줄기를 곧게 편다.
  ㉡ 손가락은 가지런히 모은다.
  ㉢ 동작은 하나하나 끊어 연결한다.
  ㉣ 시작보다 마무리 동작을 천천히 한다.
  ㉤ 자연스러운 눈 맞춤을 한다.

③ 선 자세(여성)
  ㉠ 발을 V자 모양으로 하여 오른발을 약간 뒤로 뺀다.
  ㉡ 무릎은 힘을 주어 붙인다.
  ㉢ 엉덩이는 힘을 주어 위로 당긴다.
  ㉣ 배는 힘을 주어 앞으로 내밀지 않도록 한다.
  ㉤ 등줄기는 꼿꼿이 편다.
  ㉥ 가슴은 쭉 펴고 턱은 당긴다.
  ㉦ 팔은 가볍게 굽혀서 오른손을 위로하여 왼손과 가볍게 포개어 쥔다.
  ㉧ 미소 지을 때 입 꼬리를 위쪽으로 향하여 윗니가 보이도록 한다.
  ㉨ 시선은 정면을 향한다.
  ㉩ 선체석으로 천성에서 당기는 듯한 느낌이 들도록 선다.

④ 바르게 앉기와 일어서기
  ㉠ 한쪽 발을 뒤로 당겨 균형 있게 앉는다.
  ㉡ 여성의 경우 스커트 뒷자락을 한 손으로 잡고 앉는다.
  ㉢ 다른 한 발을 당겨 나란히 붙여 비스듬히 내놓는다.

ⓔ 무릎과 발끝을 붙이고 손은 모아 무릎 위에 올려놓는다.

ⓜ 어깨너머로 의자를 보고 의자 깊숙이 앉는다.

ⓗ 턱은 당기고 시선은 정면으로 상대의 눈을 본다.

ⓢ 항상 일어설 수 있는 자세로 하며, 무릎은 반드시 붙인다.

⑤ 걷는 자세

ⓐ 어깨와 등을 곧게 펴고 시선은 정면을 향한다.

ⓑ 무릎은 곧게 펴고 배를 당기며 몸의 중심을 허리에 둔다.

ⓒ 턱은 당기고 시선은 자연스럽게 앞을 본다.

ⓔ 팔을 자연스럽게 흔들고 무릎은 스치듯 걷는다.

ⓜ 발 앞부리가 먼저 바닥에 닿도록 하며 걷는 방향이 직선이 되도록 한다.

ⓗ 발소리가 나지 않도록 체중은 발 앞에 싣는다.

ⓢ 발을 끌어당겨 옮기기에 적당한 속도로 걷는다.

ⓞ 한 줄의 선 위를 걷는 것처럼 걷는다.

⑥ 계단 오르기

ⓐ 상체를 곧게 펴고 몸의 방향을 비스듬히 하여 걷는다.

ⓑ 무게중심을 발의 앞부리에 두어 소리가 나지 않게 걷는다.

ⓒ 올라갈 때의 시선은 15도 정도 위를 향한다.

ⓔ 내려갈 때의 시선은 15도 정도 아래를 향한다.

ⓜ 올라갈 때는 남자가 먼저, 내려갈 때는 여자가 먼저 내려간다.

ⓗ 스커트 착용시에는 아래 있는 사람을 의식해서 걷는다.

⑦ 방향을 가리킬 때

ⓐ 손가락을 가지런히 모아 바닥을 위로하여 손 전체로 지시한다.

ⓑ 손등이 보이거나 손목이 굽지 않도록 한다.

ⓒ 어깨부터 움직여 팔꿈치를 굽히면서 가리키고 팔의 각도로 거리감을 표시한다.

ⓔ 시선은 상대의 눈에서 지시하는 방향으로 갔다가 다시 상대의 눈으로 옮겨 상대의 이해도를 확인한다.

ⓜ 우측을 가리킬 경우에는 오른손, 좌측을 가리킬 경우에는 왼손을 사용한다.

ⓗ 사람을 가리킬 경우에는 두 손을 사용한다.

ⓢ 뒤쪽에 있는 방향을 지시할 때에는 반드시 몸의 방향도 뒤로 하여 가리킨다.

⑧ 물건을 주고받을 때

ⓐ 물건을 건네주는 위치는 가슴부터 허리 사이가 되도록 한다.

ⓑ 반드시 양손을 사용한다. 작은 물건의 경우에는 한 손을 다른 한 손 밑에 받친다.

ⓒ 사용자의 편의를 고려하여 전달한다.

ⓔ 물건을 전달하면서 물건명을 말한다.

ⓜ 밝은 표정과 함께 시선은 상대방의 눈과 전달할 물건을 본다.

⑨ 바닥에 떨어진 물건을 주울 때

ⓐ 양다리를 붙이고 옆으로 앉았다 일어선다.

ⓑ 상체는 가급적 숙이지 말고 편다.

패션 전문 판매원의 특성

판매원은 회사와 고객을 연결시켜 주기 때문에 패션 회사는 자사의 판매원들을 통하여 상품을 판매할 뿐만 아니라 시장과 고객에 대한 중요한 정보를 수집할 수 있다. 또한 매장에서 판매원이 고객에게 보여주는 이미지는 그 회사의 이미지로 직결된다. 반면, 판매원은 회사와 고객의 기대와 요구를 모두 충족시켜야 하기 때문에 그 일은 결코 쉽지 않다. 따라서 고객의 욕구에 맞춰 융통성 있게 대처하기 위해서는 전문적인 판매원 교육이 이루어져야 한다. 국내의 패션 업체의 판매원들이 단순한 영업사원으로 여겨진 적도 있었지만 최근에는 판매원을 전문영역으로 세분화시키고 있다. 일부 의류업체에서는 전문 판매원에게 판매전문 관리자(Shop Manager, Shop Master)라는 직책을 주고 그 매장에 대한 관리를 전담하는 전문인으로 키우고 있다. 이것은 뛰어난 전문 판매원의 자질과 특성은 타고나기도 하지만 시간과 노력을 투자하여 학습되어질 수 있다는 사고에서 나온 것으로 외모와 상품지식, 의사전달 능력과 같은 중요한 자질이 요구된다.

1. 판매원의 외모

일반적으로 패션 점포에서 일하는 전문 판매원의 외모에 대해서는 특정한 규칙이 있다기보다는 브랜드 이미지와 어울리는 외모를 가진 판매원들에게 자사 제품의 의복을 착용시키는 것이 가장 효율적이라는 것에는 대체로 동의하고 있다. 이러한 예로 일본의 꼼데 가르송(Comme de garcon)이라는 브랜드가 파리에 진출하여 판매원들에게 House Mannequin의 역할을 수행하도록 자사의 의류를 입게 하는 경우와 랄프 로렌에서 판매원들이 일정 금액을 회사로부터 지원받아 자사 제품을 구매토록 하고 근무시에 이를 착용하도록 하는 방침 등을 꼽을 수 있다.

2. 상품과 소비자에 대한 지식

패션 전문 판매원은 우선 자신이 취급하는 패션 상품에 대한 기본지식(예 소재, 색상, 사이즈 체계, 관리방법)을 갖추어야 한다. 또한 자사의 상품과 최신 유행이 어떻게 서로 조화되는지를 설명하고 코디네이션할 수 있는 방법들을 고객에게 제시할 수 있어야 한다. 이 외에도 판매 원은 특별주문, 배달, 카드사용, 제품반환, 수선 등과 같은 특별 고객 서비스에 신속하게 대 응할 수 있어야 한다. 이에 따라 의류업체나 소매상들은 판매원에게 자사의 패션 상품과 표 적고객의 취향이 서로 어떻게 조화되는지에 대한 지식을 제공하기 위해 정기적인 판매회의 나 상품 설명회를 열어 유행경향과 소비자 정보, 자사의 패션 상품의 특성 등을 교육시키고 있다. 또한 팸플릿이나 패션 비디오테이프를 제공하여 판매할 상품에 대한 충분한 설명과 함께 특정 품목을 팔 때 무엇을 강조해야 하고 어떻게 코디네이션 해야 할 것인가를 주지시 키는 방법도 활용하고 있다.

3. 의사 전달 능력

패션 전문 판매원은 소비자에게 신뢰를 주고 구매를 설득할 수 있는 적절한 의사 전달 능력 을 가지고 있어야 하는데, 이를 위해 충분한 패션 정보를 가지고 있어야 한다. 판매원들의 의사 전달 능력은 저절로 형성되는 것이 아니며 교육기관, 오디오, 비디오테이프 등의 활용 을 통해 적당한 억양과 음성, 스피치 등을 훈련함으로써 향상될 수 있다.

4. 회사에 대한 충성심

흔히 판매원들은 일하는 시간이 타 업종에 비해 길고 힘이 들어 약간의 임금인상이나 더 좋 은 근무시간 조건 때문에 이 회사 저 회사로 옮겨 다니는 경우가 많다. 그러므로 의류업체나 패션 점포의 경영진은 회사의 정책방향이나 판매 목표를 알려줌으로써 전문 판매원이야말 로 회사의 중요한 자산임을 인식시켜 회사에 대한 충성심을 고취시켜야 한다. 예를 들어 영 국 최대의 패션업체인 막스 앤 스펜서(Marks & Spencer)의 판매원을 포함한 종업원에 대 한 각별한 복지정책은 세계적 수준이다. 급여 수준은 물론 고등학교를 졸업하고도 상점의 지배인이나 이사급 관리직까지 오를 수 있는 막스 앤 스펜서의 인적 관리정책은 판매원들에 게 회사에 대한 강한 애착심을 갖게 하는 요인이 되고 있다.

001

서비스마인드 제고를 위한 기초사항이 아닌 것은?

① 복장과 몸가짐을 튀게 한다.
② 출퇴근 시간 등을 엄수한다.
③ 근무시간에는 정해진 장소에서 주어진 업무에 전념한다.
④ 매장 내 비품, 소모품, 시설 등이 물건은 원가의식을 가지고 취급한다.

002

의류매장 판매화법 내 결정화법 중 결정을 망설이는 고객에게 선택을 할 수 있도록 하는 방법으로 한 상품의 장점과 상품의 포인트(가격, 원단의 품질 강조) 등을 설명하는 방법은?

① 추정승낙법
② 양자택일법
③ 긍정암시법
④ 판매유도법

003

격한 항의를 하는 고객의 심리 및 현상과 상관없는 것은?

① 무리한 요구, 억지, 훈계
② 자존심의 보상요구
③ 말을 들으려 하지 않고 말꼬리를 잡고 트집을 잡는다.
④ 고객은 전혀 자신의 태도가 지나침을 알지 못한다.

004

고객 클레임 처리고객 중 만족고객의 추이로 옳지 않은 것은?

① 단골고객화
② 신규고객 창출
③ 정보원천 활용
④ 잠재고객 상실

005

직원의 동기부여방안 중 직원관리를 전략으로 활용하여 매출을 극대화시키는 방안으로 옳지 않은 것은?

① 감성판매로 1차, 2차, 3차 고객 유입
② 직원은 최소비용과 최대효과로 운영
③ 직원과 서로 공유
④ 직원들의 대고객 마인드 변화

006

인사의 올바른 동작으로 옳지 않은 것은?

① 인사해야 할 상대방과 눈을 마주친 후, 등과 목을 펴고 배를 당기며 허리부터 숙인다.

② 숙인 상태에서 스톱모션을 취한다.

③ 굽힐 때보다 천천히 상체를 들어 올린다.

④ 상체를 들어 올리고 똑바로 선 후, 인사 전 상대방과 눈을 마주쳤으므로 다시 눈을 마주칠 필요는 없다.

007

구입하고 난 후의 고객과 고정적 유대관계를 형성하고 지속적 도움을 주기 위해 실시하는 매장 내 행동지침은?

① 해피 콜

② 명함 전달

③ 업무 처리시 확인

④ 상품부족 등 문제발생시 적극적인 노력

008

다음 중 직영매장에서 샵마스터제도를 도입함으로써 얻어지는 효과와 거리가 먼 것은?

① 상품의 Loss 및 재고부담 경감

② 주인의식 결여로 인한 매출감소

③ 인센티브제도를 통한 동기유발

④ 직원의 급여와 매장경비 및 간접비 감소

009

"어제 ○○손님은 이 제품을 구입하시고 다른 분을 모시고 오셔서 또 구입하셨습니다"의 화법은?

① 질문법

② 판매유도법

③ 사례화법

④ 자료이용법

010

입점한 외국인 고객에게 신속한 응대를 위한 접객요령으로 적절치 못한 것은?

① Can you show me others?

② What style are you looking for?

③ Do you like this?

④ What size do you wear?

011

단계별 매장 내 행동지침 10단계 중 대기단계에서의 행동지침으로 틀린 것은?

① 대기자세는 정적 대기자세와 동적 대기자세로 구분할 수 있다.

② 시선을 15도 아래로 떨어뜨려 정중함을 유지한다.

③ 밝은 표정으로 고객의 태도나 동작을 관찰한다.

④ 판매사원이 여성일 경우 두 손을 가볍게 아랫배에 대고, 발뒤꿈치를 붙이며 밝은 표정으로 고객의 태도나 동작을 관찰한다.

012

입점한 고객에 대한 신속 응대단계의 설명으로 틀린 것은?

① 적절한 안내자세를 취한다.

② 판매원을 찾는 기미가 보일 때 천천히 접근하며 응대한다.

③ 고객이 말을 건넬 때는 밝게 대답하고 빠른 동작으로 고객을 향해 다시 웃는 얼굴로 응대한다.

④ 또 다른 고객이 입장 할 때 "손님 잠시만 둘러보시면서 기다려 주십시오. 죄송합니다. 바로 응대해 드리겠습니다."라고 양해를 구한다.

013

판매사원의 판매화법 중 카탈로그, 상품 코디네이터 자료 등을 이용하여 대화하는 형태는?

① 질문법 　　　② 판매유도법
③ 자료이용법 　　④ 가정법

014

성격이 조용하고 말이 없는 고객의 응대요령으로 틀린 것은?

① 손님의 페이스에 말려들지 않도록 밝게 응대한다.

② 질문해도 대답해주지 않을 때는 물러나서 다시 접근할 기회를 기다린다.

③ 손님이 좋아할 만할 제품을 제시하며 흥미를 끌어본다.

④ 적극적인 상품정보와 제품에 대한 특성을 설명한다.

015

고객만족, 불만족의 효과에 대한 설명 중 틀린 것은?

① 96%의 불만고객은 불만을 표현하지 않는다.

② 고충을 신속히 처리 받은 고객 중 90% 이상은 고정고객이 된다.

③ 서비스에 불만을 갖는 고객의 90% 이상은 두 번 다시 오지 않는다.

④ 불만을 갖고 있는 고객 중 13%는 적어도 주위의 9명에게 이에 대해 이야기한다.

016

판매사원의 인사법 중 기본동작에 관한 설명으로 틀린 것은?

① 숙인 상태에서 스톱모션을 취한다.

② 굽힐 때보다 천천히 상체를 들어 올린다.

③ 상체를 45도 앞으로 깊게 숙여 보다 정중함을 표하는 인사법을 목례라 한다.

④ 상체를 들어 올리고 똑바로 선 후, 다시 눈을 상대방과 마주친다.

017

의류고객의 구매심리 7단계 중 연상단계에 대한 설명으로 옳은 것은?

① 사용 후 효과에 따른 주변반응을 고려하게 된다.

② 더 싼 것은? 다른 것은 없는가 비교한다.

③ 주위의 것과 비교하기도 하고 다른 상점에서 봤던 것 또는 친구들이 갖고 있던 것과 비교·검토한다.

④ 특정제품이 자기에게 가장 적합한 것일까 하는 의문을 도출한다.

018

고객의 클레임처리 중 주의할 점을 설명한 것으로 옳지 않은 것은?

① 고객의 클레임 제기시점에서 문제점을 파악하여 보상 정도를 제시한다.
② 듣기에 주력하고 말을 절제하며 말을 자르지 않는다.
③ 고객의 감정이나 의도에 말려들지 않는다.
④ 고객의 항의내용을 부정하거나 무시하지 않고 고객의 잘못을 지적하지 않는다.

019

외국인 고객의 상품선택시 접객대화의 내용으로 틀린 것은?

① What size do you wear?
② What style are you looking for?
③ May I have your signature right here?
④ I think this suits are better.

020

구입시 만족에 속하지 않는 것은?

① 원하는 물건을 살 수 있다.
② 즉시 사용할 수 있다.
③ 안심하고 사용할 수 있다.
④ 신속히 상품을 원한다.

021

꾸준한 공부와 자기계발로 고객심리, 접객기술, 상품지식을 연구하는 것은 판매사원의 5S 원칙 중 무엇에 해당하는가?

① Smile
② Speed
③ Smart
④ Study

022

다음 밝은 표정 만들기 내용 중 입, 뺨에 해당하는 내용이 아닌 것은?

① 발음을 겸하여 '아-에-이-오-우-이' 하고 크게 입을 벌린다.
② 입을 다물고 뺨을 부풀린다. 그리고 뺨을 부풀린 채, 입을 좌우로 재빨리 반복적으로 움직이게 한다.
③ 입가를 옆으로 최대한 당기고 입술을 뾰족하게 내미는 것을 반복한다.
④ 아래턱을 오른쪽, 왼쪽으로 움직인다.

023

의류고객 구매심리 7단계 중 특정 제품이 자기에게 가장 적합한 것일까하는 의문이 도출되는 단계로 좀 더 다른 상품을 보아야겠다는 욕망이 도출되는 단계는?

① 흥미단계
② 연상단계
③ 욕망단계
④ 주목단계

024

받은 대금과 가격을 고객에게 다시 한번 말씀
드리고 거스름돈과 구매 상품순으로 전달을 해
야만 하는 단계별 매장 내 행동지침단계는?

① 대기단계
② 상품부족 등 문제발생시 적극적인 노력을 실
　시한다.
③ 명함 전달
④ 업무처리시 확인을 실시한다.

025

고객성격별 응대 요령 중 별로 말이 많지 않고
예의도 밝아 직원에게 깍듯이 대해주는 반면
직원의 잘못은 꼭 짚고 넘어가는 고객 유형은?

① 깐깐형
② 무례형
③ 수다형
④ 빨리빨리형

026

단계별 매장 내 행동지침 중 해피 콜 단계에서
이루어지는 내용이 아닌 것은?

① 해피 콜 상태에서도 상품의 문제점 유무를
　체크한다.
② 단순한 문의전화에도 해피 콜이라고 생각하
　고 적극 응대해 드린다.
③ 구매고객에 대해서는 반드시 24시간 내에
　해피 콜을 한다.
④ 고객과 항상 고정적 유대관계를 형성하고 지
　속적으로 도움을 드린다.

027

판매사원의 역할 중 샵마스터의 정의가 아닌
것은?

① 백화점 매장에서 매출실적에 따라 연봉이 책
　정된다.
② 개인 사업자로 등록 후 자신이 직접 직원들
　을 고용한다.
③ 상품에 대한 하자가 있을 경우 직접적인 책
　임을 진다.
④ 매장의 연매출액이나 순이익의 10~15%를
　갖는 직업이다.

028

FA사원의 기본요소 중 "고객을 사랑하는 판매
사원은 고객의 마음을 알고 지금 고객에 대해
서도 자신감을 가지고 권할 수 있게 된다"는
말은 어디에 속하는가?

① 의 욕
② 체 력
③ 애 정
④ 공 감

029

다음 중 미소의 효과가 아닌 것은?

① 상대방을 안심시키고 편안하게 한다.
② 자신의 인상을 좋게 한다.
③ 상대방과 인간관계를 좋게 한다.
④ 판매를 할 준비가 되어 있다.

030

의류고객 구매심리 7단계 중 사용 후 효과에 따른 주변반응을 고려하는 단계는?

① 흥미단계
② 연상단계
③ 욕망단계
④ 신뢰단계

031

의류고객 구매심리 7단계 중 괄호 안에 순서대로 바르게 나열한 것은?

주목단계 – 흥미단계 – ( ) – ( ) – 비교검
토단계 – ( ) – 행동단계

① 연상단계, 욕망단계, 신뢰단계
② 욕구단계, 연상단계, 신뢰단계
③ 욕망단계, 연상단계, 신뢰단계
④ 연상단계, 신뢰단계, 욕구단계

032

단계별 매장 내 행동지침에서 최근의 패션 경향이나 인기상품, 고객의 개성을 살려주는 적절한 Selling Point를 제시하는 단계는?

① 고객 입점시 인사단계
② 입점한 고객에게 신속 응대단계
③ 고객의 상품선택에 최대한 도움을 줄 수 있는 단계
④ 상품부족 등 문제발생시 적극적인 노력을 실시하는 단계

001

판매사원 행동의 5S 원칙을 서술하시오.

002

매니저의 역할에 대해 5가지 이상 쓰시오.

003

매니저의 고정고객관리에 대해 기술하시오.

004

POP(Point Of Purchase) 구매시점광고에 대하여 기술하시오.

005

표정과 스마일 만들기에서 미소의 효과에 대해 간략히 서술하시오.

006

의류고객 구매심리 7단계를 서술하시오.

Answer [1~6]

001
① Smile(웃는 얼굴) : 밝은 마음, 감사의 마음은 웃음 띤 얼굴과 미소로써 표현된다.
② Speed(신속) : 신속한 움직임으로 활기와 밝은 분위기를 연출한다.
③ Smart(기법, 아름다움) : 정교, 공들인다, 깨끗한 것
④ Sincerity(성실) : 인간으로서도 사원으로서도 근본이 되는 중요한 마음가짐이다.
⑤ Study(연구) : 자기계발, 꾸준한 공부

002
① 판매, 전산, 디스플레이 등 매장관리와 본사와의 업무 연락 등 매장에 관한 전반적인 업무를 총괄
② 매장의 큰언니, 걸어 다니는 마네킹으로 자사 옷을 입고 특성을 살려 PR, 판매하는 사람
③ 직원 상호 간의 친목을 도모하여 리드하는 사람
④ 관리자(고객, 직원, 상품, 재고, 이미지, 매출, 판매, 본인 등)
⑤ 매장의 이미지 창출자
⑥ 매장의 우두머리, 매장의 최고 관리자, 책임자로 다른 사원들을 어느 정도 리드해 갈 수 있는 자질을 갖춘 사람
⑦ 매장 관리 책임자로 고객의 의류 상품에 대한 코디를 할 수 있는 사람
⑧ 사후 관리와 무엇보다 판매(매출)가 가장 중요하다.
⑨ 장사꾼이다. 사후 관리 판매가 중요하며 친절 서비스는 기본 상품지식이 철저해야 한다.
⑩ 손님의 코디네이트
⑪ 패션을 완성하는 사람
⑫ 한 매장의 책임자로써 고객관리, 매출 등을 총 관리하는 사업가
⑬ 무조건 프로가 되어야 함(흐지부지할 바엔 시작도 하지 않는 것이 좋다)
⑭ 전문직으로 자리 잡아가고 있는 단계
⑮ 자사 브랜드를 정확하게 파악해서 손님들에게 잘 어필해서 판매까지 연결시키는 것
⑯ 회사를 대표할 수 있는 자세, 고객을 최우선으로 생각하는 사람, 같이 일하는 사람과의 관계도 중요함
⑰ 디자인+판매기법+성격+전문지식
⑱ 손님이 원하는 옷을 편안히 입을 수 있도록 도와주는 것
⑲ 의식 소유자 : 주인, 책임, 서비스, 봉사
⑳ 철저한 자기관리와 마인드를 기본으로 갖추고 있어야 하며, 무엇보다도 주인의식과 서비스 정신을 생활화하는 사람

003
① 1단계 : 고객정보의 계획적, 지속적 수집
② 2단계 : 고객정보의 기록관리
③ 3단계 : 내 스타일에 맞는 서비스 관리체계 수립
④ 4단계 : 계획대비, 고객관리, 결과분석 및 시정

004
고객의 구매시점에 행해지는 광고로 고객의 편리한 쇼핑을 위해 상품의 정보(가격, 용도, 소재, 규격, 사용법, 관리법 등)를 알려주고 판매원을 대신해, 점 내의 행사 분위기를 돋우어 상품판매의 최종단계로 연결시키는 요소이다.

005
① 상대방을 안심시키고 편안하게 한다.
② 상대방과 인간관계를 좋게 한다.
③ 자신의 인상을 좋게 한다.
④ 자신의 마음도 좋게 한다.

006
① 주목단계 : 주의 깊게 관찰한다.
② 흥미단계 : 흥미를 느낀다.
③ 연상단계 : 연상한다.
④ 욕망단계 : 사고 싶은 욕망을 느낀다.
⑤ 비교 · 검토단계 : 비교 · 선택한다.
⑥ 신뢰단계 : 확신한다.
⑦ 행동단계 : 구매를 결정한다.

여기서 멈출 거예요? 고지가 바로 눈앞에 있어요.
마지막 한 걸음까지 시대에듀가 함께할게요!

부 록

- ● 패션 정보 분석 및 패션 트렌드 분석
- ● VM(비주얼머천다이징)
- ● 패션 감각탐구 II
  (샵마스터 1급 자격시험대비)

I wish you the best of luck!

(주)시대고시기획
(주)시대교육

www. **sidaegosi**.com

시험정보 · 자료실 · 이벤트
합격을 위한 최고의 선택

시대에듀

www. **sdedu**.co.kr

자격증 · 공무원 · 취업까지
BEST 온라인 강의 제공

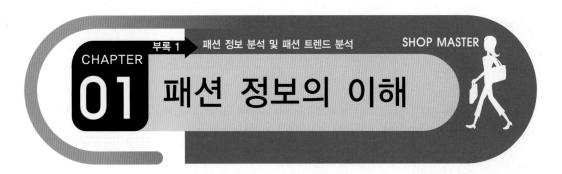

패션 정보의 이해

패션 정보의 유형별 특성

1. 패션 정보의 필요성

패션 정보는 어패럴 업체에서 제품생산을 하기 위해 가장 먼저 조사하는 정보로서 해외 패션 정보와 국내 패션 정보로 크게 구분되며 패션 트렌드, 컬러, 소재, 스타일, 실루엣, 디테일에 관한 내용을 가진다.

각 정보는 각기 통합적 혹은 서로 구분되는 정보원을 가지고 있으며 브랜드에 맞는 패션 정보를 입수, 분석, 적용하게 된다. 이러한 패션 정보원에는 패션 정보지, 잡지, 관련 신문과 같은 인쇄매체 등과 함께 패션 정보기관의 설명회, 각종 조사자료 등이 포함되기도 한다.

2. 패션 정보 수집기관

국제유행색협회 (International Commission for Fashion and Textile Colors)	• 유행색 예측 기관 중 가장 빠른 시기에 정보를 선정하는 기관 • 오스트리아 빈에 본부, 1963년에 발족 • 각국의 공적인 유행색 연구기관만 협회 가맹 인정 • 매년 1월, 7월 말 협의회 개최 – 가맹국 위원들이 제안색을 가지고 와서 2년 후의 색채 방향 분석, S/S · F/W의 유행색 예측 및 결정 • 각 나라의 유행색 관련기관에서는 협의회 결과를 토대로 자국의 산업계 방향에 맞게 유행색을 조정하여 발표
일본유행색협회 JAFCA (Japan Fashion Colors Association)	• 1953년에 발족한 일본의 대표 단체 • 1년에 2회 국제유행색협회 출석 – 협의회의 예측색을 기초로 소매점, 어패럴 메 이커, 텍스타일 메이커 등 각 업계의 전문 위원들과 의견을 교환하면서 일본 시 장에 맞는 트렌드 컬러 결정 • 18개월 전에 일본의 Trend Color 제안 • 아이템에 따른 트렌드 컬러 제시 – 숙녀복, 남성복, 화장품, 인테리어, 자동차 등 광범위한 분야에 영향
미국유행색협회 CAUS (Caus Color Association of the United States)	• 1915년에 발족된 TCCA(Textile Color Card Association)가 개조된 미국 색채 평의회 • 색상 정보사, 유행색채(컬러샘플) 발표 • 1956년에 발족된 제품 인테리어 협회(Products Interior Association)의 기본
한국유행색협회 KOFCA (Korea Fashion Color Association)	• 국제유행색협회(Inter Color) 및 각종 해외 패션 경향 정보사의 제안색 입수, 시 즌 약 18개월 전에 예측색채를 테마와 함께 제안 • 색채기획과 색에 관련된 정보를 취급하는 전문기관 – 산업체에서 필요로 하는 유 행색 및 정보제공, 유행색의 활용 및 보급을 위한 조사 연구 등 • 유행색의 대중화 운동을 통해 색채문화발전에 기여 • 국제 유행색위원회, 해외 유행색 관련 단체들과의 교류를 통해 한국의 제안 유행 색을 전 세계에 보급하는 역할 • 남성복 부회, 여성복 부회, 산업 인테리어 부회(인테리어, 자동차, 가전, 화장품, 한복, 피혁 분과위원회 포함)로 구성
국제양모사무국 IWS (International Wool Secretariat)	• 국제면업진흥회 • 양모제품의 국제규격을 심사하고 수요를 촉진하기 위하여 오스트레일리아 목양 업자들이 1937년에 설립한 비영리 민간단체 • 1997년에 울마크 컴퍼니(The Woolmark Company)로 개명 • 세계적인 네트워크를 활용하여 양모제품에 대한 패션 · 기술개발, 정보의 제공, 품질관리 서비스, 시장조사 활동, 상품기획, 판매촉진, 홍보 · 광고 등 모든 마케팅 활동 추진 • 울, 코튼에 적당한 트렌드 컬러 발표 • 본 시즌 18~12개월 전에 발표
방적, 합섬 메이커의 회사별 트렌드, 컬러 발표	• 대부분 원사에 어울리는 컬러 선택이 중요 • 본 시즌보다 12개월 전에 발표됨으로써 이후 어패럴 회사에 이용 가능 • 제일모직(한국), 도레이, 가네보우(일본) 등
컬렉션 및 제품 전시회 개최	• 세계적인 디자이너 컬렉션 • 시즌 6개월 전~본 시즌에 발표되는 것 • 파리, 밀라노, 뉴욕, 런던 컬렉션이 대표적 • 국내 : SFAA(서울 컬렉션)가 대표적

[패션 정보 캘린더]

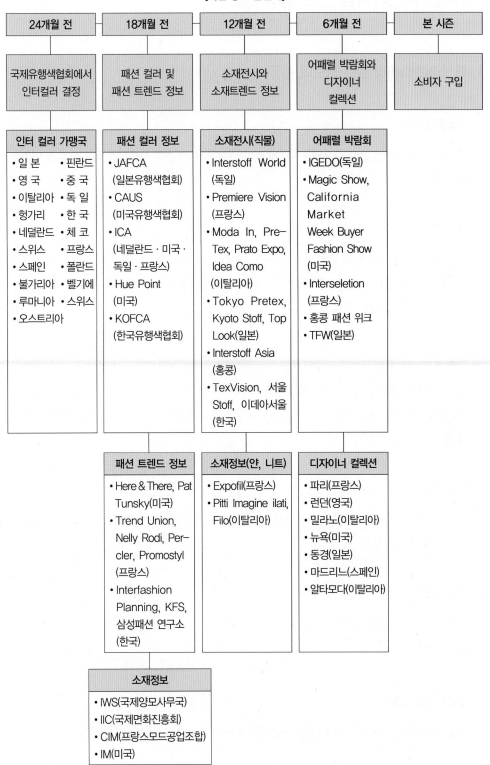

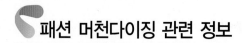

패션 머천다이징 관련 정보

1. 패션 머천다이징 관련 정보의 종류

(1) 기업환경 정보

국내외 정치, 경제, 문화 등 사회 전반에 관한 정보로서 기업에 직간접적으로 영향을 미치고 있는 정보

(2) 패션 정보

국내 패션 정보와 해외 패션 정보로 구별되며, 제품의 색상, 소재, 실루엣, 디테일 등에 관한 정보로 다음 시즌의 제품을 예측하기 위하여 필요하다. 해외 패션 정보를 사용할 때 가장 주의할 것은 자사에 맞는 정보를 선택하는 것이다.

(3) 시장 정보

머천다이징의 목표를 설정하기 위한 것으로 자사의 브랜드에 관련된 시장의 일반적인 상황을 파악하기 위한 정보이다. 소매점 정보, 경쟁 브랜드 정보, 소재 정보, 소매점 바이어의 예측 정보 등을 포함한다.

(4) 소비자 정보

예상 고객층의 라이프스타일, 소비의식, 구매패턴, 선호도, 브랜드 인지도 등 다양한 시각에서의 정보가 필요하다.

(5) 판매 실적 정보

자사 및 타사의 매출 실적의 변화 추세는 마케팅 전략 수립이나 예산 계획에 중요한 근거 자료가 된다.

(6) 국내외 학술 정보

패션에 관련되는 학술 단체나 각종 연구기관의 연구결과도 유익한 정보가 된다.

(7) 관련 산업 부문 정보

부자재, 액세서리 등의 개발 정보, 컴퓨터 및 특수기기의 개발 정보 등도 도움이 된다.

2. 마켓 리서치의 정보종류

정보에는 현재 정보가 있고 미래 정보가 있다. 마켓 리서치는 이 두 개의 정보를 수집하거나 예측하며 그것을 분석하여 마케팅 전략을 수립할 수 있다.

(1) 현재 정보

① 상품매장의 매장 정보

철저한 상품관리에 따라서 상품의 판매실태를 파악한다. 어느 정도의 고객이 출입했으며 상품에 대한 평가는 어떠했는가, 무슨 이유로 상품을 구입하지 않고 그냥 돌아갔는가 하는 점도 현재 정보이다.

② 경제일반의 동향, 예술, 풍속 등의 실태파악

소비자의 라이프스타일에 영향을 미치는 식생활, 수생활, 레저생활을 비롯해서 패션 관련 업계의 소비동향에 관한 정보도 수집해야 한다.

(2) 미래 정보

① 현재 정보

패션 예측이 불가능할 때는 현재 정보를 분석함에 따라서 미래정보가 가공된다. 예를 들어, 현재 판매되고 있는 상품이 그 정도 팔렸다면 그것은 어떤 배경에서 비롯된 것인가, 더 이상 팔리지 않을 것 같다면 그 원인은 무엇인가를 분석하다보면 다음 시즌의 예측이 가능하게 된다. 이처럼 현재 정보는 과거 정보가 됨과 동시에 미래 정보도 될 수 있다.

② 해외 정보

파리와 밀라노 컬렉션, 각종 소재전, 업계잡지와 업계신문의 트렌드 예측, IWS와 같은 국제적 단체로부터의 정보도 있다. 국내 정보로서는 소재메이커의 소재 정보도 미래 정보에 속한다.

(3) 정보 분석

① 정보 분석을 올바르게 하기 위해서는 우선 기업정책이 뚜렷해야 하며 패션 타깃이 구체

적으로 결정되어 있어야 한다. 예를 들어, 브랜드 타깃 대상인 특정 여성의 라이프스타일, 패션 생활 소비태도 등 여러 가지 사항을 정확히 알아야만 미래 정보 속에서 어떤 요소를 채택할 것인가가 결정되게 된다.

② 패션 컨셉이라는 이미 유동 중에 있는 패션 현상 중에서 자사의 오리지널한 패션 철학을 한층 뚜렷하게 해줄 수 있는 요소를 받아들여 브랜드 이미지를 더욱 확고히 해야 하므로 정보 분석과 가공의 필요성이 더욱 강조된다.

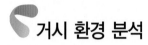

거시 환경 분석

1. 마케팅 환경 정보

(1) 대체적으로 경영이 통제할 수 없다.

(2) 정치, 경제, 사회+문화, 풍속 인구 구조, 2차 메이커, 각종 통계자료, 각종 마케팅 리서치 통보

2. 유통 시스템 정보

(1) **상권 정보** : 입지여건, 마켓 볼륨, 경쟁점, 동업계, 인기점포, 산업 형태

> 상권분석 절차
>
> 2차 자료 분석 ⇨ 통행인 조사 ⇨ 경합 판매점 조사 ⇨ 거주자 조사

(2) 패션 마케팅의 성공적인 수행을 위해 패션 기업의 내부적 · 외부적 환경요인이 있어 기본 마케팅 전략의 기초로 활용한다.

① 국내외 정치, 사회, 문화 동향
② 일반경제 정보
③ 문화예술 동향
④ 산업구조 변화

⑤ 기업 전략의 변화

⑥ 스포츠, 레저에 대한 의식 변화

⑦ 라이프스타일 및 의식구조

⑧ 인구 구조의 변화

⑨ 소득 수준의 변화

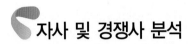

자사 및 경쟁사 분석

1. 시장 조사의 개념

(1) 상품 및 마케팅에 관련되는 내용에 대한 계통적 분석방법으로 자료를 수집 · 분석하여 과학적으로 해명하는 것

(2) 어패럴 분야의 경우 더욱 치열해져 가는 시장의 경쟁상황 속에서 상품기획을 위한 정보로 더욱 절실하게 요구되고 있다.

2. 시장 조사의 내용

상품 조사, 판매 조사, 소비자 조사, 광고 조사, 잠재 수요자 조사, 판로 조사 등 여러 단계에 걸쳐 포괄적으로 조사될 수 있다.

3. 시장 조사의 방법

시장 분석, 시장 실사, 시장 실험의 방법 3단계로 고찰하여 이를 통해 파악된 정보는 문제해결, 기획을 위한 정보로 마케팅 과정의 전반에 활용된다.

4. 시장 조사의 유형

(1) 경제연구

① 재화나 서비스 유통에 관한 경제적 제 조건의 조사이다.

② 주로 외부자료의 해석에 의해 이루어진다.

③ 조사범위는 국민경제 전반 및 특정지역, 해외시장까지 포함된다.

(2) 관리계수 연구

① 주로 내외의 기업회계 기록을 자료로 하는 것이다.

② 과거의 판매실적, 판매경비의 예산실적 차이분석, 제품별·기간별 판매분석, 재고 회원의 분석 등이 속한다.

③ 소비자 표본 추출 조사는 시장 조사의 대표적인 것으로 소비자를 추출·조사하여 수요를 파악할 수 있다.

5. 어패럴 메이커의 시장 조사 필요성

새로운 브랜드의 런칭을 위해 기존 브랜드의 머천다이징 수행과 소비자 욕구를 조사한다. 이를 위해서 정기적·비정기적인 시장 조사를 한다.

6. 경쟁 브랜드 조사

자사의 브랜드 이미지 향상을 비롯하여 상품기획 및 판매촉진을 위하여 경쟁 브랜드에 대한 정보도 정확하게 파악할 필요가 있다. 따라서 전 연도 및 금년의 동업 타사의 브랜드 정보를 조사하는 데 구체적인 내용은 다음과 같은 것을 들 수 있다.

(1) 전반적인 회사전략(전략 목표)

(2) 브랜드 이미지

(3) 판매 외형 및 마켓 쉐어

(4) 시장 포지셔닝

(5) 품질 정책

(6) 가격정책 및 마진율

(7) 유통정책

(8) 판매 및 판매촉진정책

(9) 제품의 제조기술

(10) 자본력

(11) 해외 기술도입 현황 등

(12) 조직, 인력구성 및 키 멤버 등

7. 경쟁사 분석 절차

(1) 1단계

경쟁사 확인, 비교적 구별되는 각 상품군별로 브랜드 포지셔닝상에 높일 수 있는 경쟁업체
를 선정

(2) 2단계

경쟁사 목표 파악, 시장에서 추구하고 있는 이익적 측면

(3) 3단계

경쟁사의 전략 확인, 제품 관련 특성, 서비스, 가격, 유통, 촉진에 관한 전반적인 전략적 파악

(4) 4단계

경쟁사 평가, 1차 조사(고객, 공급업자, 판매상에 대한 마케팅 조사), 2차 조사(개인적 경험 등)

(5) 5단계

경쟁사의 반응, 주요 경쟁사가 어떻게 반응할 것인가를 파악하고 자사의 현재 위치를 방어

(6) 6단계

대상 경쟁사의 선택, 패션 기업은 고객들이 가치가 있다고 생각하는 주요한 속성과 그 속성에 부여하는 중요성의 정도를 확인·규명, 전략적 집단에서 가장 강력한 경쟁사를 선택

8. 판매정보

(1) 소비자와의 직접적인 대면에서 얻을 수 있는 소비자에 대한 구체적인 정보로 전국적, 지역적, 소매점별로 파악한다.

(2) 판매정보는 지난 시즌과 본 시즌의 인기 및 비인기 상품에 대한 정보, 각 상품의 소재, 색상, 디테일, 실루엣, 가격 정보, 판매원과 판매 리포트에 의한 정보, 상권에 대한 정보가 포함된다.

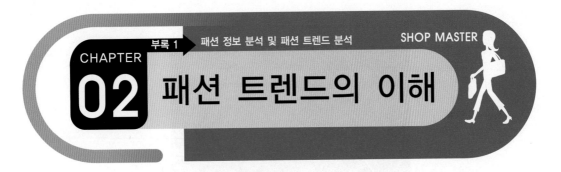

 패션 트렌드의 개념

패션 트렌드(Fashion Trend)란 패션의 경향이란 뜻으로 그 당시의 패션 동향, 즉 패션이 변화하고 있는 기본적인 흐름을 말한다.

패션 트렌드(Fashion Trend)란 패션이 움직이고 있는 방향과 다가올 시즌에 널리 퍼질 스타일의 특성이며, 궁극적으로 일반 소비자들에게 받아들여질 수 있는 경향을 의미하는 것으로써 일정한 시기에 여러 가지 트렌드가 존재할 수 있다. 패션 트렌드 정보로는 전체적인 패션 경향, 아이템 및 이미지 경향과 소재, 색상 및 무늬에 대한 것들이 포함된다.

※ 패션 트렌드 정보 요소 : 스타일의 경향, 색채의 경향, 소재의 경향

패션 트렌드의 분석요소

1. 전체적인 경향(General Trend)

전체적인 경향이란 차기 시즌이나 차기연도에 나타날 국내외 패션 경향의 전반적인 흐름을 말한다. 오늘날과 같이 패션 변화의 속도가 빠르고 패션 발신지가 다원화된 시대에는 정보의 신속한 입수는 아주 중요하다.

일반적으로 다음 시기에 나타날 패션 경향은 그 시대의 내·외부적 각종 사회 현상과 풍조를 반영하고 있으며, 특히 최근에는 대중의 의식, 라이프스타일, 취향을 비롯하여 예술적인 사조나 국내·외의 대규모 행사(특히 연예 관련 행사, 대형 스포츠 행사 등)의 영향을 많이 받고 있다.

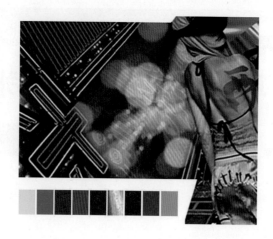

2. 패션 테마(Fashion Theme)의 경향

패션 테마란 패션의 트렌드 중에서 일정 사회 집단 내의 일정한 사람들이 가장 많이 채택할 가능성이 높은 그 당시의 패션 주체를 말하는데 오늘날에는 이 주체들이 단순하지 않고 다원화의 경향을 띠고 있다. 즉, 과거의 실루엣 위주의 패션 테마나 특정 부분의 디테일 위주에서 탈피하여 소비자들의 의식, 취미, 감성 또는 라이프스타일에 따라 패션 테마의 설정이 이루어지고 있다. 또한, 이 패션 테마는 머천다이징 부서의 스페셜리스트들에게 패션 이미지에 접근하는 범위의 설정과 이미지의 표현방법을 제시해 주는 역할도 한다.

3. 스타일(Style)의 경향

스타일이란 복종이나 기본적인 의복의 형태, 즉 원피스, 투피스, 팬츠라고 하는 것과 의복 착용 연출 분위기(Mood or Look), 즉 레이어드 룩(Layered Look), 보이시 룩(Boyish Look), 히피 룩(Hippy Look)과 같은 것들을 말하는데 이러한 스타일의 변화 흐름을 정확하게 포착·분석하여야만 올바른 패션 트렌드의 분석이 가능할 것이다.

4. 소재(Fabric)의 경향

의복 소재(Fabric)의 경향을 수집·분석할 경우에는 사용 섬유의 종류, 조직상의 특성, 염색 가공방법, 텍스처(Texture), 소재 메이커의 상표 인지도(Brand Loyalty), 가격 등을 파악하여야 한다.

5. 색채(Color)와 무늬(Pattern)의 경향

최근의 패션 트렌드를 주도하는 요소 중에서 가장 중요한 비중으로 색채를 들 수 있다. 이 색채(Color)는 그 시대의 패션 트렌드를 주도할 뿐만 아니라 패션 브랜드의 캐릭터를 표현해 주는 데까지 와 있으며 상품의 차별화를 하는 데도 큰 몫을 하고 있다.

특히 Young Age Zone의 대부분은 의복 구매의 경우 선택 기준에서 색상이 가장 으뜸을 차지하는 조건이 되었음은 여러 조사에서 나타나고 있는 실정이다.

무늬(Pattern)는 색채와 더불어 항상 패션 트렌드를 나타내는 데 큰 역할을 담당하고 있다. 체크, 스트라이프, 물방울 무늬 혹은 프린트 무늬 등 이러한 패턴의 흐름을 잘 파악하고 분석한다.

6. 실루엣(Silhouette)과 디테일(Detail)의 경향

실루엣(Silhouette)은 의복의 착용 윤곽(Out Line)을 시각적으로 나타내 주는 것으로서 기본적인 실루엣에는 박스(Box) 실루엣, 아우어글래스(Hourglass) 실루엣, 스트레이트(Straight) 실루엣 등이 있다. 이들 실루엣도 패션 트렌드에 영향을 크게 미치게 하며 디테일(Detatil) 또한 패션 트렌드의 포인트로 등장한다. 실루엣의 변화 추이와 Collar, Neck Line, Sleeve, Pocket, 구성선, 절개선 등 디테일의 변화를 살 파악 · 포착해야 한다.

7. 패션 아이템(Fashion Item)의 경향

아이템(Item)은 바로 의복의 종류, 즉 복종을 의미하는 것으로서 우리가 일반적으로 One-piece, Two-piece, Jacket 등으로 호칭하는 것이다. 여기에도 여러 가지로 분류되기도 한다. 즉 One-piece에도 실루엣별로 구분하여 A Line 실루엣 원피스, Box 실루엣 원피스 식으로 구분하며 또한 디자인, 색상, 옷 길이에 따라 미니(Mini) 원피스, 롱(Long) 원피스 등 여러 가지 측면에서 구분하여 호칭하게 된다.

이들 수많은 아이템 중에서 그 시대에 따라 크게 인기를 타고 부상하는 유행 아이템이 있다. 패션 트렌드 정보 분석시에 이 Hit Item에 어떤 것이 등장하게 될지를 잘 집어내야 함은 불문가지이다.

8. 패션 이미지(Fashion Image)

⑴ 이미지(Image)란 대상으로 하는 사상을 파악하여 인식할 때 인간이 마음속에 느끼는 심적 영상(Mental Reflection)을 의미하므로 패션 이미지(Fashion Image)란 의복 착용자가 타인에게 인식시키는 심적인 영상이라고 할 수 있다.

⑵ 현대의 의복은 단순히 착용한다는 기능적인 역할과 효과를 초월하여 착용자가 라이프스타일에 부합하는 연출효과에 따라 독창적인 개성과 다양한 변신의 멋을 표출해 주는 이미지 역할을 하는 시각적 조형물이 되었다. 오늘날에는 시각적 조형물인 의상을 통하여 나타내어 보일 수 있는 이미지의 종류에도 여러 가지가 있다.

⑶ 예술적 사조, 각종 행사, 이벤트 등을 조사한다.

패션 트렌드의 분석

패션 트렌드에 관련한 정보의 내용 중에서는 가장 먼저 변화의 조짐을 보이면서 움직이는 것과 변화의 움직임이 나중에 나타나는 것이 있다. 물론 이들 요소는 상호 깊은 관련성이 있으므로 연관성을 가지면서 변화의 움직임을 보이는 것은 당연하다.

패션 트렌드의 변화 움직임 중에서 전례적으로 보아 가장 빨리 오는 것은 컬러 트렌드이다. 이 컬러 트렌드(Color Trend)는 프랑스 파리에 있는 국제유행색협회(International Color Association)가 2년 앞의 국제 컬러 트렌드를 시즌별로 제시하고, 우리나라를 비롯한 각 국가는 이를 토대로 하여 국가 또는 지역별로 제시되고 있다.

컬러 트렌드 다음으로 변화의 움직임이 오는 것이 소재 트렌드이다. 오늘날의 현실 패션 업계에서는, 소재(Clothes Material)는 패션 트렌드 요소들에서도 컬러와 더불어 아주 중요한 트렌드 위치를 차지하고 있다. 이 소재를 통하여 각 패션 메이커는 상품의 질과 가치에 특성과 차별화를 기하며, 경쟁력을 부여하는 것이므로 일반적으로 1년 앞서 제시되고 있다. 즉, 트렌드 컬러가 제시된 후 이를 반영하여 짜여진 소재가 해당 연도 1년 전에 보여진다는 것이다.

다음의 변화 움직임은 대체적으로 당해 시즌 1년~6개월 전에 나타나는 스타일(Style & Item)이다. 이 스타일 트렌드는 너무나 유명한 세계 4대 선진 패션 도시인 파리, 밀라노, 뉴욕, 도쿄를 비롯하여 뒤셀돌프, 마드리드, 런던 등의 도시에서 주로 활동하는 세계적인 패션 디자이너들의 Collection으로 제안되어지고 있으며, 이를 통하여 다가올 시즌이나 연도의 세계적인 패션 트렌드 방향 설정에 결정적인 역할을 하게 되며, 아울러 주력 패션 트렌드가 결정되는 지표가 되는 경우가 대부분이다. 특히 우리나라의 패션 업계는 파리와 밀라노 컬렉션의 영향을 아주 많이 받고 있는 실정이다.

1. 색채 정보 분석

(1) 패션 정보의 기본 플로어 중 가장 먼저 선행되어야 함

(2) 컬러 테이블 작성 및 분석

(3) 가로축을 톤, 세로축을 색상으로 배열시킨 컬러 테이블을 용도별과 트렌드 제시용의 두 가지로 작성

(4) 색상환표와 명도, 채도표를 제작하여 각 분포 상태와 색상, 명도, 채도의 고저 등이 시계열별로 어떻게 변화하는지를 관찰

(5) 그래프 작성 및 분석

(6) 그루핑(Grouping)에 의한 도해작성과 분석

(7) 패션 이미지에 의한 컬러 매트릭스 분석

(8) 패션 컬러의 시장 조사

2. 소재 정보 분석

(1) 매트릭스 도법에 의한 분석

(2) 어패럴 메이커

소재의 차별화, 개성화, 오리지널리티를 추구하여 자기 회사의 고객 선호도 조정

(3) 소재 메이커

생산 단위의 문제로 한 회사나 브랜드에 한정하지 않고 여러 메이커에 공통적으로 사용할
수 있는 소재 개발이 목적

(4) 패션 소재 스와치 샘플북(Swatch Sample Book)

소재의 경향인 섬유의 종류, 조직상의 특성, 염색방법 등을 분석하기 위해 사용

(5) 원료 및 소재 전시회

의류직물박람회(Premierevison, 프랑스 파리, 매년 3월 중순경 개최), Inter Stoff(프랑크
푸르트, 원단 및 부자재전), Idea Como(이데아 꼬모)

(6) 우리나라

제일모직을 비롯, 모직류의 대직물 메이커에서 시즌 전에 개최하는 소재 트렌드 설명회,
IDEA SEOUL 소재 전시회(한국패션섬유소재협회, 매년 2월 하순경 개최)

3. 디자인 맵

(1) 대량생산이 결정된 전체 스타일을 아이템별로 코디네이션시켜가면서 한 계절의 상품을 일
목요연하게 정리한 것이다.

(2) 전체적인 경향과 진행상황을 한 눈에 볼 수 있도록 제시한 것이다.

(3) 맵 속에 아이템별 해당 소재 및 컬러 스와치를 붙이므로 컬러와 소재의 경향 파악이 가능하다.

CHAPTER 03 세계 컬렉션 분석

뉴욕 컬렉션

세계 최강국 미국이 거대한 자본 시장을 배경으로 만들어 일약 세계 4대 컬렉션에 진입하였다. 규모면으로는 세계 최대의 컬렉션으로 뉴욕에 산재한 패션쇼장과 공원 등에서 열리며 유럽의 파리, 밀라노와는 다른 미국만의 실용성을 특징으로 나타내고 있는 컬렉션이다. 매년 2월과 9월 연 2회 정기 쇼를 갖는다.

파리 컬렉션

1. 쁘레따 뽀르떼(Pret-a-Porter)

Pret-a-Porter는 기성복이라는 뜻인데 '파리 기성복 제조조합'의 연례행사로 매년 3월, 10월에 연 2회의 정기 컬렉션을 갖는다. 장소는 유명한 파리 루브르 박물관 내부 전시장, 각 브랜드 매장에서 나뉘어 열린다.

주로 바이어 프레스를 위해서 개최되며 오뜨 꾸띄르가 창조성에 중점을 둔 예술 의상 중심이라면 쁘레따 뽀르떼는 실용성에 중심을 둔 판매 목적의 의상이 주류라는 차이가 있다.

2. 오뜨 꾸띠르(Haute Couture)

쁘레따 뽀르떼가 기성복이라면 오뜨 꾸띠르는 디자이너가 창작성과 예술성을 최대한 발휘하여 만든 예술 의상이다. 화려하고 장엄한 분위기로 옷을 예술의 경지로 승화시킨 결과라 할 수 있다. 매년 1월, 7월에 열리며 여기에 참가할 수 있는 자격의 디자이너는 최고의 영광이라 할 수 있다.

밀라노 컬렉션

프랑스와 함께 세계 패션을 주도하고 있는 이탈리아의 북부 산업도시 밀라노에서 열리는 세계적인 컬렉션이다.

국립 이탈리아 패션 협회의 주체로, 연 2회 정기 컬렉션을 매년 2월, 9월경 개최하며 파리 쁘레따 뽀르떼 컬렉션보다 1~2주 앞서 열리는 특징이 있다. 장소는 휘에라 밀라노 전시장(Fiera Milano)과 시내에 산재한 각 브랜드 매장에서 나뉘어 열린다. 이탈리아 출신의 세계적인 디자이너 브랜드가 전부 참가하며 최근에는 프랑스와 패션 산업의 주도권을 놓고 신경전을 벌이고 있어 세계 뉴스의 초점 대상이 되기도 한다. 파리 쁘레따 뽀르떼와 함께 세계 2대 패션 컬렉션이다.

런던 컬렉션

파리, 밀라노, 뉴욕과 더불어 세계 4대 패션 컬렉션 중의 하나이다. 매우 실험성이 강한 대담한 디자인의 컬렉션으로 유명하다. 매년 2~3월과 9월에 연 2회 정기 컬렉션을 갖는다.

CHAPTER 04 패션 예측

패션 예측이란 '현재의 일들 중에 어떠한 것들이 가까운 미래의 패션 마케팅 의사결정에 의미 있는 영향을 주는가'와 '가까운 미래에 어떤 패션이 유행할 것인가'의 두 가지 질문에 대답하기 위해 이루어진다.

패션 예측의 영향요인

정확한 패션 예측을 위해서 패션 마케터는 패션 시장의 전체 수요뿐만 아니라 자사 제품의 수요에 영향을 줄 수 있는 거시적 환경요인, 시장현황, 소비자, 경쟁업체, 패션 관련 산업, 판매실적 등과 같은 요인들에 주목하고 이를 수집해야 한다. 또한, 패션 마케팅 관리자는 패션 변화를 정확히 예측하기 위해서 패션 디자인 개발에 영향을 주는 패션 컬렉션, 패션 잡지, 패션 비디오뿐만 아니라 영화, 전시회, 음악, 환경적 논의점, TV 등으로부터 얻을 수 있는 패션 정보에 매순간 주목해야 한다. 이와 함께 패션에 영향을 줄 수 있는 모든 측면들에 대해 예리하게 지각하는 능력이 요구된다. 문제의 핵심을 꿰뚫어 보는 통찰력, 현상들 간의 관련성을 찾아내는 해석력, 개인적 편견을 배제하고 현상을 관찰하는 객관적 시각 등과 같은 능력을 갖추어야 한다.

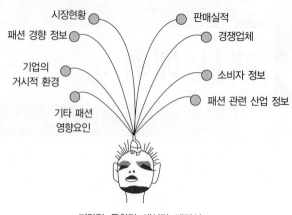

시장현황 〇
패션 경향 정보 〇   〇 판매실적
                          〇 경쟁업체
기업의 〇
거시적 환경   〇 소비자 정보
      〇
기타 패션   〇 패션 관련 산업 정보
영향요인

지각력, 통찰력, 해석력, 객관성

[패션 예측의 영향 요인][1]

1. 기업의 거시적 환경

이는 패션 변화에 중·장기적으로 영향을 미치는 요인으로 정치적·법적 환경, 사회·문화적 환경, 기술적 환경, 경제적 환경, 인구 통계학적 요인, 생태학적 환경 등이 해당된다. 거시적 환경요인은 패션 업체가 통제 불가능한 요소로서, 패션 업체는 거시적 환경요인에 관련된 정보를 수집함으로써 시장의 기회 요인을 포착하거나 위협 요인을 피할 수 있다. 예를 들면, 통계청의 인구통계적 자료를 보면 우리나라 인구 가운데 60세 이상의 노년층은 2000년에는 10.98%이고 2010년에는 14.23%, 2020년에는 20.10%로 급격히 증가할 것으로 추정된다. 그들의 시장규모의 증대와 경제력 향상은 강력한 구매력으로 나타날 것이므로 의류업체는 노년층 시장(Silver Market)을 시장기회로 활용할 수 있을 것이다.

2. 시장현황

기업의 생존 및 성장 가능성을 판단하는 기초 자료로서 전체 패션 시장의 규모와 성장률, 각 세분시장의 시장규모 및 성장률, 성공적인 패션 업체의 시장 점유율 등이 해당된다.

---

1) 패션 마케팅, 1999, 인광호·황선진·정찬진, p130.

3. 소비자 정보

패션 마케팅 활동을 수행하는 데 있어서 가장 기본적이고 필수적인 정보이다. 표적 소비자의 상표선택, 점포선택, 구매량, 구매시기뿐만 아니라 이에 영향을 미치는 소비자의 심리적 요인과 외부 요인에 관한 정보를 포함한다. 심리적 요인으로 소비자의 구매동기, 욕구, 태도, 개성, 라이프스타일 등을 들 수 있으며 외부 요인으로는 가치, 문화, 준거집단, 가족, 사회계층 등을 들 수 있다. 특히, 소비자의 가치나 라이프스타일은 상황에 따른 의복착용 및 패션으로부터의 추구 이미지와 밀접한 관계가 있기 때문에 중요하다. 표적시장의 소비자가 포멀(Formal)한 것과 캐주얼(Casual)한 스타일 중 어느 것을 보다 더 선호하는가, 이러한 스타일을 착용하는 상황은 언제인가, 여가시간에 무엇을 하는가 등의 라이프스타일 관련 자료는 상품기획의 방향을 설정하는 데 유용하다.

4. 패션 관련 산업 정보

패션 마케팅 활동을 수행하는 데 있어서 패션 업체와 거래관계에 있는 여러 관련 산업들에 대한 정보들이다. 패션 제품의 원·부자재업체, 제품제조를 담당하는 하청공장, 판매 비중이 높은 백화점, 광고 대행사 등에 대한 정보가 이에 해당된다. 예를 들어, 의류업체는 원·부자재 시장에서 신소재나 새로운 가공방법에 대한 동향이나 부자재, 액세서리 등의 동향에 대한 정보를 수집해야 한다. 또한, 제품제조를 위하여 우리 회사가 기대하는 기술 수준과 요구에 적합한 능력을 갖춘 하청공장 후보에 대한 정보도 필요하다.

5. 경쟁업체

패션 업체는 패션 테마나 상품구성 등에 대한 경쟁사의 전략도 파악해야 한다. 패션 업체는 자사의 차별적 요소를 찾기 위해 경쟁사의 장단점에 관한 정보를 수집해야 한다. 경쟁사의 시장 점유율, 유통망, 광고 및 판촉정책, 제품 포인트, 디자인 및 품질, 서비스, 가격 등에 있어서 자사의 상대적 위치를 파악함으로써 경쟁사의 강점에 대처하고 자사의 약점을 보완해야 한다.

6. 판매실적

판매실적은 전국적, 지역적, 소매 점포별로 얻을 수 있는 자사제품의 판매정보이다. 여성복의 예를 들면, 재킷, 슬랙스, 스커트, 블라우스, 코트, 액세서리 등의 아이템별 판매현황을 말한다. 패션 마케팅 관리자는 본 시즌에 취급한 제품에 대하여 스타일 번호, 색상, 단위당 가격, 사이즈에 따라 양적인 판매기록(Quantitative Sale Records)을 작성하게 되는데 이는 POS 시스템(Point of Sales System)을 이용하여 실행될 수 있다. POS 시스템 내의 단말기를 통해 수집된 각 점포별 판매시점 패션 정보는 마케팅 전략 수립에 활용된다. 예를 들어 판매시점에서 잘 팔린 제품과 잘 팔리지 않은 제품을 점포별로 퍼센트로 기록하여 그 이유를 분석한다면 패션 마케터는 다음 시즌의 상품구성과 아이템별 생산비율 등을 계획하는 데 이를 활용할 수 있을 것이다.

POS 시스템(Point of Sales System)

- 해당 시즌에 취급한 스타일, 번호, 색상, 가격, 사이즈에 따른 양적인 판매 기록에 대한 자료를 제품별 바코드로 인식하게 함으로써 제공한다.
- 아이템별 판매 정보를 파악할 수 있는 것으로 여성복의 경우 재킷, 바지, 스커트, 블라우스, 코트 등의 아이템별 판매 현황 정보를 얻을 수 있다.
- POS 데이터는 매장의 상황을 즉각 파악하고 이에 대처할 수 있는 역할을 한다. 더 나아가 소매점의 경우 판매정보를 통해 패션 수요를 예측할 수 있다.
- 어패럴 회사의 경우 다음 시즌의 상품 구성과 아이템별 생산비율을 계획하는 데 활용할 수 있다.

---

7. 패션 경향 정보

미래의 소비자가 어떤 패션 제품을 구입할 것인가를 현 시점에서 예측하기 위해 유럽의 패션 컬렉션이나 패션 출판물 등을 주목하고 패션 예측 정보회사가 제안하는 스타일, 색상, 소재 등에 대한 정보를 분석한다. 패션 마케팅 관리자는 패션의 분석단위, 즉 스타일(예 스커트 길이 및 폭, 바지폭), 색상, 소재별로 공통으로 제안하는 패션 경향을 발견해야 하며, 그 패션이 표적시장에 언제 받아들여질 것인가도 파악해야 한다. 예를 들면, 이탈리아나 파리의 패션이 세계 패션을 주도하므로 패션 마케팅 관리자는 그 패션이 우리나라에 언제쯤 상륙할 것인가를 예측하는 것이다.

8. 기타 패션 영향요인

패션은 위에서 언급한 요인들 이외에 광범위한 분야들로부터 영향을 받게 되므로 기타 여러 영향요인에 주목해야 한다. 패션은 일상 생활을 반영하는 것이므로 자동차 산업, 문화 산업, 레저 산업, 스포츠 산업, 팬시 산업, 인테리어 산업 등으로부터도 영향을 받는다. 가령 스포츠 경기에서 골프가 활성화되자 스포츠 경기에서만 입었던 골프웨어가 일상복으로도 입혀졌다면 스포츠 산업이 패션 산업에 영향을 준 예가 될 것이다.

영화, TV, 비디오, 건축물, 음악 등 다양한 예술 분야도 패션 산업에 의미 있는 영향을 미치므로 패션 디자이너는 이들로부터 패션 디자인 아이디어를 얻을 수 있다. 실제로 영화의 주인공이나 연예인들은 패션을 선도하는 패션 리더이고 그들의 패션이 대중들에게 확산될 수 있으므로 그들이 모이는 장소와 그들의 옷차림 및 생활에 항상 주목할 필요가 있다. 예를 들어 1950년대 오드리 헵번과 1990년대 마돈나는 당대의 젊은이 패션에 상당한 영향을 주었다.

패션 예측을 위한 조사

패션 업체는 다양한 형태의 패션 예측을 수행해야 하는데, 이들 중 대표적인 것이 패션 경향예측과 패션 수요예측이다.

1. 패션 경향예측

(1) 다양한 정보원천으로부터 패션 트렌드에 관한 정보를 수집하고 이러한 트렌드를 디자인 개발과 상품기획 과정에 반영한다.

(2) 패션 디자인의 정보원천

① **복식사** : 과거의 복식과 예술의 라인 및 형태, 색상, 패턴을 현대 복식에 알맞게 수정
② **예술분야** : 영화, TV, 비디오, 건축물, 음악 등 다양한 예술분야
③ **패션 경향 예측정보** : 패션 예측정보기관이 2년 전부터 제안하는 패션 경향에 주목

2. 패션 수요예측

패션 업체는 패션 테마를 선정하기 위한 패션 경향조사, 패션 변화에 영향을 줄 수 있는 여러 요인들, 패션 마케팅 조사에 의해 획득된 정보, 과거의 경험 및 마케팅 관리자의 판단을 토대로 자사 제품에 대한 수요예측 조사도 실시한다. 패션 수요(Fashion Demand)는 기업이 어떤 마케팅 환경하에 있는 표적시장에서 마케팅 프로그램을 실행하는 경우 특정 기간 내에 구매되는 패션 제품의 수량을 의미한다.

미래의 예측할 수 없는 사건들이 소비자의 제품 구입에 영향을 줄 수 있기 때문에 패션 수요의 예측은 매우 어렵다. 그럼에도 불구하고 기업들은 다음 시즌의 패션 수요를 예측하여 제품생산에 대한 의사결정을 미리 해야 소비자가 원하는 제품을 원하는 시기에 제공할 수 있다. 패션 수요예측은 단기적 예측과 장기적 예측으로 구분되나 패션 분야에서는 장기적인 것보다 단기적인 예측에 더 관심을 갖는다.

단기적 예측은 몇 달에서 일 년까지로 잡을 수 있으나 의류업체의 수요예측은 향후 4개월 내지 12개월 후의 예측과 같이 일 년 단위가 일반적이다. 패션 업체는 시장 환경, 전체 시장의 규모, 자사의 시장 점유율, 매출액 성장, 과거의 판매실적, 패션 마케팅 노력 등을 토대로 12개월 동안의 수요를 예측한다. 계절에 따라서도 특정 제품에 대한 수요가 달라질 수 있으므로 2시즌 혹은 4시즌으로 구분하거나 때로는 월별로 수요 수준을 조절한다. 예를 들면, 니트 제품은 봄이나 여름보다 가을, 겨울에 수요가 많다는 점을 감안하여 이를 패션 수요예측에 반영해야 한다는 것이다. 또한, 여성복의 아이템 유행 경향이 스커트보다는 슬랙스가 강조되거나 혹은 지난 시즌에 스커트보다 슬랙스의 판매실적이 강세라면 아이템에 대한 수요 수준을 조절해야 할 것이다. 따라서 자사의 목표 매출액의 토대가 되는 전반적 패션 수요가 파악되면 이를 계절별 혹은 월별로 조절하고 이를 제품 아이템별로도 나눈 다음 이에 따른 패션 수요 수준을 예측해서 생산계획을 수립해야 한다.

라이프스타일 조사

1. 라이프스타일 분석

⑴ 소비자를 대상으로 소비자에 관한 정보를 체계적으로 수집, 기록, 분석하는 활동이다.

⑵ 소비자의 욕구와 필요를 정확하게 파악해 상품 기획에 반영하는 것이 가장 큰 목적이다.

⑶ 특정 문화나 특정 집단의 사람들이 살아가는 나름대로의 생활양식이다.

⑷ 생활의 구조적 측면인 생활양식, 생활행동, 가치관, 성격 등이 포함된 복합적 의미를 지닌다.

⑸ 환경적인 요인인 사회와 문화의 영향을 가장 많이 받는다.

⑹ 사회 전체에서부터 개인에 이르기까지 나타나는 특징적으로 차별적인 행동양식으로 특히 패션에 있어 소비자의 구매 행동에 중요한 요인이 된다.

2. 라이프스타일 측정법

거시적 차원 : 사회경향 분석법	미시적 차원 : AIO 분석법

• 사회 전체의 동향 내지 풍조로서 어떠한 라이프스타일의 변화가 일어나고 진행되고 있는지를 거시적인 시점에서 측정함
• 매년 정기적인 조사를 실시함으로써 라이프스타일의 변화를 시계열적으로 추적함
	• 라이프스타일 분석에 있어서 가장 대표적인 방법
	  – 활동(Activity) : 노동 시간과 여가 시간을 어떻게 보내고 있는가
	  – 관심(Interest) : 여러 가지 생활환경 중 무엇에 흥미를 가지고 있는가
	  – 의견(Opinion) : 사회적 문제나 개인적 문제에 관하여 어떠한 입장을 취하고 있는가
	• 인구통계적 변수 : 나이, 수입, 교육수준, 직업, 가족 수, 거주지역 등에 관한 내용
	• 특정 상품의 사용자와 비사용자의 차이 분석

[AIO 연구에 사용되는 행위, 관심, 의견]

활 동	관 심	의 견	인구통계적 특성
일	가 족	자기 자신	나 이
취 미	가 정	사회적 문제	교 육
사회적 사건	직 업	정 치	소 득
휴 가	지역사회	사 업	직 업
오 락	오 락	경 제	가족규모
클럽회원	패 션	교 육	거주지
지역사회	음 식	제 품	지 리
쇼 핑	매 체	미 래	도시규모
스포츠	성 취	문 화	라이프사이클 단계

3. 의복과 관련된 라이프스타일 유형과 마케팅 전략

(1) 성취추구형 : 고가 정책이 유리하다.

(2) 여가활동형 : 유행성이 적당히 가미된 평범한 이미지의 제품이 유리하다.

(3) 물질추구형 : 유행감각, 품위가 있으면서 중간 가격대의 마케팅 전략이 유리하다.

(4) 소극침체형 : 관리, 세탁이 용이하고 내구성이 큰 저가의 경제적인 제품 기획이 유리하다.

[라이프스타일에 의한 시장세분화]

유 형	속 성
보수적 패션 무관심형	유행에 무관심하고 보수적이며 개성적 성향이 약한 층
유행 추종형	단순히 유행경향을 따르려고 노력하는 층
단순 상표지향형	전반적으로 패션 의식이 약한데 비해 비싼 유명상표를 좋아하는 층
자기 표현 / 개성 추구형	타인을 의식하기보다는 자기 개성을 중시하는 층
평범 · 무난형 / 회피형	실용성을 지향하지 않으면서 타인 의식적이고 평범하거나 무난한 것을 싫어하는 층
패션 리더형	단순히 유명상표를 추구하지 않으며 대단히 혁신적인 유행성향을 갖는 층

 구매형태 조사

1. 소비자의 구매 동기에 영향을 끼치는 요인

(1) 라이프스타일

① 사회 전반 또는 특정 소비 집단의 라이프스타일은 커뮤니케이션을 통해 소비자의 상품에 대한 인지와 흥미에 영향을 끼친다.

② 라이프스타일이 변화할 때에는 과거의 라이프스타일에서 사용되는 의복의 사용이 끝나며, 새로운 라이프스타일에 적합한 의복에 대한 요구가 증가하게 된다.

(2) 사회 · 문화적 변화

사회 형태, 계층 구조, 사회적 가치관, 미의식, 도덕관념 등의 변화는 커뮤니케이션을 통해 새로운 상품의 인지와 흥미에 영향을 끼치며, 과거의 것의 폐용을 유도한다.

(3) 마케팅 구조

① 제품, 가격, 유통, 촉진으로 이루어진다(4P Mix).

② 패션 산업에서 생산 · 판매되는 상품은 광고 · 디스플레이 등을 통해 소비자의 상품에 대한 인지와 흥미에 대한 영향을 끼치게 된다.

⑷ 커뮤니케이션

① 사회 환경으로부터 다양한 정보는 여러 가지 커뮤니케이션 경로를 통해 소비자에게 전달
되고 새로운 유행상품을 자극하게 된다.

② 다양한 커뮤니케이션 경로를 가진 소비자는 유행상품의 인지와 흥미가 높다.

⑸ 의복에 대한 인지

소비자의 의복에 대한 인식, 관심, 지식, 혁신성, 위험 지각, 기대, 태도, 가치관 등을 포함하
는 인지 정도는 소비자가 상품의 특성을 지각하는 데 영향을 끼친다.

⑹ 소비자의 심리적 정체

① 소비자가 가지고 있는 자기 개념, 인성, 동조성, 개성 등의 심리적 특성은 소비자가 상품
의 기능성에 대한 지각을 형성하는 데 영향을 준다.

② 사회적 영향의 수용과 상호작용을 일으켜 준거집단이나 선도자의 영향을 받는 정도가 다
르며, 사회화나 준거집단의 영향에 따라 심리적 정체가 변하기도 한다.

⑺ 사회적 영향에 대한 소비자 수용

① 사회 안의 집합 행동, 사회화, 준거집단, 사회적 커뮤니케이션, 의사 선도력 등의 사회적
영향에 대한 소비자의 수용 정도에 따라 상품의 효용에 대한 지각이 달라진다.

② 사회적 영향을 크게 받을 경우 의복에 남아 있는 물리적 효용에 상관없이 다른 사람들의
영향을 받아 착용 여부를 결정한다.

2. 소비자 구매패턴

⑴ 동일한 환경 내에서 동일한 마케팅 자극을 접하는 소비자들이 구매행동에서는 차이를 보인다.

⑵ 구매패턴 연구 후 소비자의 만족을 증대시키고 불만족을 감소시킴으로써 소비자 중심주의
에 부응한 사회·경제적 정책을 수행한다.

⑶ 합리적인 소비활동, 마케팅 계획 수립, 마케팅 전략의 평가, 비영리 조직의 마케팅 등에 유
용하게 활용될 수 있다.

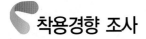 **착용경향 조사**

1. 정기적인 패션 스트리트 조사

(1) 거리를 다니는 소비자의 패션 제품 착용실태를 직접 관찰하거나 카메라에 담아 이를 해석하는 방법이다.

(2) 표적고객의 패션 제품 착용실태를 사실 그대로 관찰하여 기술하거나 착용 아이템 및 패션 요소별로 카운트하는 방법이 있다.

(3) 개별 소비자의 의류 품목 착용실태나 코디네이션 현황 등을 알 수 있어 패션 변화와 유행되는 패션을 파악하는 데 많은 도움이 된다.

2. 소비자의 선호도 조사

(1) 고객 선호 위주의 상품을 위해서 신뢰도가 높은 표본을 대상으로 하고 정확하고 빠른 통계 자료 분석기법을 사용하여 얻어진 여러 정보들이 필요하다.

(2) 상품의 스타일에 관한 의미적 차원의 용어를 선정하고 이를 설문지화시켜 측정하거나 사진 자료를 이용하여 선호도를 측정한다.

(3) 소비자의 상표 선호도 조사는 패션 마케팅에서 필수적이고 기본적인 정보로 활용도가 높다.

3. 소비자의 의복 행동 조사

(1) 소비자가 지금 어떠한 것을 원하고 있는가를 조사하여 그 자료를 근거로 소비자 욕구의 변화를 예상하는 활동을 의미한다.

(2) 패션 관련 신문이나 패션 기업 간행물은 소비자의 상표 인지도, 소비자의 패션 제품 구매행동, 관련 산업 정도 등을 제공한다.

※ 1차 자료 : 당면한 조사 목적을 위해 조사자가 직접 수립하는 자료

※ 2차 자료 : 다른 목적을 위해 이미 수집된 것으로 마케팅 의사결정 해결에 즉각적 활용이 가능

[소비자 의복 행동 조사법]

종 류	내 용
관찰법	• 백화점과 같은 판매 현장이나 혹은 통제된 상황에서 조사자가 소비자의 행동이나 기타 조사대상을 직접 혹은 기계를 이용하여 관찰함으로써 자료를 수집하는 방법이다. • 스트리트 패션 조사, POS 등이 있다.
실험법	• 주로 인간관계를 조사하는 적절한 방법이다. • 실험 대상자를 몇 개의 집단으로 나누고 집단별로 원인 변수를 다르게 조작해 각 집단의 반응 차이를 측정하는 것이다.
서베이법	• 표본으로 선정된 조사 대상자들로부터 설문지를 이용하여 자료를 수집하는 방법이다. • 질문지를 사용해 소비자들의 신념, 태도, 선호도 등과 같은 심리적 요인이나 구매 행동에 대해 직접 질문한다. • 인구통계적 변수는 설문지의 마지막에 질문한다.
집단토의법	• 6~12명으로 구성된 소수 소비자들을 한 장소에 모이게 한 다음 자연스러운 분위기에서 사회자가 제시하는 주제와 관련된 정보를 대화를 통해 수집하는 방법이다. • 표적집단 면접법이라고도 한다.

CHAPTER 06

브랜드 분석

1. 막스마라(Max Mara)

(1) 이태리 브랜드이다.

(2) 클래식하고 우아한 디자인이 주를 이루며, 코트와 베이직한 스타일의 완벽한 코디네이트 룩을 연출할 수 있다.

(3) 도시에서 입기에 가장 적합한 타운웨어가 트레이드 마크이다.

(4) 깨끗하고 심플한 디자인, 쿨한 이미지로 도시 여성의 사랑을 받고 있다.

2. 폴로(POLO)

⑴ 미국 브랜드이다.

⑵ 통일화된 이미지로 고객의 어떤 지위와 계층을 구분하는 기준이 된다.

⑶ 폴로는 단순히 상품을 파는 것이 아니라 품격을 파는 것이다.

⑷ 폴로의 이미지를 사기 위한 고객확보 차원의 고가정책을 쓰고 있다.

3. 안나 몰리나리(Anna Molinari)

(1) 이태리 브랜드이다.

(2) 한국의 젊은 여성이 가장 입고 싶고, 갖고 싶어 하는 옷으로 로맨틱하면서도 섹시하며 우아한 여성복으로 꼽히고 있다.

(3) 로맨티시즘과 여성스러움을 잃지 않은 우아함, 그리고 페미니즘이 브랜드의 강점이다.

(4) 소비 연령층이 넓고 고르게 분포하며 수입 브랜드 중 가장 동양적인 체형에 잘 맞도록 만들어진 옷이다.

4. 에스카다(ESCADA)

(1) 독일 브랜드이다.

  ※ 독일의 대표적 브랜드 : 휴고 보스, 질 샌더, 에스카다

(2) 원단과 원사의 80% 이상이 오직 이 브랜드만을 위해 디자인되고 독점 생산된다.

(3) 독일 본사의 100% 직접 투자로 한국법인 설립, 국내 시장을 적극 공략한다.

(4) 40~50대 연령층이 선호한다.

5. 빨질레리(Pal Zileri)

(1) 이태리 브랜드이다.

(2) 유명 디자이너가 시장을 주도하는 유럽에서 기성복 회사로는 거의 유일하게 최고급 브랜드
를 만들어 내는 회사로서 기성복임에도 불구하고 철저한 맞춤 오더 서비스를 고수, 모델리
스트와 디자이너가 직접 고객을 방문해 시간이 없는 고객을 위한 고도의 서비스 전략을 쓰
고 있다(오직 나만의 옷을 만드는 One to One 전략).

6. 질 샌더(Jil Sander)

(1) 독일 브랜드이다.

(2) 절제와 순수, 미니멀리즘의 대표적 브랜드이다.

　단순하면서도 단순하지 않은 것, 많은 장식이 없어도 고급스러워 보이는 컬렉션으로 활동적
인 전문직 여성에게 인기가 있다.

7. 구찌(GUCCI)

(1) 이태리 브랜드이다.

(2) 뿌리를 잃지 않는 정통성에 대한 집념, 새로운 것을 더욱 새롭게 하는 창조성, 최고로서의 책임감과 자존심이 있는 정통 브랜드로 평가받고 있다.

(3) 구찌는 전통성 있는 클래식한 패션으로 디자이너 브랜드로서의 일관성을 유지하고 있는 대표적인 브랜드의 하나이다.

(4) 구찌는 1904년 이탈리아 중부 플로렌스에서 구찌오 구찌에서 탄생, 1904년 당시 세련된 세공기술과 최신의 재질로 승마에 필요한 가죽제품을 생산하여 귀족사회에서 인기를 얻게 되었으며, 본격적으로 2차 세계대전 후 켄버스 백으로 알려지기 시작했다.

(5) 현재까지 가장 트렌디한 브랜드로 불리는 구찌의 패션 노하우는 '모든 화려한 것들을 표현하는 최우선의 요소는 편안함과 단순함'에 근본을 두고 있다.

(6) 구찌의 여성복은 극도로 강하고 섹시하며 여성스럽고 클래식한 스타일이다. 간결하고 간소한 디자인과 피트되고 슬림한 실루엣이 돋보인다. 뱀가죽, 비대칭 드레스 등 구찌 수석디자이너 톰 포드는 모던함 속에 적극적인 여성미를 강조했다.

8. 프라다(PRADA)

⑴ 이태리 브랜드이다.

⑵ 우리나라에서 선풍적인 인기를 끌고 있는 프라다는 많은 여성들이 한 개쯤은 갖고 싶어하는 대표적인 브랜드이다.

⑶ 1978년 마리오 프라다에 의해 만들어졌고 그의 손녀인 미우치아 프라다가 1990년대의 세계적인 트렌드의 메이커로 성장시켰다.

⑷ 고급스러우면서도 절제된 아름다움을 추구하는 스타일로 연약함과 성적인 매력 대신 자신감을 내보일 수 있는 옷을 찾는 여성들을 위한 옷이다.

⑸ 화려하고 과시가 심한 다른 브랜드에 비해 프라다의 실루엣은 전혀 주위의 시선을 끌지 않는 평범한 옷이다. 그러면서도 어딘가 고급스럽고 세련된 느낌이 바로 프라다의 매력이다. 특히 현대적인 우아함과 견고함을 지닌 나일론 백은 프라다의 대표 아이템이라고 할 수 있다.

⑹ 실용적이고 스포티한 스타일로 활동적인 현대 여성들 사이에서 압도적인 인기를 얻고 있다.

9. 버버리(Burberry)

(1) 영국 브랜드이다.

(2) 우수한 품질과 뛰어난 실용성을 지닌 토머스 버버리의 개버딘(원래의 이름임)은 영국의 국왕 에드워드 7세에 의해 많은 사랑을 받았다. 에드워드 국왕이 토머스 버버리의 개버딘 코트를 입을 때마다 입버릇처럼 "내 버버리를 가져오게"하고 하인들에게 말한 것이 멀리 궁전 밖까지 퍼져 오늘날 영국의 상징처럼 되어버린 '버버리'를 탄생시켰다.

(3) '거친 자연으로부터 인간을 보호하는 옷'을 컨셉으로 실용성을 추구하며 오랜 유행에도 영향 받지 않는 베이직한 아이템이 주를 이루어 왔다.

(4) 버버리 체크는 1924년 에딘버러(스코틀랜드의 수도)에서 처음 소개된 후, 전통적인 디자인으로 사용되면서 세계적으로 영국 상품을 연상시키는 디자인으로 인식되어 왔으며 레인코트, 스카프, 머플러, 가방 등은 특히 사랑받는 아이템으로 실용성을 추구하는 버버리만의 개성을 보여주므로 꼭 하나쯤은 간직하고 싶은 아이템이다.

10. 크리스찬 디올(Christian Dior)

(1) 프랑스 브랜드이다.

(2) 크리스찬 디올은 20세기 여성들의 아름답고자 하는 욕망을 대변하는 브랜드로, 디올이 1947년 둥근 어깨, 가는 허리, 풍성한 스커트의 여성스러움을 살린 '뉴룩'을 발표한 후로 유명해졌으며 그 후 세계적인 브랜드로 패션계를 이끌어가고 있다.

(3) 디올 하우스는 옷과 더불어 향수, 파운데이션, 넥타이 등 매 시즌 새로운 디자인을 선보였으며, 1957년 디자이너로서는 최초로 타임지를 장식하기도 하였다. 디올 하우스는 피에르 가르뎅, 기라로쉬, 입생 로랑 등 무수한 유명 디자이너를 배출한 것으로 유명한데 특히 디올 사망 후 입생 로랑은 6번의 컬렉션을 디자인하여 디올의 명예를 지켜 나갔으며, 마르크 보앙, 프랑코 페레, 존 갈리아노로 이어지고 있다. 존 갈리아노는 젊고 대담하며, 대중적인 스타일로 실력을 인정받고 있다.

11. 헤르메스(Hermes)

(1) 프랑스 브랜드이다.

(2) 고가 중에 최고가, 고급품 중에 최고급이라는 세계 최고의 3대 명품 중 하나이다.
   ※ 3대 명품 : 샤넬, 헤르메스, 루이뷔통

(3) 160년의 전통을 이어가며 철저한 장인 정신으로 예술품을 빚어내고 있는 헤르메스는 사륜마차와 마부, 그리고 큰 원통 안에 H자 로고로 상징되는 명품으로 프랑스의 세계적인 토털 브랜드이다.

(4) 헤르메스의 창업자인 독일인 티에리 헤르메스는 1837년 파리에 작은 마구용품 가게를 열었고 그가 만든 용품들이 세계적으로 인정받게 되자, 마구용품에서 벗어나 점차 고품질의 캐주얼한 가죽제품을 선보이게 되었다.

(5) 헤르메스 브랜드는 전통적인 수작업과 철저한 소량생산으로 제품의 이미지 관리를 하고 있으며 모든 제품은 180개에 달하는 헤르메스 매장에서만 판매되는 철저한 관리를 하고 있다.

(6) 1937년 승마 블라우스에 사용하는 실크 스카프가 처음 나온 이래 정교한 문양의 실크 스카프는 헤르메스를 대표하는 주요 라인으로 손꼽히고 있으며, 대공황기에 나온 '켈리백'과 1984년 탄생된 '바컨백', 자동차용 여행백 '볼리드' 등은 아직까지도 많은 사랑을 받고 있다.

12. 샤넬(Chanel)

⑴ 프랑스 브랜드이다.

⑵ 샤넬 스타일의 독창성은 극도로 순수화한 클래식적 바탕과 바로크적이고 여성적인 장식의 예기치 못한 만남이라고 할 수 있다. 패션이나 향수 모두에 정반대의 것을 적절히 조화시켜 공존하게 할 줄 알았던 그녀의 자질에 바로 샤넬의 정신이 깃들여있다.

⑶ 가브리엘 샤넬은 1833년 행상의 딸로 태어나 어린 고아시절을 보냈다. 25세에 평범한 밀짚 모자를 만들어 쇼를 열어 성공을 이루었다. 이어서 남자의 속옷으로 자유롭게 여자의 옷을 만들고 레이스로 된 드레스, 남성들의 상징이었던 카디건, 영국신사들의 트위드 재킷에서 따온 재킷과 무릎라인 스커트의 '샤넬 수트'로 현대 여성복의 대명사가 되었다.

⑷ 1983년부터 샤넬의 신화는 천재 디자이너 칼 라커펠트로 이어진다. 역사상 최초로 토털 룩 투피스 수트, 퀼팅 백, 인조 액세서리를 선보인 혁신성과 최고의 품질로 새로운 샤넬로 거듭 난다.

⑸ 화사하고 부드러운 파스텔 톤의 트위드 재킷과 편안한 라인의 마소재 팬츠로 시대를 넘어 샤넬 스타일은 영원한 젊음과 세련됨의 상징이 되었다.

13. 루이뷔통(Louis Vuitton)

(1) 프랑스 브랜드이다.

(2) 150년 전통을 가진 루이뷔통은 진한 고동색 바탕에 반복되는 꽃과 별무늬, 그리고 루이뷔통의 머리글자 LV가 겹쳐 있는 모노그램 캔버스로 유명한 브랜드이다.

(3) 루이뷔통은 여행용 가방인 직사각형 트렁크로 출발해 현재 여행가방뿐만 아니라 여성들의 시티백, 각종 여행 액세서리, 스카프나 다이어리와 같은 소품으로 유명하다. 실용성과 세련된 디자인으로 품질의 견고함과 다양한 기능성이 특징이다.

(4) 루이뷔통의 140년이 넘는 전통이 요즘 더욱 아름다워 보이는 것은 전통과 현대의 접목이라할 수 있다. 루이뷔통이 2000년을 맞이해 동적이고 캐주얼한 액세서리 라인을 발표했다. 수석 디자이너 마크 제이콥스에 의해 의상에서 선글라스, 장갑, 스카프와 모자 등 루이뷔통 컬렉션은 소재와 메인 컬러로부터 기존 라인과 차별화되었다.

SHOP MASTER

01 실전예상문제

001

패션 마케팅 활동에 있어 가장 기본적이고 필수적인 정보가 되는 것은?
① 소비자 정보
② 자사 매출실적 보고
③ 경쟁상의 전략 정보
④ 사회문화의 변화 정보

002

소비자 조사에 속하지 않는 것은?
① 경쟁브랜드 판매 조사
② 구매패턴 조사
③ 착용 조사
④ 라이프스타일 조사

003

다음 중 소비자에 대한 정보원이 아닌 것은?
① 상권에 대한 정보 조사
② 고객의 구매패턴 및 구매동기 조사
③ 각 브랜드별 고객의 라이프스타일 분석
④ 브랜드 인지도 선호 조사

004

다음 중 정보(Information)의 정의로 적합한 것은?
① 미관찰 상태로 일상현실에서 무질서하게 존재하고 있는 것들이다.
② 관찰이나 실험에 의해 획득된 가공하기 전의 자료이다.
③ 의사결정에 필요한 사실, 지시, 데이터들의 집합이다.
④ 모든 자료를 통합, 분석, 재구조화한 것이다.

005

일반적인 정보수집과정을 바르게 나열한 것은?
① 수집목표설정 – 필요정보확정 – 정보원접근방법설정 – 관련정보채집 – 필요정보선별정리
② 필요정보확정 – 정보원접근방법설정 – 수집목표설정 – 관련정보채집 – 필요정보선별정리
③ 수집목표설정 – 관련정보채집 – 필요정보선별정리 – 필요정보확정 – 정보원접근방법설정
④ 수집목표설정 – 관련정보채집 – 필요정보확정 – 필요정보선별정리 – 정보원접근방법설정

006

패션 상품생산에 있어서 대량생산이 결정된 전체 스타일을 아이템별로 코디네이션시켜가면서 한 계절의 상품을 일목요연하게 정리한 것은?

① 디자인 맵
② 스타일링 맵
③ 아이템 맵
④ 스와치 맵

007

POS(Point of Sales)에 대한 설명으로 옳지 않은 것은?

① 바코드를 통해 인식된다.
② 점포의 상품 정보, 매출, 반품, 재고 등의 즉 각적인 파악이 가능하다.
③ 제조시점 정보관리 시스템을 말한다.
④ 상품의 가격, 스타일, 사이즈, 색상 등의 정보가 중앙 컴퓨터에 연결되어 있다.

008

패션 트렌드 변화요인 중 다음은 어떤 요인에 대한 설명인가?

종교, 예술, 지식, 도덕 등 학습되어 나타나는 것으로 패션 트렌드에 영향을 주는 요인

① 사회적 요인
② 경제적 요인
③ 정치적 요인
④ 문화적 요인

009

패션 트렌드 정보 도입 활용에 대한 설명으로 부적절한 것은?

① 각종 패션쇼를 정보원으로 한다.
② 트렌드 정보지, 전문지 등을 활용한다.
③ 소매원 판매원들이 제공하는 사소한 정보도 간과하면 안 된다.
④ 패션 정보는 효용가치가 떨어져도 폐기하면 안 된다.

010

시장조사에 대한 설명이 옳지 않은 것은?

① 인기상품을 조사한다.
② 시장입지조건을 조사한다.
③ 시장규모와 시장구조를 조사한다.
④ 추측 조사를 원칙으로 한다.

011

색채분석에 대한 설명 중 틀린 것은?

① 색상은 패션디자이너들이 자신의 아이디어를 표현하는 중요한 수단이다.
② 트렌드 색의 적용은 소비자의 착용색 분석과 경쟁사의 컬러 분석 등이 적용되어야 하며, 현재 경향과 관련되므로 지난 수년간의 패션 컬러 경향은 중요하지 않다.
③ 판매시즌의 24개월 전에 국제유행색협회에서 유행색을 예측·제공한다.
④ 색상경향에 대한 정보는 상품기획자와 디자이너들에게 중요한 지침이 된다.

012

인기상품, 가격, 유동인구, 상권 등에 대한 정보 조사는 어떤 정보에 해당되는가?
① 소매점 정보
② 경쟁사 정보
③ 소비자 정보
④ 트렌드 정보

013

패션 정보 분석 기준에 대한 설명 중 가장 관계가 없는 것은?
① 새로운 경향 분석
② 새로운 경향 발생의 이유 파악
③ 새로운 경향을 이끄는 집단 파악
④ 새로운 경향의 발생처 파악

014

상권 분석의 절차를 올바르게 설명한 것은?
① 2차 자료 분석 → 경합판매점 조사 → 통행인 조사 → 거주자 조사
② 2차 자료 분석 → 통행인 조사 → 경합판매점 조사 → 거주자 조사
③ 2차 자료 분석 → 통행인 조사 → 거주자 조사 → 경합판매점 조사
④ 2차 자료 분석 → 거주자 조사 → 경합판매점 조사 → 통행인 조사

015

다음 AIO 연구에 사용되는 요소 중 인구통계학적 특징을 나타내는 것은?
① 취미, 사회적 사건, 쇼핑, 스포츠
② 오락, 패션, 음식, 매체
③ 정치, 산업, 경제, 교육
④ 소득, 직업, 가족규모, 거주지

016

시장조사에서 해외 패션 정보를 사용할 때 가장 주의할 점은?
① 패션의 세계적 흐름을 파악한다.
② 다양한 정보를 수집한다.
③ 상권에 대한 정보를 수집한다.
④ 자사에 맞는 정보를 선택한다.

017

국제유행색협회에서 유행색을 결정하는 시기는?
① 48개월 전   ② 24개월 전
③ 12개월 전   ④ 6개월 전

018

다음 중 소비자 정보에 해당되지 않는 것은?
① 유명 패션 거리 조사
② 구매동기 및 구매패턴 조사
③ 상표 인지도, 선호도, 보유도 조사
④ 라이프스타일 분석

019

인터셀렉션(Interselection)의 설명으로 옳은 것은?
① 소재정보 전문기관
② 국제기성복 박람회
③ 국제유행색협회
④ 미국의 패션 트렌드 정보 전문기관

020

패션 산업에서 필요로 하는 정보의 종류 중 예산 계획에 중요한 자료가 되며 다음 시즌의 기획자료가 되는 것은?
① 판매실적 정보
② 소비자 정보
③ 시장 정보
④ 패션 정보

021

유행색을 결정하는 기관끼리 묶인 것은?
① 국제양모사무국(IWS), 국제면업진흥회(ICC), 엑스포 필
② 국제유행색협회, 엑스포 필, 프로모스틸
③ 국제유행색협회, 국제양모사무국(IWS), 일본유행색협회(JAFCA)
④ 한국유행색협회(KOFCA), 국제면업진흥회(ICC), 삐띠 삘라피

022

시장정보에 대한 설명으로 틀린 것은?
① 소매점 정보 – 판매원의 판매리포트
② 경쟁사 정보 – 정기 · 비정기적인 상품조사
③ 소매점 바이어의 예측 정보 – 인기 상품 정보
④ 시장규모 정보 – 각 상품의 소재, 색상, 디테일, 실루엣, 가격 정보

023

정보기획에 대한 설명 중 옳은 것은?
① 광고, 홍보, 인적판매, 스페셜 이벤트 같은 촉진전략을 세운다.
② 사이즈의 정확성, 봉제상의 결함검사, 품질검사를 실시한다.
③ 상품을 소비자에게 원활하게 공급하기 위해 유통경로, 유통기관을 구상하고 설계한다.
④ 유행예측과 소비자의 욕구를 파악하기 위해 트렌드 정보와 소비자 시장 정보를 분석한다.

024

다음 중 패션 트렌드 정보 요소에 해당되지 않는 것은?
① 소비자 기호의 경향
② 스타일의 경향
③ 색채의 경향
④ 소재의 경향

025

다음 중 패션 기업의 경쟁정보 수집의 중요성에 해당되지 않는 것은?
① 자사의 기업경영 전략수립
② 시장점유율 확대
③ 연구인력 확대
④ 경쟁력 강한 신제품 개발

026

다음 중 패션 정보가 제안되는 순서와 그 주최국에 대한 연결이 옳은 것은?
① Pat Tunsky(영국) – Moda In(이탈리아) – London Collection(영국)
② Percler(프랑스) – Pre-Tex(이탈리아) – Altamoda(이탈리아)
③ Nelly Rodi(미국) – Moda In(이탈리아) – SIFF(한국)
④ Pat Tunsky(영국) – Nelly Rodi(미국) – Pret a Porter(프랑스)

027

AIO 분석법에 대한 설명으로 틀린 것은?
① 라이프스타일을 분석하는 방법이다.
② 특정 상품의 사용자와 비사용자의 차이를 분석한다.
③ 소비자를 활동(Activity), 관심(Interest), 경우(Occasion)의 측면에서 분석한다.
④ AIO를 구성하는 요소에는 인구통계학적 특성이 포함되는 경우가 일반적이다.

028

다음 중 소비자 조사에 해당되지 않는 것은?
① 경쟁브랜드 조사
② 광고효과 조사
③ 교육 및 소득수준 조사
④ 소비자의 착용경향 조사

029

패션 컬러(Color) 정보 전문기관이 아닌 것은?
① CAUS   ② KOFCA
③ SFA   ④ ICA

030

다음 중 어패럴메이커에서 정보를 수집하는 목적과 가장 관계가 없는 것은?
① 기업 경영전략에 활용하기 위하여
② 담당부서의 사업계획 수립에 필요하여
③ 정보원의 참고자료로 활용하기 위하여
④ 신상품의 개발에 필요하여

031

다음 중 외적 환경요인 중 패션 기업에 직접적 영향을 주는 과업환경이 아닌 것은?
① 패션 사업
② 소비자
③ 경제적 환경
④ 경쟁업체

032

시즌 6개월 전에 디자인 정보를 발표하는 대표적인 어패럴 박람회가 아닌 것은?

① 독일의 IGEDO
② 홍콩의 Interstoff Asia
③ 일본의 오사카 패션 박람회
④ 프랑스의 Interselection

033

소비자 라이프스타일 분석시 포함되는 정보가 아닌 것은?

① 거주지
② 출신학교명
③ 직업의 종류
④ 유행에 대한 관심도

034

소비자 라이프스타일과 의복착용경향의 연결이 잘못된 것은?

① 보수적 소극형 – 유행에 상관없이 예의바르고 단정한 스타일을 선호한다.
② 낭만적 심미추구형 – 심플한 스타일을 선호하며 지적이고 세련된 이미지를 선호한다.
③ 실용적 편이추구형 – 실용적이고 단정한 스타일과 스포티하고 캐주얼한 이미지를 선호한다.
④ 과시적 감각지향형 – 유명 메이커 제품을 선호하고 우아하고 품위 있는 여성 이미지를 추구한다.

035

정보의 분석(Information Analysis)이란?

① 수집 분류된 정보를 그 요소나 성질에 따라서 구분하는 작업
② 수집 분류된 정보를 날짜별로 성분을 구분하는 작업
③ 수집 분류된 정보를 수집된 경로별에 따라서 상품기획에 응용하는 작업
④ 수집 분류된 정보를 이용자에 따라 구분하는 작업

036

패션 트렌드 분석시 아이템의 경향에 해당되지 않는 것은?

① 디자인
② 색 상
③ 옷기장
④ 이미지

037

다음 중 소비자 분석에 포함되지 않는 것은?

① 소비자들은 어디서 구매하기를 선호하는가?
② 누가 구매결정에 참여하는가?
③ 소비자들은 어떻게 구매결정을 하는가?
④ 전체적인 기업 환경은 어떠한가?

038

주요 변수를 통제하고 독립변인이 종속변인에 어떠한 영향을 미치는가와 같은 특정변수 간의 인과관계를 조사하는 것으로 광고효과 조사나 정기세일의 효과 조사가 이에 해당되는 자료수집방법은?

① 실험 조사
② 관찰 조사
③ 설문 조사
④ 행동자료 조사

039

다음 중 시장 조사시 조사할 내용에 관한 설명으로 틀린 것은?

① 새로 등장한 신상품을 조사한다.
② 시장입지조건을 조사한다.
③ 추측 조사를 원칙으로 한다.
④ 시장 규모와 시장 구조를 조사한다.

040

패션 정보회사에 대한 설명으로 틀린 것은?

① 국내에서 트렌드를 발표하는 패션 정보회사로는 삼성패션 연구소, 코오롱패션 연구소 등이 있다.
② 국내 패션 정보는 해외 정보와 보완적인 기능을 할 수 있다.
③ 외국 패션 정보회사로는 Nelly Rodi, Promostyl, Percler, Carlin, Itotus 등이 있다.
④ 패션 정보회사는 트렌드의 발표 및 전시회 대행, 로고, 패키지 개발 관련 업무와는 무관하다.

041

색채기획 중 컬러테마 설정, 테마별 컬러 이미지 맵 작성에 해당하는 것은?

① 컬러 컨셉 설정
② 컬러 스토리 설정
③ 패션 포케스팅
④ 마켓 정보 수집

042

패션 트렌드에 영향을 미치는 요인 분석이 아닌 것은?

① 소비자 의식이나 구매패턴
② 국내외의 대규모적인 행사
③ 음악, 미술들의 예술적인 사조
④ 패션 잡지와 소재의 염색

043

패션 전문점 중 제조업체로부터 사입하여 단순히 판매만 하는 소매기능에서 더 나아가 직접 디자인을 기획, 생산하는 제조기능까지 갖춘 전문점의 형태는?

① 제조소매업
② 사입형 패션 전문점
③ 백화점
④ 중간상 상표

044

소재정보에 관한 설명으로 틀린 것은?

① 섬유의 가공방법을 분석한다.
② 스와치 샘플을 직접 판단할 필요가 없다.
③ 섬유의 종류, 조직상의 특성으로 분석한다.
④ 섬유의 시각 및 촉각에 의한 질감, 두께 등을 조사한다.

045

소비자 정보를 위한 조사내용이 아닌 것은?

① 고객층의 라이프스타일 분석
② 정기 · 비정기적인 거리 패션 조사
③ 광고효과 조사
④ 매장별 판매실적 조사

046

다음 중 정보의 수집도구와 가장 거리가 먼 것은?

① 비디오(Video)
② 퍼스널 컴퓨터(Personal Computer)
③ 카드 케이스(Card Case)
④ 녹음기(Recorder)

047

정보원의 종류 구분이 틀린 것은?

① 활자미디어 정보원 – 신문, 잡지 등
② 인적 정보원 – 전화, 팩스 등
③ 컴퓨터통신 정보원 – 인터넷, 데이터 베이스 등
④ 전파미디어 정보원 – TV, 라디오 등

048

패션 기업이 핫 스팟(Hot Spot)을 알고자 할 때 이용할 수 있는 가장 적합한 정보의 유형은?

① 경쟁사 정보
② 패션 트렌드 정보
③ 패션 관련 산업 정보
④ 인구통계학적 환경 정보

049

상권 조사에 대한 설명으로 틀린 것은?

① 상권은 특정의 매장, 상점가, 쇼핑센터 등에서 구매하는 소비자의 지리적 범위를 의미한다.
② 상권의 범위는 입지조건, 시설 규모, 취급 상품 등의 특성에 따라 달라진다.
③ 경쟁 상황하에 있는 1차 상권과 점포 특성에 의한 2차 상권으로 분류된다.
④ 상권 조사를 할 때 상품 분야별 특성을 파악하고 상점수와 그 비율을 분석한다.

050

현대 패션 산업에 있어서 정보의 중요성이 부각되는 요인이 아닌 것은?

① 다양한 매체의 발달
② 라이프사이클의 단축화 현상
③ 상품의 고부가 가치화 현상
④ 소재 및 지불수단의 다양화 현상

051

한 개인이 살아가는 방식으로서, 보통 개인의 활동(Activity), 관심(Interest), 의견(Opinion)을 의미하는 A.I.O로 조사하는 것은?

① 패션 구매 패턴
② 성격과 자아개념
③ 라이프스타일
④ 소비자 행동

052

패션 트렌드 분석요소가 아닌 것은?

① 스타일의 경향
② 패션 테마 경향
③ 색채, 무늬 경향
④ VM 계획의 경향

053

다음 정보는 어떤 정보에 속하는 것인가?

- 작년 / 금년의 인기 / 비인기 상품
- 각 상품별 색상, 소재, 디테일, 실루엣, 가격 정보
- 판매원의 판매 리포트
- 각종 상권에 대한 정보

① 시장 정보
② 소비자 정보
③ 패션 정보
④ 기업환경 정보

054

다음 정보들로 분석하려는 것은?

- 라이프스타일 분석
- 구매동기 및 구매패턴 조사
- 의식 조사
- 선호도 조사
- 착용경향 조사

① 경쟁 브랜드 정보
② 패션 트렌드 정보
③ 소비자 정보
④ 라이프스타일 정보

055

다음의 색채 정보원 중 국내 정보에 속하지 않는 것은?

① 자사제품의 판매결과에서 얻은 색채 경향
② 쁘레타 뽀르떼 컬렉션의 색채 경향
③ 타사 제품의 색채 정보
④ 각 염색공장에서 집계한 색채 정보

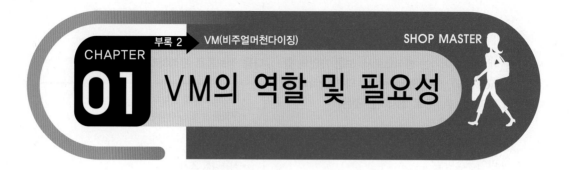

 VM의 개념

1. VM의 개념

(1) Visual

① 시각의, 눈에 보이는, 보기 위한 것이라는 의미이다.

② 고객이 쉽게 볼 수 있는 장소에 상품을 배치하여 그 매력을 시각적으로 호소하기 위한 것이다.

(2) 머천다이징(Merchandising)

① 기업의 마케팅 목표를 실현하기 위해 특정의 상품 또는 서비스를 적절한 장소, 시간, 가격, 수량별로 시장에 내 놓을 때 따르는 계획과 관리를 말한다.

② 일반적으로는 마케팅의 핵심을 형성하는 활동이라고 정의한다.

> Merchandising＝MD
>
> • 소비자가 원하는 상품을
> • 얼마에
> • 얼마나 많이
> • 몇 가지를 기획하는 것
> • 어디서 만들어서
> • 어디서 팔까?
>
> 제조 Merchandising＝상품기획＋개발
> 유통 Merchandising＝상품구매＋판매

(3) VM

① Visual Merchandising의 약자로 상품을 시각적 · 감각적으로 연출하여 구매의욕을 높이는 전략이다.

② 기획, 상품, 선전, 판촉까지의 일련의 일관된 흐름을 조정하는 활동이다.

③ V(시각적 기술), MD(상품계획)의 조합된 말이다.

④ 마케팅의 목적을 효율적으로 달성할 수 있도록 상업공간에 적합한 특정의 상품이나 서비스를 조합하는 판매증진을 위한 시각적 연출계획이다.

⑤ 기업의 독자성을 표현하고, 타경쟁점과의 차별화를 위해 유통의 전 과정에서 상품을 비롯하여 모든 시각적 요소를 반영하여 연출하고 관리하는 전략적인 활동이다.

⑥ 미국소매업협회

　VM은 머천다이징을 성공하기 위해 상품 프레젠테이션을 훌륭히 이해하는 것에서 시작하며, 매입부서와 협력하여 매입상품을 제공 · 전시 · 판매하는 방법이라고 정의하고 있다.

⑦ 일본 VM협회

　VM는 고객의 창조와 유지 혹은 수요의 창조를 목적으로 유통시장에서 MD를 축으로 하여 시각적 요소를 연출 · 관리하는 활동이라고 정의하고 있다.

⑧ 최근 경향에 적절한 정의

　㉠ 상품과 서비스를 팔기 위하여 광고, 디스플레이, 특별행사, 상품기획 및 판매 등의 팀워크를 통해 고객에게 상점과 구성 상품을 효과적으로 연출 · 제시하는 제반활동이다.

　㉡ 매장구성의 기본이 되는 상품계획과 매장환경으로 인테리어, 디스플레이, 판촉, 접객서비스 등 제반 요소들을 시각적으로 구체화시켜 상점의 이미지(SI ; Store Image)를 고객에게 인식시키는 표현전략이다.

> VM＝Visual Presentation　　＋　　Merchandising
> 　　　　시각화　　　　　　　　상품화 계획/효과적 판매촉진책
>
> 매장구성의 기본이 되는 상품계획과 매장환경으로 인테리어, 디스플레이, 판촉, 접객서비스 등 제반요소들을 시각적으로 구체화시켜 상점의 이미지(SI ; Store Identity)를 고객에게 인식시키는 표현전략

⑨ 그 외 VM을 설명하는 내용

　㉠ 머천다이징 목표와 상품 프레젠테이션을 조화시키는 것이다.

　㉡ 고객과 점포, 고객과 상품과의 시각적인 공감대를 만들어 내기 위한 MD 프레젠테이션 시스템을 말한다.

ⓒ 판매촉진을 위한 전략계획이다.

ⓔ 사람의 눈에 비치는 모든 요소를 보다 효과적으로 관리한다.

ⓜ 판매를 증가시키고 추가구입을 자극한다.

ⓑ 경영 효율성을 촉진시킨다.

ⓢ 구매 욕구를 일으킨다.

ⓞ 말 없는 판매원이라 할 수 있다.

ⓩ 매장 내 적정 상품량을 알기 쉽게 한다.

ⓒ 경쟁점과 차별화가 가능하다.

ⓚ 점의 이미지를 만들 수 있다.

ⓣ 사기 쉽고 고르기 쉽게 한다.

ⓟ 즐거운 쇼핑 분위기를 제공한다.

ⓗ 소비자에게 맞춰졌을 때 효과를 볼 수 있다.

[VM의 정의]

2. VM 전개

(1) MP(Merchandising Presentation)

상품과 동시에 회사의 이미지를 부각시키는 CI(Corporate Identity)의 개선을 선두로 상업 공간에서 프레젠테이션의 질적인 향상을 위하여 VP(Visual Presentation), PP(Point of sales Presentation), IP(Item Presentation)가 진행되는데 VP, PP, IP를 종합한 전략을 MP(Merchandising Presentation)라 한다.

MP=VP+PP+IP

이 세 가지 기능이 상품 성격에 맞게 적절히 배분되어야 상품제안(MP)의 효과를 높일 수 있다.

[VP, PP, IP의 요소]

[매장구성의 3요소]

VP	판매하고 싶은 상품, 알리고 싶은 상품 등을 DISPLAY하는 매장의 얼굴	Visual Presentation (연 출)
PP	벽면 또는 기둥 상단 부위로 상품의 그룹을 대변하는 위치	Point of sale Presentation (연출+진열)
IP	상품을 직접 만지고 고르는 위치	Item Presentation (진 열)

① VP(Visual Presentation)

ⓐ 쇼윈도 또는 점내 스테이지로 점의 이미지를 대표할 수 있는 곳을 말한다.

ⓑ 테마 공간으로 연출하거나 브랜드의 이미지를 표현하는 공간으로 고객의 시선이 처음 닿는 곳을 말한다.

ⓒ 연출상품의 선택시는 가급적 트렌드가 강하거나, 이익률이 높거나, 재고량이 많은 상품을 선택하며 전문가 또는 경험자가 연출하는 것이 효과를 높일 수 있다.

ⓓ 매력적인 연출 Store Concept를 전달하기 위한 스테이지를 설치하여 테마의 종합적인 표현으로 매력적인 연출이 가능하다.

ⓔ VP는 머천다이징을 시각적으로 표현하는 것이므로 상품기획단계의 컨셉을 표현한다(매장의 아이덴티티 확립에 기여).

ⓕ VP는 점포의 특성과 상품에 대한 정보제안 서비스 의도를 명확히 보여주고 고객 누구에게나 공감을 얻어야 하므로 진열기술보다는 상품이 중요시된다.

VP
Visual Presentaion

테마 연출공간

브랜드 이미지 표현

고객의 시선이 처음 닿는 곳

점과 브랜드 S/W, 층별 메인 스테이지
점 두 테이블

점 연출의 종합 표현으로 점과
상품의 이미지를 높임

[Visual Presentation]

테마에 따른 연출

마네킹 컬러를 이용한 연출

단일 컬러를 이용한 연출

남성복 매장의 분위기 연출

[VP 부분 연출]

② PP(Point of sales Presentation)

  ㉠ 벽면 또는 집기류의 상단으로 분류된 상품의 포인트를 알기 쉽게 강조하여 보여준다.

  ㉡ 주력상품의 이미지를 표현하거나 상품을 연출하는 공간으로 상품진열 계획의 포인트를 제안하여 판매를 유도한다.

  ㉢ 상품의 포인트를 소구 매장 내의 상품정보를 시각적으로 소구하여 관련 상품과의 자연스러운 코디네이트로 상품을 제안한다.

  ㉣ PP의 위치선정은 통로를 따라 걷는 고객의 시선이 자연스레 맞닿는 곳을 선정하여 연출하는 것이 효과적이다.

PP
Point of sales Presentation

상품 연출공간
주력상품 이미지 표현
동선에서 보았을 때 효과적인 곳

테이블상단, 벽면 선반상단,
집기류 상판

주력상품의 특징을 표현하며 상품 이미지를 높임

[Point of sales Presentation]

행거 위 선반부분

행거 앞 마네킹

[PP 부분 연출]

③ IP(Item Presentation)

㉠ 행거, 선반, 쇼케이스 등 주로 상품이 걸려 있거나 진열되어 있는 곳을 말한다.

㉡ 실제 판매가 이루어지는 곳으로 매장면적의 대부분을 차지하는 부분이다.

㉢ 쾌적한 매장구성 상품을 분류 · 정리하여 관리하며, 일관성 있는 연출법으로 고객이 쉽게 알아볼 수 있도록 진열한다.

㉣ IP진열은 점내의 모든 상품을 보여주기 위해 아이템별로 알맞은 방법을 선택하여 고객이 구매하기에 편하도록 정리 · 진열하여 보여주는 VM의 기본이라 할 수 있다.

㉤ 대부분의 소매점 내에서는 상품의 VP나 PP연출보다는 IP진열이 대부분을 차지한다.

IP
Item Presentation

상품진열공간

기본상품 이미지표현

점내 제반 집기류

행거, 선반, 쇼케이스

상품을 분류 · 정리하여 보기 쉽고
사기 쉬운 매장을 만든다.

[Item Presentation]

[선반 위 PP 부분과 행거 IP 부분]

MP
Merchandising Presentation

구 분		VP (Visual Presentation)	PP (Point of sales Presentation)	IP (Item Presentation)
역 할		연출 테마의 총합 표현으로 점과 상품의 이미지를 높인다.	분류된 상품의 판매 포인트를 보여준다.	개개의 상품을 분류·정리하여 보기 쉽고 고르기 쉽게 진열한다.
위 치		고객의 시선이 처음 닿는 곳 (Show Window, Stage, Sub Stage, Facade)	• 매장 내에서 자연스럽게 고객의 시선이 닿는 곳 • 벽면 상단 부분, 쇼케이스 상단, 테이블 상부	• 점내 제반 집기류(행거, 쇼케이스, 선반류 외) • 기둥, 벽면, 집기
전개의 방안요소		• 트렌드 제시(디자인, 스타일, 소재, 색채 등) • 화제 및 이벤트성 • 테마 컬러 적용 • 연간계획에 의한 연출 • 조명연출효과 • 오브제 및 마네킹의 연출 효과	• Face Out • 연출구성(삼각구성 외) • 컬러 코디(주목성) • 중점표현(품목·스타일·색채 등) 계획 • 조명연출 • 진열구류(상반신·소도구류 등) 활용	• Sleeve Out • Folded • 컬러 배열 • 수직 진열 • 사이즈 배열 • 스타일 분류 • 소재 분류
기 능		보여 준다.	• 보여 준다. • 판매를 유도한다.	판매한다.
고객의 시점		다소 멀다(이미지를 받아들인다).	중간(상품을 인식한다)	가깝다(상품을 만진다).
담 당	대형점	VP 전문가	코너 데코레이터	판매사원
	소형점	점 스스로 또는 전문 디스플레이어		

[VM 전개의 기본][1]

[쇼윈도(Show Window)]

[매장 내 VP(아일랜드 디스플레이)]

---

1) VM, 심낙훈 저, 우용출판사, p37

[매장 내 PP]

[같은 소재, 같은 무늬로 진열한 IP]

(2) 연출과 진열

연 출	요 소	진 열
어떻게 보여주는가?	목 적	무엇을 보여주는가?
호기심을 주고 끌어들인다.	역 할	실제 판매를 유도한다.
상품의 가치와 장점을 표현한다.	표 현	상품자체를 표현한다.
감각과 경험이 필요하다.	작 업	정리정돈과 청결이 필요하다.
감성에 소구한다.	소 구	이성에 소구한다.
쇼윈도/스테이지/벽면상단 등	위 치	행어랙/선반 등 모든 집기
VP/PP	기 호	IP

[매장구성의 2가지 개념]

① 상품연출의 기본 인식

㉠ 연출은 상품을 팔기 위한 수단으로 연출 자체가 중요한 것이 아니라 판매계획을 충분히 이해했다면 상품 자체로나 간단한 POP만으로도 충분히 효과를 볼 수 있다.

㉡ 연출은 상품 하나를 부각시킨다는 사고보다도 상품 갖춤(구색)을 보여 주어 점과 상품의 특성을 표현하고 관련 판매를 유도해야 한다.

㉢ 연출은 전문가만의 일이라거나 예산과 시간이 든다는 사고를 버려야 하며, 판매 관련자라면 누구나 시행할 수 있어야 한다. 그러기 위해서는 경험, 매뉴얼이 필요하다.

㉣ 감성을 중시하는 것이 연출이므로, 개인 취향으로 흐르는 것을 막기 위해서는 연간 스케줄에 의해 그 시즌의 판매상품에 중점을 두고 사전에 충분한 계획이 이루어져야 한다.

② **상품연출과 판매**

상품연출을 판매로 연결시키기 위해서는 다음 사항을 주의한다.

㉠ 연출의 주제를 정확히 파악한다. → 상품의 품질, 특징, 관리방법, 가치를 정확히 파악

㉡ 상품의 특징을 명확히 보여 준다. → POP 사용

㉢ 연출상품은 최상의 상태를 유지한다.

㉣ 항상 특색 있는 연출이 필요하다. → 품목별로 시즌을 고려하여 일정기간 교대로 연출

㉤ 시즌 감각을 느끼게 한다. → 판매적기를 파악하여 세분화

㉥ 상품분류, 배치를 명확히 한다. → 상품 주기에 따라 품목별 배치

㉦ 청결을 유지한다.

③ **연출의 유형**

㉠ 상징적 연출 : 점의 이미지 또는 대표적인 상품의 성격을 상징적으로 표현하며, 시선을 유도하는 힘이 크다.

㉡ 분위기 연출 : 상품과 관련된 분위기를 조성하며 상품의 가치나 특성을 소구하는 감각 진열로 구매심리를 자극한다.

㉢ 사실적 연출 : 사람의 생활환경과 관련 상품을 축소 또는 사실 그대로 연출하여 구매와 연결시킨다. 예 모델 하우스 구성

㉣ 정보적 연출 : 보여주고자 하는 상품의 이용, 사용도, 효과, 기대치 및 장래 예측 경향 등을 보여줌으로써 문화생활을 제안하는 정보를 고객에게 제공한다.

④ **연출방향**

㉠ 오감연출 : 인간에게 내재되어 있는 감성을 끌어내고 성숙시켜 감성 라이프스타일을 창조해 가는 것이다(구매에 미치는 영향 – 시각 〉 청각 〉 촉각 〉 후각 〉 미각).

㉡ 계절감의 연출 : 각 시즌에 어울리는 데코레이션으로 매출 효율 증대, 점의 영업방침·상품 종류에 따라 구분수(판매시즌 구분수)가 차이난다.

㉢ 판매적기 연출 : 선물 상품철, 바캉스철, 환절기 등 적정기간을 설정하여 상품을 부각시킨다.

㉣ 시간대별 연출 : 평일, 주말, 축제일, 일기에 따른 고객의 기호와 기분의 변화를 파악하여 상품제공방법, 매장배치, 조명의 조도와 색감 등의 변화를 활용한다.

⑤ **진 열**

㉠ 보기 쉬운 진열

- 매장에 어떤 상품을 판매하고 있는지 쉽게 알 수 있다.
- 앞에는 낮게, 뒤로 갈수록 높게 하여 높낮이의 차이를 보여줌으로써 각 종류의 상품이 골고루 잘 보인다.

- 매장의 밝기, 높이, 진열의 유형, 장해물의 제거, 진열집기 등을 고려한다.
- 진열 유효범위(무릎 위부터 시선의 높이인 골든 스페이스)를 활용하여 상품의 얼굴이 보이도록 배치한다.

ⓒ 선택하기 쉬운 진열
- 상품을 컬러나 사이즈, 용도 등으로 분류한다(비교·선택하기 때문에 상품의 특색을 한 눈에 알 수 있다).
- 상품을 만질 때 잡기 쉽다.
- 관련 상품을 동시에 연출하여 상품의 필요성을 인식하게 한다.

ⓒ 만지기 쉬운 진열
- 고객이 상품의 구매욕구가 생겨 손으로 잡고 확인하기 쉽다.
- 상품을 쇼케이스나 박스 안에 넣지 않고 최대한 오픈시켜 둔다.
- 손으로 집을 때 다른 상품이 장애가 되지 않도록 안정감 있는 진열을 한다.

ⓒ 박력 있는 진열
- 대부분 저가상품을 진열할 경우에 활용하는 방법이다.
- 고객에게 상품의 풍부함을 호소하기 위한 진열법이다.
- 많은 상품 중에서 자유롭게 비교·선택하여 구매할 수 있도록 진열한다.
- 상품에 입체감 있는 진열방법을 강구한다.

ⓜ 주목률을 높이는 진열
- 고객의 시선을 집중시키기 위해서 소도구나 소품을 활용하거나 적절한 POP를 활용한다.
- 상품별 특성을 살린 진열방법을 택한다.
- 고가품일수록 적게 진열함으로써 희소성을 보여 준다.
- 동선과 마주치는 곳에 유도 포인트를 배치한다.

ⓗ 경제적인 진열
- 시간과 인건비를 절약한다는 것을 의미한다.
- 전문점에서의 상품연출은 비용이 추가되는 장식적인 오브제나 소품들을 적게 활용하는 것이 유리하다(매장의 관련 상품을 소도구나 소품으로 활용하여 보다 풍부한 상품군을 보여주기 위해서 일상생활의 한 장면을 연출하는 방식 등으로 자연스럽게 다른 상품까지 제안하는 토털 연출방법).
- 간단한 POP물을 활용하여 분위기를 연출하거나 상품을 설명한다.

ⓢ 밝고 청결한 진열
- 조명의 광원을 선택할 때 특별히 유의한다.
- 청결상태를 수시로 점검하여 고객에게 신선한 매장으로 인정받도록 노력한다.

◎ 신속한 정리정돈

- 판매되어 상품이 빠진 곳은 바로 보충한다.
- 정리정돈하기 쉽게 합리적인 진열을 한다.

⑥ 집기 종류에 따른 기본 진열방법과 특징

　㉠ 곤돌라 진열 : 소매업에 있어서 가장 널리 쓰이는 진열방법 가운데 하나다. 기본적인
　진열방식이며 대부분 가공식품, 비식품은 곤돌라에 진열한다.

- 특 징
  - 소분류별로 진열하고, 연관진열이 가능하다.
  - 팔림새의 파악이 쉽고, 페이스 관리가 용이하다.
  - 곤돌라 2대마다 한군데씩 매력 있는 자석 상품을 배치한다.
  - 상품마다 프라이스 카드를 부착한다.
- 진열방법
  - 진열도(플래노그램)에 맞게 진열한다.
  - 판매됨에 따라 수시로 전진 진열한다.
  - 매대 선반 앞쪽까지 상품이 나오도록 하여 집기 쉽게 진열한다.

[곤돌라 진열]

　㉡ 엔드 진열 : 매장에서 가장 눈에 잘 띄므로 항상 정리정돈이 되어 있어야 한다. 또한
　상품도 주기적으로 교체하여 계절감, 양감이 표현되도록 하는 것이 바람직하다. 주로
　많이 팔려는 상품 또는 프로모션 중인 상품 등을 진열하여 매출을 높여야 한다.

- 특 징
  - 고객이 3면에서 상품을 보는 것이 가능하고, 손으로 집기도 편리하다.
  - 중앙에 반드시 POP를 게시한다.
  - 컷 진열을 통해 양감 있는 연출이 가능하다.
- 진열방법
  - 상품을 세 가지 정도 조합하여 세로 진열방식으로 연출한다.

– 너무 높이 쌓지 않아야 한다.

– 밑 부분이나 안쪽에 빈 박스 등을 활용하여 필요 이상의 재고를 보유치 않도록 해야 한다.

[엔드 진열]

ⓒ 행거진열 : 주방용품이나 잡화용품 진열에 많이 사용하는 진열방법이며, 반드시 걸고리가 있는 걸이대에 진열해야 한다.

• 특 징

– 진열량이 적어도 양감 있는 느낌을 준다.

– 상품을 고르기가 쉽다.

– 상품별 구분 진열이 용이하다.

– 흐트러지지 않는다.

• 진열방법

– 상품의 크기, 색상별로 구분하여 진열한다.

– 보충진열시 주기적으로 새로 들어온 상품을 안쪽으로 넣고 판매 중인 상품을 바깥쪽으로 진열하여 선입선출이 되도록 해야 한다.

ⓓ 평대진열 : 대량 진열이 가능하고 특히 특매상품, 중점판매 상품을 많이 진열할 때 사용한다.

• 특 징

– 필요에 따라 자유롭게 장소를 이동할 수 있다.

– 대량으로 상품을 적재하는 것이 가능하다.

– 상품의 크기와 종류에 따라 평대크기를 조절한다.

- 진열방법
  - 빈 박스 등을 넣고 진열함으로써 볼륨감을 연출한다.
  - 상품을 집기 쉬운 반면, 흐트러지기 쉬우므로 수시로 정리정돈을 해 준다.
  - 평대 중앙에 반드시 POP를 게시한다.

[평대진열]

ⓑ 측면진열 : 엔드 진열의 한쪽 측면 능을 활용하여 엔드 진열한 상품과 관련성을 강소하는 진열방법이다.
  - 특징 : 엔드 측면에 진열하여 상품의 상호 연관성을 나타내 고객의 구매 욕구를 자극할 수 있다.
  - 진열방법
    - 별도의 진열도구(Side Wagon)를 사용해서 엔드 매대 옆에 붙인다.
    - 양쪽 면에 다 붙이거나 너무 튀어나오면 고객 이동에 불편을 주므로 특히 유의해야 한다.

ⓗ 섬진열 : 주통로 인접한 곳에 섬 모양의 진열로서 팔고자 하는 정책상품 등을 진열할 때 주로 활용한다. 매장 레이아웃상 섬진열 스테이지가 설치되어 있지 않은 경우 고객의 통행에 불편을 줄 수 있으므로 주의가 요구된다.

ⓢ 벌크 진열 : 단일 품목을 대량 판매하기 위해 사용하는 진열로서 가격이 저렴하다는 인식을 줄 수 있다. 그만큼 대량 진열과 판촉 행사가 병행되면 효과가 크다. 이 방법은 품목이 잘 선정되어야 한다. 쇠퇴기 상품을 대량 진열시 과다재고가 있을 위험이 크므로 신상품이나 인기 상품, 또는 계절적 성수기 상품을 선정해야 효과가 크다.

[벌크 진열]

VM의 역할 및 기대효과

1. VM의 역할

(1) VM을 통해 개선 가능한 문제점

① 상품 디자인이 타깃 고객과 거리가 있다(상품기획 방향).

② 시즌에 맞추어 상품이 제때 출하되지 않는다(물류관리).

③ 매장 규모에 비해 상품의 종류와 양이 너무 많다(상품관리).

④ 고객을 위한 쾌적한 환경과 서비스가 부족하다(판매영업).

⑤ 광고 이미지가 매장 현실과는 거리가 멀다(광고).

⑥ 판촉행사시 상품이나 판촉 POP물 등의 배포시기와 내용이 맞지 않는다(판촉).

⑦ 매장이 창고처럼 변해가도 개선하지 않는다(매장관리).

⑧ 경쟁점의 좋은 것을 보고도 전혀 개선하지 않는다(마케팅).

(2) VM의 역할 및 필요성

① VM의 대상별 역할[2]

기 업	머천다이징(라이프스타일 제안을 위한)을 어떻게 운영하여 고객의 공감을 얻어낼 것인가를 경영전략 차원에서 전개하여 기업과 상품(서비스)에 대한 신뢰감을 높인다.
매 장	상품제안의 방법을 고객의 요구에 맞도록 상품의 특성과 생활에서의 효율성을 제안하며, 합리적인 진열배치로 팔기 쉽고 관리가 쉬운 매장을 만든다.
고 객	자신의 라이프스타일에 부합되는 상품을 즐거운 분위기에서 쉽게 선택할 수 있고, 상품에 대한 자긍심을 느끼게 하며, 다시 찾고 싶은 매장을 기억하여 선택한다.

② 매장 측면의 역할

　㉠ 상품이 갖는 장점을 최대한 표현 : 상품이 갖는 장점이 디자인, 가격, 색채, 규격, 재료 등 어떤 것으로 인한 것인지 파악하여 고객에게 알려야 한다.

　　예 할인을 할 때는 POP를 활용하여 알려주고, 각 상품별 디자인도 잘 보이도록 진열

　㉡ 판매적기의 상품을 선별 배치 : 매장 내 상품 중 시기적절하게 잘 팔릴 수 있는 상품을 선정하여 눈에 띄도록 배치해야 하므로 매입 부서와의 긴밀한 협조를 통해 품목별로 비중 있게 보여줄 수 있도록 스케줄표를 만들어 시행하는 것이 좋다.

　㉢ 판매율을 높임 : VM를 통해 상품에 정보가치를 부여하고 특정 이미지를 만들어 고객의 손이 닿도록 해야 한다.

　㉣ 모든 상품이 팔릴 수 있는 기회를 만듦 : 고객이 구석구석을 잘 살펴볼 수 있도록 유도 포인트를 설치하고 편리한 동선을 계획하도록 한다.

③ VM의 필요성

　㉠ 판매를 높인다.

　㉡ 신상품을 소개한다.

　㉢ 상품의 사용방법, 가치를 알린다.

　㉣ 타 매장과의 차별화를 한다.

　㉤ 기업의 이미지를 알린다.

　㉥ 주위환경을 아름답게 한다.

---

2) VM, 심낙훈 저, 우용출판사

2. VM의 기대효과

(1) 상품의 소구력 향상

① VP, PP, IP의 운영으로 보기 쉬운 매장을 구성할 수 있다.
② 상품제안 방법을 개선할 수 있다.
③ 상품의 가치를 창조하고 보다 잘 표현할 수 있다.

(2) 점내 상품관리

① 점내 적정재고를 유지할 수 있고 보충이 용이하다.
② 상품분류에 의한 합리적인 상품배치가 가능하다.
③ 상품회전을 개선할 수 있다.

(3) 업무혁신

① 관련 부서 간에 시스템적인 업무 협조가 이루어질 수 있다.
② 상품기획에서 판매현장까지 업무의 일관성에 의한 마인드 아이덴티티가 형성된다.
③ 상품제안 업무의 인적, 시간적, 양적 조절이 가능하다.

(4) 기업문화 창조

① 고객만족을 위한 일의 즐거움을 체득할 수 있다.
② 거리환경 조성에 기여할 수 있다.
③ 스토어 아이덴티티의 확립이 가능하다.

(5) 기업이윤 증대

① 접객업무의 효율화로 인한 손실을 방지할 수 있다.
② 물류 시스템의 효율적 운영이 가능하다.
③ 각 업무와 점내 장식(인테리어, 디스플레이)에 대한 비용을 절감할 수 있다.

CHAPTER 02

부록 2 VM(비주얼머천다이징)

SHOP MASTER

효과적인 VM 전략

매장 진열의 법칙

1. 진열의 기본

(1) 성공적인 진열

상품진열의 결과 소비자의 입장에서 보기 쉽고, 만지기 쉽고, 선택하기 쉬우며, 사기도 쉽게 되어 있다.

(2) 골든 존과 데스 존

① 시선이 가기 쉽고 상품을 집기도 쉬운 위치 : 골든 존(Golden Zone), 골든 스페이스(Golden Space), 골든 라인(Golden Line)

② 골든 존에서 팔고자 하는 상품을 진열하면 판매가 될 확률이 높아짐

[골든 존과 데스 존]

2. 진열의 방법

(1) 상품분류방법

컬러별(밝은 것 → 어두운 것)

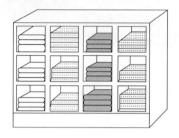

디자인별(적은것 → 많은 것)

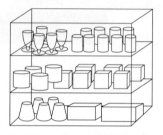

디자인과 소재가 다른 것이 섞여 있는 경우는
재고 수량이 적은 것부터 많은 것의 순으로 진열

사이즈별(작은 것 → 큰 것)

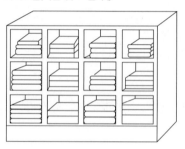

사이즈가 다른 경우 작은 사이즈 상품
부터 큰 사이즈로 진열

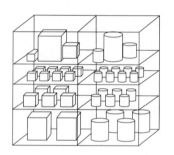

크고 무거운 것은 밑으로, 작고 가벼운
상품은 위로 하여 안정감 있게 진열

[상품분류방법]

(2) 상품 구성법

① 삼각구성

고객에게 시각적으로 안정감을 주고 판매 측에서도 비교적 손쉬운 구성형태이다. 상품
수는 3, 5, 7 홀수로 정리한다. 예 핸드백, 구두 등

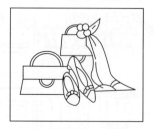

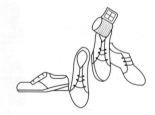

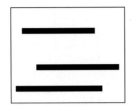

② 수평구성

가로로 넓이를 갖게 해 질서 있고, 정리되는 상품의 경우에 적합하다. 또한 정적이지만 강력함을 느끼게 한다. **예** 바지, 벨트, 액세서리

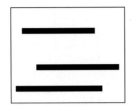
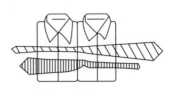

③ 방사선구성

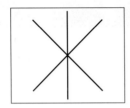

④ 사선구성

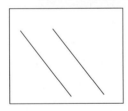
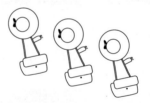

⑤ 곡선구성

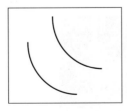

(3) 컬러 베리에이션(Color Variation)의 전개

① 선반 타입, 박스의 경우

상	난색계		밝은		연한
↓	↓		↓		↓
하	한색계		어두운		진한

㉠ 빨강 → 주황 → 노랑 → 황록 → 녹색 → 청록 → 청색 → 파랑

난색이 많은 경우   한색이 많은 경우   그 외

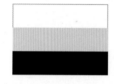  

㉡ 밝은 색 → 어두운 색

무채색

㉢ 옅은 색 → 짙은 색 (페일톤, 덜톤/디프톤)

핑크계의 경우   블루계의 경우   노랑계의 경우   그린계의 경우

[선반 진열의 예(핑크계/그린계/블루계)]

② 옷걸이 타입의 경우

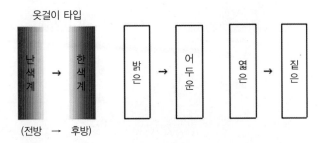

색을 나열하는 방법은 기본적으로는 선반 박스 타입과 같지만, 옷걸이 타입은 나열상품이 많이 때문에 색뿐만 아니라 디자인, 길이 등을 충분히 검토해야 한다. 가능한 한 같은 옷걸이에는 같은 디자인의 것을 걸고, 컬러 변화 전개를 하고 싶지만 여러 가지 디자인의 옷을 같은 옷걸이에 어떻게 해도 걸지 않으면 안 될 경우는 길이의 짧은 것부터 손앞에서 구석으로 거는 쪽이 좋다.

㉠ 모두 같은 디자인의 경우 나열의 예

옷걸이에 상품을 나열할 때 무채색의 것은 사이에 섞이지 않도록 별도로 구별하여 두는 것이 좋다.

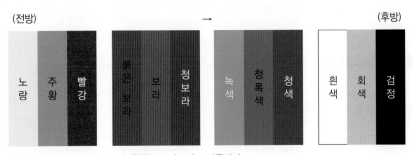

이 같이 목록 단위로 난색이나 한색으로 나누어도 아름답다.

[옷걸이 타입(행거)의 진열]

ⓒ 디자인이 다른 것을 같은 옷걸이에 걸친 나열의 예

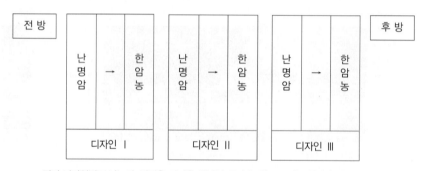

먼저 디자인별로 나누어, 각각을 가벼운 색에서 무거운 색으로 나눈다(컬러 반복).

3. 페이싱(Facing)

(1) 페이싱의 종류

① 페이스 아웃(Face Out) : 전면이 보이도록 하는 진열방법

ⓐ 행어 랙에 진열된 상품 중 어필하고자 하는 상품을 선택해 관련 상품과 코디네이트시켜 맨 앞에 걸어주는 진열기법이다.

ⓑ 디자인을 한 눈에 보일 수 있고, 코디네이트 변화가 용이하며, 회전율이 빠른 것이 장점이다. 그러나 보충 빈도가 높고 공간을 많이 차지한다. 주로 재킷이나 블라우스, 니트, 셔츠류에 많이 적용한다.

② 슬리브 아웃(Sleeve Out) : 소매가 보이도록 하는 진열방법

　ㄱ 고객의 입장에서 상품을 집기 쉬운 방향으로, 즉 소매의 위치를 한쪽 방향으로 보여주는 진열기법이다.

　ㄴ 행거를 사용한 스톡형 진열로 많은 양을 확보할 수 있고, 컬러, 패턴, 사이즈별 배열을 할 수 있으며 꺼내 보기가 쉽다. 그러나 전면의 디자인을 잘 볼 수 없고 회전율이 낮다는 단점이 있다. 재킷, 코트, 셔츠, 바지에 적용된다.

③ 폴디드(Folded) : 접은 면이 보이도록 하는 진열방법

선반을 사용한 스톡형 진열로 많은 양을 확보할 수 있으며, 슬리브 아웃과 비슷하게 컬러, 패턴, 사이즈별 배열을 할 수 있다. 시선 아래 진열시 디자인을 잘 볼 수 있다는 장점이 있으나 디자인이 부분적으로만 보이고, 접는 데 시간과 노력이 필요하며 꺼내보기 부담스럽다는 단점이 있다. 블라우스, 스웨터, 니트, 셔츠, 바지에 적용된다.

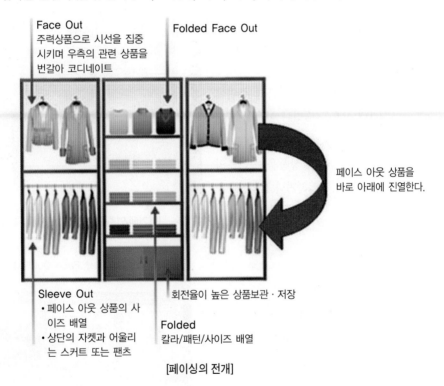

[페이싱의 전개]

⑵ 페이싱 연출방법

① 벽면 페이스 아웃 Presentation
  ㉠ 상의 소매는 자연스럽게 내리고 하의는 옆으로 접은 상태를 다려서 진열한다.
  ㉡ 전체 옷 길이는 145~150cm로 한다.
  ㉢ 여성은 스카프, 백, 구두, 선글라스 등, 남성은 셔츠, 타이, 구두, 선글라스 등과 함께 토털 진열한다.

[벽면 페이스 아웃]

② 선반과 행거 Presentation
  ㉠ 코너의 대표상품을 페이스 아웃하여 주목률을 높인다.
  ㉡ 페이스 아웃시킨 상품의 주위에 관련 상품을 슬리브 아웃으로 진열한다.
  ㉢ 선반에는 관련 상품을 폴디드의 방법으로 진열하거나 PP 연출을 한다.

[행거에 연출한 페이스 아웃과 슬리브 아웃]

③ 페이싱 기법의 응용사례
  ㉠ 한 개의 Unit에 Face Out(F/O), Sleeve Out(S/O), Sleeve Out(S/O)의 Set 3개가 연출되어 있다.

Face Out(F/O)

Sleeve Out(S/O)

[페이싱 기법의 응용사례 Ⅰ]

ⓒ 한 개의 Unit에 F/O, S/O, Folded
의 다양한 방법을 사용하고 있다.

[페이싱 기법의 응용사례 Ⅱ]

ⓒ 컬러별로 Zone을 나누어 페이싱 연출을 하고 있다.

퍼플 ZONE   핑크 ZONE   오렌지 ZONE

[페이싱 기법의 응용사례 Ⅲ]

(3) 페이싱 전개[3]

① 상품을 기본으로 한 전개형태

ⓐ 단독 전개 : ALL FACE OUT

　　　　　　　　 ALL SLEEVE OUT

　　　　　　　　 ALL FOLDED

---

3) VM, 심낙훈 저, 우용출판사, p134

ⓛ 복합전개 : FACE OUT＋SLEEVE OUT

FACE OUT＋FOLDED

SLEEVE OUT＋FOLDED

FACE OUT＋SLEEVE OUT＋FOLDED

FACE OUT＋SLEEVE OUT＋FOLDED FACE OUT

② 시즌을 기본으로 한 전개형태

ⓐ 시즌 초기 : FACE OUT을 많이 보여 주어 신상품을 강조한다.

ⓑ 시즌 피크 : FACE OUT보다는 SLEEVE OUT과 FOLDED로 양감을 보여 준다.

ⓒ 시즌 말기 : FACE OUT을 축소하고 주로 SLEEVE OUT과 FOLDED로 전개한다.

③ 판매를 기본으로 한 전개형태

ⓐ 주 아이템을 기본으로 판매호조 아이템을 회전 운용한다.

ⓑ 주 아이템을 축으로 코디네이트 아이템을 인접배치하며 계속 교체한다.

ⓒ 주 아이템의 판매 회전력을 최대로 활용하여 점내 여러 곳에 전개한다.

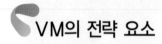

VM의 전략 요소

1. 상품(Product)

(1) 매장에서의 주역은 상품

① 판매환경을 만들어 주는 인테리어나 디스플레이 또는 집기 등은 상품을 돋보이게 하는 역할을 하는 것이다.

② 상품은 무형의 정보(情報)

눈으로 확인되는 물건 자체이기도 하지만, 고객이 상품을 찾는 것은 상품 자체가 가지는 기능적 가치보다는 상품이 가지는 효용성이나 디자인이 주는 만족감, 감동 등의 감성적 가치를 더 중시하기 때문이다.

③ 상품의 이미지를 높임으로써 타점과의 차별화 전략으로 활용된다.

⑵ 상품의 가치를 높여야 하는 이유

① 품질과 가격 등 일부 장점만으로는 소구력이 충분치 못하기 때문이다.

② 경쟁점의 급증으로 상품의 차별화가 시급하기 때문이다.

③ 특정상품을 겨냥한 고감도 수요가 증가하고 있기 때문이다.

④ 화려한 인테리어와 장식 위주의 디스플레이만으로는 한계가 있기 때문이다.

> 상품의 가치를 높이는 방법
>
> 거창한 것이 아니라 사소한 것부터 챙기고 무엇보다 상품을 사랑하라.
> - 먼지를 털고 닦는다.
> - 구김을 펴서 보여준다.
> - 너무 빽빽하게 걸어 놓지 않는다.
> - 비닐 커버를 벗긴다.
> - 파손된 것은 교체한다.

[상품 연출 쇼윈도]

⑶ 바람직한 매장의 구비조건

① 될 수 있는 대로 많은 손님이 매장에 들어오도록 유도할 것

② 취급하고 있는 전 상품을 볼 수 있게 할 것

③ 자연스러운 유도와 유인(POP 광고 등에 의하여)이 되도록 할 것

④ 충동적인 구매행동에로 발전시킬 것

⑤ 유동적인 고객을 될 수 있는 대로 많이 단골손님으로 바꾸는 데 도움을 줄 것

⑥ 매장에 자주 들러 보고 싶은 심정이 되도록 할 것

(4) 상품에 따른 디스플레이의 형태

① 유도 디스플레이(Magnet Display)

빛의 대비, 눈에 띄는 색채, 변화가 있거나 파격적인 디자인 등 강조의 방식을 동원하여 자석처럼 고객의 시선을 유도하고 구매를 자극하는 디스플레이

② 견본 디스플레이(Sample Display)

대형 상품, 고가품, 희귀품 등의 상품을 기능이나 특징을 설명하는 POP 등을 함께 견본을 보여주는 방법을 이용하는 디스플레이

③ 혼잡 디스플레이(Tumble Display)

바겐세일이나 기획 상품 혹은 할인 상품의 특별 세일 등 염가나 특별 할인 가격으로 판매함으로써 풍성한 느낌과 싼 느낌이 들도록 하여 충동구매를 유도하는 디스플레이

(5) 상품 판매 유형

① 대면판매(Show Case 판매)

㉠ 고객과 판매원이 쇼케이스를 중간에 두고 상담·판매하는 방법

㉡ 분실 가능품, 특수 보호품 등 주로 고가품에 활용되는 판매형태

㉢ 1 : 1 판매를 통해 고정고객의 확보 가능, 상품의 고급스러움 강조

㉣ 충동구매의 기회 감소, 쇼케이스의 배열에 의해 매장면적이 분할됨으로써 경직감 유도

② 측면판매(노출판매)

㉠ 고객과 판매원이 함께 대화하면서 판매하는 형태

㉡ 선택이 편리, 충동구매 유도, 친근감

㉢ 상품오손 및 분실의 위험, 판매원의 접객위치 설정 주의, 수준 높은 진열기술 필요

③ 셀프 서비스 판매

㉠ 고객이 자신의 선호도에 따라 상품을 직접 선택하여 계산대에 가지고 와서 계산하는 방법

㉡ 자유로운 선택 가능, 인건비 절약

㉢ 상품 오손 및 분실의 위험

④ 무점포 판매

㉠ 통신판매(인쇄 및 전파매체 이용) : 전화, 컴퓨터, 팩시밀리 등을 이용한 판매방식

예 홈쇼핑

   ⓛ 방문판매(Caravan Sale) : 판매원이 직접 집이나 사무실을 방문하여 상품을 상담 판매하는 방식

   ⓒ 자동판매기 판매 : 공공장소 등 사람이 많이 모이는 곳에 자동판매기(Com Machine)를 설치 · 판매하는 방식

   ⓔ 사이버 쇼핑(Cyber Shopping) : 인터넷의 가상 점포와 신용카드 결제, 사이버 머니 방식을 이용한 무인 · 무점포 판매방식(인터넷 쇼핑과 통신판매 포함)

⑹ 상품의 분류

  ① 판매 중심 분류

   ⓐ 필수상품/주력상품 : 고객이 점을 방문하여 찾는 기본 목적이 되는 상품, 선매품으로서 계절상품이 속하며, 상품량이 많으므로 면적을 차지하는 비율이 가장 크다.

   ⓑ 준필수상품/보조상품 : 필수상품과 충동상품과의 중간범주에 속하는 상품, 편의품 등으로 주력상품과 코디네이트가 되도록 위치시킨다.

   ⓒ 충동상품/자극상품 : 비교적 저가이며 크기가 작은 것으로 구매를 자극하는 상품, 특가품이나 특이한 디자인 혹은 신개발 상품 등 출입구나 계산대 주변, 코너 진열의 끝부분, 통로의 특별코너에 설치하여 고객의 눈을 끌도록 하는 것이 좋다.

  ② 제안 중심 분류(진열 중심)

   ⓐ 양감상품 : 양을 강조하여 파는 상품, 패키지 상품 · 식료품 등

   ⓑ 미감상품 : 아름다움을 강조하여 판매를 촉진하는 상품, 의류 · 잡화 등

   ⓒ 기능감 상품 : 기능과 신뢰를 파는 상품, 전자 및 가전제품 · 가정용품 등

  ③ 패션성 중심 분류

   ⓐ 베이직 상품 : 기본적으로 갖추고 있는 상품, 매 시즌 꾸준히 판매되는 고회전 상품군

   ⓑ 뉴베이직 상품 : 베이직 상품의 보완상품, 유행을 예측하려는 품목으로 소비자의 반응을 살피기 위한 상품군

   ⓒ 트렌드 상품 : 패션을 가장 빨리 받아들이는 전략적 상품, 앞서 유행하는 상품

  ④ 패션 타입(Feeling)에 의한 분류

   ⓐ 유럽 필링 : 참신한 아이디어와 풍부한 이미지네이션이 자아내는 유니크한 코디네이션이 특징이며, 우리나라에서도 대개의 패션이 영향을 받는다.

   ⓑ 이태리 필링 : 신선함으로 충만한 화려한 배색과 무늬, 심플한 스포티 감각이 디자인의 기본, 유연하고 자유분방한 코디네이션이 특징, 우리나라에서는 스포티 감각의 영엘레강스에 반영된다.

ⓒ 아메리카 필링 : 전통을 중시하는 아이비 스타일의 아메리칸 캐주얼풍으로, 적당히 매니쉬한 패션이 가미된 뉴욕 커리어 우먼 스타일의 뉴욕풍이다.

ⓔ 런던 필링 : 스트리트 패션으로 대표하는 전위패션, 실험성과 파괴주의가 특징이다.

⑤ 가격대 중심 분류

ⓐ 프레스티지 존(Prestige Zone) : 깜짝 놀랄 정도의 고가격대, 명성 겸비(명품)

ⓑ 베터 존(Better Zone) : 비교적 고액인 가격대(디자이너 캐릭터 브랜드)

ⓒ 모더리트 존(Moderate Zone) : 무난하다고 느끼는 중간 가격대

ⓓ 볼륨 존(Volume Zone) : 아무 부담 없이 살 수 있는 싼 가격대

2. 소비자(Consumer)

(1) 현대의 소비자

① 자기의 주관과 주장이 분명하고 각자의 라이프스타일을 가지고 쇼핑 활동을 통해 즐거움과 보람을 찾는 창조적 생활자이다.

② 각 개인이 상품을 구입하여 쇼핑몰을 운영하거나 네트워크 마케팅을 통해 생산자(Producer)와 소비자(Consumer)의 동시 역할을 하는 Prosumer로서도 활동한다.

(2) 소비자의 라이프스타일에 따른 소비 패턴의 변화

점차 고령화 및 고학력화, 여성의 역할 증대로 인한 양성화, 여성 가장의 증가, 직업의 다양화, Two-job 등 수입원의 분산, 미혼자 및 싱글족의 증가 등의 경향 → 상품 선호도나 소비 패턴도 변화

[라이프스타일(Life Style)에 따른 소비 패턴의 변화]

라이프스타일의 변화	소비 패턴의 변화
• 소득수준의 향상 • 건강과 스포츠에 대한 관심 증대 • 성별 구분의 모호 • 여성의 사회 진출 증대 • 여가 선용 시간의 증가	• 백화점 선호(양 → 질/상품 중심 → 서비스 중심) • 자연품, 옥외 생활, 전원 지향적 • 건강보조식품 복용 증대, 운동 및 성형, 미용 중요시 • 남녀 구별용품, 프로용과 아마추어 용품의 구별 감소 • 편의품, 시간과 노력을 절약할 수 있는 제품 선호 • 목적에 따른 구매율 증대

⑶ VM은 소비자와 관련된 전 분야에서 조정 역할

　① 매장의 마케팅 활동은 소비자의 생활수준 향상을 목표로 해야 하며 소비자의 질을 높이
　　는 데에도 주력한다.

　② 소매점의 존속과 번영을 가져오는 것은 고객으로서 고객의 창조와 유지가 중요하다.

[아동 고객의 흥미에 초점을 맞춘 장난감 매장]

3. 서비스(Service)

⑴ 판매에 따른 서비스

　① 셀프 서비스(Self Service)

　　㉠ 만지기 쉬운 높이에, 고르기 쉽도록 상품을 진열한다.

　　㉡ 규격별, 컬러별 등 수직진열이 좋으며 슈퍼마켓이나 편의점에서 행해지는 판매 서비
　　　스 형태이다.

[란제리 매장의 사이즈별 진열]

② 어시스티드 서비스(Assisted Service)

　㉠ 상품을 선택할 때 판매원의 조언과 도움을 필요로 하는 서비스 형태

　㉡ 의류, 액세서리, 생활용품 등 효용가치를 높여야 하는 상품들이 많으므로 고도의 디스플레이 기술이 필요

[일반적 패션 매장]

③ 퍼스낼리지드 서비스(Personalized Service)

　㉠ 주로 고정고객이 확보되어 주문에 의한 맞춤점과 같이 판매원의 도움이 전적으로 필요한 상품의 서비스 형태이다.

　㉡ 분위기 위주의 디스플레이가 요구되며, 고급스런 소품류가 점내 구성에 주로 활용된다.

(2) 요소에 따른 서비스

① **상품 서비스** : 품질이 좋고 가격이 적절한 상품을 제공한다.

② **판매원 서비스** : 상품지식과 연출능력 등 판매원에 대한 지속적인 교육 훈련이 필요하다.

③ **시설 서비스**

냉난방, 엘리베이터, 에스컬레이터, 화장실, 장애인 시설, 휴게실, 유아 놀이방 등의 시설과 쾌적한 쇼핑 분위기를 만든다.

④ **시간 서비스**

POP의 적재적소 활용, 시즌별 관련 상품 구성 등의 방법을 통해 바쁜 일상생활 중에서도 신속한 쇼핑이 되도록 배려한다.

⑤ **정보 서비스**

고객의 구매를 위해 판단이 쉬운 정보(POP의 이용)를 주며, 트렌드 정보, 상품 정보, 점의 특별행사 등을 지속적으로 알려준다.

> 요소에 따른 서비스
>
> - 상품으로 서비스하라.
> - 매력적인 연출로 서비스하라.
> - 고르기 쉬운 진열로 서비스하라. – 방법, 분류, 형태별
> - 시간을 서비스하라. – 남성고객
> - 상품 지식으로 서비스하라. – 고객 취향에 알맞은 상품 제안
> - 정보를 서비스하라.
>   - 상품에 대한 정보 : 트렌드, 컨셉 등
>   - 매장에서 일어나는 각종 정보, 이벤트, 판촉행사 등
> - 비품을 서비스하라.
> - 시설을 서비스하라. – 퍼브릭 공간, 휴게 공간 등
> - 계산대에서 서비스를 마무리하라.

[마네킹을 이용하여 세일 정보를 알려주는 쇼윈도]

(3) 시간에 따른 서비스

① **거래 전 서비스** : 정보를 제공하는 사전서비스

② **거래 중 서비스** : 판매시점에 발생하는 서비스

③ **거래 후 서비스** : 고객의 반응을 조사하고 사후 관리하는 서비스

4. 계절(Season)

(1) 소매업에서의 일반적 의미 : 춘하추동의 계절

① 목표판매를 위해 소요되는 기간으로 판매를 위한 적정기간 즉, 판매적기
② 신상품의 등장, 바겐세일, 건물 상품철(설, 추석, 성탄절, 어린이날, 어버이날, 발렌타인 데이 등), 바캉스철 등
③ 끊임없이 상품 제안의 기회를 만들어 고객 창조와 고객 유지를 위한 수단으로 연중 운용할 수 있는 요소

(2) 시즌감 연출

① 잘 팔리지 않는 매장은 시즌감을 느낄 수 없는 매장이다.
② 그 시즌에 맞는 상품을 보여주기 위해서는 일정 단위 기간별로 계획이 되어야 하며, 생동감 있는 매장을 표현하여야 한다.

　예 바겐세일 기간 : 볼륨감 있는 진열 위주와 POP의 활용 등

③ 주로 VP나 PP 부분에서 시즌을 알려주는 상품이나 소품, POP를 이용하여 보여 주어야 하며 중요도에 따라 쇼윈도, 스테이지에서 연출한다.

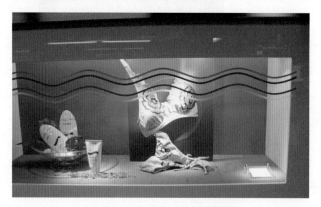

[컬러와 상품으로 시즌감 연출]

[크리스마스 매장 연출]

[시즌감을 표현한 쇼윈도]

5. 문화(Culture)

(1) 라이프스타일에 맞는 쇼핑 문화를 즐김

① 다소 가격이 비싸더라도 백화점에서 상품을 구입하는 이유 중 하나는 문화를 느낄 수 있기 때문이다.

② 미술관, 다목적 홀, 이벤트 홀 등의 확보와 운영으로 여러 방면의 문화사업이 가능하다.

③ 레저, 교육, 오락, 정보 등의 기능을 갖춘 공간으로 사회적인 역할을 담당한다.

(2) 컬처(Culture) 마케팅의 확대

① 소비자의 지출 예산 항목에서 문화비가 높아지고 있다.

② 문화적 요소는 이미지를 높여 고객으로 하여금 다시 내점하게 만드는 힘을 갖고 있다.

③ 각 브랜드별, 업태별로 각종 콘서트 개최, 미술 작품 전시, 무료 영화 관람 행사 등에 활용된다.

④ 최근에는 쇼윈도의 연출시 감성 마케팅에도 적극 활용

　㉠ 문화적 요소를 가미하여 현대 미술 작품을 이용한다.

　㉡ 영화의 한 장면을 연출하여 재미를 가미한다.

[팝 아트를 표현한 앤디워홀의 쇼윈도 작품(1950)]

[Art적 요소를 가미시킨 연출]

[문화공간과 접목시킨 휴게 공간[4]]

---

4) Copyrights ⓒ 조선일보 & chosun.com

6. 감성(Sensibility)

(1) 오감의 인식

① 고객은 매장에 들어서면서부터 시각, 청각, 후각 등 모든 감각으로 사물을 인지한다.

> 예 시식 행사를 하고 있는 식품 매장 : 후각
>   TV의 화질을 보여주기 위한 DP를 행한 매장 : 시각
>   사탕이나 초콜릿 등을 판매하는 매장 : 시각, 후각, 미각

② 패스트푸드점이나 대형 할인 마트의 경우는 빠른 템포의 음악이 어울린다.

(2) 오감(五感) 마케팅의 활용

① 업태별, 상품별로 다양하게 활용

고객이 그 매장을 좋은 느낌으로 기억하고 다시 찾아오게 만드는 가장 큰 요소 중에 하나이다.

② 국내 커피 브랜드 T사에서 광고에 노란 나비를 이용

ㄱ 노랑 : 커피를 가장 맛있게 느끼도록 하는 컬러

ㄴ 나비의 나풀거리는 날갯짓을 통해 커피의 향이 퍼지는 듯한 느낌을 함께 표현

[시각과 후각을 고려한 감성 마케팅]

7. 이벤트(Event) 및 퍼포먼스(Performance)

(1) 현대 사회에서 소비자가 원하는 것 – 마음의 풍족함

① 시간과 공간의 여유, 놀이와 오락을 찾는다.

② 고객은 여러 가지 행사에 접하면서 나름대로의 라이프스타일이 영향을 받게 되고 자신에게 필요한 상품이 무엇인지를 찾게 된다.

(2) 이벤트

① 간접적인 소비 권유와 직결하게 된다.

② 점의 마케팅 전략과 일치하는 내용으로 이익에 집착하기보다는 참여자에게 공감과 감동을 주는 데에 주력하여야 한다.

[이벤트]

(3) 퍼포먼스

① 공연, 실행, 연기의 뜻이다.

② VM 퍼포먼스

　㉠ 매장은 고객을 상대로 펼치는 공연장이다.

　㉡ 마치 쇼적인 효과를 판매시점에서 생동감 있게 연출해 냄으로써 매장에 생동감을 만들어 통행인을 안으로 끌어들이는 효과가 있다.

　㉢ 고객이 매장에 들어설 때 부담을 느끼지 않도록 가볍게 인사하고, 고객이 편한 마음으로 상품을 둘러 볼 수 있도록 약간 떨어져서 서비스하도록 하는 것에서부터 고객이 없는 시간 동안 상품을 정리하거나 먼지를 닦거나 마네킹의 매무새를 다듬는 등의 행동을 통해 움직이는 매장을 연출하는 모든 방법을 말한다.

[VM 퍼포먼스]

8. 광고(Advertising) 및 홍보(Publicity)

(1) 광고와 홍보

① 자사의 머천다이징 방향을 알리는 방법 중 가장 대표적인 것이다.

② VM은 이러한 광고와 홍보의 내용과 동일하게 진행되어야 그 효과가 극대화된다.

③ 광고를 기억하여 찾아온 고객에게 보다 쉽게 매장을 찾아가거나 상품을 선택할 수 있도록 안내자의 역할을 한다.

(2) POP

① POP의 정의

㉠ Point of Purchase Advertising의 약자이다.

㉡ 구매장소에서의 광고라는 의미이다.

② POP의 목적

POP는 고객이 매장에서 상품의 선택에 곤란을 겪고 있을 때 점내를 고려한 선전 광고를 하여 상품을 설명하는 것이 중요하다.

㉠ 상품의 유무

㉡ 상품의 종류

㉢ 상품의 소재

㉣ 상품의 명칭과 가격

㉤ 상품의 효용

③ 광고와 홍보를 연계한 연출방법으로 가장 많이 활용되는 것

TV 광고에서 사용했던 카피를 매장에서 POP 그대로 이용하여 전시함으로써 고객이 자연스럽게 그 상품을 기억하여 선택할 수 있도록 배려한다.

⑶ 스타 마케팅

① 잡지나 인쇄 매체에 게재된 사진을 매장의 배경으로 사용한다.
② 인기스타의 싸인, 사진, 혹은 광고를 이용한다.

[잡지 광고로 배경 연출]

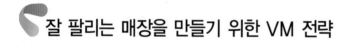 잘 팔리는 매장을 만들기 위한 VM 전략

1. 조화(Harmony)

⑴ 관련 상품과의 조화

① 스포츠웨어 매장의 경우 여름 수영복을 점내에 디스플레이 할 경우

수영복의 관련 상품으로서 타올, 비치웨어, 비닐백, 썬오일 등을 사용하고 해변에서의 풍경을 연출한다.

② 점내에 테니스웨어를 디스플레이 할 경우

　　테니스웨어뿐만 아니라 헤어밴드나 라켓을 부과시킴으로서 테니스 코트에서의 생동감과
　　볼을 치는 소리가 귀에 들려오는 것 같은 분위기를 연출할 수 있다.

(2) 대비 상품과의 조화

　① 상품이미지의 배경효과를 노린다(색, 소재, 패션의 명확한 대비).

　② 같은 포즈의 두 마네킹에 블랙 & 화이트 컬러의 상품을 입혔지만 패션 스타일에서 상반
　　된 미의식을 보인다. 더욱이 가운데 세워진 오브제가 2개의 패션 이미지를 나누어 대비
　　의 효과를 극대화한다.

[대비효과를 보여주는 디스플레이]

⑶ 소도구와의 조화

여성스럽고 우아한 이미지의 패션과 꽃잎, 조화 등의 디자인 소품이 하나의 보기 좋은 어우러짐이 될 수 있다.

[여성복 디스플레이에 자주 사용되는 플라워 이미지]

2. 그루핑(Grouping)

⑴ 동일상품에 의한 그루핑

[동일 가격대 상품의 컬러 그라데이션 진열]

[티셔츠와 Jean Skirt 상품을 그루핑]

⑵ 비슷한 상품에 의한 그루핑

[레드 티셔츠와 Jean은 그루핑하여 같은 이미지로 연출]

⑶ 관련성이 높은 상품에 의한 그루핑

동일한 패션 이미지로 자세히 보면 디자인 무늬가 완전히 다른 경우나, 디자인이 다르지만 색이나 무늬에서 통일감을 주면 통일감과 다양성의 효과를 적절하게 이용하여 비슷한 상품의 그루핑 효과를 높일 수 있다. 예를 들면, 민족풍의 이미지로 조성되어 있는 수영복 매장이지만 관련 상품인 비취 샌들, 짚 모자, 썸머 백, 에스닉 감각의 스카프 등이 같은 매장 가운데 그룹으로 나뉘어 놓여 있다. 수영복과 같이 동시 구매 효과를 얻기에 효과적이다.

3. 테마별 디스플레이[5]

트렌드 감성	VP 요소	도구 이미지	조명 이미지	
			빛의 이미지	조명의 명암
에스닉 (Ethnic)	민족적인, 소박한, 번쩍거리는, 건조한, 흙냄새 나는	짚, 항아리, 모래, 돌, 색돌, 뗏목, 야자나무 등 갈색 피부의 마네킹	쨍쨍 내리쬐는 태양, 구름 사이로 내리비치는 태양의 햇살	전체적으로 밝게
로맨틱 (Romantic)	사랑스러운, 따뜻한, 부드러운, 우아한, 소녀같은, 부풀어 오른	둥근 것을 엮은 물건, 레이스, 예쁜 꽃, 천사 등 부드러운 얼굴의 소녀같은 마네킹	따뜻한 봄의 햇살	전체적으로 밝게
엘레강스 (Elegance)	품위있는, 아름다운, 우아한, 섬세한, 여성스러운	샹들리에, 섬세한 꽃, 아르누보 풍의 곡선을 엮은 물건, 클래식한 마네킹, 섬세한 얼굴의 마네킹	촛불, 섬세한 샹들리에	전체적으로 어둡게
소피스티케이티드 (Sophisticated)	세련된, 지적인, 스마트한, 도회적인	메탈릭하고 차가운 물건, 샤프한것 등 세련되고 쿨(Cool)한 마네킹	오피스 빌딩에 비춰어지는 석양, 바(Bar)의 라이트	전체적으로 조금 어둡게
모던 (Modern)	초현대적인, 아트 감각의 유니크한	아트 감각의 물건, 오브제 등 아트 감각의 마테킹 돌(Doll)	빛의 놀이, 디스코의 라이트	전체적으로 조금 어둡게
매니쉬 (Mannish)	남성적인, 강한, 차가운, 지적인, 샤프한	차, 배, 메탈하고 차가운 물건, 눈썹이 짙은 남성적인 얼굴의 마네킹	빛의 놀이, 디스코의 라이트	전체적으로 조금 어둡게
액티브 (Active)	악동적인, 경쾌한, 적극적인, 명랑한, 활력있는	하늘, 바다의 스포츠 소품(다이빙, 서핑, 페러글라이더)비비드 컬러의 물건, 동작이 큰 마네킹	밝은 태양, 대중적인 네온사인	전체적으로 밝게
컨트리 (Country)	전원풍의, 소박한, 여유있는, 영국풍의, 얼리 아메리카(Early America)풍	벽돌, 짚, 나무, 야생화, 말, 초원, 아트 크래프트(Art Craft) 등	나뭇잎 사이로 내리쬐는 햇살, 세피어(Sepia)의 시네마 스크린	전체적으로 밝은 듯하게

---

5) 비주얼 머천다이징, 스가하라 마사히로, p183~184

조명의 컬러 경향	조명 비추는 법	컬러 이미지	구성 이미지
쨍쨍 내리쬐는 태양광선을 생각나게 하는 노랑~오렌지계를 중심으로 한 난색계를 사용한다.	• 집광 타입의 굵고 강한 스포트를 적은 듯하게 사용한다. • 직접 도구에 비추어 씩씩한 민족적인 무드를 연출한다.	얼스(Earth) 컬러(카키, 벽돌색, 모스그린 등)로 배색한다.	리듬감이 있는 복합 삼각 구성이다.
달콤하고 부드러운 로맨틱함을 표현하기 위해, 핑크계를 중심으로 한 난색계를 사용한다.	• 산광(散光) 타입의 스포트로 전체를 희미하게 밝게 비춘다. • 위·아래로 부드러운 빛을 내어 따뜻한 무드를 표현한다.	파스텔 컬러, 라이트 컬러(복숭아색, 하늘색, 보라색 등)로 배색한다.	안정감이 있는 삼각 구성이다.
베이스는 거의 어둡게 한색계지만, 연출 조명은 난색계를 사용하여 부드러움을 표현한다.	• 가늘고, 약한 빛을 몇 가지 사용하여 섬세함을 연출한다. • 도구를 향해 라이트를 비춘다.	스모키 파스텔 컬러 (벚꽃색, 연보라색 등)와 Deep 컬러(로즈, 핑크, 머스터드 등)로 배색한다.	중후감이 있는 좌우 대칭 구성이다.
블루계를 중심으로 한 한색계 조명으로, 세련된 도회적인 무드를 연출한다.	• 간접 조명과 한 줄기 선을 그은 것 같은 핀 스포트를 도구를 스치듯이 비춘다. • 샤프하게 처리하면 효과적이다.	그레이쉬 컬러(샐먼 핑크, 청자색 등)와 뉴트럴 컬러(백색, 그레이, 흑색)로 배색한다.	안팎의 거리감이 있는 삼각 구성이다.
컬러 필터를 사용하는 등 색에도 마음껏 재미있는 감각을 도입한다.	• 전체를 어둡게 하여 연출 조명을 두드러지게 한다. • 빛 놀이를 중시하고, 도구에 비추는 것에는 그다지 구애받지 않는다.	모노톤 & 비비드 등의 배색으로 콘트라스트를 이용하거나, 의외의 색을 배색한다.	흥미로움이 있는 좌우 비대칭 구성이다.
남성적으로 쉬크하게 정리하기 위해, 블루계를 중심으로 한 한색계를 쉬크하게 취급한다.	• 샤프한 집광 타입의 스포트를 효과적 도구에 비춘다. • 전체적으로 차가운 무드로 처리해 준다.	다크(Dark) 컬러(가지감색, 갈색)와 뉴트럴 컬러(백색, 그레이, 흑색)로 배색한다.	균형이 잡힌 직선 구성이다.
태양광선을 생각하게 하는 오렌지계를 중심으로 한 난색계로 정리한다.	• 씩씩하고 약동적인 무드를 연출하기 위해, 조도가 높은 산광 타입의 스포트를 사용하여 도구 전체를 비춘다.	비비드 컬러와 브라이트 컬러 등 채도가 높은 색조로 배색한다.	볼륨감이 있는 복합 삼각 구성이다.
나뭇잎 사이로 내리 비치는 햇살을 생각하게 하는 노랑~오렌지계를 중심으로 한 난색계로 정리한다.	• 나뭇잎 사이로 내리 비치는 햇살처럼 가늘고 밝은 스포트를 도구를 향하여 아무렇게 비추고, 자유롭고 여유있는 무드를 연출한다.	내츄럴 컬러(베이지, 연한 풀색, 흙색)와 얼스 컬러(카키, 벽돌색, 오스그린 등)로 배색한다.	안팎의 거리감이 있는 삼각 구성이다.

[에스닉]

[로맨틱]

[엘레강스]

[소피스티케이티드]

[컨트리]

[모 던]

[매니쉬]

[액티브]

03 VM 실무

유통 환경 변화에 따른 VM

1. 백화점

(1) 최근 백화점의 변화 방향

① 1980년대의 유통업계

ㄱ 양적 팽창의 전성기 : 백화점을 중심으로 대형 의류 메이커가 확산되고 소비시장은 급
속한 속도와 확대를 보여주며 발전하였다.

ㄴ 동일한 컨셉의 점포(백화점을 포함한 소매점)가 확산되었다.

② 소비자들의 생활의식과 감각의 발전

ㄱ 상품의 차별화와 패션 감도의 성장에 비해 상대적으로 눈에 띄게 급진전하였다.

ㄴ 능동적 구매행동 양식 : 소비자들은 다양한 정보를 흡수하고 자신에게 맞는 정보를 분
류하는 이성적 구매 판단 기준을 갖추게 되었다. → 유통업계의 변화가 불가피

③ 최근 백화점업계의 전문점 전환

ㄱ 소비자들의 니즈에 부응하는 새로운 점포 전략을 계획하였다.

ㄴ 전문점의 개념 : 특정 목표고객을 대상

- 성별, 연령별, 패션 감도별, 생활 유형별 등으로 구분
- 라이프스타일을 분석하여 종합적이고 전문적인 상품기획에 의하여 타 점포와의 차
별화
- 품질, 감각 면에서의 베터 존을 강화하고 전문점적인 차별화된 상품 갖추기
- 수입 개방화에 따른 외국 브랜드의 국내 진입이 확대되면서 더욱 빠르게 확산

(2) 소비자들의 감성 변화에 따른 VM의 흐름

① 전문적이며 종합적인 상품제안과 선진화된 매장을 선택

새로운 상품과 신개념의 매장, 신선한 서비스 등을 요구

② 가치척도가 품질에서 마음으로의 이행

브랜드의 커뮤니케이션에 의한 감성 공간, 정보 공간, 문화 공간, 서비스 공간으로의 전환

③ 비주얼 머천다이저

㉠ 매장의 기획자로서 상품연출 및 매장연출은 물론 생활연출의 창조자로서의 역할

㉡ VM의 도입목적 : 기업의 이익증대, 즉 매출증가와 원가절감

• 상품을 보다 효율적으로 구성하여 고객이 원하는 상품을 쉽게 발견하도록 하는 것

• 불필요한 동선을 줄여주고 매력적인 연출재현에 의해 구매의욕을 자극시킴으로써 단순구매가 아닌 코디네이션된 종합구매를 유도

• 고객은 단순한 물적 구매가 아닌 패션 연출의 노하우를 배우게 되는 정보구매와 가상현실의 연출을 통한 생활의 제안으로 감성구매를 하게 됨

(3) 편집샵으로의 변환

① 진열된 상품을 고르고 구입하는 단순한 공간 → 상품의 특성에 맞는 매장 진열로 구성을 새롭게 하거나 고객 맞춤형 매장으로 바꾼다.

② 멀티 캐주얼 매장을 중심으로 시작된 편집샵을 확장해 층 전체를 하나의 컨셉형 매장으로 바꾼 것이다.

㉠ 브랜드 간의 벽을 없애고 바닥과 벽면 등에 쓰인 자재도 모두 통일한다.

㉡ 사방으로 뚫린 구성 덕분에 직선, 곡선 어느 방향으로든 고객들이 자유롭게 매장을 드나들 수 있다.

㉢ 단점 : 벽면을 이용한 디스플레이를 선보이지 못하고 브랜드별 개성을 나타내기 힘들다.

㉣ 장점 : 획일화된 백화점 진열방식에 식상해 있던 고객들에게 색다른 분위기를 연출하고 새로운 쇼핑 방식을 제공 → 쇼핑 공간에 대한 변화를 통해 새로운 가치를 제공함으로써 매출 증대에 기여한다.

(4) 잡화 브랜드의 VM 변화

① 의류 브랜드의 멀티 토털화
　　㉠ 최근 소비자들의 액세서리 소구력 확대 등 액세서리가 패션 주요 아이템으로 급부상
　　㉡ 의류와 함께 다양한 토털 잡화 감성을 제안

② 전문 잡화 VM에 대한 전략적인 변화 요구
　　㉠ 잡화 전문업체들의 고유 영역이 무너지고 의류와 동시 경쟁 체제 가시화
　　㉡ 소비자들에게 다양한 액세서리 스타일링을 자유롭게 제안할 수 있는 환경과 각 브랜
　　　드별 차별화된 이미지와 VM 전략으로 새로운 감성을 제시할 수 있는 토털 잡화 매장
　　　여건이 마련되어야 할 것

[토털 패션 브랜드로 이미지 개선을 시도하는 패션 잡화 브랜드 「루이까또즈」]

2. 대형 할인점

(1) 패션 유통시장의 변화

① 할인점의 확대 및 패션 부문의 증가
　　㉠ 할인점의 고급화 및 서비스 강화
　　㉡ PB(Private Brand) 개발
　　　• 할인점 간의 경쟁 체제 돌입
　　　• 점 차별화와 수익성 제고

[할인점 PB 상품 디스플레이]

② 할인점의 적극적인 VM 전개 : 소비자들의 눈높이에 맞춘 VM가 큰 요인

　㉠ 상품 진열방식과 행어, 선반 등 매장 집기의 변화

　　• 소비자들이 넓은 공간에서 다른 사람에게 방해받지 않고 상품을 구매하기 원함

　　• 상품에 대한 정보를 많이 알고 있어 구매 패턴이 셀프 형태로 변화

ⓒ 대부분 진열대에 상품군을 표기

ⓒ POP 사용

- 의류 매장에서도 잡화, 리빙상품, 팬시용품 등으로 토털화
- 상품군 표기나 사용법, 사이즈 설명 등

3. 쇼핑몰

소규모의 부스 형태가 주를 이루던 대형 쇼핑몰이 최근에는 테마형 디스플레이 매장으로 자기만의 색깔을 내기 위한 독특한 인테리어와 VM로 고객의 시선을 끌고 있다.

4. 로드샵

(1) 브랜드 대리점

① 소비자들을 직접 만나고, 판매가 일어나는 접점인 만큼 신선한 VM로 브랜드 가치를 높여야 한다.

② 브랜드 컨셉에 따른 다양한 소재 사용 : 간접 조명이나 샹들리에, 금속이나 유리, 골드 브론즈 등이 있다.

③ 감각적인 매장 : 가두상권에서도 파사드와 매장 전체를 하나의 조형물로 본다.

⑵ 개인 로드샵 VM

① 단순히 옷을 파는 공간이 아니라 브랜드를 보여주는 공간이다.

② **차별화된 컨셉으로 감각을 업그레이드**

최근에는 무조건 상품을 다 보여주는 게 아니라 보여줄 것은 더욱 화려하게 보여주고, 뭔가 은밀한 느낌을 주면서 고급스러운 느낌을 추구한다.

[로드샵 VM]

③ 색다른 경험의 공간

㉠ 삶과 문화의 공간으로 변신

㉡ 기존의 옷이라는 상품에 문화적 감성을 불어넣음

㉢ 매장 외관에서부터 입구·내부에 이르기까지 갤러리, 놀이동산, 미술관 등으로 변신

[Fun 요소로 고객을 매료시키는 매장]

최신 VM 경향[6] 및 실무 노하우

1. 최신 VM 경향

(1) Fun & Joy

① 보고 만지고 즐기고 휴식을 취하는 재미를 선사한다.

② 캐주얼 업체들의 캐릭터를 활용한다.

> 예 ASK의 미키마우스, 'Maru'의 스머프, 'SMEX'의 심슨, 쌈지의 '딸기' 등

③ 매장 리뉴얼

> 예 MLB : 고객들이 마치 야구장에 들어온 듯한 느낌을 받도록 매장 VM를 연출

[캐릭터를 이용하여 재미있게 꾸민 쇼윈도]

(2) Color

① 디스플레이에 있어서의 색채의 역할

ⓐ 색채는 가장 직접적이고 효과적인 디스플레이 요소이다.

ⓑ 고유의 심벌 컬러를 이용하여 점의 아이덴티티(SI ; Store Identity)를 표현한다.

---

6) Tong-Y..fachion/marketing view

ⓒ 고객이 매장에서 느끼는 색채에 대한 이미지는 매장과 상품, 색채에 대한 감정이 하나로 융합되어 나타난다.

ⓔ 색채는 매장연출 효과에 직접적인 관련을 가지고 고객의 구매활동에 영향을 미친다.

ⓜ 매장에 전개되는 상품의 색채 이미지는 기업 혹은 점의 이미지와 일관성 있게 전개함으로써 점의 이미지 성장과 매출상승 효과를 가져온다.

② 사 례

　ⓖ 이너웨어 브랜드 '예스'
　　• 핑크 및 블루 등 톡톡 튀는 컬러감과 화장실 마크를 브랜드 상징물로 재미있게 표현한다.
　　• 독특한 매장 아이덴티티로 관심을 모아 성공한 케이스이다.

　ⓛ 영 캐주얼 '피오루치'
　　• 핑크 컬러와 천사 캐릭터를 상징물로 활용한다.
　　• '피오루치'를 연상하면 자연스럽게 핑크 컬러를 떠올릴 수 있도록 유도한다.

　ⓒ 남성복 '크리스찬 라크르와'
　　• 레드, 블루, 바이올렛, 그린, 오렌지 컬러가 메인으로 각 매장에 따라 쓰이는 색상을 유동적으로 적용한다.
　　• '크리스찬 라크르와' 옷의 컬러가 매우 강하기 때문에 매장 인테리어 컬러가 이와 어우러지면서 오히려 절제시켜주는 역할을 한다.

[천사 날개와 소품을 이용한 피오루치 쇼윈도]

[오렌지색 컬러를 이용한 마루 이너웨어 매장]

(3) Just only, Exclusive

① 백화점의 새로운 시도 : 메가샵, 라이프스타일형 매장 등 특화매장

② 익스클루시브(Exclusive : 제한적인, 유일한)형 매장
동일 브랜드라도 각 백화점 및 점포별로 다른 매뉴얼로 차별화 진행

③ 해당상권의 소비자 특성에 따라 매장의 성격을 달리하며 매장별로 이색적인 분위기를 연출

(4) Naturalism

① 최근 도시화에 대한 반감으로 자연으로의 귀소본능이 확대
예 'K2', '헨리코튼' 등 아웃도어나 진 캐주얼 매장

[원목의 느낌을 자연스럽게 살린 벽면 연출]   [원목 바닥재와 집기로 편안한 분위기를 연출]

② 가공하지 않은 자연스러운 이미지를 연출

다소 거친 느낌의 방부목이나 부식된 듯한 금속자재, 다듬어지지 않은 콘크리트 바닥 및 벽면 등

③ 자연의 이미지 : 분수나 인공수목을 오브제로 설치

(5) Wave Impact

① 웨이브를 모티브로 한 VM

직선형 집기들이 사라지고 직각을 부드럽게 둥글리거나 곡선형태의 집기가 등장하였다.

② 딱딱한 남성적 이미지보다는 부드럽고 유연한 여성적 이미지를 선호한다.

③ 중앙 집기들의 일률적 배열을 탈피하고 자연스러운 고객 동선을 유도하는 효과가 있다.

예 이탈리아 수입 브랜드 '마르니' : 집기 전체가 하나의 유기체처럼 연결된 커다란 웨이브 형태의 행거를 매장 중앙에 배치, 다른 VM적 요소 하나 없이 재미있고 강렬한 이미지를 심어주고 있다.

[유선형 집기를 이용한 마르니 매장]

2. 실무 노하우

디스플레이의 기초지식 요구 단계의 실전에 필요한 5가지 테크닉 요소는 다음과 같다.

(1) 구성(Composition)

① 두 개 이상의 것을 조합해서 한 개의 연출형태를 만드는 것
② 구성의 기본요소 – 조화, 균형, 대비, 대칭, 율동, 강조, 비례, 반복

[강렬한 컬러의 바디를 반복]

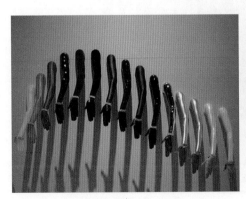

[율동을 느끼게 하는 연출]

[대칭을 보여주고 있는 쇼윈도]

③ 구성법 – 직선 구성, 삼각 구성, 곡선 구성, 원형/반원형 구성, 방사선 구성, 반복 구성

[잡화 매장에서 많이 사용하는 복합 삼각 구성]

(2) 아이템 포인트 테크닉(Item Point Technic)

상품의 가치 표현 – 상품의 소재, 디자인, 스타일, 가격, 트렌드 등

(3) 포밍(Forming : 형태 만들기)

상품을 아름답게 표현하기 위한 '형태 만들기' 작업

[대형 쇼핑몰 JEAN 매장에서 볼 수 있는 포밍]

(4) 컬러링(Coloring)

① 디스플레이의 표현에서 매우 중요한 요소이다.

② 심리적인 효과에 영향을 준다(예쁘다, 밉다, 밝다, 어둡다, 가볍다, 무겁다 등).

[배경으로 사용된 오렌지 컬러가 경쾌함과 주목효과를 줌]

(5) 코디네이트(Coordinate)

① 두 개 이상이 상품을 조합하는 것

② 생활 패턴, 라이프스타일, 유행, 사회 환경 등을 고려

　㉠ 디자인, 스타일의 코디네이트 : 스타일링을 보이는 방법

　㉡ 컬러에 따른 코디네이트 : 색의 트렌드와 이미지, 배색효과에 따라 보여주는 방법

　㉢ 소재에 따른 코디네이트 : 각종 소재별 조합을 하여 새로운 효과를 내는 방법

　㉣ 신(Scene)에 따른 코디네이트 : 라이프스타일, TPO 등에 따라 표현하는 방법

　㉤ 관련 상품에 따른 코디네이트 : 액세서리 등 관련성 있는 것을 첨가시켜 코디네이트 이미지를 넓히는 방법

[액세서리와 잡화의 스타일링 연출]　　　[신(Scene)에 따른 코디네이트]

001

VM에 대한 내용으로 적당하지 않은 것은?

① VM이란 매장을 아름답게 장식하는 기법을 의미한다.

② 머천다이징을 판매현장에서 시각화하여 소비자에게 적극 소구하는 전략 차원의 활동이다.

③ VM은 하나의 경영전략 시스템으로서 경영층이 관심을 갖지 않으면 성과가 적어진다.

④ 기업의 독자성을 표현하고 타 경쟁점과의 차별화를 위해 유통의 전 과정에서 상품을 비롯하여 모든 시각적 요소를 연출하고 관리하는 활동을 VM이라고 한다.

002

VM을 통해 발견하고 개선할 수 있는 문제점들이 아닌 것은?

① 상품 디자인이 타깃 고객과 거리가 있다.

② 고객을 위한 쾌적한 환경과 서비스가 부족하다.

③ 경쟁점의 VM과 비교하기 힘들다.

④ 매장 규모에 비해 상품의 종류와 양이 너무 많다.

003

VM의 역할로 적당하지 않는 것은?

① VM은 MD를 VP하는 것이다.

② VM은 상품에 정보가치를 부가하고 특정상품의 이미지를 보완해 감으로써 점의 메시지를 전달하고 이미지를 형성하는 전략이다.

③ 모든 상품이 팔릴 수 있는 기회를 만든다.

④ 있는 그대로의 장점을 보여주기보다는 좀더 아름답게 보이기 위한 전략이다.

004

연출에 대한 생각으로 잘못된 것은?

① 연출은 상품을 팔기 위한 수단으로 연출 자체가 중요한 것이 아니라 판매계획을 충분히 이해했다면 상품 자체로나 간단한 POP만으로도 충분히 효과를 볼 수 있다.

② 연출은 상품 하나를 부각시킨다는 사고보다도 상품 갖춤(구색)을 보여 주어 점과 상품의 특성을 표현하고 관련 판매를 유도해야 한다.

③ 연출은 전문가만의 일이라거나 예산과 시간이 든다는 사고를 버려야 하며, 판매 관련자라면 경험이나 매뉴얼 없이도 누구나 시행할 수 있어야 한다.

④ 감성을 중시하는 것이 연출이므로, 개인 취향으로 흐르는 것을 막기 위해서는 연간 스케줄에 의해 그 시즌의 판매상품에 중점을 두고 사전에 충분한 계획이 이루어져야 한다.

005

페이싱의 형태 중 다음이 설명하고 있는 내용은?

- 주로 선반류에 사용되는 스톡형 진열로 많은 양을 확보할 수 있다.
- 시선 아래 진열시는 디자인이 잘 보인다.
- 디자인이 부분적으로만 보이며, 꺼내보기가 부담스럽다.

① Face Out
② Sleeve Out
③ Folded
④ Folded Face Out

006

MP(Merchandising Presentation)에 대한 설명으로 옳지 않은 것은?

① MP=VP+PP+IP
② 상품을 보여주고 연출하는 부분은 VP, PP 부분이다.
③ 고객의 시선이 처음 닿는 곳으로 점을 대표하는 부분은 IP 부분이다.
④ VP, PP는 기술과 감성을 중시하고, IP는 기능과 이성, 작업성을 중시한다.

007

연출과 진열에 대한 설명으로 적당하지 않은 것은?

① VP, PP 부분에서는 연출을, IP 부분에서는 진열을 보여준다.
② 연출은 기능과 이성, 작업성을 중시하고, 진열은 기술과 감성을 중시한다.
③ 연출은 경험적인 센스가 필요한 부분으로 전문 기술직에 해당한다고 할 수 있다.
④ 진열은 상품 선택이 용이하도록 상품을 분류하여 정리정돈하고 상품이 잘 보이도록 한다.

008

효율적인 페이싱의 전개방법이 아닌 것은?

① 여러 가지 페이싱의 형태를 복합적으로 이용하는 것이 좋다.
② 주 아이템을 축으로 코디네이트 아이템을 인접배치하며 잦은 교체는 하지 않도록 한다.
③ 시즌 피크에는 Sleeve Out과 Folded로 양감을 보여주도록 한다.
④ 주 아이템의 판매 회전력을 최대로 활용하여 점내 여러 곳에 전개한다.

009

상품의 유효 진열 범위 중 골든 존에 진열하는 상품으로 적당하지 않은 것은?

① 팔고 싶은 상품
② 고회전 상품
③ 자극 상품
④ 중점 상품

010

매장 진열방법 중 골든 존에 대한 바른 설명은?

① 골든 존(Golden Zone)이란 시선이 가기 쉽고 상품을 집기도 쉬운 위치를 말한다.

② 데스 존(Death Zone)에서 팔고자 하는 상품을 진열하면 판매율이 높다.

③ 성공적인 진열이란 직원의 입장에서 보기 쉽고, 만지기 쉽고, 선택하기 쉬우며 사기 쉽게되어 있는 진열이다.

④ 골든 존은 일반적인 진열 범위이다.

011

매장 구성의 개념 중 진열에 해당하는 사항은?

① VP(Visual Presentation)

② PP(Point of Sales Presentation)

③ 쇼윈도

④ IP(Item Presentation)

012

다음 중 행어 랙의 진열방법 중 고객의 입장에서 상품을 집기 쉬운 방향으로, 즉 소매의 위치를 한쪽 방향으로 보여주는 진열기법은?

① 슬리브 아웃(Sleeve Out)

② 페이스 아웃(Face Out)

③ 골든 스페이스(Golden Space)

④ 쇼 스페이스(Show Space)

013

다음 중 POP에 대한 설명으로 틀린 것은?

① POP란 Point of Sales Presentation의 약자로 연출과 진열을 말한다.

② 고객 구매 시점에 상품을 알리고 상품내용을 표시하여 고객의 구매를 돕는 광고이다.

③ POP의 표현은 고객이 알아보기 쉽도록 한다.

④ POP의 내용은 상품 종류, 소재, 명칭과 가격, 상품의 효용 등이다.

014

POP의 기능으로 적당하지 않은 것은?

① 배너, 행잉물 등으로 행사 또는 시즌을 장식한다.

② 상품의 특징, 가격, 소재 등을 알려 주어 신뢰감을 높인다.

③ 찾고자 하는 매장으로 안내하는 표식 기능을 한다.

④ 상품에 대한 설명을 간단하게 함으로써 판매원에게 보다 확실한 도움을 받을 수 있도록 한다.

015

구매의욕을 높이는 VM의 필요성으로 옳지 않은 것은?

① 타 매장과의 차별화를 갖는다.

② 상품의 사용방법, 가치를 알린다.

③ 재고 상품을 계속적으로 알릴 수 있다.

④ 주위 환경을 아름답게 한다.

016

매장구성 2가지 개념인 연출과 진열 중에서 진열에 해당하는 내용은 어느 것인가?

① 어떻게 보여주는가가 포인트이다.
② 정리정돈과 청결이 필요하다.
③ 감성에 소구한다.
④ 감각과 경험이 필요하다.

017

고객이 상품 선택에 곤란을 겪고 있을 때 점내를 고려한 선전 광고를 하여 상품을 설명하는 것을 무엇이라고 하는가?

① VM   ② 진 열
③ 연 출   ④ POP

018

상품의 구성종류 중 직선구성이 아닌 것은?

① 수직구성
② 격자구성
③ 방사상구성
④ 사선구성

019

상품 진열법으로 적당하지 못한 것은?

① 밝은 색 → 어두운 색
② 맑은 색 → 탁한 색
③ 옅은 색 → 짙은 색
④ 패턴물 → 단색

001

POP(Point of Purchase Advertising : 구매시점 광고)에 대하여 기술하시오.

002

집기 종류에 따른 기본 진열 중 엔드 진열방법과 특징에 대해 서술하시오.

003

VM의 필요성을 5가지 이상 나열하시오.

004

상품을 패션성의 중심으로 분류하고 이에 대해 설명하시오.

005

디스플레이에 있어서의 색채의 역할에 대해 설명하시오.

Answer [1~5]

001 고객의 구매시점에 행해지는 광고로 고객의 편리한 쇼핑을 위해 상품의 정보(가격, 용도, 소재, 규격, 사용법, 관리법 등)를 알려주고 판매원을 대신해, 점내의 행사 분위기를 돋우어 상품판매의 최종단계로 연결시키는 요소이다.

002 ① 매장에서 가장 눈에 잘 띄므로 항상 정리정돈이 되어 있어야 한다.
② 상품도 주기적으로 교체하여 계절감, 양감이 표현되도록 하는 것이 바람직하다.
③ 주로 많이 팔리는 상품 또는 프로모션 중인 상품 등을 진열하여 매출을 높여야 한다.
  • 진열방법
    − 상품을 세 가지 정도 조합하여 세로 진열방식으로 연출한다.
    − 너무 높이 쌓지 않아야 한다.
    − 밑 부분이나 안쪽에 빈 박스 등을 활용하여 필요 이상의 재고를 보유치 않도록 해야 한다.
  • 특 징
    − 고객이 3면에서 상품을 보는 것이 가능하고, 손으로 집기도 편리하다.
    − 중앙에 반드시 POP를 게시한다.
    − 컷 진열을 통해 양감 있는 연출이 가능하다.

003 **VM의 필요성**
  • 판매를 높인다.
  • 신상품을 소개한다.
  • 상품의 사용방법, 가치를 알린다.
  • 타 매장과의 차별화를 한다.
  • 기업의 이미지를 알린다.
  • 주위환경을 아름답게 한다.

004 ① 베이직 상품 : 기본적으로 갖추고 있는 상품, 매 시즌 꾸준히 판매되는 고회전 상품군
② 뉴베이직 상품 : 베이직 상품의 보완상품, 유행을 예측하려는 품목으로 소비자의 반응을 살피기 위한 상품군
③ 트렌드 상품 : 패션을 가장 빨리 받아들이는 전략적 상품, 앞서 유행하는 상품

005 **디스플레이상의 색채의 역할**
  • 색채는 가장 직접적이고 효과적인 디스플레이 요소
  • 고유의 심벌 컬러를 이용하여 점의 아이덴티티(SI ; Store Identity) 표현
  • 고객이 매장에서 느끼는 색채에 대한 이미지는 매장과 상품, 색채에 대한 감정이 하나로 융합되어 나타남
  • 색채는 매장 연출효과에 직접적인 관련을 가지고 고객의 구매활동에 영향을 미침
  • 매장에 전개되는 상품의 색채 이미지는 기업 혹은 점의 이미지와 일관성 있게 전개함으로써 점의 이미지 성장과 매출 상승효과를 가짐

패션 감각탐구 II

클러스터 분석(패션 감각탐구 2)

사람에게는 각자 자기 나름대로의 생활방식이 있다. 거창하게 말하면 사람은 그 사람의 인생관에 기초해서 매일 매일의 생활을 영위하고 있다. 어디에서 무엇(옷)을 사고, 어떤 방법으로 차려입는가 하는 것은 그 사람의 취향이 반영됨과 동시에 그 사람의 사회적인 입장에 따라서도 어느 정도 제한을 받게 된다. 그것이 그 사람의 의생활이다.

옷차림뿐만이 아니다. 식(食), 주(住), 일, 여가시간을 보내는 방법, 사물에 대한 사고방식 등 모두가 그 사람의 생활에는 그 사람다운 스타일(양식)이 있게 마련이다. 그래서 사람들의 이러한 전체적인 생활양식을 조사해서 나온 결과를 유형적으로 세분화하고 이것을 대상 고객의 분류로 하고자 하는 시도가 있다. 그리고 이 세분화의 데이터를 기초로 해서 마케팅활동이 행해지는 경우도 있는데 이것을 라이프스타일 마케팅이라고 부른다.

이런 분류를 하는 궁극적 목적은 패션 상품을 소비하는 고객이 어떤 패션 의식과 기호를 갖고 있는가를 파악하고자 하는 것이 그 궁극적 목적이다. 이제부터 실시하고자 하는 클러스트 분류는 단순히 라이프스타일에 의한 분류만을 행하지 않고 마인드나 성격, 행동양식, 감성과 감도 등을 입체적으로 파악하여 분류기준으로 삼고 있다. 여기에서는 17타입으로 분류하고 있지만 브랜드에 따라서는 그보다 더 세분화 된 타깃 중 하나를 겨냥하기도 한다는 사실을 알아야 할 것이다.

1. 헬시 캐주얼(Healthy Casual)파

고등학생들을 중심으로 해서 일부 대학생, 전문학원생 등 주로 학생층으로 구성되어 있다. 연령으로 말한다면 15~22세 정도이다. 일반적으로 주니어 & 영이라고 불리는 존(Zone)이다. 전국에 평균적으로 분산해서 존재하며, 현재 주니어 & 영 계층에서 양적으로 가장 많은 타입이다.

성격은 명랑, 쾌활, 개방적이고 사교적이기 때문에 친구도 많다. 하지만 한편으로는 다소 양식적이면서 보수적인 면을 동시에 지니고 있기 때문에 혼자만 눈에 튀는 일은 하지 않는다. 거의 그룹 단위로 행동하는데 그런 경우 팀웍을 소중하게 생각한다.

활발한 성격이기 때문에 아웃 도어(Out Door)를 선호해서 스키, 테니스, 스케이트 보드, 볼링, 스포츠 관전 등 일련의 스포츠에 남다른 흥미를 표시하고 있다. 몸을 움직이는 것을 좋아해서 매우 건강한 라이프스타일을 즐기는 편이다.

남자친구에 관한 것이거나 공부와 관련된 것, 친구와의 관계 등 여러 방면에 고민이 없는 것은 아니지만 원래 근본적으로 낙천적이어서 캠퍼스 라이프를 크게 즐기고 있다.

팝 캐주얼파가 유희적인 요소가 강한 패션을 즐기는데 반해 헬시 캐주얼파는 스포티한 경향의 패션을 좋아한다. 또 하나 비슷한 연령 또래인 팝 캐주얼파가 정도를 벗어난 옷차림도 서슴지 않는데 비해 헬시 캐주얼파는 양식이 그것을 허용하지 않는다. 바로 그런 점 때문에 '젊은이들 치고 보수적이다' 라는 소리를 듣는데, 그것은 부정적인 의미의 보수가 아니다. 나름대로 정해진 사회 규범 내에서 자유를 누리려는 것이 이들의 사고방식이기 때문이다.

(1) 마인드, 성격, 행동양식

① 고등학생, 대학생, 전문학원생이 중심 그룹이다.

② 주로 학생층으로 형성되어 있는 것이 이 존의 특징이다.

③ 주니어, 영 마인드가 중심 존을 이룬다.

④ 명랑 쾌활하며 개방적인 성격이다.

⑤ 사교적인 성격으로 주변에 친구가 많고 동료의식이 강하다.

⑥ 생활양식은 사회규범을 존중하고 보수적인 편이다.

⑦ 그룹과 팀웍을 중요시해서 돌출된 행동을 삼간다.

⑧ 스포츠에 특히 관심이 많고 아웃 도어 라이프를 즐긴다.

⑨ 몸도 정신도 건강을 모토로 하는 것이 헬시 캐주얼파의 행동 양식이다.

(2) 패션 의식과 기호

① 유행을 어느 정도 받아들이는 편이지만 선택 기준이 보수의 수준을 넘지 않는다.

② 혼자서 유행을 쫓기보다는 친구나 동료와 함께 수용하고 혼자서 튀는 선택은 삼가한다.

③ 어디까지나 밝고 건강한 이미지의 패션을 좋아하며 그중에서도 스포티한 타입을 특히 좋아한다.

④ 활동이 자유로운 기능적인 패션을 단품 위주로 선택해 코디네이트로 즐긴다.

⑤ 같은 또래의 팝 캐주얼파가 실험주의적인 성향이 짙은 패션으로 튀는 선택을 하고 기성의 가치와 룰에 도전적인 자세를 취하는 데 비해, 헬시 캐주얼파는 패션의 선택기준을 발랄하고 경쾌한 멋에 두고 있는 점이 다르다.

⑶ 감성 평가

① 이 클러스터의 두드러지는 감성은 말할 필요도 없이 액티브 감성, 그 다음이 컨트리 감성과 매니쉬 감성이다.

② 활동적이고 남성취향이며 터프한 감성에 비해 엘레강스나 로맨틱, 엑조틱 감성은 소극적인 편이다.

2. 팝 캐주얼(Pop Casual)파

16~20세 전후의 주니어 & 영 존으로 구성된다. 중학생이나 고등학생, 패션 디자인 전문학원의 학생, 부티크나 어패럴메이커 등에 근무하고 있는, 아직은 커리어가 적은 여성들이 주체를 이룬다. 중학생이나 고등학생의 경우, 남녀공학보다도 여자학교 학생이 더 많은 편이다. 대도시 주변에 집중해 있으며, 특히 수도권 주변에 많다.

성격은 좋게 말하면 적극적이고 행동적이라 할 수 있고, 나쁘게 말하면 쓸데없는 일에 잘 몰두하는 통속적인 부류라고 볼 수 있다. 자기주장이 강하며 눈에 띄고 싶어 한다. 하지만 쾌활한 반면 나약하면서 외로움을 잘 타는 사람들이 많은데, 그것은 그녀들이 항상 그룹을 지어 행동하는 것을 보더라도 잘 알 수 있다. 모든 면에 있어서 유행에는 민감하며, 행동은 시대의 풍조를 날카롭게 반영하고 있는 경우가 많다. 한 가지 일에 열중하는 편이며, 동료들과 뭔가에 열심히 몰두하고 있을 때가 최고로 행복하다고 느낀다. 하지만 동조하고 좋아하는 만큼 싫증내는 것도 빠르다.

패션에 대한 관심은 상당히 높다. 어른스러운 것들을 동경해서 발돋움하고 싶어 하는 부분이 있으며, 다른 여성그룹보다 화장이라든가 파머를 일찍부터 받아들인다. 자기들이 가장 멋쟁이라고 뽐내기라도 하듯 압구정동이나 대학로 신촌 등지를 걸어 다니는 것이 그녀들이 주말을 보내는 방법이다.

소비 태도를 보면 일반적으로 호화스럽고 낭비적인 요소가 많다. 계획적인 쇼핑을 하기보다는 대부분 충동구매가 많다. 하지만 아이 쇼핑을 자주 하고 있기 때문에 어디에서 무엇을 팔고 있는가 하는 정보에는 밝다. 어쨌든 다정다감한 개성파들로 구성되어 있어 어른들이 볼 때 이해하기 힘든 타입이다.

(1) 마인드, 성격, 행동양식

① 중학생에서 고교생에 이르는 주니어층이다.

② 예체능, 일반 디자인 계열이나 패션 스페셜리스트 지망생이다.

③ 자기주장이 강하고 항상 눈에 띄는 존재이기를 바란다.

④ 명랑 쾌활하고 활동적이다.

⑤ 원기왕성한 감성의 소유로 감성세대의 중심을 이룬다.

(2) 패션 의식과 기호

① 유행을 적극적으로 받아들인다.

② 스포티 감각의 보이시 스타일(소년 스타일)을 좋아한다.

③ 미국의 팝 감각은 물론 런던의 키치 감각도 사양하지 않는다(바로 그런 점 때문에 아방가르드의 신봉자처럼 보인다).

④ 자기 현시욕이 강한 일부 계층 중에는 펑크 패션의 신봉자도 있다.

⑤ 단품위주의 코디네이트 패션을 선도하며 때로는 미스매치도 사양하지 않는다.

⑥ 대중의 우상인 가수, 배우, 탤런트, 코미디언과 같은 스타의 패션을 흉내내기 좋아한다.

(3) 감성 평가

① 가장 두드러지는 감성은 액티브 감성. 그래서 스포티한 패션을 선호한다.

② 액티브 감성 다음으로 두드러지는 감성은 남성취향의 미의식인 매니쉬, 그것도 성숙한 이미지가 아닌 미성숙 이미지로 소년다운 감성이 주축을 이룬다.

③ 액티브나 매니쉬만큼 강세를 보이지는 않지만 컨트리 감각도 팝 캐주얼파들은 소중하게 생각한다.

④ 모던 감성과 로맨틱 감성도 절대로 무시하지 않는 것이 이 그룹의 특성. 그러나 그렇게 중요하지는 않다.

⑤ 여성다운 우아함이나 도회적인 세련미, 그리고 엑조틱 감성은 특별히 두드러지지 않는 것이 이 그룹의 감성 특징이다.

3. 로맨틱 프리티(Romantic Pretty)파

중학생이나 고등학생 등 주니어 층으로 주로 구성된다. 약간 어른스럽게 보이는 중학생이나 나이에 상관없이 항상 소녀다움을 잃지 않으려는 영 어덜트도 일부 포함된다. 중심이 되는 연령은 15~18세 정도이다. 양적으로는 점차 감소되는 추세에 있다. 하지만 전국적으로 뿌리 깊고 끈질기게 존재한다. 특히 지방 중·소도시에 많은 편이다.

성격을 보면 보수적이면서 약간 내성적인 편이다. 옷차림은 말할 필요도 없고 가방이나 문구류, 손수건에 이르기까지 로맨틱 취향은 아주 철저하다. 인테리어 역시 당연히 로맨틱 무드를 좋아한다. 성격은 섬세하고 여리다. 일반적으로 아웃 도어 라이프는 별로 좋아하지 않으며 스포츠도 스스로 뭔가 하기보다는 보는 것을 즐기는 정도이다. 인형 같은 것을 만든다든지 머플러를 뜨개질한다든지 또는 쿠키를 굽는다든지 하는 가정적인 면을 지니고 있다. 스위트(Sweet)하고, 감성적이면서 로맨틱하고, 해피(Happy)하다. 다정다감한 캔디 세대로써 이러한 주니어야말로 로맨틱 프리티의 전형이라고 할 수 있다.

성격이 소탈하고 활달한 성격의 여성일수록 집중력이 떨어지기 때문에 "꼭 이것이다"하는 고집스러움이 없다. 그러나 섬세하고 여린 성격의 소유자일수록 그런 아집이 강하다. 로맨틱 프리티파도 그런 점에서 패션에 대한 주의 주장이 성격처럼 여릴 것 같지만 절대 그렇지 않다. 자기가 좋아하는 것이 아니면 가까이 하지 않는 것이 그들이다.

(1) 마인드, 성격, 행동양식

① 중·고교생 또래의 주니어가 중심 그룹이다.
② 연령에 구애됨 없이 귀여운 소녀로 남기를 원하는 일부 영 어덜트를 포함한다.
③ 소위 말하는 공주병 환자가 이 그룹에 속한다.
④ 청순가련형으로 항상 꿈꾸는 듯한 자세로 세상을 살아가는 만년 소녀 타입이다.
⑤ 보수성이 강하고 내성적인 성격이며, 틈틈이 가사에도 관심을 보이는 가정지향형이다.
⑥ 다정다감한 성격의 캔디 세대이다.

(2) 패션 의식과 기호

① 로맨틱한 무드를 좋아해 판타스틱한 패션에 관심이 높다.
② 유행에 좌우되거나 관심을 갖기보다는 자신의 감성과 취향중심으로 패션을 선택한다.
③ 사랑스럽고 귀여운 소녀 취향의 패션을 선호한다.
④ 레이스, 프릴, 리본, 핀턱과 같은 로맨틱한 디테일이 달려있는 패션을 좋아한다.
⑤ 자잘한 꽃무늬, 타탄체크와 같은 여성적이면서 전통적인 무늬를 좋아한다.
⑥ 프랑스 인형풍의 복고적이며 비일상적인 패션을 좋아한다.
⑦ 브로치, 코사주(Corsage : 옷에 다는 액세서리용 꽃장식)와 같은 로맨틱 무드의 액세서리를 좋아한다.
⑧ 청순 가련미의 상징인 플랫칼라, 퍼프 슬리브의 블라우스, 개더를 잡아 볼륨을 살린 롱스

커트는 로맨틱 프리티파의 전형적인 아이템이다.

(3) 감성 평가

① 감상적이라는 평가를 들을 정도로 감성에 예민하게 반응하는 클러스터로서 로맨틱 감성이 단연 돋보이는 그룹이다.

② 로맨틱 다음으로 중요시 하는 것은 여성다움. 성숙한 여성다움이 아니라 미성숙, 페미닌, 즉 소녀다운 여성다움이 이 클러스터의 기본 감성 중 하나이다.

③ 정적인 무드의 감성소유자들로 액티브와 컨트리 감성, 그리고 매니쉬와 모던 감성은 찾아보기 힘들다.

4. 커리어 리세(Career Lycee)파

영을 중심으로 해서 주니어와 어덜트 일부를 포함한 연령층으로 구성되어 있다. 대략 17~25세 정도의 연령이다. 일반 직장여성 중에서도 약간 자의식이 강한 여성이나 멋쟁이 고등학생, 전문학원생이나 대학생 등을 주역으로 해서, 패션 관계의 학생이나 디자이너 등 비교적 폭넓은 층을 형성하고 있다. 도심형이기는 하지만 대도시 주변만이 아니라 전국 지방도시에도 분산해서 존재하고 있다.

성격은 컨템퍼러리한 면과 컨설버티브한 면을 아울러 갖고 있는 것이 특징이다. 즉, 다시 말해서 새로운 감각을 빨리 받아들이지만 그렇다고 해서 옛날부터 계속 전승되는 전통을 결코 소홀히 하는 사고방식이 아니다. 패션 의식에 관해서도 마찬가지로, 유행에 뒤쳐지는 것에 불안감을 갖고 있지만 그렇다고 해서 리더쉽을 장악해서 최첨단에 서서 튀고 싶다는 정도까지는 아니다. 패션에 대한 관심은 높아서 아이 쇼핑을 자주 즐기는 편이다. 항상 감성을 갈고 닦기 위해서 패션 잡지를 가까이 한다. 자기의 개성, 즉 자기다움을 소중히 하면서도 유행하는 상품을 워드로브에 첨가시키는 타입이다. 현대적 양식파라고 할 수 있다.

약간은 허영에 깃든 통속적인 것을 입고 다니는 여성들을 동경하면서도 실제 생활에서는 비교적 착실한 성실파가 많다. 커리어 리세를 거쳐서 센시티브 커리어파로 성장하는 여성들도 적지 않지만, 대다수 여성들은 평범한 결론을 꿈꾸고 있다. 라이프스타일은 지극히 평균적인 평범한 영 타입이다.

(1) 마인드, 성격, 생활양식

① 중심 마인드는 영, 일부 주니어와 어덜트를 포함한다.

② 자의식이 강한 직장 여성, 멋쟁이 고교 및 대학, 전문학원생이 주를 이룬다.

③ 일상생활은 착실한 성실파이다.

④ 사회규범의 범위 내에서 튀거나 뒤떨어지지 않는 평범한 일상을 꿈꾸는 양식파이다.

(2) 패션 의식과 기호

① 유행을 어느 정도 받아들이지만 기성의 것을 그대로 입지는 않는다.

② 새로운 패션 감각을 빨리 받아들이지만 전통을 무시하지는 않는다.

③ 항상 자기 감성을 갈고 닦기 위해 패션과 가까이하려고 한다.

④ 유행을 받아들이는 것은 튀는 존재가 되기 위해서가 아니라 자신의 의생활을 풍요롭게 하는 연출의 수단으로 삼기 위해서다. 그래서 워드로브 계획이 합리적이다.

⑤ 단정하면서도 어딘지 모르게 은은히 배어나는 맵시가 있는 스타일을 즐긴다.

⑥ 바디라인을 드러내는 타입의 옷보다는 루즈한 타입의 것을 좋아한다.

⑦ 모노톤과 감색, 갈색 등과 같은 베이직한 색을 좋아하고 디자인도 지나치게 장식적인 것은 싫어한다.

⑧ 액세서리를 크게 좋아하지 않으며 내추럴한 메이크업을 즐긴다.

(3) 감성 평가

① 여성다움을 소중히 하지만 단순히 여성다움에만 치중하지 않고 단정한 품위와 청순한 감성도 무시하지 않는다.

② 깨끗하고 순수한 인상을 때로는 로맨틱하게, 때로는 도회적인 세련미로 승화시키는 감성의 소유자가 커리어 리세파다.

③ 동적인 것보다는 정적인 성격처럼 차분한 분위기를 지는 감성을 소유하고 있다. 그래서 액티브, 컨트리와 다소 거리가 멀다.

5. 아메리칸 트래디셔널(American Traditional)파

18~22세의 영 존(Young Zone)을 중심으로 해서 발돋움을 하고 싶은 고등학생에서부터 위로는 30세 전후까지, 아주 폭넓은 층으로 구성되어 있다. 학생과 직장여성이 주체이며, 일부 주부도 포함되어 있다. 주로 대도시 주변에 집중되어 있는데, 중소도시라고 해서 존재하지 않는다는 법은 없다.

성격은 보수적이고 지극히 양식적(良識的)이다. 무엇에 대해서든지 일관된 사고를 지니고 있으며 그것을 완고하게 계속해서 지켜나간다. '정말로 좋다' 라고 생각하면 언제까지나 그것을 한없이 애용하고 브랜드에도 구애를 받긴 하지만, 그것이 유행하기 때문이 아니라 어디까지나 자신의 마음에 들기 때문인 것이다. 언뜻 보면 까다로운 타입처럼 보이지만, 내면적으로는 밝고 시원시원한 여성이 많다. 그렇기 때문에 한번 친해지면 오래, 그리고 깊게 사귈 수 있다.

또한, 산이나 바다 등 자연을 사랑하며, 헬시한 감각을 중요하게 생각하기 때문에 여가시간을 활동적으로 보낸다. 테니스나 수영, 스키 등의 스포츠를 비롯하여 등산, 낚시 등 약간 어른스러운 아웃 도어 라이프(Out Door Life)에 흥미를 보이고 있다. 학생, 직장여성, 주부에 따라서 서로 다르기 때문에 뭐라고 한마디로 표현할 수는 없지만 생활은 일반적으로 착실형이며 자기 주관주의이다. 그리고 다방면에 걸쳐 팔방미인인 경우가 많다.

미국하면 연상되는 것이 합리주의, 패션에서의 미국 이미지도 합리주의에서 출발한다. 기능성과 실용성, 그리고 헬시 감각의 스포티한 인생이 미국을 대표하는 패션 이미지이다. 패션에서 말하는 트래디셔널은 전통적인이라는 의미이다. 그러므로 아메리칸 트래디셔널하면 합리주의를 기반으로 한 미국의 전통적인 패션을 가리킨 것으로 그런 패션을 지지하는 그룹이 바로 아메리칸 트래디셔널파인 것이다.

(1) 마인드, 성격, 행동양식

① 영(18~22세)이 중심 존이며, 어덜트(23~28세)의 제한된 일부 계층도 포함된다.
② 학생과 직장여성이 주류, 일부 주부도 포함된다.
③ 지극히 보수적인 성격의 소유자들로써 사회규범을 존중한다.
④ 전통을 중요시하고 그 가치를 존중한다.
⑤ 자신이 옳다고 생각하는 일은 쉽게 궤도 수정하는 일 없이 일관되게 밀고 나가는 성격이다.
⑥ 대인관계도 신뢰를 바탕으로 하기 때문에 오랫동안 지속된다.
⑦ 정신적 건전함에 못지않게 육체적인 건강함에 대한 관심도 높다.
⑧ 가치관에 대한 지표가 명확하기 때문에 젊지만 충동적인 행동을 하지는 않는다. 그래서 시행착오도 별로 없다.

(2) 패션 의식과 기호

① 자신이 마음에 들어 하는 것은 주변을 의식하지 않고 두고두고 좋아한다.
② 유행하는 것도 외면하지 않고 선택할 때도 있지만 유행해서라기보다는 자신의 마음에 들기 때문이다.
③ 브랜드에 대한 생각도 유행과 마찬가지다. '자신이 정말로 그것을 좋아하는가' 가 우선한다.

④ 브레이저나 트렌치코트, 카디건과 같은 전통적이며 지적인 분위기를 풍기는 아이템을 좋
아한다.

⑤ 여성다운 분위기보다는 남성다운 분위기를 좋아한다. 옷으로서의 남성다움에는 전통적
가치가 있고 지적이면서 기능적이기 때문이다.

⑥ 약간 매니쉬한 타입의 시티 캐주얼이 이 클러스터의 패션 기호다.

(3) 감성 평가

① 매니쉬와 액티브 감각을 가장 좋아하고 컨트리적인 요소에도 거부감을 갖지 않는다.

② 모던과 도시감각은 상대적으로 중요시 하지 않지만 무시하지는 않는다.

6. 크리에이티브 캐주얼(Creative Casual)파

유행에 좌우되거나 의식하지 않고 독자적인 컨셉을 추구하는 패션 디자이너가 많은데 바로
그런 디자이너를 좋아하는 여성들이 이 그룹에 속한다. 크리에이티브한 작품세계를 구축한
혁신적인 디자이너의 감성과 창조성에 공감하고 그들의 창조적 자세와 라이프스타일에서도
크게 영향을 받는 그룹이 크리에이티브 캐주얼파라고 할 수 있다.

커리어 어덜트 존의 크리에이터적 발상을 필요로 하는 직업에 종사하거나 여성 관리직 등
수입적인 면에서 보아도 고소득이기 때문에 감성도가 높고, 강한 주장과 개성을 지닌 아이
템을 자기답게 해석하고 표현하는 능력도 뛰어나다.

기본 감성은 매니쉬를 베이스로 해서 액티브함과 모던함을 지니고 있다. 이와 같은 기본 감
성 이외에 독창성의 연출을 위해 에스닉에 심취하기도 한다. 성격이나 사고방식은 활동적이
고 지적이며 자유분방한 것이 특징이다.

17개의 클러스터별 분류 그룹 중 가장 패션 감도가 앞서가는 그룹이 바로 크리에이티브 캐
주얼 그룹이다. 실험주의적인 성향이 짙은 디자인에 대한 관심도 이 그룹처럼 높은 그룹이
없다. 그래서 어딘가 익센트릭한 요소, 즉 색다른 점이 없으면 주목하려 들지 않는다. 대개
이런 취향을 가진 여성들이 즐기는 감성은 모던이지만 그것도 미래지향적인 모던을 좋아하
는 경향이다.

본래 색다름이나 독창성이란 과거지향적인 패션에서 비롯되는 것이 아니다. 낯선 것은 언제
나 미래 속에서 보이는 것이기 때문이다. 패션을 통해 개성을 피력하고 그것을 자기다움이
라고 자부하는 것이 크리에이티브 캐주얼파가 지닌 무언의 주장이다. 한 마디로 말해 패션
을 통한 주의주장이 가장 강하다고 할 수 있다.

(1) 마인드, 성격, 행동양식

① 커리어 어덜트 중심으로 창조적 발상을 필요로 하는 전문 직종에 종사하는 소득수준이 높은 여성층이다.

② 고감도 감성 소유자로 개성과 지성이 겸비된 행동파이다.

③ 자유분방한 사고방식을 갖고 자기답게 살아가는 전위파이다.

(2) 패션 의식과 기호

① 항상 트렌드를 의식하고 컨셉이 분명한 패션을 선호한다.

② 패션을 개성화, 차별화의 무기로 생각한다.

③ 익센트릭 패션도 당당하게 수용할 정도로 패션을 통한 자기현시욕이 강하다.

④ 독창적인 디자인과 아이템을 자기답게 이해하고 연출하는 코디네이션 능력이 뛰어나다.

⑤ 유행에 상당히 민감하고 적극적으로 받아들이지만 맹목적으로 추정하지 않고 자기답게 개성을 살려 입는다.

⑥ 어케이전별 워드로브에 대한 구분이 분명하지 않다.

⑦ 이국적인 무드의 패션도 색다름의 한 표현이라는 점에서 서슴지 않는다.

(3) 감성 평가

① 여성취향의 미의식보다는 남성취향의 미의식이 강하다. 그것은 남성다움을 신봉해서라기보다는 개성이 강하고 자립된 여성으로서의 의지 표출이 그 원인이라고 할 수 있다.

② 현대적인 지성미와 모던함, 그리고 액티브한 감성을 소유하고 있다.

③ 신비에 유도되는 미의식인 이국취미도 거부하지 않는다.

④ 자유분방을 구가하는 성격에 의해 야성미를 추구하는 미의식도 갖고 있다.

⑤ 여성다움과 로맨틱을 선호하는 미의식은 희박하다.

7. 컨템퍼러리 캐주얼(Contemporary Casual)파

주변의 시선을 의식하고 입는 예의바른 옷차림이 드레시라면 자신의 자유스런 의사에 따라 한껏 멋을 살린 옷차림이 캐주얼이 아닐까 한다. 흔히 패션에서 캐주얼이라고 하면 스포티한 옷차림을 생각하게 되는데 반드시 스포티한 옷차림만이 캐주얼은 아니다. 여성다운 페미닌 타입도 간편하고 자유롭게 입을 수 있다면 그것이 캐주얼한 것이다. 그 만큼 캐주얼 테이스트는 감성표현의 범위가 넓다. 물론 간편한 옷일수록 기능을 우선으로 하기 때문에 스포티한 쪽에 가깝고 스커트보다는 팬츠 쪽이 더 자유스런 복장인 것처럼 페미닌한 것보다는 매니쉬한 것이 캐주얼에 가깝다.

스포티한 감성에 바탕을 두면서 반드시 스포티를 따지지 않고 지금 막 자신에게 어울리는 것이라면 페미닌에 가까운 것이라도 사양하지 않는 클러스터가 바로 컨템퍼러리 캐주얼파이다. 이 클러스터는 마인드로 볼 때 영이 주축을 이루며 일부 자의식이 강한 어덜트 커리어까지 포함된다. 성격은 매우 활달해서 변화 있는 생활을 즐기고 개성적이고자 하는 주체의식이 강하다. 그야말로 사고 자체가 캐주얼하고, 어떤 형식에 얽매이거나 하는 일이 없다. 때로는 기성의 가치를 거부하기도 하지만 현실과 타협하고 오늘을 충실하게 보낸다는 바탕 위에서의 혁신이기 때문에 눈에 거슬리거나 하는 행동을 하지는 않는다. 한 마디로 말해 진보주의적인 성향의 현실파라고 할 수 있다.

패션에 대한 수용과 생각도 성격처럼 개성을 내세우지만 그것은 일차적으로 자기 자신의 만족을 얻고자 함이 목적이다. 유행을 적극적으로 받아들이고 때로는 모험적이다 싶을 정도로 튀는 패션도 좋아하지만, 그것을 오늘에 어울리는 멋으로 재창조해서 즐긴다. 평범한 베이직 아이템과 코디네이트시키거나 해서 중용을 추구하는 밸런스 감각이 뛰어난 것이 이 그룹의 특징이다.

멋에 대해서 민감하고 그것을 자기답게 연출하고자 하는 의식이 강하지만 현실이라는 절제의 벽을 무시하거나 뛰어넘지 않고 타협할 줄 아는 재치도 이 그룹은 지니고 있다.

(1) 마인드, 성격, 행동양식

① 영이 중심 마인드, 일부 어덜트 커리어 존도 포함된다.

② 활달한 성격으로 주체의식이 강하다.

③ 형식에 얽매이거나 하지 않고 때로는 기성가치에 대한 도전적인 자세도 취하지만 기본 생활에 밸런스를 깨지 않는 범위 내에서 오늘을 풍요롭게 한다는 활력소로서 받아들이는 정도이다.

④ 보수와 진보 중 어느 쪽이냐 하면 물론 진보이지만 주체성이 결여되거나 실리를 무시한 진보는 아니다.

(2) 패션 의식과 기호

① 유행을 적극적으로 받아들이고 모험적인 패션을 즐긴다.

② 생기발랄함과 큐트(Cute : 귀엽고 깜찍)한 인상의 패션을 즐긴다.

③ 스포티하거나 페미닌하거나를 따지지 않고 개성 있고 자유스럽게 즐기면서 입을 수 있는 패션인가가 포인트이다.

④ 트렌드 아이템과 자신이 갖고 있는 기존의 옷을 믹스시켜 자기다운 개성으로 승화시키는 재치가 뛰어나다.

⑤ 백이나 구두, 모자, 머플러나 스카프 등과 같은 장신구를 기성관념이 아닌 새로운 연출로 바꾸는 연구도 게을리하지 않는다.

⑥ 평범한 액세서리도 자기답게 어렌지하거나 연출을 바꿔 자기답게 소화하는 개성파가 이 클러스터에는 많다.

(3) 감성 평가

① 극단적으로 치우치는 감성 없이 믹스와 조화를 추구하는 감성의 소유. 그중에서도 두드러지는 감성은 액티브 감성이다.

② 여성다운 우아함과 멋스러움도 그냥 지나치지 않아 엘레강스 페미닌 감성도 매니쉬보다는 비중이 높다.

8. 커리어 캐주얼(Career Casual)파

영 어덜트와 커리어 존을 중심으로 구성되는 그룹. 패션에 대해서 무척 민감한 반응을 보인다. 고감도 패션에 대한 체험이 풍부하기 때문에 유행을 소화해서 자기다운 스타일링으로 소화할 줄 아는 세련된 센스를 지니고 있다.

심플하면서도 모던한 감각, 어딘가에 남성적인 쿨한 인상을 갖기 원하는 도회적인 패셔너블한 여성들이 이 그룹을 형성한다. 성격은 여성답고 정적인 것보다 활동적이고 남성다움에 가깝다고 할 수 있다. 로맨틱하거나 여성답고 우아한 것보다는 매니쉬하고 액티브하며 도회적인 모던함을 좋아한다. 기본 감성은 행동적이며 지적이고 자유분방을 추구하려는 강한 생각을 갖고 있다.

남성감각의 행동파 여성 중에 컨트리 지향적인 사람이 있는가 하면 도시지향적인 사람도 많다. 그런 여성일수록 내추럴한 이미지보다는 인공적인 이미지를 좋아하고 따뜻하고 정감이 가는 무드보다는 차갑고 샤프한 느낌을 주는 분위기를 좋아한다. 성격도 냉철해서 맺고 끊음이 명확하다. 바로 그런 점 때문에 개인주의적인 성향이 짙다는 평가를 받기도 한다. 성격만큼이나 자기본위, 자기다움을 중요시해서 맹목적인 유행 추종을 허용치 않는다. 남성다움, 모던함, 도시다움을 잃지 않는 범위 내에서 자기답게 어렌지해서 패션을 즐기려는 것이 커리어 캐주얼파의 패션관이다.

남의 간섭을 받거나 하는 것을 싫어해서 자유분방하다는 소리를 듣지만 그것은 결코 타인으로부터의 고립을 뜻하지는 않는다. 자신과 결부되지 않는 일에 끼어들기를 싫어할 뿐 자기

방어는 아니다.

(1) 마인드, 성격, 행동양식

① 영 어덜트 존에서 커리어 존 중심이다.

② 지성미를 겸비한 행동파이다.

③ 자유주의적인 사고방식을 갖고 세상을 살아간다.

(2) 패션 의식과 기호

① 패션에 상당히 민감하다.

② 고감도 패션에 대한 체험을 갖고 있다.

③ 유행을 소화해서 자기답게 연출하는 능력이 뛰어나다.

④ 뛰어난 패션 센스로 세련미 넘치는 스타일을 구가한다.

⑤ 심플하면서도 모던한 감각의 패션을 좋아한다.

⑥ 남성취향의 쿨한 인상을 중요시한다.

⑦ 도시감각의 세련미를 자유분방하게 어렌지해서 즐긴다.

(3) 감성 평가

① 자유분방한 성격의 소유자들답게 행동적인 남성취향의 감각을 갖고 있다.

② 현대적인 지성미와 내추럴한 야성미를 동시에 지닌 감성으로 도시감각과 액티브 감각은 매니쉬와 모던 다음으로 중요시하는 감각이며, 여성다운 우아함이나 로맨틱 감각은 별로 의식하지 않는다.

9. 영 엘레강스(Young Elegance)파

영 존을 중심으로 해서 일부 커리어 우먼이나 영 미세스 등의 어덜트를 포함해서 구성된다. 18~26세 정도로 아메리칸 트래디셔널의 상층부와 하층부를 잘라낸 연대층이다. 학생과 커리어 우먼이 중심을 이루고 있는데 학생의 경우는 특히 이 대상이 많다.

이 계층의 분포도를 보면 엑조틱한 분위기를 지닌 일부 지방도시를 위시해서 현재 전국에 분포되어 있다. 하지만 주로 대도시 주변에 많다.

성격은 밝고 외향적이다. 상류 계층에서 혜택받고 자란 가정의 자녀들이 많으며 약간 낭비적이고 화려한 일면을 지니고 있다. 고가의 패션 상품도 아무렇지 않게 사는(부모가 사주는 경우도 포함해서) 것도 이 존이다. 개중에는 자기 차를 가지고 있는 여성도 많다. 이성이라 든가 패션에 높은 관심을 보이고 있으며 언제나 멋지게 눈에 띄는 존재로 살고 싶다는 욕구 가 강하다. 그렇게 때문에 헤어스타일이나 메이크업, 옷차림 등 멋을 내는 일에 신경을 많이 쓰는 편이다.

테니스나 스키처럼 품위 있는 스포츠를 대단히 좋아하며 오랜 기간 동안 휴가를 보낼 때에 는 국내의 명승지나 해외여행을 하는 여성도 적지 않다. 어쨌든 부유하고 멋지게 인생을 보 낸다는 것이 그녀들의 모토이다.

유행을 적당히 받아들일 줄 알지만 패션에 대해서는 약간 보수적인 면이 강한 것이 이 존이 다. 브랜드 지향이 강하고 TPO를 의식해서 옷을 선택하지만 고급스러운 점이 없거나 어른 스러워 보이지 않으면 외면하는 경향이다. 그렇지만 패션 상품을 살 때 꼭 염두에 두는 포인 트는 여성다운 우아함이다. 바로 그 우아함이야말로 고급스러운 면과 어른스러운 성숙함을 동시에 지니고 있기 때문이다.

(1) 마인드, 성격, 행동양식

① 경제적으로 여유 있는 영 계층이 중심이다.

② 음악 감상이나 요리, 테니스, 스키와 같은 취미생활과 운동에도 관심이 많다.

③ 생활 속의 여유와 우아함을 쫓지만, 다방면에 걸쳐 활동적인 생활을 영위한다.

(2) 패션 의식과 기호

① 유행을 어느 정도 의식해서 받아들이지만 전반적으로 패션의식은 보수에 가깝다.

② 브랜드 지향이 강해 '몰개성적이다'라는 소리도 듣는다.

③ 자기 스스로 새로운 옷맵시를 가꾸기보다는 브랜드의 제안을 그대로 받아들이는 경향 이다.

④ 어케이전(TPO)을 의식한 옷차림을 생각하기 때문에 타운웨어와 포멀웨어에 대한 구별이 명확하다.

⑤ 성숙된 어른스러움을 추구하지만 고상한 품위보다는 큐트(귀엽고 깜찍)한 구석이 없으면 외면하는 경향이다.

(3) 감성 평가

① 여성다운 우아함, 즉 엘레강스 감성이 이 클러스터의 기본 감성이다. 그러나 오로지 여성 다운 우아함만을 추구하지는 않는다. 로맨틱 감성도 지니고 있는데 바로 이런 감성 때문

에 귀여운 느낌을 주는 패션을 선호하게 된다.

② 현대적인 지성미와 도회적인 세련미도 지나치지 않지만 절대적인 감성은 아니다. 컨트리 감성은 어느 정도 지니고 있지만 스포티와 매니쉬 감성은 엘레강스에 비해 상대적으로 이 존에서는 열세를 보인다.

10. 스포티 엘레강스(Sporty Elegance)파

메인 연령은 29~36세의 미시 존이다. 하지만 영 엘레강스를 거친 어덜트에서 위로는 40세 이상의 미세스에 이르기까지 폭넓은 존을 포함하고 있다. 페미닌 마인드를 지닌 여성들과 근접한 연대층으로 구성되어 있어서 같은 연대에 페미닌파와 스포티파가 공존하고 있음을 보여주고 있다. 그래서 때에 따라서 페미닌, 장소에 따라서는 스포티 등 어케이전에 따라 자유롭게 변신하는 여성들도 적지 않다. 직장여성과 주부들이 대다수를 차지하고 있으며 특히 주부의 비율이 높다. 다른 타입과 마찬가지로 대도시 주변일수록 감도가 예민하지만 전국적으로 평균해서 분산되어 있다. 현재 미시층에서 최대의 볼륨을 자랑하는 존이라고 할 수 있다. 페미닌 마인드가 약간 컨설버티브한 성격을 가지고 있는데 비해서, 이쪽은 약간 컨템퍼러리한 면이 있어 적극적이고 행동적이며, 시대의 품조에 민감하게 반응한다. 예를 들면, 운동이나 레저도 남보다 빨리 시작한다든지 하는 것도 이 타입이다. 하지만 라이프스타일 전반은 지극히 합리적인 패턴이다.

일반적으로 부유층 미시라고 불리는 부유한 가정의 미세스가 많으며 비교적 전업주부의 비율이 높다. 하지만 결코 생활에만 몰두하는 타입은 아니다. 모든 점에서 품위 있는 분위기나 고급스러운 느낌을 소중히 여기고 있는데, 그것은 멋에 대한 의식으로도 표출된다. 품위 있는 분위기를 위해 오르젠티크한 스타일을 즐기고 고급스러운 느낌은 남과 다른 퀄리티로써 표현한다. 그리고 활동적ㆍ사교적인 성격은 밝으면서도 약간 화려한 색조를 통해 나타내기를 좋아한다.

(1) 마인드, 성격, 행동양식

① 30세 전후 미시ㆍ미세스 중심이다.

② 일부 40세 이상의 미세스도 포함한다.

③ 사교적인 성격으로 행동의 폭이 넓다.

(2) 패션 의식과 기호

① 유행에 연연하지 않고 품질을 우선한다.

② 단품, 코디네이트를 즐긴다.

③ 우아하면서도 스포티한 느낌이 있는 패션을 선호한다.

④ 맑고 깨끗한 느낌을 주는 색을 좋아한다.

⑤ 베이직 타입의 디자인과 니트를 특히 선호한다.

⑥ 내추럴한 것보다는 도시감각의 세련된 센스를 좋아한다.

(3) 감성 평가

① 여성다운 우아함을 추구하지만 단순히 정적인 여성다움보다는 활동적인 여성다움을 좋아한다. 양질의 품위를 견지하고자 하기 때문에 도시감각을 좋아하지만 여성다운 우아함이 우선한다.

② 모던과 매니쉬 감성은 중간 정도. 그러나 이런 감성에 좌우되는 일은 없다.

③ 컨트리, 엑조틱, 로맨틱한 감성에 대해서는 크게 관심이 없다.

11. 컨템퍼러리 엘레강스(Contemporary Elegance)파

이 클러스터의 기본 감성은 도회적인 세련미를 매우 중요시하고, 그 다음으로 중요시하는 것은 여성다운 우아함이다. 즉, 도회적인 세련미를 추구하되 여성다움을 잃지 않으려고 하는 것이 이 그룹에 속하는 여성들의 감성이라고 할 수 있다. 그러므로 이 그룹의 여성들이 좋아하는 이미지는 기품이 있는 모던함과 델리케이트함, 여성다움이다.

연령분포를 보면 20대 후반에서부터 30대 전반으로 생활이 다소 여유로운 어덜트 마인드의 미세스나 커리어 우먼이 중심을 이룬다. 성격은 지극히 합리적이며 항상 컨템퍼러리한 균형감각을 잃지 않는 양식파들이다.

패션에 대한 기호와 감각은 엘레강스 지향이지만 단순히 우아함만을 쫓지 않는다. 도시적인 샤프함이 있는 엘레강스를 좋아한다. 유행에 대해서는 비교적 관심이 높고 그것을 받아들일 때는 자기다움을 우선 생각한다. 그래서 항상 어케이전에 상응한 옷차림을 염두에 두고 받아들인다.

합리적인 사고를 가진 사람일수록 자신의 본분을 지키기 좋아하고 어제에 연연하거나 내일에 기대하기보다는 오늘을 충실히 살려는 경향을 보이는 것이 특징이다. 남성이라면 남성의 본분, 여성이라면 여성의 본분을 중요시하듯 패션 선택도 기본이 되는 것은 어디까지나 여성다움의 어필이다. 그렇다고 해서 맹목적으로 여성다움만을 신봉하는 것은 아니다. 오늘을 중요시하는 현대적인 감각이 살아있는 여성다움을 좋아한다.

그들이 도시에 사는 여성이라면 도시의 분위기에 어울리는 도시의 세련미도 중요하다는 것이다. 여성다운 우아함과 상반되는 도시감각의 샤프함을 조화 있게 조절해서 자신의 것으로 만드는 솜씨가 뛰어난 여성, 그들이 바로 컨템퍼러리 엘레강스파라고 할 수 있다.

(1) 마인드, 성격, 행동양식

① 어덜트 마인드의 미세스와 커리어 우먼이다.

② 연령적으로는 20대 후반에서 30대 중반까지이다.

③ 합리주의적 성격의 양식파이다.

(2) 패션 의식과 기호

① 유행에 대한 관심은 높은 편, 그러나 무턱대고 받아들이지 않고 자신에 어울리게 어렌지해서 받아들인다.

② 여성스런 우아함을 중요시하지만 도회적인 세련미가 반드시 있어야 선택한다.

③ 때와 장소를 가려 옷을 선택해 입는 어케이전 스타일링에 능하다.

④ 스타일 표현은 자기다움과 여성스러움이 포인트이다.

(3) 감성 평가

① 도회적인 세련미를 중요시하는 감성을 소유하고 있다.

② 여성다운 우아함과 품위도 소홀히 하지 않는다.

③ 모던과 매니쉬 감성도 아주 무시하지는 않는 편이다.

④ 액티브, 컨트리, 로맨틱, 엑조틱 감성은 상대적으로 열세인 편이다.

12. 커리어 엘레강스(Career Elegance)파

전문 직종에 종사하는 여성 중에는 남성과 대등하다는 의식을 갖고 있는 여성이 많다. 그래서 감성이나 옷차림도 매니쉬한 경향을 띠는 경향이 많다. 그러나 전문직에 종사하는 여성이라고 해서 거의 다 그런 것은 아니다. 직장에서 여성다움을 의식해서 항상 우아함을 잃지 않으려는 여성도 많다. 직업적으로 보면 대기업의 비서들이 이런 타입의 여성들이다. 커리어 엘레강스파란 바로 그런 여성을 말하는 것이다.

일 처리가 신속·정확하다는 점에서 지극히 활동적으로 보이지만 그렇다고 해서 활동적인 옷차림을 좋아하지는 않는다. 항상 예의를 존중하기 때문에 우아하고 여성스러운 블라우스를 즐겨 입을 정도로 엘레강스를 신봉한다. 유행을 받아들이는 데도 그다지 인색하지 않으며 액세서리와 향수의 사용 등에 특히 능하다. 패션은 소프트 터치의 실크타입을 특히 좋아한다.

포멀 타입의 원피스 드레스를 우아하게 입고 때로는 한복이나 다도, 꽃꽂이 등 한국적인 것에도 관심이 높다. 커리어 엘레강스파의 기본 감성은 기품과 우아한 여성다움을 최우선으로 한다.

여성이 여성답기를 고집하는 여성들에게는 하나의 두드러지는 특징이 있다. 여성다운 섹스어필이 그것이다. 보통 섹스어필이라고 하면 좋지 않은 선입견을 발동하는 사람이 많은데 백치미나 교태에 가까운 그런 섹스어필이 아니라 남성과 다른 여성으로서의 자랑이다. 비록 직업을 가진 여성일지라도 의도적으로 남성과 대등하다는 주장을 피력하기보다는 매력적인 여성이라는 평가를 유도해서 남성과 대등한 상대로서의 자신을 부각시키려는 노력을 게을리하지 않는다. 그래서 남성과 다른 패션을 통해 남성과의 차별화를 분명히 하기 좋아한다. 여성다운 우아함, 여성다운 성숙함이 이들의 무기이다.

(1) 마인드, 성격, 행동양식

　① 어덜트 커리어 존(연령적으로는 23~28세 정도)이다.
　② 직장에서는 여성이라는 자의식이 강해 우아함에 특별히 신경을 쓴다.
　③ 일처리가 신속하고 예의를 잃지 않는다.
　④ 대기업의 비서타입이다.

(2) 패션 의식과 기호

　① 패션 상품의 선택기준은 우아함과 여성다움이 포인트. 그 다음이 고급스러움과 품위이다.
　② 어케이전을 의식한 옷차림에 신경을 쓴다. 오피셜 타임과 소시얼 타임의 구분이 명확하다.
　③ 유행을 잘 받아들인다.
　④ 액세서리 활용에 능통하다.
　⑤ 성숙한 여성의 섹스어필 도구로 향수를 이용한다.
　⑥ 실크와 같은 소프트 터치의 옷을 좋아한다.

(3) 감성 평가

① 우아한 기품과 여성다움에 매혹되는 감성을 소유하고 있다.

② 도시적인 세련미와 모던, 그리고 액티브한 감성의 배려도 무시할 수 없다.

③ 로맨틱, 컨트리, 엑조틱, 매니쉬 감성은 상대적으로 열세이다.

13. 엘레강스 트래디셔널(Elegance Traditional)파

같은 엘레강스 지향이지만 커리어 엘레강스와 다소 다른 경향을 보이는 계층. 커리어 엘레강스가 주변의 남성들로부터 여성답다는 평가를 듣기 원한다면, 엘레강스 트래디셔널파는 굳이 여성답다는 찬사를 원치 않는다.

종래의 직장여성들처럼 직장에서 남성의 어시스던트적 입장에서 벗어나 남성과 대등한 책임과 역할을 수행하는 본격적인 커리어 걸이 이 그룹을 형성한다. 자신의 생각과 라이프스타일을 분명하게 피력할 줄 알며, 목적의식을 갖고 일에 임하는 타입이다. 말하자면 "일이 즐겁다"라고 말하는 여성들이 이 그룹에 속한다. 현재는 컴퓨터 관계나 인스트렉터, 스튜어디스 중에 이런 타입이 많다. 기본 감성은 매니쉬를 주축으로 도회적인 세련미에 모던함도 지니고 있지만 그 근본에 늘 엘레강스함을 잃지 않으려는 노력이 이 그룹의 특징이다. 그래서 생활의 모든 장면에 행동적인 면과 우아함이 동시에 공전하는 양면성을 보인다.

흔히 트래디셔널이라고 하면 남성적인 감각에 가깝다고 생각하기 쉽다. 트래디셔널이라는 패션 용어가 여성복보다는 남성복에서 더 많이 쓰이기 때문에 그런 오해를 불러일으키는 것이다. 트래디셔널이 뜻하는 전통은 보수주의를 일컫는 것으로 여성복보다는 남성복이 더 보수적이기 때문에 그런 것이 아닐까? 하지만 우아함을 신봉하는 여성 중에도 정통파는 많다. 보수를 신봉하되 여성다운 우아함을 잃지 않으려는 여성, 그들이 엘레강스 트래디셔널파다. 패션에 대한 기호도 가치관이 확립된 그룹답게 절대로 실험주의적인 성향을 띠는 일이 없다. 합리적이고 실용적인 가치를 존중하고 그러면서 엘레강스한 멋이 면면히 흐르는 그런 패션을 그들은 좋아한다.

(1) 마인드, 성격, 행동양식

① 직업의식이 투철한 본격파 커리어 걸이다.

② 목적의식이 분명하고 자신의 생각대로 세상을 살아간다.

(2) 패션 의식과 기호

① 유행에 좌우되지 않고 베이직 타입을 좋아한다.

② 변화를 즐기기보다는 전통을 쫓는다.

③ 고급스러운 천연소재를 좋아한다.

④ 색은 자연 색조를 좋아하지만 어디까지나 고상한 품위의 범위 내에서 선택한다.

⑤ 남성다운 이미지를 선호하지만 여성다운 우아함이 손상되지 않아야 함을 전제로 한다.

(3) 감성 평가

① 고상하고 우아한 여성취향의 미의식과 자립심이 왕성한 남성취향의 미의식을 동시에 공유하고 있다.

② 세련된 도시감각과 지성미를 존중하는 현대감각에도 관심을 보인다.

③ 스포티, 컨트리 감각은 크게 관심이 없고 에스닉과 로맨틱도 마찬가지이다.

14. 페미닌 마인드(Feminine Mind)파

센시티브 커리어와 마찬가지로 양적으로는 어덜트층이 많으며 질적으로는 미시 이상의 시니어가 본질을 가장 잘 보여주고 있다. 하지만 40세 전후까지를 포괄하며, 게다가 그러한 시니어들이 상당히 큰 파워를 가지고 있다는 점이 페미닌 마인드의 특징이다. 다시 말해서 22~40세 전후까지 비교적 폭넓게 평균적으로 존재한다는 말이다. 그녀들은 거의 대개가 직업을 갖고 있거나 주부들로서 그 내용은 여러 가지로 다양하다. 하지만 일반적으로 직장 여성의 경우는 사무 계통의 일을 하고 있는 여성이 많으며, 전문직을 가진 커리어 우먼이나 패션 관계 종사자들도 있지만 특히 눈에 띌만한 정도는 아니다. 주부의 경우도 전업주부가 대다수를 차지하고 있다.

분포의 농도는 다르지만 전국에 널리 분산해서 존재하고 있다. 즉, 대도시 주변에서는 페미닌 마인드의 향기가 진하지만, 지방으로 갈수록 페미닌 마인드 풍이라고 하는 여성들이 많아지고 있다는 뜻이다.

그녀들에게 공통된 점은 금전적 또는 물질적인 면에 있어서의 안정과 그것이 가져다주는 정신적인 여유이다. 이 여유가 그녀들의 라이프스타일에 신선한 색채를 더해준다. 실생활은 결코 호화스럽거나 화려하지는 않지만 파티, 음악회, 연극 관람, 레스토랑에서의 식사, 친구들과의 만남과 같은 사교의 장을 될 수 있는 한 즐긴다. 당연히 패션에 대해서도 '일상적 옷차림' 이외에 '멋쟁이 차림'의 요소가 강한 것을 추구하는 경향이다. 물론 유행에 대한 관심도 높지만 각각의 어케이전에 적합한 차림이야말로 그녀들에게 있어서 멋의 포인트이다.

(1) 마인드, 성격, 행동양식

① 어덜트와 미시가 중심 존이다.

② 연령적으로는 23~28세(어덜트), 29~36세(미시), 그리고 일부 40세 미만의 미세스이다.

③ 직장여성이거나 전업주부이다.

④ 물질적 풍요와 정신적 여유를 구가한다.

⑤ 문화생활에 대한 관심이 높고 사교적인 만남도 생활의 일부로 생각한다.

⑥ 프라이비트 타임, 소시얼 타임 모두 호화스러움을 추구하지만 결코 도를 넘어서거나 하지는 않는다.

⑦ 늘 생활에 신선함을 유지하기 위한 활력소를 찾는다.

⑧ 항상 그날이 그날 같은 생활을 이 클러스터의 여성들은 가장 싫어한다. 그래서 생활 장면에 대한 변화를 꾀하고 그것을 즐긴다.

(2) 패션 의식과 기호

① 호화스러움을 추구하지만 그것은 어디까지나 여성다운 향기로서의 호화로움이다.

② 일상적 옷차림에서 항상 맵시에 신경을 쓰기 때문에 예복적인 요소가 강한 디자인을 좋아한다.

③ 좋아하는 아이템은 드레스(원피스), 수트, 앙상블과 같은 한 벌이라는 요소가 강한 옷이다. 팬츠나 T셔츠 차림과 같은 간편 의상, 즉 캐주얼은 특별한 목적(리조트와 같은)의 경우가 아니면 입기를 꺼린다.

④ 유행에 대한 관심은 높지만 무턱대고 받아들이지 않는다. 목적(어케이전＝TPO)에 부합되는 범위 내에서만 받아들인다.

⑤ 외출복과 사교복에 대한 구별이 분명하다. 어케이전에 맞는 옷차림을 멋의 포인트라고 생각한다.

(3) 감성 평가

① 가장 두드러지는 감성은 말할 필요도 없이 페미닌 감성. 그래서 여성다운 우아함을 최고로 친다.

② 필링으로 치면 유럽 필링과 이태리 필링을 중요시하고 아메리칸 필링은 별로 좋아하지 않는다.

③ 액티브, 컨트리, 매니쉬, 모던과 같은 감성을 이 그룹에서는 찾아보기 힘들다.

15. 센시티브 커리어(Sensitive Career)파

양적으로 보면 23~28세의 어덜트층이 중심이 된다. 하지만 질적인 면에서는 뷰티플 서티라고 불리우는 29~36세의 미시층이 리더쉽을 지니고 있다. 특히 30세 전후의 여성이 가장 정확하게 이 존의 분위기에 가깝다. 나이를 먹을수록 감성이 증가하며 내면도 충실하기 때문에 단순히 겉보기만이 아닌 본질적인 센시티브 커리어를 표현할 줄 안다.

현재는 패션 비즈니스에 종사하고 있는 여성들이 대다수를 차지하고 있다. 그 밖에는 대기업의 비서나 매스컴 관계 종사자, 스튜어디스, 예능 관계 종사자 등에서도 일부 보이고 있다. 모두 직장에서는 칩(Cheap)격인 사람들이지만 정보와 접하는 일이 많은, 세련된 분위기를 필요로 하는 여성들이 거의 대부분이다. 전업주부로 이 존에 속하는 여성은 극소수에 지나지 않는다.

하지만 앞으로는 좀더 시야를 넓혀서 이 존을 공략하지 않으면 안 될 것이다. 그만큼 패션 마케팅에서 볼 때 잠재력이 무한한 존이라고 볼 수 있다. 여자라는 이유로 소극적으로 행동하지 않고 정신적으로 자립한 여성, 내면으로부터 아무렇지 않게 여성스러움을 느끼게 하는 훌륭한 여성이고 싶어 하는 여성들이야말로 센시티브 커리어파의 전형이라 할 수 있다.

에어리어(Area)면에 있어서는 완전한 도심 집중형이며 지방으로 가면 갈수록 크게 감소된다. 그녀들의 성격은 컨템퍼러리한 사상이 베이스가 된다. 심플하면서도 모던한 감각, 합리적이고 기능적인 생활을 선호하며 어떤 의미에서는 남성적인 확실한 인상을 준다. 하지만 항상 자신이 여성이라는 점을 자각하고 있으며, 섬세하고 자잘한 감정을 소중하게 생각한다.

패션에 대해서는 대단히 민감한 편이며 감각적인 상승을 꾀하기 위해서 다양한 노력을 기울인다. 하지만 자의식이 강하기 때문에 유행이라고 해서 금방 뛰어들거나 하지는 않는다. 자기다움이 뭔지 확실히 알고 있기 때문에 그것을 가장 중요한 선택 기준으로 삼는다. 진정한 의미에서 패셔너블한 여성이다.

(1) 마인드, 성격, 행동양식

① 어덜트(23~28세)와 미시(29~36세) 존이다.

② 정신적으로나 물질적으로 자립한 커리어 우먼이다.

③ 패션 비즈니스, 대기업 비서, 매스컴 계통의 전문 직종, 예능 관계 종사자 중에 센시티브 커리어파가 많다.

④ 일에 대해서나 사회적으로도 성공한 여성, 그리고 훌륭한 여성으로 평가되기를 원하는 강한 소망을 갖고 있다.

(2) 패션 의식과 기호

① 샤프하고 쿨한 이미지를 즐긴다.

② 심플한 디자인을 좋아한다.

③ 트래디셔널 타입(전통적인 베이직한 타입)+α의 변화를 즐긴다.

④ 성숙한 여성다움과 기품 있는 이미지를 좋아한다.

⑤ 세련된 지적 이미지를 좋아한다.

⑥ 단품과 단품으로 이루어지는 토털 코디네이트에 능하다.

(3) 감성 평가

① 도회적인 세련미에 매혹되는 감성을 갖고 있다.

② 모던과 매니쉬 감성을 갖고 있다.

③ 여성다운 우아함을 추구하는 엘레강스, 페미닌, 액티브 감성은 중간 정도이다.

④ 컨트리 감성과 엑조틱, 그리고 로맨틱 감성은 상대적으로 열세를 보이는 것이 센시티브 커리어파의 기본 감성이다.

16. 커리어 트래디셔널(Career Traditional)파

엘레강스 트래디셔널과 센시티브 커리어의 중간 정도에 해당하는 클러스터로 엘레강스 트래디셔널파가 전통을 존중하되, 여성다운 우아함을 잃지 않으려는 데 비해 커리어 트래디셔널파는 매니쉬한 경향을 띠는 것이 특징이다.

전통을 고수해 오소독스한 패션을 즐긴다는 점에서 보다 더 전통에 가깝고 보수적인 색채를 띠는 것이 이 그룹의 특징이다. 한 마디로 말해서 클래식에 매혹되는 감성의 소유자들이 바로 그들이라고 할 수 있다.

마인드적으로 보면 어덜트 커리어와 미시가 중심 존을 형성하는데 직업적으로 보면, 기업체의 관리직, 교수, 법조인, 의사와 같은 사회지도층 여성 중에 커리어 트래디셔널파가 많다. 지적으로나 감성적으로 안정된 가치를 존중하고 전통을 중요시하기 때문에 패션 의식도 동일한 경향을 보인다. 센시티브 커리어파와 마찬가지로 '성공한 여성', '훌륭한 여성'이 이 클러스터에는 많다.

대개 교양 있고 지적으로 보이는 여성일수록 쉬크한 멋을 즐기는 경향을 보인다. 디자인은 심플한 베이직 타입을 좋아하고 색은 고상하면서도 세련된 느낌을 주는 색이거나 클래식 무드의 색을 좋아한다. 즐겨 입는 패션 타입으로 보면 매니쉬 타입이 중심을 이루는데, 그것도 하드터치가 아닌 약간 소프트한 터치로 어렌지된 것이 특징이다. 커리어 트래디셔널파가 특별히 매니쉬한 경향을 띠는 이유는 기본 감성 탓도 있지만 전통적 가치가 그런대로 잘 보존된 스타일이나 아이템이 남성터치의 옷에 많기 때문이기도 하다.

구체적으로 이 클러스터가 좋아하는 아이템을 보면 테일러드 수트, 트렌치코트, 카디건, 스웨터 등으로 이런 아이템은 유행에 좌우되지 않는 베이직 아이템이라 할 수 있다. 미국의 뉴욕 맨하탄 거리에 가면 커리어 트래디셔널파의 패션 기호를 살린 여성을 심심찮게 만날 수 있는데, 이와 같은 베이직 아이템의 매니쉬 스타일이 직업적으로 분주한 그녀들에게 활동의 장애가 되지 않고 지적인 세련미와 전통적으로 안정된 가치를 부여하기 때문이다. 바로 이런 스타일을 미국에서는 직업적으로 성공한 커리어 우먼의 패션상이라고 자타가 공인하고 있다. 그런 경향은 우리나라도 마찬가지다. 남성 아이템을 주축으로 한 스타일이지만 남성스럽지 않고 여성스럽게 어렌지된 소프트 매니쉬가 바로 그것이다.

이태리 디자이너 조르지오 알마니가 이 스타일의 대가로 손꼽히는데 우리나라 커리어 우먼 중에 알마니를 좋아하는 여성이 많은 것을 보아도 그것을 알 수 있다.

(1) 마인드, 성격, 행동양식

① 어덜트 커리어의 상층부와 미시가 중심 마인드이다.

② 센시티브 커리어 클러스터보다 연령적으로 약간 높은 편이다.

③ 직업적으로는 두뇌 노동을 하는 직종의 전문직 여성이다.

④ 안정적이고 보수적인 성격으로 전통을 중요시하는 행동양식을 지니고 있다.

⑤ 지적이고 고상한 품위를 존중하며 '훌륭한 여성'이기를 소망하는 인생관을 갖고 있다.

(2) 패션 의식과 기호

① 안정되게 확립된 가치를 지닌 이미지를 좋아한다.

② 전통이 간직된 클래식 타입의 패션을 선호한다.

③ 매니쉬 타입의 아이템을 소프트하게 어렌지한 스타일을 즐긴다.

④ 심플하면서도 베이직한 아이템을 좋아한다.

⑤ 지적이고 쉬크한 무드의 색을 좋아한다.

(3) 감성 평가

① 도회적인 세련미와 지성미가 겸비된 매니쉬 감각을 소유하고 있다.

② 모던과 소피스티케이티드는 매니쉬를 떠받드는 보조감각이다.

③ 전통이 존중되는 범위 내에서 허용하는 경향이다.

④ 액티브 감각은 기능성을 살리는 정도로 받아들인다.

⑤ 엘레강스 감각도 전혀 무시할 수 없다. 바로 그런 감성은 남성다운 하드터치를 소프트하게 중화시키는 윤활유의 역할로 나타난다.

17. 쁘레따 꾸띄르(Pret-a-Couture)파

밑으로는 34~35세부터이고 위에는 상한선이 없다. 완전한 미세스형이다. 물론 어덜트나 미시층에 전혀 존재하지 않는 것은 아니지만, 있다 하더라도 극히 일부에 지나지 않는다. 경제적 배경이 탄탄한 부유층 이스타블쉬드(Established) 미세스이거나 지방의 재산가들에게 많이 보이는 럭셔리(Luxury : 사치스러운) 미세스가 중심을 이룬다. 의사나 변호사, 큰 회사의 중역이나 중소기업의 경영자 등을 남편으로 둔 여성들이 대다수를 차지하고 있다. 이 밖에 자기 자신이 직접 사업체를 경영하고 있는 여성들도 적지 않은 편이다. 대도시 근교의 고급아파트나 대형빌라, 그리고 고급 단독주택가에 상당히 많이 집중되어 있는데 전국 각지에도 일정한 정도로 반드시 존재한다. 말하자면 각각의 지역에 있어서 톱 클래스에 속하는 여성들인 것이다.

그녀들의 성격은 일반적으로 컨설버티브한 감각에 지지를 보내는 부분이 많다. 모던, 샤프, 쿨 등의 이미지를 별로 좋아하지 않으며, 리치, 엘레강스, 클래식 등의 분위기를 중요시한다. 지성이라든가 교양을 중요시하며 가문과 학벌 등과 같은 명분을 내세우기 좋아한다. 패션에 대한 사고방식도 거의 마찬가지이다. 겉모양의 변화보다는 품질이라든가 브랜드를 중요시 여기며 자신에게 적합한가 어떤가를 체크한다. 또한 다른 사람들과 똑같은 옷을 입는 것에 저항감을 느끼고 있으며 디자인에 대해서 독창성을 요구하는 것도 그녀들의 특징이다.

(1) 마인드, 성격, 행동양식

① 연령적으로 미세스(37~56세)가 중심 존이다.

② 극소수의 미시(26~36세)와 마음이 젊은 일부 57세 이후의 여성을 포함한다.

③ 경제적으로 여유 있는 톱 클래스의 부유층 전업주부이다.

④ 사회에서 안정하는 전문직(의사, 법조인, 기업가, 대기업 중역)을 가진 남성을 남편으로 둔 주부이다.

⑤ 고상, 품위, 전통을 중요시하는 안정지향의 보수적 성격이다.

⑥ 지성과 교양을 중요시하며 학벌과 가문 등을 따지기 좋아한다.

(2) 패션 의식과 기호

① 고급스러움과 품위를 늘 의식한다.

② 호화스러움과 우아함을 신봉한다.

③ 유행에 좌우되지 않고 품질을 중요시한다.

④ 고급 브랜드 지향적이다.

⑤ 나 혼자만이라는 의식이 강해 흔한 기성복보다는 오더 감각의 옷을 좋아한다.

⑥ 고급스러우면서도 베이직한 이탈리안 필링의 옷을 좋아한다.

(3) 감성 평가

① 첫째도 둘째도 오직 격조 높은 우아함을 추구한다.

② 도회적인 세련미와 현대적인 감각도 좋아하지만 그것은 모두 우아함에 대한 격조를 높이기 위한 보조감성이다.

③ 여성다움과 우아함에 반대되는 남성취향이나 스포티, 컨트리와 같은 터프한 감성은 상대적으로 열세를 보인다.

참고문헌 ⇨

현대 패션모드, 정삼호, 교문사, 1998
현대인의 패션, 안명숙 외 4인, 예학사, 1999
현대생활속의 패션, 김은경 외 2인, 학문사, 2000
현대와 패션, 이부련 · 안병기 공저, 형설출판사, 1996
의류과학과 패션, 한넬로레 레케클레 외 지음, 금기숙 외 옮김, 교문사, 2000
21세기 패션정보, 이해영 · 안현숙 · 김선희 공저, 일진사, 2000
20세기의 모드, 이경희, 교학연구사, 2001
패션의 이해와 연출, 오선숙 · 김인경 · 정희순, 경춘사, 2002
의생활과 패션 코디네이션, 이경손 · 김희섭 공저, 교문사, 1998
서양복식문화사, 정흥숙, 교문사, 1997
한국복식문화사전, 김영숙, 미술문화, 1998
패션감각탐구1, 김종복, 도서출판시대, 1997
패션감각탐구2, 김종복, 도서출판시대, 1997
의류상품학, 이호정, 교학연구사, 2001
패션머천다이징, 이호정, 교학연구사, 1999
패션마케팅, 이호정, 교학연구사, 1996
패션마케팅, 안광호 · 황선진 · 정찬진, 수학사, 1999
패션비즈니스, 서성무 · 홍병숙 · 진병호 공저, 형설출판사, 2002
패션마케팅과 소비자 행동, 임숙자 · 신혜봉 · 김혜정 · 이현미 공저, 교문사, 2001
패션마케팅, 최채환, 지식창고, 2003
패션머천다이징&마케팅, M.H.저니건 지음, 임숙자 외 옮김, 교문사, 1997
패션스페셜리스트, 이호정, 교학연구사, 1997
섬유 · 패션산업, 박광희 · 김정원 · 유화숙 공저, 교학연구사, 2000
패션마케팅, 김종복, 도서출판시대, 1997
샵마스터, 조영아 외 3인 공저, 시대고시기획, 2007
개정판 패션머천다이징, 이호정, 교학연구사, 1999
패션머천다이징 산업기사 필기특별대비, 구양숙 · 이인아 · 조지현 · 추태귀, 영진.com, 2003
패션머천다이징 용어사전, 이민경 · 김현주, 경춘사, 2006
피복재료학, 김성련, 교문사, 2000
유통관리사 2급, 안영일 · 정진영 · 김완중, 시대고시기획, 2008
패션스타일리스트, 이현미 외 4인 공저, 시대고시기획, 2008
새로운 패션머천다이징, 정상길, 섬유저널, 2002
패션소재기획과 정보, 김은애 외 7인, 교문사, 2000
패션소재기획, 김정규 · 박정희, 교문사, 2003
텍스타일 기초지식, 정혜인 · 전병익, 전원문화사, 1999
자신의 가치를 높여주는 매너와 서비스, 임혜경 · 김신연 · 김영경, (주)새로운 사람들, 2003
고객감동서비스 길라잡이, 김희수, 이화경영연구소, 2003
패션트랜드 정보기획론, 안병기, (주)학문사, 2000
패션디자인산업기사, 김인경 · 강은란 · 윤서용 편저, 시대고시기획, 2007
패션디자인 산업기사, 김선희 · 류은정 · 안현숙, 일진사, 2003
비주얼머천다이징&디스플레이, 심낙훈, 영풍문고, 2003
패션 VM, 사공수연 · 강수경 편저, 시대고시기획, 2007
실무를 위한 디스플레이, 김순구 · 이미영 공저, 경춘사, 2006
VM에 다른 패션 디스플레이, 이영주, 미진사, 1996
패션 디스플레이의 이론과 실제, 박옥련 외, 형설출판사, 1997
장사 잘하는 점포의 상품진열 테크닉, 나가시마 유키오 저, 김미숙 옮김, 국일증권경제연구소, 2001
색채학 입문, 박필제 · 백숙자 공저, 형설출판사, 1999
패션 디자인과 색채, 조필교 · 정혜민 공저, 전원문화사, 2000
색채의 이해와 활용, 문은배, 안그라픽스, 2005
컬러리스트 한 권으로 끝내기, 김민기 · 강수경 편저, 시대고시기획, 2008
GUIDE FOR COLORIST, 김지혜, 도서출판 국제, 2007

샵마스터 1급 · 3급(패션샵매니저 동시대비)

개정6판1쇄 발행일 2019년 3월 5일
개정6판1쇄 인쇄일 2019년 1월 18일
초판인쇄일 2008년 6월 5일

발 행 인 박영일
책 임 편 집 이해욱
편   저 사공수연 · 강수경 · 이현미 · 정연학 · 원홍식

편 집 진 행 김은영 · 김고은 · 오지환
표지디자인 안병용
내지디자인 안시영

발 행 처 (주)시대고시기획
출판등록 제10-1521호
주   소 서울특별시 마포구 큰우물로 75 [도화동 538 성지 B/D] 9F
전   화 1600-3600
팩   스 02-701-8823
홈 페 이 지 www.sidaegosi.com

I S B N 979-11-254-4545-6(13590)

가   격 32,000원